制造系统工程

王爱民 ◎ 编

MANUFACTURING SYSTEM
ENGINEERING

北京理工大学出版社
BEIJING INSTITUTE OF TECHNOLOGY PRESS

内 容 简 介

本书系统地阐述了制造系统工程的基本概念、理论和技术，按照制造系统实体构成及其布局、生产计划与控制、准时化生产与统计、过程质量控制，以及数字化智能制造系统展望的主线进行组织。内容包括制造系统工程基础、柔性自动化制造系统、制造系统布局设计、企业生产计划管理、典型生产类型的作业计划、车间作业计划排产与动态调度、准时化生产计划与控制、制造过程质量控制及数字化智能制造。为便于读者学习和掌握，以及增强本书的工程实用性，书中附有计算例题和习题。

本书可作为高等工科院校机械类专业高年级学生和研究生的教材和教学参考书，亦可供从事机械生产系统规划、运行、管理与控制的工程技术人员使用和参考。

图书在版编目（CIP）数据

制造系统工程 / 王爱民编. —北京：北京理工大学出版社，2017. 1
ISBN 978-7-5682-0420-0

Ⅰ. ①制…　Ⅱ. ①王…　Ⅲ. ①机械制造-系统工程　Ⅳ. ①TH16

中国版本图书馆 CIP 数据核字（2017）第 005921 号

出版发行 / 北京理工大学出版社有限责任公司
社　　　址 / 北京市海淀区中关村南大街 5 号
邮　　　编 / 100081
电　　　话 / (010)68914775(总编室)
　　　　　　 82562903(教材售后服务热线)
　　　　　　 68948351(其他图书服务热线)
网　　　址 / http://www.bitpress.com.cn
经　　　销 / 全国各地新华书店
印　　　刷 / 保定市中画美凯印刷有限公司
开　　　本 / 787 毫米×1092 毫米　1/16
印　　　张 / 19.75　　　　　　　　　　　　责任编辑 / 封　雪
字　　　数 / 459 千字　　　　　　　　　　　文案编辑 / 封　雪
版　　　次 / 2017 年 1 月第 1 版　2017 年 1 月第 1 次印刷　责任校对 / 周瑞红
定　　　价 / 49.00 元　　　　　　　　　　　责任印制 / 王美丽

PREFACE

前言

　　制造及制造系统是支撑国民经济发展的重要实体性支柱产业。以系统工程的思维全面探讨制造系统的规划布局和执行控制，对于实现精细、精益的制造系统规划与高效运行具有重要的意义。制造系统工程具有丰富的内涵，不仅体现为多样化的制造过程类型，也体现为制造系统硬件构成及其布局、生产计划与控制、准时化生产与统计、过程质量控制等具有关联性的主线。尤其在"中国制造2025"战略的推动下，以数字化、网络化和自动化为核心的智能制造及其系统，也丰富了制造系统工程的内涵。本着"突出重点、明晰思路"的指导思想，结合作者的科研经历、制造实践以及自主思考，形成了本书的技术体系。

　　本书首先介绍了制造系统工程基础知识（第1章），力求梳理制造系统的分类组成及运行过程模型；随后从制造系统实体构成及其布局规划的角度（第2~3章），重点阐述了典型柔性自动化制造系统及布局设计等内容，并扩展介绍了可重构制造系统思想及其应用；针对作为制造系统工程核心的生产计划与控制（第4~7章），按照企业生产计划管理、典型生产类型的作业计划、车间作业计划排产与动态调度、准时化生产计划与控制的逐步递进的思路，辅以案例进行了详细的介绍；结合制造系统运行中关键的质量业务（第8章），介绍了制造过程质量控制相关典型技术；瞄准制造系统工程的未来发展重点和方向，系统地论述了数字化智能制造相关内容（第9章），并结合实际按照智能制造装备、数字化智能工厂、智能制造关键技术的思路进行了细致分析和描述。

　　鉴于我国及发达国家对制造及制造系统的日益重视，以及制造系统工程技术的飞速发展，而目前缺乏系统深入的制造系统工程知识普及和总结书籍的现状，本书以为广大读者服务为初衷，希望对有一定机械工程专业基础知识背景的人员有总结和参考作用，以便更好地在我国传播和普及制造系统工程技术，厘清制造系统工程的关注重点，为国内高校高年级学生、企业工程技术人员等提供一本制造系统工程的务实参考书。

　　作者感谢北京理工大学机械与车辆学院刘志兵老师在教材经费资助方面所给予的大力支持，感谢数字化制造研究所教师同仁所给予的支持和关怀，感谢所指导的曹石、张亚辉、成金城、李董霞、葛艳、任鹏灏等博士、硕士研究生在素材整理和文字校对等方面给予的支持，感谢北京理工

001

大学出版社莫莉为该书的出版所付出的努力。

　　作者在编写过程中参考了国内外相关专家学者和高校教师的论著与学术论文，在此一并表示感谢。

　　由于作者水平和专业知识所限，书中不可避免地存在缺点与错误，一些观点或方法可能有失偏颇，希望广大读者和各方面专家多多批评指正。

作　者

2016 年 8 月

目　录
CONTENTS

第1章
制造系统工程基础

    长期以来,人们对于制造中所用的机床、工具和制造过程,仅限于分别地、单个地加以研究。因此在很长的时期内,尽管在制造领域中许多研究和发展工作取得了卓越的成就,然而在大幅度地提高小批量生产的生产率方面,并未获取重要的突破。直到20世纪60年代后期,人们才逐渐认识到,只有把制造的各个组成部分看成一个有机的整体,以控制论和系统工程学为工具,用系统的观点进行分析和研究,才能对制造过程实行最有效的控制,并大幅度地提高加工质量和加工效率。基于这种认识,人们进行了许多研究和实践,于是出现了制造系统的概念。

    制造系统工程(manufacturing system engineering,MSE),是一门综合性交叉学科,是一门系统工程的理论和方法与现代制造技术有机结合的工程技术学科。MSE的学科思想强调的是系统观点、学科综合、技术集成和整体优化,其主要内容是关于制造系统的规划、设计、制造、管理、运筹和评价的系统技术,体现了上述学科思想的现代制造技术和管理技术的有机结合。

1.1　制造与制造系统

1.1.1　制造

    制造业是所有与制造有关的企业机构的总称。制造业是国民经济的支柱产业,它一方面创造价值、物质财富和新的知识,另一方面为国民经济各个部门包括国防和科学技术的进步与发展提供先进的手段和装备。在工业化国家中,约有1/4的人口从事各种形式的制造活动,在非制造业部门中,约有半数人的工作性质与制造业密切相关。纵观世界各国,如果一个国家的制造业发达,它的经济必然强大。大多数国家和地区的经济腾飞,制造业功不可没。

    从技术角度而言,制造是运用物理或化学的方法改变原材料的几何形状、特性和/或外观以形成适用的产品制作的过程,制造包含将多个零件装配成产品的操作。从经济角度而言,制造是通过一个或一组工艺操作(加工、装配等)将材料转变成具有更大价值材料的过程。制造的本质是:运用材料(material)、机械设备(machine)、人(man),结合作业方法(method),使用相关检测手段(measure),在适宜的环境(environment)下,达成品质(quality)、成本(cost)、交期(delivery)的控制目标。

人们一般将"制造"理解为产品的机械工艺过程或机械加工过程。例如著名的 Longman 词典对"制造"（manufacture）的解释为"通过机器进行（产品）制作或生产，特别适用于大批量"。随着人类生产力的发展，"制造"的概念和内涵在范围和过程两个方面大大拓展。范围方面，制造涉及的工业领域远非局限于机械制造，包括了机械、电子、化工、轻工、食品和军工等国民经济领域的大量行业。制造业已被定义为将可用资源（包括物料、能源等）通过相应过程转化为可供人们使用和利用的工业品或生活消费品的产业。过程方面，制造不仅指具体的工艺过程，而是包括市场分析、产品设计、生产工艺过程、装配检验和销售服务等产品整个生命周期过程，如国际生产工程学（CIRP）会 1990 年给"制造"下的定义是：制造是一个涉及制造工业中产品设计、物料选择、生产计划、生产过程、质量保证、经营管理、市场销售和服务的一系列相关活动和工作的总称。

重庆大学张根保于 2015 年指出，制造是人类按照市场需求，运用主观掌握的知识和技能，借助于手工或可以利用的客观物质和工具，采用有效的方法，将原材料转化为最终物质产品并投放市场的全过程。因此，制造不是指单纯的加工和装配过程，而是包括市场调研和预测、产品设计、选材和工艺设计、生产准备、物料管理、加工装配、质量保证、生产过程和生产现场管理、市场营销、售前售后服务以及报废后的回收处理等产品寿命循环周期内一系列相互联系的活动。

1.1.2 系统

系统（system）是具有特定功能的、相互间具有有机联系的许多要素所构成的一个不可分割的整体。虽然一个系统可以进一步划分成一些更小的分系统，而且这些分系统也可以单独存在并对外呈现一定的特性，但这些分系统都不具备原有系统的整体性质。另外，这些分系统的简单叠加也不能构成原来的系统，而仅仅是一个分系统间的简单集合。

一般的系统都具有下述性质。

（1）目的性：任何一个物理或组织系统都具有一定的目的。例如，制造系统的目的是将制造资源有效地转变成有用的产品。为了实现系统的目的，系统必须具有处理、控制、调节和管理的功能。

（2）整体性：系统是由两个或两个以上可以相互区别的要素，按照系统所应具有的综合整体性构成的。系统的整体性说明，具有独立功能的系统要素以及要素间的相互关系是根据逻辑统一性的要求，协调存在于系统整体之中，对外呈现整体特性。系统的整体性要求从整体协调的角度去规划整个系统，从整体上确定各组成要素之间的相互联系和作用，然后再去分别研究各个要素。离开整体性去研究系统的各要素，就失去了原来系统的意义，也就无法实现系统的功能。

（3）集成性：任何系统都是由两个或两个以上的要素组成，每个要素都对外呈现出自身的特性，并有其自身的内在规律。但这些要素都要通过系统的整体规划有机地集成为一个整体。因此，系统的集成性并不等于集合性，前者构成一个有机的整体，可以实现系统整体运行的最佳化；后者仅是各组成要素之间的简单叠加，不仅达不到最优，有时系统还会由于参数不匹配而无法运行。

（4）层次性：系统作为一个相互作用的诸要素的总体，它可以分解成由不同级别的分系统构成的层次结构，层次结构表达了不同层次分系统之间的从属关系和相互作用关系。将系统适当分层，是研究和设计复杂大系统的有力手段。

（5）相关性：组成系统的要素是相互联系、相互作用的，相关性说明了这些联系之间的特定关系。研究系统的相关性可以弄清楚各个要素之间的相互依存关系，提高系统的延续性，避免系统的内耗，提高系统的整体运行效果。弄清楚各要素的相关性也是实现系统有机集成的前提。

（6）环境适应性：任何系统都必然会受到外部环境的影响和约束，与外部环境进行物质、能量和信息的交换。一个好的系统应能适应外部环境的改变，能随着外部条件的变化而改变系统的内部结构，使系统始终运行在最佳状态。

1.1.3　制造系统

关于制造系统的定义尚在发展和完善之中，至今没有一个统一的定义，以下是几个比较权威的定义。

（1）英国学者 Parnaby 于 1989 年给出的定义为："制造系统是工艺、机器系统、人、组织机构、信息流、控制系统和计算机的集成组合，其目的是取得产品制造的经济性和产品性能的国际竞争性。"

（2）国际生产工程学会于 1990 年公布的定义是："制造系统是制造业中形成的旨在生产的有机整体。在机电工程产业中，制造系统具有设计、生产、发运和销售的一体化功能。"

（3）美国麻省理工学院（MIT）教授 G. Chryssolouris 于 1992 年给出的定义为："制造系统是人、机器和装备以及物料流和信息流的一个组合体。"

（4）日本知名制造系统工程专家人见胜人教授于 1994 年指出制造系统可从三个方面定义。制造系统的结构方面：制造系统是一个包括人员、生产设施、物料加工设备和其他附属装置等各种硬件的统一整体；制造系统的转变方面：制造系统可定义为生产要素的转变过程，特别是将原材料以最大生产率变成为产品；制造系统的过程方面：制造系统可定义为生产的运行过程，包括计划、实施和控制。

（5）重庆大学张根保于 2015 年指出，制造系统是为了达到预定的制造目的而构造的物理或组织系统。对于一个制造系统而言，信息、原材料、能量和资金是系统的输入，成品是系统的主动输出，废料以及其他排放物（包括对环境的污染）是系统的被动输出。

综合上述定义，可以认为：制造系统是制造过程及其所涉及的硬件、软件和人员所组成的一个将制造资源转变为产品或半成品的输入/输出系统，它涉及产品生命周期（包括市场分析、产品设计、工艺规划、加工过程、装配、运输、产品销售、售后服务及回收处理等）的全过程或部分环节。其中，硬件包括厂房、生产设备、工具、刀具、计算机及网络等；软件包括制造理论、制造技术（制造工艺和制造方法等）、管理方法、制造信息及其有关的软件系统等。制造资源包括狭义制造资源和广义制造资源。狭义制造资源主要指物能资源，包括原材料、坯件、半成品、能源等；广义制造资源还包括硬件、软件、人员等。

产品的生产和制造可以看成是人、设备组合并协同操作的结果，因此可以简单定义制造系统是一个人和设备的组合，这个组合受到制造材料流和信息流的约束。制造系统的定义具有广泛的内涵，机械加工系统是一种制造系统；一个制造产品的生产线、车间乃至各个工厂都可以看作不同规模和层次的制造系统；柔性制造系统、计算机集成制造系统也是一种制造系统。

1.2 制造系统的分类与组成

1.2.1 制造系统的分类

可以从不同的角度对制造系统进行分类。在图 1-1 中，我们从人在系统中的作用、加工对象的品种和批量、零件及其工艺类型、系统的柔性、系统的自动化程度及系统的智能程度等方面对制造系统进行了分类，并适当介绍了它们各自的特点。各种类型的不同组合，可以得到不同类型的制造系统。例如，刚性自动化离散型制造系统就是自动化程度、系统柔性和工艺类型三种分类方式的组合。它适用于离散型制造企业的大批量自动化制造。

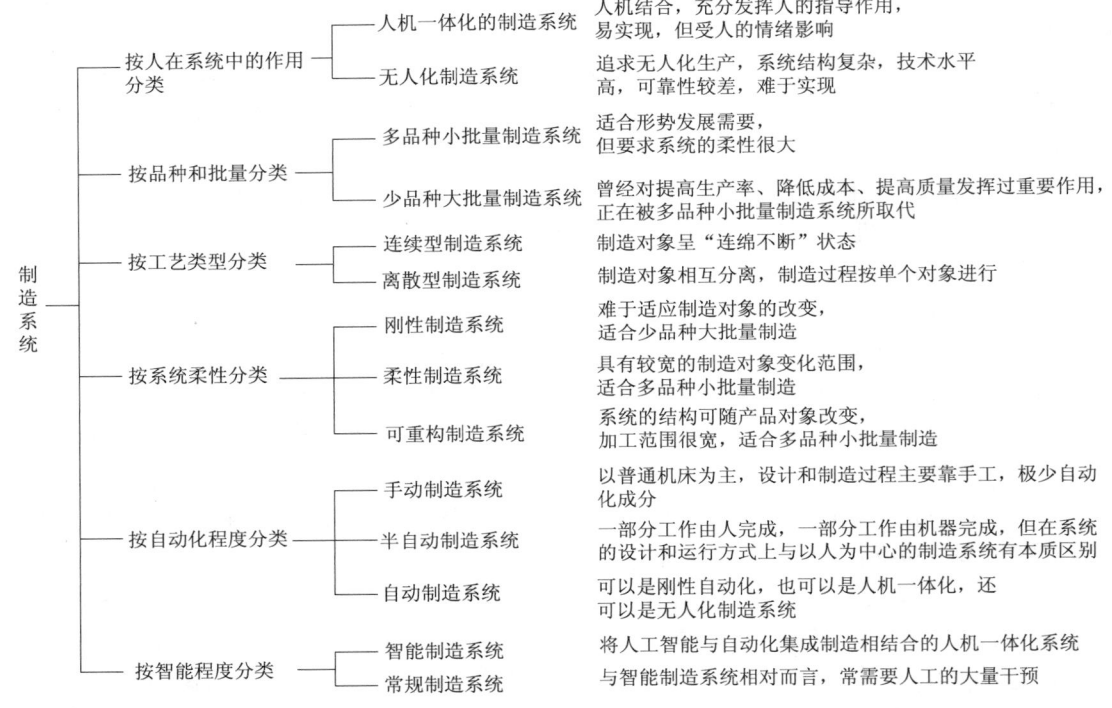

图 1-1 制造系统的分类

1.2.2 制造系统的组成

过去，人们仅把制造看作物料转换的过程。实际上，制造也是一个复杂的信息变换过程，在制造中进行的一切活动都是信息处理流程的一部分。整个系统由信息流、物料流、能量流联系起来。因此，制造系统可完整地看成是由物料流、信息流和能源流三大部分组成的系统，如图 1-2 所示。这里物料流是指原材料转变、存储、运输的过程；信息流是指围绕制造过程所用到的各种知识、信息和数据的处理、传递、转换与利用；能源流主要是指动力能源。分析制造系统的组成，需要从制造系统的功能、制造系统的组织结构、制造系统的资源组成等方面进行描述。

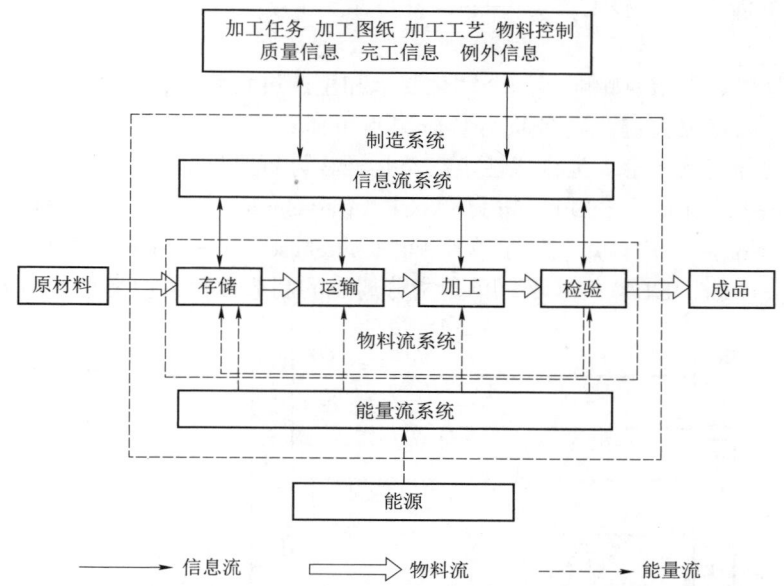

图 1-2　制造系统组成

从图 1-2 中可知，信息流基本上包含了技术和生产管理两方面。从产品图纸上获得的信息和数据是整个制造活动的依据，制造过程按图纸要求有序地进行。按照产品的复杂程度可分解为部件、零件和形状要素以及尺寸、材料和技术要求，这些产品的原始数据都是制造活动的初始信息源。

为了进行产品的制造，系统还必须经过工艺设计，确定用什么方法和手段对制造过程进行技术组织和管理，它将编制工艺规程、设计工夹量具、确定工时和工序费用，并给出机床的数控数据。与此同时，为使制造过程有条不紊地进行，还必须建立生产计划与控制系统，根据下达的生产任务与系统资源利用情况，对生产作业做出合理安排。它应包括生产数据采集系统，及时地从生产现场获得有关生产任务完成情况的数据，以及产品质量、设备和人员的信息，以便进行动态的作业计划与生产调度，保证制造过程顺利进行，并达到理想的工效和最佳的效益。

1.3　典型制造过程类型分析

制造过程可从不同的视角加以分类。如从设备的先进程度可分为技术密集型和劳动密集型，从产品形成的技术特点可分为装配型（如机械制造企业产品）、分解型（如化工企业产品、原料在加工过程中产出的多种产品）以及调制型（如钢铁企业产品、原材料的形状和性能在加工过程中不断改变而制成的产品）。对制造过程规划和设计工作最有影响的为以下三方面：制造过程的类型划分、组织类型以及结构分类等。

1.3.1　制造过程类型划分

制造具有广泛的过程内涵，具有不同的阶段，从而形成不同起始位置或起始阶段的制造过程类型。其中涉及一个核心概念——备货订货分离点（customer order decoupling point, CODP）。

备货订货分离点是指兼顾顾客的个性化要求和生产过程效率，将备货和订货生产进行组合。备货订货分离点很关键。在备货订货分离点下游，是备货性生产，是预测和计划驱动的。在备货订货分离点上游，是订货性生产，是顾客订货驱动的。其中涉及多种方式，如按订单销售（sale-to-order, STO）、按订单装配（assemble-to-order, ATO）、按订单加工（fabrication-to-order, FTO）、按订单采购（purchase-to-order, PTO）、按订单设计（engineering-to-order, ETO）。基于订单备货分离点的制造过程组织类型如图1-3所示。

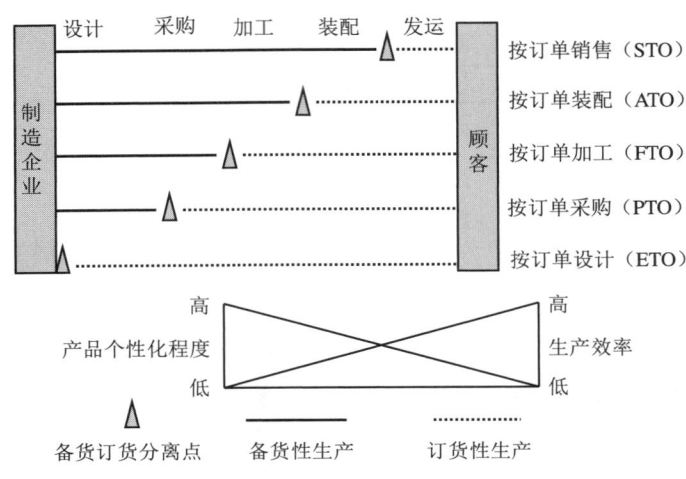

图1-3 基于订单备货分离点的制造过程组织类型

如图1-3所示，加工装配式生产可以分为产品设计、原料采购、零部件加工和产品装配等几个典型的生产阶段。将备货订货分离点定在不同的生产阶段之间，就构成了组织生产的不同方式。

如图1-3所示，订单备货分离点不同，订货性生产与备货性生产就具有不同的特点，其实质是从生产任务的来源进行分类。制造部门的生产任务来源不外乎客户订单和销售预测两种，按何种来源组织生产，直接差异表现在成品库存策略的不同。按预测来组织生产称为存货生产，按订单组织生产称为订货生产。

1. 存货生产（produce-to-stock）

这种生产方式下，要预测各种规格品种的产品市场需求量，依据预测结果确定生产数量以及企业成品、半成品仓库和经销商仓库的库存数量。像家电、汽车、手机、台式计算机等消费品生产皆属于此类。存货生产系统中，销售部门的预测数据首先输入到库存控制部门，预计今后几周和几个月内的各项产品需求数量，库存控制部门核实库存数量并决定是否需要投料生产该种产品。若已有足够库存量则可直接从成品库中按订单发货；若成品库缺货，则需下达生产任务，并根据生产任务向供应商订购原材料、零件和部件，同时通知生产计划和控制部门制订企业生产计划。成品库根据预测数字保持一定的库存水平，并负责给客户发运产品。当然，销售预测离不开订单信息，但该项产品可在收到用户订单前就投入生产并储存于成品库。

2. 订货生产（produce-to-order）

这种方式的生产量要根据客户的订单汇总而定，适用于规格品种多、个性要求较多的工业产品生产，如发电设备、生产线设备、轮船等。这类企业也需要预测，但只预测单件小批生产线的需求，而不按个别产品项目预测。企业未接到订单，此项产品便不投入生产，这是和存货生产的主要差别之处。然而，订货生产并不排斥存货生产的概念，成品虽然没有库存，但有些标准化、规范化的零部件仍然可以有库存，在收到订单之前就投入生产。

1.3.2　制造过程组织类型

为了完成生产作业，车间内部的各个工段、工作地和设备之间要有机地关联，合理布置。不同的布置构成了不同的生产组织方式，这将直接影响生产过程资源的配置和效益。生产过程组织的基本类型分为：按对象原则组织即产品导向型（product-focused），按工艺原则组织即工艺导向型（process-focused）和模块式生产（module process）三种。

1. 按对象原则的生产过程组织（产品导向型）

产品导向型的生产过程是按某种产品来组织生产单位，将生产这种产品所需要的各种工序和设备装置集中在一个生产单位。这种单位可以是小组工段或车间。工艺过程是封闭式的，不用跨越其他生产单位就能独立地生产产品。

产品导向型生产过程视产品不同可分为两大类。

（1）加工-装配型生产（discrete unite manufacturing），指物料离散地、间断地按一定工艺顺序运动，在运动中不断改变形态和性能，最后形成产品的生产，属离散型生产。制造单台（件）产品，如汽车、冰箱，可成批地生产，但各批产品轮换制造时需要调整生产过程，这类生产组织常被称为生产线或装配线，如汽车制造厂中的底盘生产线、发动机装配线和总装线等。这类生产过程组织形式的特点是：地理位置分散；零件种类繁多；零件加工彼此独立；工艺链长（毛坯制造、零件加工、部装、总装等）；通过部件装配和总装形成产品；协作关系复杂；生产系统柔性好；管理难度大。组织管理重点是控制零部件的生产进度，保证生产的成套性。

（2）流程型生产（process manufacturing），指物料连续、均匀地按一定工艺顺序运动，在运动中不断改变形态和性能，最后形成产品的生产，属于连续型生产。原材料连续流过各道工序，如筛选、破碎、搅拌、分离、掺合、裂化、合成、蒸发等。食品、酿造、炼油、化工、造纸、塑料等行业的产品属于此类，这类生产组织常称为连续生产（continuous production），顾名思义，这些液态或粉状的原材料在生产过程中按线性方式无间断地流动。这类生产过程组织的特点是：地理位置集中；工艺链短；原料进产品出；产品工艺加工过程相似；按工艺流程布置生产设备；车间、工段按工艺阶段划分。组织管理重点是保证原材料、动力的连续、不间断供应；加强维护保养；实时监控；规定合理的生产批量，控制必要库存；避免生产频繁调整，充分发挥企业生产能力；保证安全生产。

产品导向型生产组织和其他类型组织相比较，需要较高的初始投资，安装较昂贵的材料搬运设备，如传送带等，并制作专用设备和工具，如产品专用的自动焊接机等。此外，它的适应性差，一旦更换产品，系统就很难适应。但是对劳动技能要求不高，培训和指导工作量不大，计划和控制生产较方便。这种组织方式在第一次世界大战结束前只有美国采用。第二次世界大战后，工业化国家中几乎所有的企业都采用产品导向型生产组织，原因很简单，它能让绝大多数管理者得到高产量、低成本的期望结果并便于计划和控制。

产品导向型生产过程组织示意如图1-4所示。

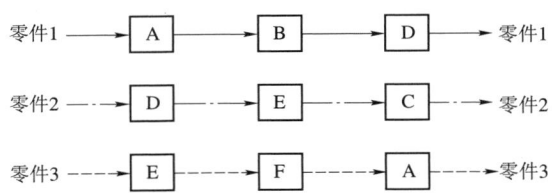

图1-4 产品导向型生产过程组织示意

2. 按工艺原则的生产过程组织（工艺导向型）

工艺导向型生产过程是按生产工艺来划分生产单位。一个生产单位汇集同类（或类似）工艺所需要的各种设备和装置，对企业的各种产品（零件）进行相同的工艺加工，如工厂所有的喷漆工序都集中在一起形成喷漆车间。这类生产组织亦可称为间歇生产（intermittent production），有动有停，产品按件或按批从一个生产单位转移到另一个单位。这类生产组织最主要的优点是它具有产品柔性，即有适应生产不同类型产品的能力。此外，一般采用通用加工设备和材料搬运设备，初始投资较小。然而，需要较熟练的劳动技能，培训和指导操作的要求高，生产计划和控制也比较复杂。工艺导向型生产过程组织的优点主要有：采用通用设备，设备利用率高，初始投资小；工人固定于一种设备，有利于专业技术的提高；生产系统的可靠性较高，工艺及设备管理较方便；对产品品种变化的适应能力强，柔性较大。缺点主要体现为：只能使用通用机床、通用工艺装备，生产效率低；在制品量大，生产周期长；各生产单位之间协作、往来频繁，管理较困难；工件在加工过程中运输次数多，产品（半成品）、原材料运输路线长。

工艺导向型生产过程组织示意如图1-5所示。

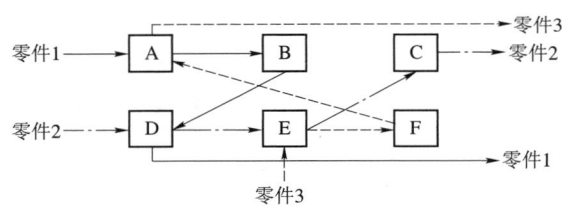

图1-5 工艺导向型生产过程组织示意

3. 模块式生产（重复型）

重复型生产过程的产品导向和工艺导向是按传统组织生产的两种基本途径进行的。实际上，企业常是组合运用两种途径，在一个企业或车间内部有些生产单位按对象原则组织而另一些生产单位按工艺原则组织。同时，人们在长期运用两者组合的实践中总结出另一种有特色而且规范的生产组织形式，即模块式生产或称重复型生产（repetitive process）。

（1）模块式生产的基础：其基础为成组技术（group technology）。成组技术是第二次世界大战后由苏联的米特罗范诺夫（S. P. Mitrofanov）提出的，用于金属加工过程，后来东欧、西欧、日本、印度及美国等对其展开研究和应用。成组技术要建立零件的代码系统，用多位数码来表示每个零件的物理特性（材料和尺寸等）。这套零件代码系统组成数据库，供设计工艺路线并辨识相似零件之用。具有相似特性的零件归并为一组，形成零件族（part family），一个零件族可以在同一机器上使用相似的工具和工艺来完成，相应的加工设备和工艺路线形成一个模块或制造单元（manufacturing cell）。车间按此模块或制造单元组织生产便是模块式生产组织。单件小批量生产的金属加工车间常用车、钻、铣、刨等通用机床，加工产品都是小批量、小批次。模块式生产促进零件设计标准化，将相似零件集中为零件族，使得加工批量增大。

（2）模块式生产系统：零件在生产单元内部流动可有不同的形式，如图 1-6 所示，单元 A 和单元 B 完全是产品导向型生产组织，所有零件都在同样的机器上直线流动。单元 C 和单元 D 中的零件则有不同的工艺路线，由于每个生产单元内部的零件都有很高的相似性，零件流动接近产品导向型组织，既吸取了按对象原则组织生产的优点，又兼顾零件之间的差异，零件可流过不同的设备，如图 1-6 中零件 a 和零件 b 以及零件 c 和零件 d 的生产。模块式制造单元一般都是在单件小批量生产车间的环境下出现的。

（3）模块式生产和单件小批生产的比较：零件族在一个生产模块中用同样的机器和类似工具进行生产具有许多优越性，如批量变更所引起的调整费用大减、降低在制品数量、提高劳动生产率等。这种组织方式也有缺点，如为了减少零件在模块之间传送的次数，生产模块内会出现重复的设备；单件小批生产车间所生产的零件不可能全都由生产模块完成，容易导致剩下的零件加工效率不高等。尽管模块式生产组织很有发展潜力，但如果单件小批生产的组织形式全部过渡到模块式生产的情景，就需要采取柔性的可重构制造调度的方式。模块式生产可看成是单件小批生产和大量生产的中间阶段。

模块式生产过程组织示意如图 1-6 所示。

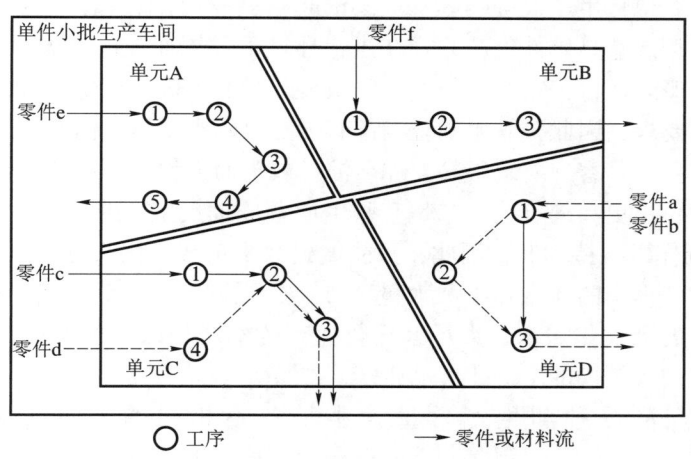

图 1-6　模块式生产过程组织示意

1.3.3　制造过程结构分类

制造过程结构分类是指按生产过程设备专业化程度以及物流的标准化和重复程度将生产过程分类，一般专业化程度高，标准化和重复程度亦高，两者是一致的。显然，产品生产数量越大，专业化和标准化及重复程度越高。

（1）连续生产（continuous production）：连续生产是指根据需求而长年无间歇性地生产产品，从原料投入到产品产出全过程自动化，如炼铜、化工、炼钢等行业。

（2）大量生产（mass production）：大量生产的产品品种与连续生产比较起来要多一些，且产品数量很大。由于生产对象基本固定，产品设计和工艺过程的标准化程度高，工序划分和分工很细，操作工人可以重复进行相同的作业，典型的大量生产行业有汽车工业、电子工业。

（3）批量生产（batch production）：批量生产的产品品种较多，而每个品种的产量较少。一般为定型产品，有相同或类似的工艺路线，通常采用配以专用工艺装备的通用设备，从一批产品转到另一批产品生产要花费调整时间，故又称间歇性生产。典型的批量生产如机床制造、轻工业机械制造行业等。由于批量的规模差别很大，通常又可分为大批量生产、中批量生产和小批量生产。大批量生产接近大量生产，可参照大量生产特点来组织生产，故有大量、大批量生产之称。小批量生产接近单件生产，可参照单件生产特点来组织生产，故常称单件小批量生产。

（4）单件生产（job shop）：单件生产产品的品种多而每一品种的产品数量很少。产品生产重复性差，各自有单独的工艺路线，生产技术准备工作的时间长。设备和工艺装备都不通用，设备利用率较低，产品生产周期长，产品成本高。重型机械制造等行业属于单件生产类型。

（5）项目生产（project production）：项目生产的产品体积庞大，难以搬运，甚至固定不动，如船舶、飞机、桥梁和高速公路的构建。这类产品投资庞大，制造时间长，应作为一个工程项目来组织生产。

在机械制造行业中，单件生产、批量生产和大量生产过程是主要的，连续生产和项目生产很少遇到。大量客户化生产（mass customization）是一种日渐兴起的生产方式，它有望成为一种新的生产类型。它是单件生产方式在当代环境下发展而成的。大量客户化这个名词，就其中客户化这个概念而言，它并不新颖，以服装鞋帽业为例，从生产者的角度来说，难以满足每个消费者的要求，因此，衣服和鞋帽都有标准尺码和型号。但有两种情况生产者愿意按某人需求来生产：一是客户要求很高，如名演员或头面人物，不愿意有半点迁就，要求定做，当然客户愿意付出更高的价格；二是有些生产者按批量生产或大量生产竞争不过别人，靠"量体裁衣"制作以维持利润，因此，只能做到"少量客户化"，满足少量客户的个人需求。大量客户化生产提出的新意在于"大量"二字，强调不只是满足个别客户或少数客户，而要满足大量客户的个性化需求。大量客户化生产的本质是以大规模批量化产品生产的效率、成本为目标实现大规模的定制化产品生产。

制造企业的产品品种和生产批量大小是各不相同的，我们称之为制造规模（manufacturing scale）。通常，可以将制造规模分为三种：大规模制造、大批量制造和多品种小批量制造。

（1）年产量超过 5 000 件的制造常称为大规模制造，例如标准件（螺钉、螺母、垫圈、销子等）的制造、自行车的制造、汽车制造等。大规模制造常采用组合机床生产线或自动化单机系统，通常其生产率极高，产品的一致性非常好，成本也较低。

（2）年产量 500～5 000 件的制造常称为大批量制造，如重型汽车制造、大型工程机械制造等均属于大批量制造。大批量制造的自动化程度和生产率通常较低，实际中多使用加工中心和柔性制造单元。

（3）年产量在 500 件以下的制造通常称为多品种小批量制造，如飞机制造、机床制造、大型轮船制造等。随着用户需求的不断变化，机械制造企业的生产规模越来越小，多品种、单件化已成为机械制造业的主导方式。

1.3.4　制造类型选择分析

对于某种产量需求的产品生产而言，其制造过程类型的选择一般采用平衡点分析方法。

设有自动装配生产（A）、模块式生产（C）、单件生产（J）三个方案，其成本结果见表 1-1。

表 1-1　不同类型生产方式成本结果示例　　　　　　　　　　　　　　元

类型	固定成本（年）FC	可变成本（单件）$V(Q)$
A	110 000	2
C	80 000	4
J	75 000	5

如产量为 10 000 件，则各种类型生产的年总成本 $TC=FC+V(Q)$，有

$$TC_A=FC_A+V_A(10\,000)=130\,000$$
$$TC_C=FC_C+V_C(10\,000)=120\,000$$
$$TC_J=FC_J+V_J(10\,000)=125\,000$$

图 1-7 中存在 2 个关键平衡点。

（1）单件生产与模块式生产平衡点：意味着 $TC_J=TC_C$，即 $75\,000+5(Q)=80\,000+4(Q)$，$Q=5\,000$ 件，说明 5 000 件以下，单件生产方式经济上合理；

（2）模块式生产与自动装配线平衡点：意味着 $TC_C=TC_A$，即 $80\,000+4(Q)=110\,000+2(Q)$，$Q=15\,000$ 件，说明 15 000 件以上，采用自动装配线方式经济上合理。同时，可见模块式生产组织适用于 5 000~15 000 件的批量范围。

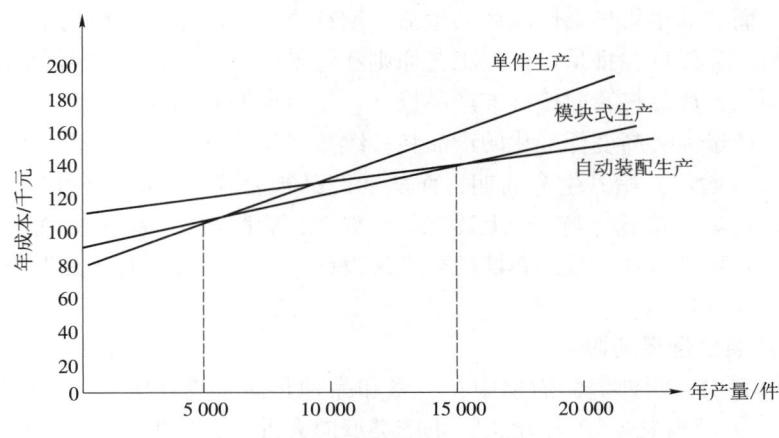

图 1-7　制造类型平衡点分析

1.4 产品设计与制造类型的关系

1.4.1 产品设计和产品的生命周期

1. 产品设计的基型

产品设计有两种基型:一是客户产品(custom products),它是按个性化的客户需求来设计产品,这类设计形成的产品品种多,批量小,对生产柔性及按时发货的要求高;二是标准产品(standard products),这类产品品种少,通常采用大批量生产,要求快速发送和低成本,如电视机生产等。

2. 产品的生命周期

任何产品在市场上都有其生命周期,产品的设计和开发是处于引入阶段,刚开始接订单,只有支出,无利润可言。当产品订单快速增长、营销业务强劲、生产能力迅速扩充并开始有利润时,则进入产品成长阶段。此后,产品规模扩大,追求大量生产、低成本,营销致力于维持市场份额,增加销售量,当利润已达高峰,则产品进入饱和阶段,也称为成熟期、稳定期。最后,产品进入衰退阶段,利润和销售额下降。每种产品不一定会走完整个生命周期,很可能会被改进后的产品中途替代。目前,产品生命周期有缩短的趋势,特别是像计算机和生活消费产品。产品生命周期的缩短将影响多方面,首先,产品设计和开发的耗费增大;其次,生产系统为了适应不断变化的产品,对系统的柔性要求更高;最后,要有快速的产品设计能力,如运用 CAD/CAM 和快速成型等技术,加速设计和新产品投入生产的过程。

1.4.2 生产过程的生命周期

1. 生产过程生命周期的概述

海耶思(R. H. Hayes)和费尔赖特(S. C. Wheelwright)提出生产过程生命周期的概念。从生产结构发展阶段来看,开始总是单件生产,然后是小批量、大批量生产,最后是大量生产,这就形成生产过程生命周期的不同阶段。如将产品生命周期和生产过程生命周期联系起来分析,两者相互影响,生产过程阶段的变化影响产品成本、质量和生产能力,进而影响产品销售量,而产品销售量又影响产品生命周期选择。在产品生命周期早期阶段,产品按客户需求即客户产品设计,批量小,按工艺原则和订单生产。当市场对此产品需求增加,批量和产量随之增长,产品将转向按标准产品设计,按对象原则和存货生产,一旦此产品达到饱和阶段,则此产量大、高度标准化的产品将持续按对象原则和存货生产。更新设计产品通常不会从"引入"阶段开始其生命周期,而从老产品被替代时所处的阶段开始。现在有些产品生产周期特别短,并不完全适合上述规律,如 3C 等消费类产品很快就达到成熟期,生产系统在产品引入阶段后就要按成熟期的要求来设计。产品生命周期及其生产过程生命周期的关联示意如图 1-8 所示。

2. 影响生产类型选择的因素

从图 1-8 可看出,两种生命周期中,产量和品种是两个重要因素,直接影响到生产类型选择,随着产品品种减少,产量增大,生产类型向大批、大量生产发展,但企业在生产过

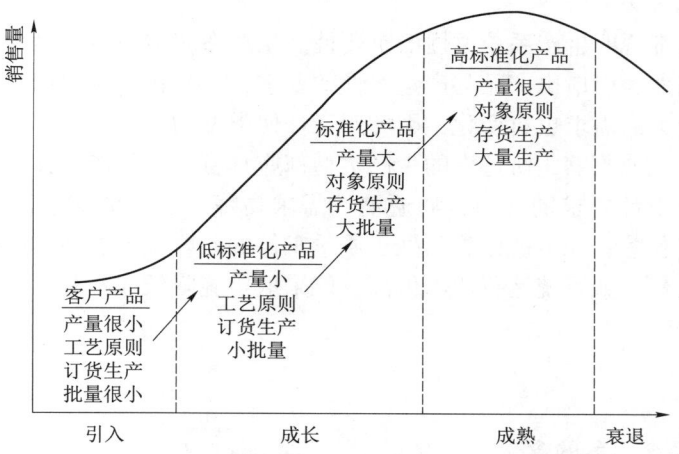

图 1-8　产品生命周期及其生产过程生命周期的关联示意

程类型选择中不能简单地对号入座，产品生命周期的各阶段对应何类生产，还要考虑以下一些重要因素。

（1）多产品：企业一般都有多种产品。各个产品的生命周期阶段并不相同，这就有个组合问题，图 1-9 表示从保持设备利用率的角度来组合几种产品的生产。图 1-9 中假定产品 X 和产品 Y 和产品 Z 都可利用同一条生产线和设备。一种产品处于衰退期，而其他产品处于引入期或成熟期，生产线仍可保持足够负荷。它们的部分零件可能利用共同设备，另一些零件却需要单独的设备，实际情况要复杂得多。

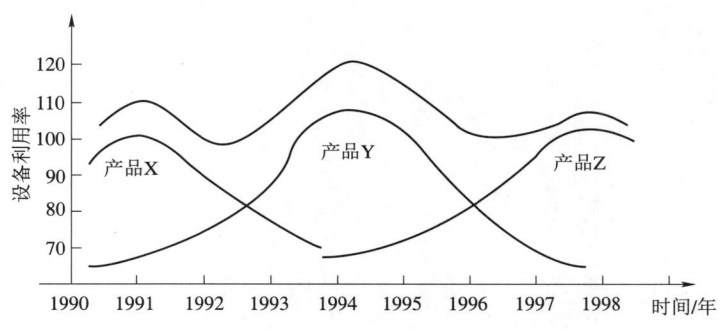

图 1-9　产品生命周期及设备利用率

（2）生命周期阶段的过渡：一方面，生命周期各阶段的产量需求不一样，相应有不同的生产类型，而不同的生产类型导致不同的生产过程流程和车间布置；另一方面，产品不能停留在生命周期的某个阶段，因此，生产过程规划中应主要按照哪个阶段去设计，这是一个风险决策。如果选择生命周期后阶段的大量生产，则投资很大，届时，产品步入衰退，竞争力和销售将可能出现问题；如只根据当前市场需求情况来选择单件小批生产类型，也可能丧失商机。即使以某个阶段为主，仍需考虑生产过程如何过渡，适应产品生命周期阶段的变化。

（3）预测需求量和实际生产量的差异：实际生产量并不完全取决于预测需求量，如完全按照预测数量生产，生产能力不一定可行，经济上也不一定合理，与企业经营战略所确定的竞争优势重点也未必一致。

上述几个因素都说明生产系统柔性的重要性。生产系统柔性不仅是为了适应客户需求的变化，产品生命周期也引申出产品与产量柔性的要求，产品在生命周期各阶段的经历中产量会有变化，生产能力的需求也有变化，因此对于任何类型的生产系统都要考虑到它可能的变型和生产能力的扩充或收缩，所选定的生产类型都应具备一定的能力弹性。能力弹性指生产系统具有应付偏离设计要求的能力，如遇消费需求高峰或意外的需求，生产能力可迅速扩张，反之也可及时收缩；如生产设施已处于质量难保的阶段，便能在不影响系统正常运行的情况下改进产品质量；如系统运行成本偏高，能采取措施降低成本等。

习题

1. 简述制造系统工程的含义。
2. 简述产品导向型、工艺导向型以及重复型生产过程组织类型的基本含义及其差异。
3. 简述产品生命周期包括哪些阶段，以及各个阶段的生产过程组织类型要求。

第 2 章

柔性自动化制造系统

柔性自动化制造系统是在较少的人工干预下，将原材料加工成零件并组装成一定分类模式的产品，在加工过程和装配过程中实现工艺过程自动化的制造系统。工艺过程涉及的范围很广，它包括工件的装卸、存储和输送，刀具的装配、调整、输送和更换，工件的切削加工、排屑、清洗、测量和热处理，切屑的输送、切屑的净化处理和回收，将零件装配成产品，等等。

产品设计及生产过程类型选定后，制造技术选择便是后续的重要决策。制造系统的技术选用得当可保持竞争优势，许多公司依靠以自动化为基础的先进制造技术来保持创新能力和市场份额。起初，人们对自动化仅仅理解为用机器替代人工工作，现在概念不同，自动化意味着将先进信息技术和生产技术及生产过程集成一体，成为综合提高产品质量、扩大生产能力、提高生产柔性和降低成本的主要手段与途径。制造技术的选择，实质上是自动化程度的选择。

2.1 自动化制造系统的常见类型

2.1.1 刚性自动线

刚性自动线（demand automation line，DAL）由若干自动机床连成一体并配备自动化传送和搬运设备。线上的每台自动机床有材料自动传送机，无须工人操作，每台机器完成作业后，零件按固定顺序传给下台机器直至加工完毕。这类系统常用于生产产品的主要零部件，如卡车的齿轮箱。这类自动线属于固定自动化或刚性自动化，加工自动线专为生产某种零件或产品而设计，初始投资大，难以更改产品，只是在产量大且稳定时才应用它，这时单位产品成本较低。现今，技术发展快，产品生命周期缩短，这种刚性自动化的应用会受到限制。

刚性自动线一般由刚性自动化加工设备、工件输送装置、切屑输送装置和控制系统以及刀具等组成。

（1）自动化加工设备：刚性自动线的加工设备有组合机床和专用机床，它们是针对某一种或某一组零件的加工工艺而设计和制造的。刚性自动化设备一般采用多面、多轴和多刀同时加工，因此自动化程度和生产率均很高。在生产线的布置上，加工设备按工件的加工工艺顺序依次排列。

（2）工件输送装置：刚性自动线中的工件输送装置以一定的生产节拍将工件从一个工位输送到下一个工位。工件输送装置包括工件装卸工位、自动上下料装置、中间储料装置、输送装置、随行卡具返回装置、升降装置和转位装置等。输送装置采用各种传送带，如步伐式、链条式或辊道式等。

（3）切屑输送装置：刚性自动线中常采用集中排屑方式，切屑输送装置有刮板式、螺旋式等。

（4）控制系统：刚性自动线的控制系统对全线机床、工件输送装置、切屑输送装置进行集中控制，控制系统一般采用传统的电气控制方式（继电器–接触器），目前倾向于采用可编程逻辑控制器（PLC）。

（5）刀具：加工机床上的切削刀具由人工安装、调整，实行定时强制换刀。如果出现刀具破损、折断，则进行应急换刀。

刚性自动线生产率高，但柔性较差。当被加工对象发生变化时，需要停机、停线并对机床、卡具、刀具等工装设备进行调整或更换，如更换主轴箱，通常调整工作量大，停产时间长；如果被加工件的形状、尺寸或精度变化很大，则需要对生产线进行重新设计和制造。

图 2-1 所示为加工曲拐零件的刚性自动线总体布局图。该自动线年生产曲拐零件 1 700 件，毛坯是球墨铸铁件。由于工件形状不规则，没有合适的输送基面，因而采用了随行卡具安装定位，便于工件在各工位之间的输送。该曲拐加工自动线由 7 台组合机床和 1 个装卸工位组成。全自动线定位夹紧机构由 1 个泵站集中供油。工件的输送采用步伐式输送带，输送带用钢丝绳牵引式传动装置驱动。毛坯在随行夹具上定位需要人工找正，没有采用自动上下料装置。在机床加工工位上采用压缩空气喷吹方式排除切屑，全线集中供给压缩空气。切屑运送采用链板式排屑装置，从机床中间底座下方运送切屑。自动线布局采用直线式，工件输送带贯穿各工位，工件装卸台 4 设在自动线末端。随行夹具连同工件毛坯经工件升降机 5 提升，从机床上方送到自动线的始端，输送过程中没有切屑撒落到机床、输送带和地面上。切屑通过链板式排屑装置 2 的运送方向与工件输送方向相反，斗式切屑提升机 1 设在自动线始端，中央控制台 6 设在自动线末端。

2.1.2　分布式数字控制

DNC 有两种英文表达，即 Direct Numerical Control 和 Distributed Numerical Control，前者译为直接数字控制，后者译为分布式数字控制。两种表达反映了 DNC 的不同发展阶段。

DNC 始于 20 世纪 70 年代初期，DNC 的出现标志着数控加工由单机控制发展到集中控制。最早的 DNC 是用一台中央计算机集中控制多台（3~5 台）数控机床，机床的部分数控功能（例如粗插补运算）由中央计算机完成，组成 DNC 的数控机床只配置简单的机床控制器 MCU（Machine Control Unit），用于数据传送、驱动和手工操作，如图 2-1（a）所示（图中每种方案连接只画出一台机床），在这种控制模式下，机床不能独立工作，虽然能节省部分硬件，但现在的硬件价格很低，因此该方案已失去实用意义。

第二代 DNC 系统称为 DNC-BTR 系统，其组成方案如图 2-1（b）所示，各机床的数控功能不变，DNC 起着数控机床的纸带阅读机的功能，故称之为读带机旁路控制（Behind Tape Reader，BTR）。若 DNC 通信受到干扰，数控机床仍可用原读带机独立工作。

现代 DNC 系统称为 DNC-CNC 系统，它由中央计算机、CNC 控制器、通信端口和连接线路组成。现代 CNC 都具有双向串行接口和较大容量的存储器。通信端口在 CNC 一侧，通常是一台工控微机，也称 DNC 接口机。每台 CNC 都与一台 DNC 接口机相连（点对点

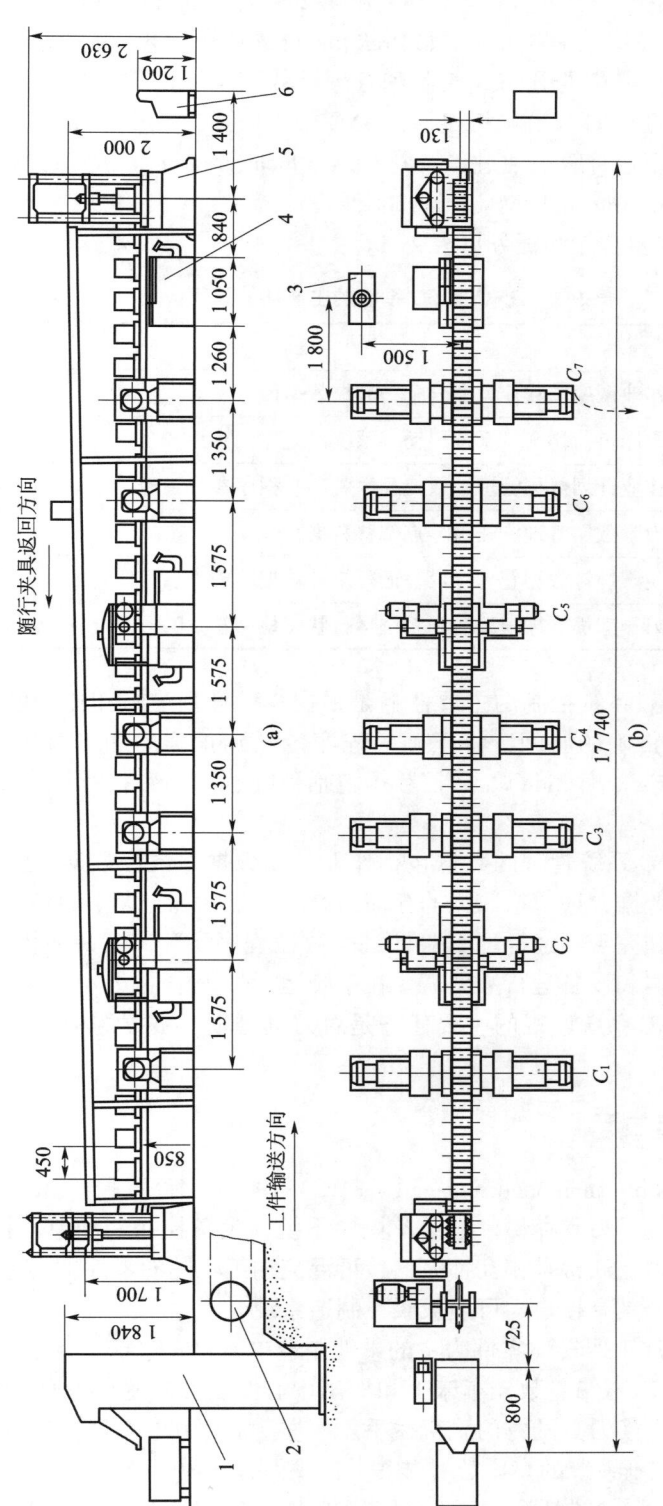

图 2-1　加工曲拐零件的刚性自动线总体布局图

(a) 正视图；(b) 俯视图

1—斗式切屑提升机；2—链板式排屑装置；3—全线泵站；4—工件装卸台；5—工件升降机；6—中央控制台

式），通过串行口（如 RS232c，20MA 电流环、RS422 和 RS449 等）进行通信，DNC 中央机与 DNC 接口机通过现场总线（Fieldbus）如 Profibus、CANbus、Bitbus 等进行通信，实现对 CNC（包括多制式 CNC）机床的分布式控制和管理。数控程序以程序块方式传送，与机床加工非同步进行。先进的 CNC 具有网络接口，DNC 中央计算机与 CNC 通过现场总线直接通信，DNC 中央计算机与上层计算机通过局域网 LAN（local area network）进行通信，如 MAP（manufacturing automation protocol）网、Ethernet 等。

DNC-CNC 系统的主要功能和任务见表 2-1。

表 2-1　DNC-CNC 系统的主要功能和任务

功能	任　务
系统控制	作业调度、数控程序分配、数控数据传送
	机床负荷均衡、系统启动、系统停止
数据管理	作业计划数据管理、数控程序管理、程序参数管理
	刀具数据管理、托盘零点偏移数据管理
	生产统计数据管理、设备运行统计数据管理
系统监视	刀具磨损、破损检测和系统运行状态检测及故障报警

（1）系统控制：DNC 系统控制的主要任务是根据作业计划进行作业调度，将加工任务分配给各机床，要求在正确的时间，将正确的程序传送到正确的加工机床，即 3R（right time，right programme，right position）。数控数据包括数控程序、数控程序参数、刀具数据、托盘零点偏移数据等。

（2）数据管理：DNC 系统管理的数据包括作业计划数据、数控数据、生产统计数据和设备运行统计数据等。数据管理包括数据的存储、修改、清除和打印。数控程序往往要在机床上通过仿真进行修改和完善，经过加工验证过的数控程序要存储，并回传到 DNC 系统中央计算机。生产统计数据和设备运行数据需要在系统运行过程中生成。

（3）系统监视：DNC 系统监视的主要任务是对刀具磨损、破损的检测和系统运行状态的检测及故障报警。

2.1.3　柔性制造单元

柔性制造单元（flexible manufacturing cell，FMC）由 1~3 台数控机床和/或加工中心，工件自动输送及更换系统，刀具存储、输送及更换系统，设备控制器和单元控制器等组成。单元内的机床在工艺能力上通常是相互补充的，可混流加工不同的零件，具有单元层和设备层两级计算机控制，对外具有接口，可组成柔性制造系统。

图 2-2 所示为一以加工回转体零件为主的柔性制造单元。它包括 1 台数控车床，1 台加工中心，2 台用于在装卸工位 3、数控车床 1 和加工中心 2 之间输送物料的运输小车，用来为数控车床装卸工件和更换刀具的龙门式机械手 4，进行加工中心刀具库和机外刀库 6 之间刀具交换的机器人 5，控制系统的车床数控装置 7，龙门式机械手控制器 8，小车控制器 9，加工中心控制器 10，机器人控制器 11 和单元控制器 12 等组成。单元控制器负责对单元组成设备进行控制、调度、信息交换和监视。

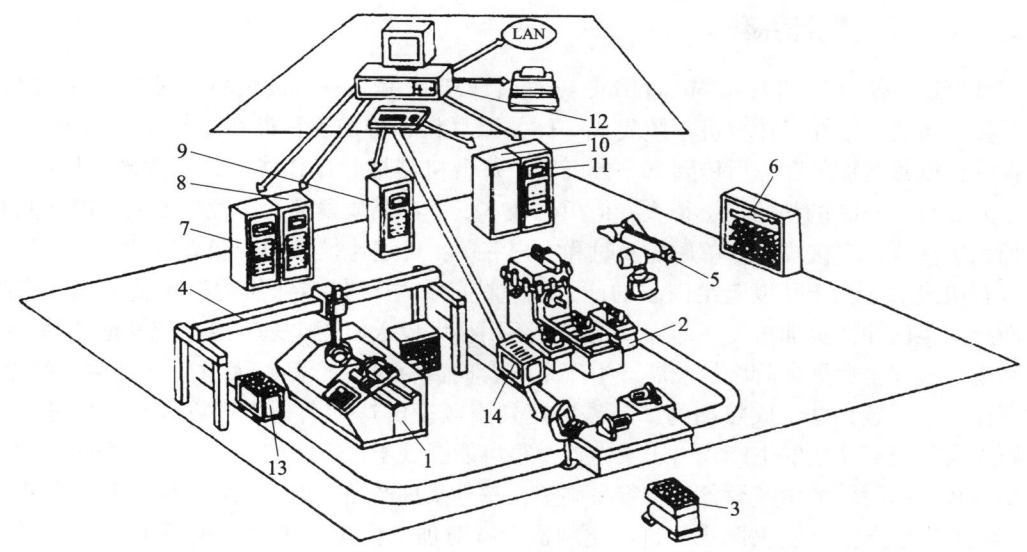

图 2-2　柔性制造单元

1—数控车床；2—加工中心；3—装卸工位；4—龙门式机械手；5—机器人；6—机外刀库；

7—车床数控装置；8—龙门式机械手控制器；9—小车控制器；10—加工中心控制器；

11—机器人控制器；12—单元控制器；13，14—运输小车

图 2-3 所示为一带托盘的柔性制造单元。单元主机是一台卧式加工中心，刀库容量为 70 把，采用双机械手换刀，配有 8 工位自动交换托盘库。托盘库为环形转盘，托盘库台面支承在圆柱环形导轨上，由内侧的环链拖动而回转，链轮由电动机驱动。托盘的选择和定位由可编程控制器控制，托盘库具有正反向回转、随机选择及跳跃分度等功能。托盘的交换由设在环形台面中央的液压推拉机构实现。托盘库旁设有工件装卸工位，机床两侧设有自动排屑装置。

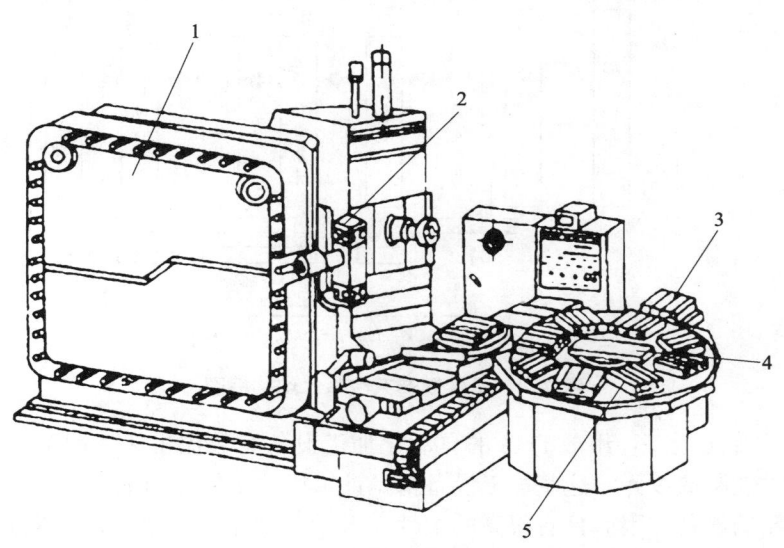

图 2-3　带托盘的柔性制造单元

1—刀具库；2—换刀机械手；3—装卸工位；4—托盘交换机构；5—托盘库

2.1.4 柔性制造系统

柔性制造系统（flexible manufacturing system，FMS）是指一组按次序排列的机器，由自动装卸及传送机器连接并经计算机系统集成一体，原材料和待加工零件在零件传输系统上装卸，零件在一台机器上加工完毕后传到下一台机器，每台机器接收操作指令，自动装卸所需工具，无须工人参与。FMS 的初始投资很大，但单位成本低，产品质量高，柔性程度大。FMS 具有如下市场竞争优势：在接收到订单后能及时和客户签单；可迅速扩大生产能力以满足用户高峰需求；具有快速引入新产品以满足需求的能力。这些能力均可归结到前述的产量柔性和产品柔性，而产品柔性往往更加重要，即生产系统可不用很大投入便能快速转向生产其他产品。随着产品和生产过程生命周期阶段的发展，生产系统会向高标准化产品、大量生产和生产线推进。这就存在一个问题，处于成熟期的产品需要花费高额投资达到大量生产方式。一旦进入衰退期，原先高额投资建成的生产线由于柔性差，很可能会处于报废的困境。FMS 为摆脱此困境开辟了新途径，即设计的生产设备比较容易调整，一旦某种产品衰退，就转而生产其他产品。

"柔性"是指生产组织形式和自动化制造设备对加工任务（工件）的适应性。FMS 在加工自动化的基础上实现物料流和信息流的自动化，其基本组成部分有自动化加工设备、工件储运系统、刀具储运系统、多层计算机控制系统等。其基本结构框图如图 2-4 所示。

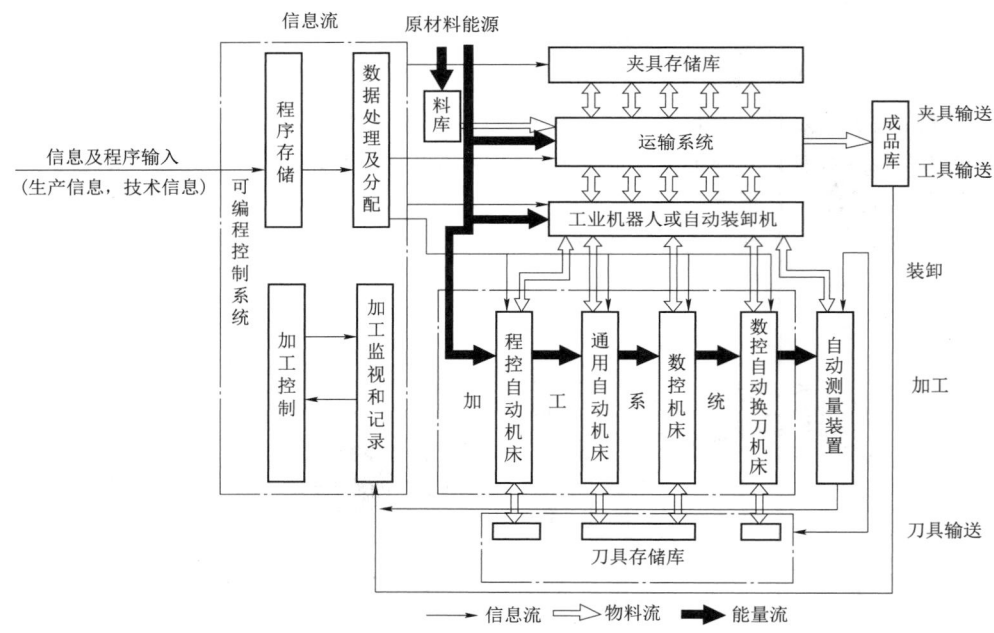

图 2-4　柔性制造系统基本结构框图

（1）自动化加工设备：组成 FMS 的自动化加工设备有数控机床、加工中心、车削中心等，也可能是柔性制造单元。这些加工设备都是计算机控制的，加工零件的改变一般只需要改变数控程序要的设备。因而具有很高的柔性。自动化加工设备是自动化制造系统最基本，也是最重要的设备。

（2）工件储运系统：FMS 工件储运系统由工件库、工件运输设备和工件更换装置等组成。工件库包括自动化立体仓库和托盘（工件）缓冲站。工件运输设备包括各种传送带、运输小车、机器人或机械手等。工件更换装置包括各种机器人或机械手、托盘交换装置等。

（3）刀具储运系统：FMS 的刀具储运系统由刀具库、刀具输送装置和刀具交换装置等组成。刀具库有中央刀库和机床刀库。刀具输送装置有不同形式的运输小车、机器人或机械手。刀具交换装置通常是指机床上的换刀机构，如换刀机械手。

（4）多层计算机控制系统：FMS 的控制系统采用计算机多层控制，通常是三层控制，即单元层、工作站层和设备层。

除了上述四个基本组成部分以外，FMS 还可以加以扩展，扩展部分有：

① 自动清洗工作站；

② 自动去毛刺设备；

③ 自动测量设备；

④ 集中切屑运输系统；

⑤ 集中冷却润滑系统等。

典型的柔性自动化系统如图 2-5 所示。

图 2-6 是一种较典型的 FMS，4 台加工中心直线布置，工件储运系统由托盘站 8、托盘运输有轨小车 12、工件装卸工位 10 和布置在加工中心前面的托盘交换装置 9 等组成。刀具储运系统由中央刀库 6、刀具进出站 2、刀具输送机器人移动车 4 和刀具预调仪 1 等组成。单元控制器 3、工作站控制器（图中未标出）和设备控制装置组成三级计算机控制。切屑运输系统没有采用集中运输方式，每台加工中心均配有切屑运输装置。

图 2-7 所示是一个具有柔性装配功能的柔性制造系统。图的右部是加工系统，有一台镗铣加工中心 10、一台车削加工中心 8、多坐标测量仪 9、立体仓库 7 及装夹站 14。图的左部是一个柔性装配系统，其中有一个装载机器人 12，3 个装夹具机器人 3、4、13，一个双臂机器人 5，一个手工工位 2 和传送带。柔性加工和柔性装配两个系统由一个自动导向小车 15 作为运输系统连接。测量设备也集成在控制区 16 范围内。

柔性制造系统的主要特点有：柔性高，适应多品种、中小批量生产；系统内的机床在工艺能力上是相互补充和/或相互替代的；可混流加工不同的零件；系统局部调整或维修不中断整个系统的运作；多层计算机控制可以和上层计算机联网；可进行三班无人干预生产。

2.1.5　柔性制造线

柔性制造线（flexible manufacturing line，FML）由自动化加工设备、工件输送系统和刀具控制系统等组成。

（1）自动化加工设备：组成 FML 的自动化加工设备有数控机床、可换主轴箱机床。可换主轴箱机床是介于加工

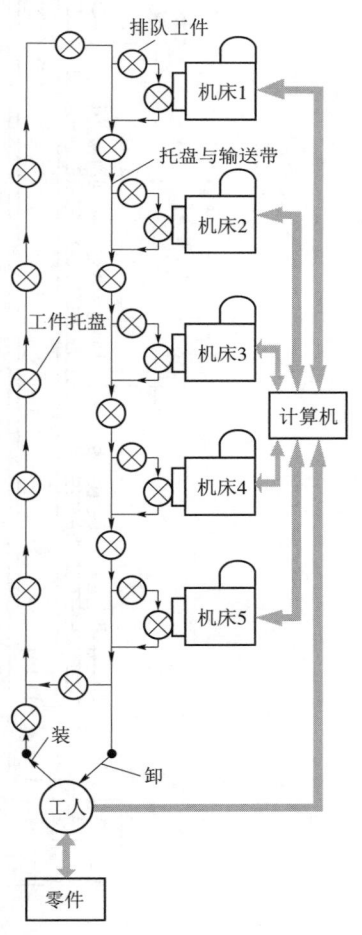

图 2-5　典型的柔性自动化系统

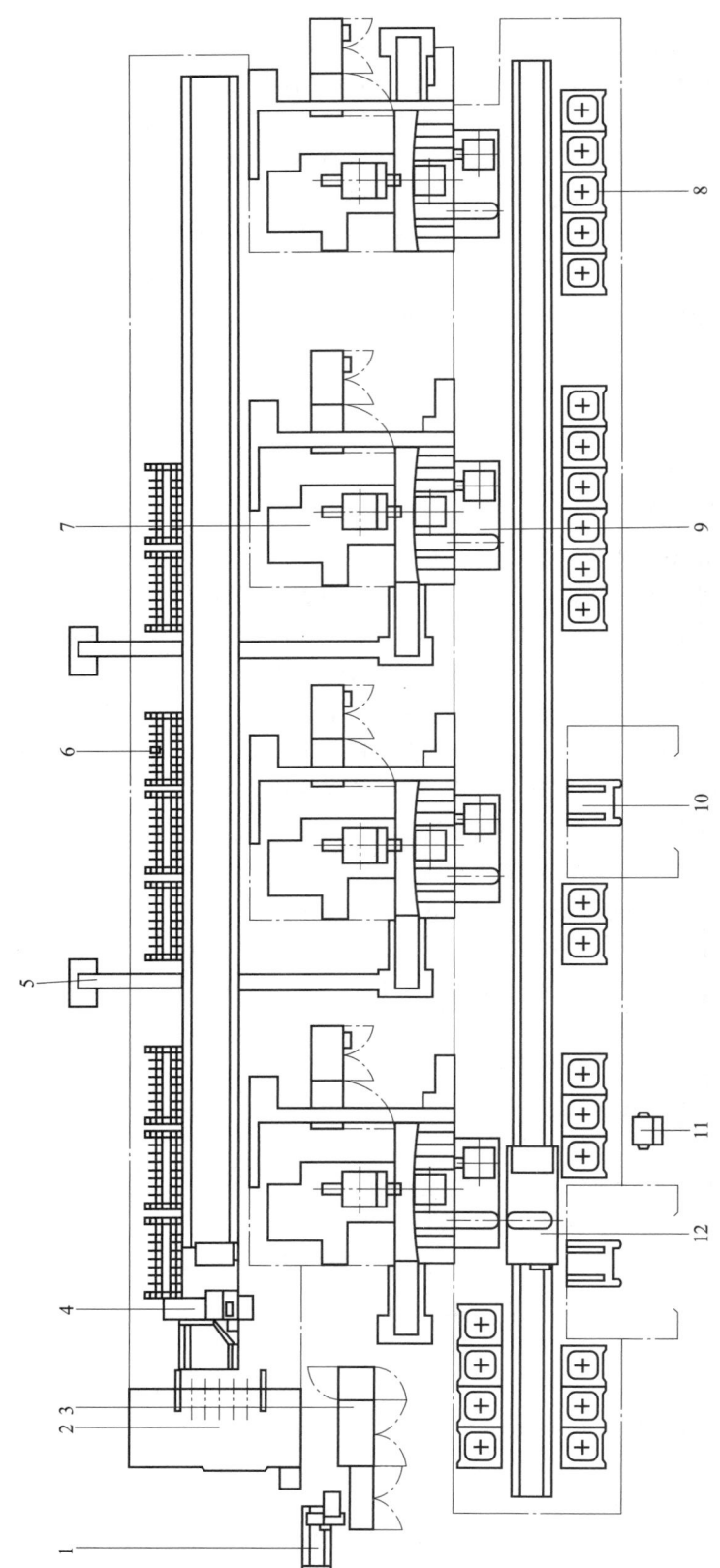

图 2-6 柔性制造系统的组成

1—刀具预调仪;2—刀具进出站;3—单元控制器;4—机器人移动车;5—切屑控制装置;6—中央刀库;7—加工中心;

8—托盘站;9—托盘交换装置;10—工件装卸工位;11—控制终端;12—托盘运输有轨小车

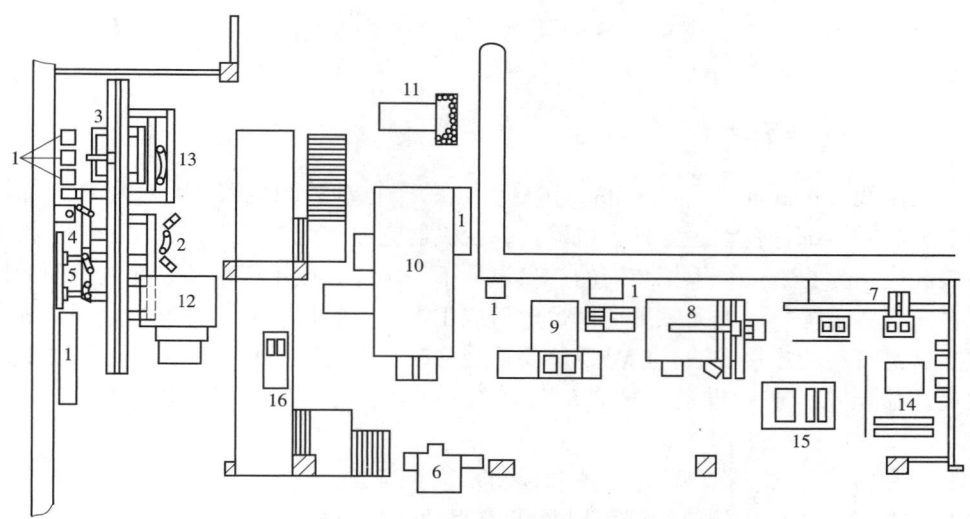

图 2-7 具有柔性装配功能的柔性制造系统

1—控制柜；2—手工工位；3—紧固机器人；4—装配机器人；5—双臂机器人；6—清洗站；
7—立体仓库；8—车削加工中心；9—多坐标测量仪；10—镗铣加工中心；11—刀具预调站；
12—装载机器人；13—小件装配机器人；14—装夹站；15—自动导向小车（AGV）；16—控制区

中心和组合机床之间的一种中间机型。可换主轴箱机床周围有主轴箱库，根据加工工件的需要更换主轴箱。主轴箱通常是多轴的，可换主轴箱机床可对工件进行多面、多轴、多刀同时加工，是一种高效机床。

（2）工件输送系统：FML 的工件输送系统和刚性自动线类似，采用各种传送带输送工件，工件的流向与加工顺序一致，依次通过各加工站。

（3）刀具控制系统：可换主轴箱上装有多把刀具，主轴箱本身起着刀具库的作用，刀具的安装、调整一般由人工进行，采用定时强制换刀。

图 2-8 所示为一加工箱体零件的柔性制造线示意，它由 2 台对面布置的数控铣床，4 台两两对面布置的转塔式换箱机床和 1 台循环式换箱机床组成。采用辊道传送带输送工件。这条自动线看起来和刚性自动线没有什么区别，但它具有一定的柔性。

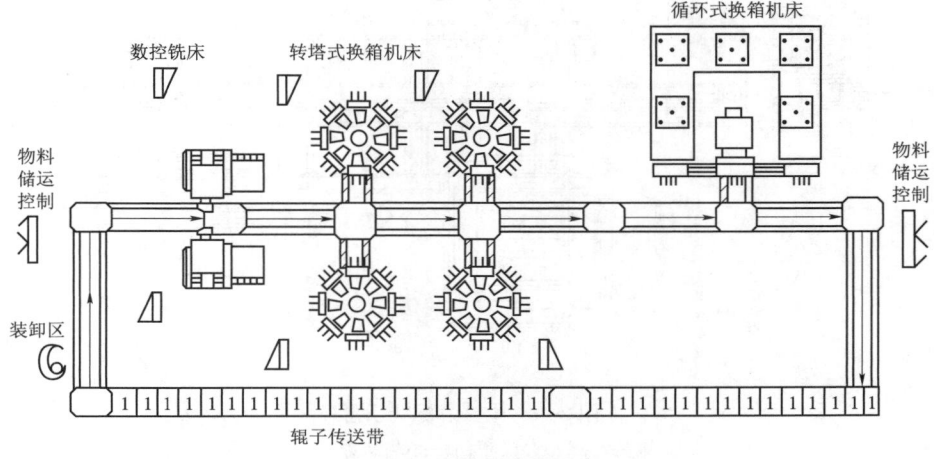

图 2-8 柔性制造线示意

FML 同时具有刚性自动线和 FMS 的某些特征。在柔性上接近 FMS，在生产率上接近刚性自动线。

2.1.6 柔性装配线

柔性装配线（flexible assembly line，FAL）由若干自动装配机器和自动材料装卸设备连成系统。材料或零部件自动送到各台机器，每台机器完成装配工序后即送往下一台机器，直到产品装配完毕为止。适合手工装配的产品设计不一定能直接用于自动装配线，因为机器人不能完全重复手工操作，如人工可使用螺丝刀或用螺栓、螺母将两零件连接成一体等，柔性装配线上就需有新的连接方法，产品设计要适当修改与自动装配相适应。FAL 可降低产品成本，提高产品质量，初始投资不像自动生产线那么昂贵，因此，并不局限于产量很大的产品。

FAL 通常由装配站、物料输送装置和控制系统等组成。

（1）装配站：FAL 中的装配站可以是可编程的装配机器人、不可编程的自动装配装置和人工装配工位。

（2）物料输送装置：FAL 输入的是组成产品或部件的各种零件，输出的是产品或部件。根据装配工艺流程，物料输送装置将不同的零件和已装配成的半成品送到相应的装配站。输送装置由传送带和换向机构等组成。

（3）控制系统：FAL 的控制系统对全装配线进行调度和监控，主要是控制物料的流向、自动装配站和装配机器人。

图 2-9 所示为柔性装配线示意，线中有无人驾驶输送装置 1、传送带 2、双臂机器人 3、装配机器人 4、上螺栓机器人 5、自动装配站 6、人工装配工位 7 和投料工作站 8 等。投料工作站中有料库和取料机器人。料库有多层重叠放置的盒子，这些盒子可以抽出，也称之为抽屉，待装配的零件存放在这些盒子中。取料机器人有各种不同的夹爪，它可以自动地将零件从盒子中取出，并摆放在一个托盘中。盛有零件的托盘由传送带自动地送往装配机器人或装配站。

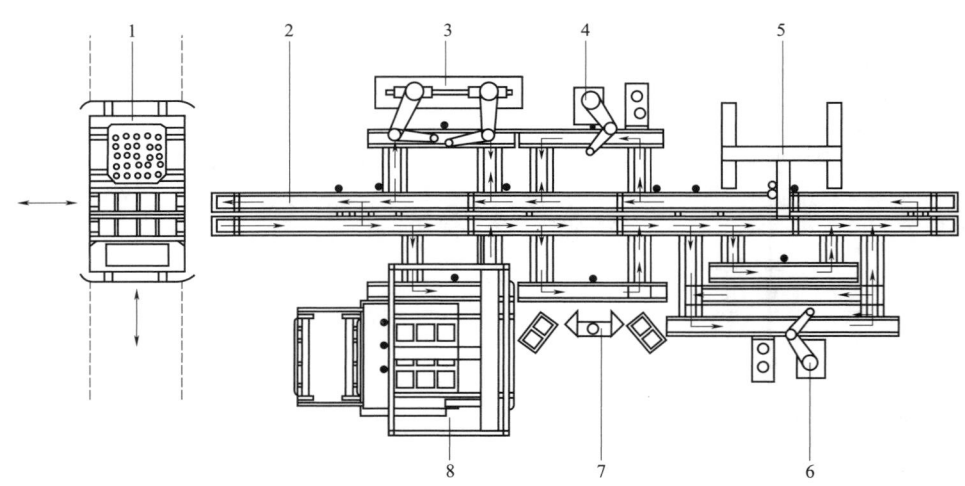

图 2-9　柔性装配线示意

1—无人驾驶输送装置；2—传送带；3—双臂机器人；4—装配机器人；

5—上螺栓机器人；6—自动装配站；7—人工装配工位；8—投料工作站

2.2　工件储运系统

2.2.1　工件储运系统的组成

在自动化制造系统中，伴随制造过程进行着各种物料的流动，这些物料包括工件或工件托盘、刀具、夹具、切屑、切削液等。工件储运系统是自动化制造系统的重要组成部分，它将工件毛坯或半成品及时准确地送到指定加工位置，并将加工好的成品送进仓库或装卸站。工件储运系统为自动化加工设备服务，使自动化制造系统得以正常运行，以发挥出系统的整体效益。

工件储运系统由存储设备、运输设备和辅助设备等组成。存储是指将工件毛坯、制品或成品在仓库中暂时保存起来，以便根据需要取出，投入制造过程，立体仓库是典型的自动化仓储设备。运输是指工件在制造过程中的流动，例如工件在仓库或托盘站与工作站之间的输送，以及在各工作站之间的输送等。广泛应用的自动输送设备有传送带、运输小车、机器人及机械手等。辅助设备是指立体仓库与运输小车、小车与机床工作站之间的连接装置或工件托盘交换装置。图 2-10 所示为工件储运系统的组成设备及分类。

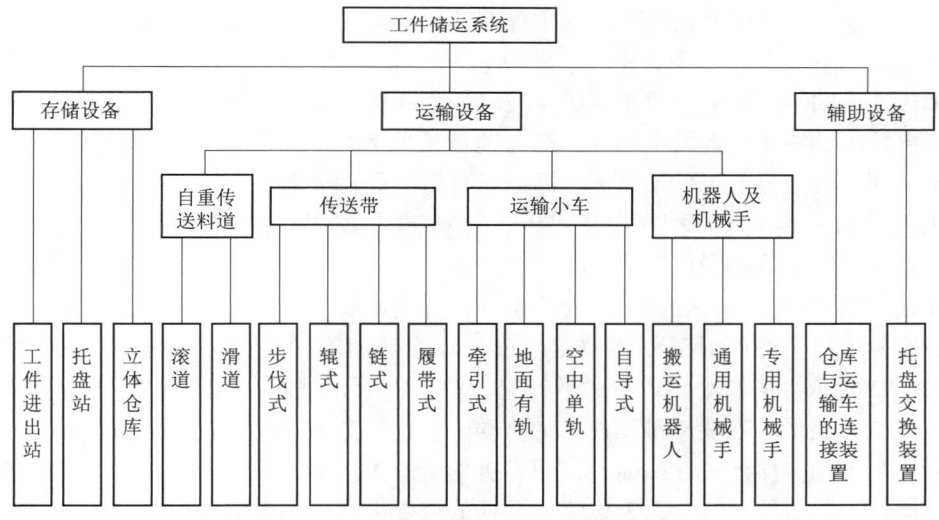

图 2-10　工件储运系统的组成设备及分类

2.2.2　工件输送设备

1. 传动带

传送带广泛用于自动化制造系统中工件或工件托盘的输送。传送带的形式有多种，如步伐式传送带、链式传送带、辊式传送带、履带式传送带等。

（1）步伐式传送带。步伐式传送带常用在刚性自动线中，输送箱体类工件或工件托盘。步伐式传送带有棘爪式、摆杆式等多种形式。

① 棘爪步伐式传送带：图 2-11 所示为棘爪步伐式传送带，它能完成向前输送和向后退回的往复动作，实现工件单向输送。

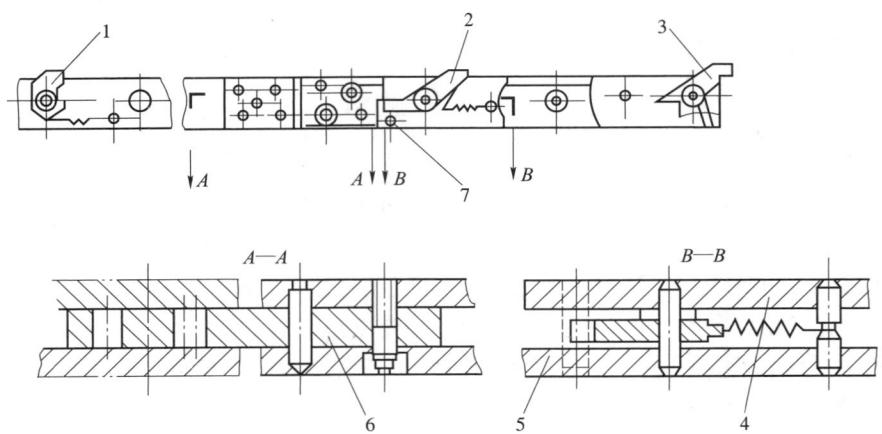

图 2-11　棘爪步伐式传送带
1—首端棘爪；2—中间棘爪；3—末端棘爪；4—上侧板；
5—下侧板；6—连板；7—销

　　传送带由首端棘爪 1、中间棘爪 2、末端棘爪 3 和上下侧板 4、5 等组成。传送带向前推进工件，中间棘爪 2 被销 7 挡住，带动工件向前移动一个步距；输送带后退时，中间棘爪 2 被后一个工件压下，在工件下方滑过；中间棘爪 2 脱离工件时，在弹簧的作用下又恢复原位。这种传送带的缺点是缺少对工件的定位机构，在传送带速度较高时容易导致工件的惯性位移。为保持工件终止位置的准确性，运行速度不能太高。要防止切屑和杂物掉在弹簧上，否则弹簧卡死，造成输送工件不顺利。因此，棘爪要保持灵活。

　　② 摆杆步伐式传送带：摆杆步伐式传送带避免了棘爪步伐式传送带的缺点。摆杆步伐式传送带具有刚性棘爪和限位挡块。输送摆杆除做前进、后退的往复运动外，还需做回转摆动，以便使棘爪和挡块回转到脱开工件的位置，等返回后再转至原来位置，为下一个步伐做好准备。这种传送带可以保证终止位置准确，且输送速度较高，常用的输送速度为 20 m/min。图 2-12 所示为摆杆步伐式传送带，它由一条圆管形摆杆 1 和若干刚性挡块（每个工件有两个挡块）组成。在驱动液压缸 5 的推动下，摆杆向前移动，杆上挡块卡着工件并把它输送到下一个工位。摆杆在返回前，在回转机构 2 的作用下，旋转一定角度。使挡块让开工件，然后摆杆返回原位并转至原来位置。摆杆的位置可设在工件的侧面或下方。

　　传送带的传动装置带动工件运动，在将要到达要求位置时，减速慢行，使工件准确定位。工件定位夹紧后，传动装置使传送带快速退回。传动装置有机械的、液压的或气动的。图 2-13 所示为步伐式传送带的机械传动装置。它由机械滑台传动件 1、输送滑台 3、慢速电动机 5、快速电动机 6 组成。传动工件时，快速电动机 6 启动，通过丝杠、螺母驱动输送滑台 3 带动传送带 2 前进，接近终点位置时，快速电动机 6 停止，启动慢速电动机 5，使传送带上的工件低速运行而到达准确的终点位置，工件定位夹紧后快速电动机 6 反转，使输送滑台 3 带动传送带 2 快速退回原位。

　　（2）链板履带式传送带。链板履带式传送带是用一节节带齿的链板连接而成，它靠摩擦力传送工件。链板下的齿与传动链轮啮合，做单向循环运动。为防止链带下垂，用两条光滑的托板支承。多条链带并列或形成多通道，在其上设置分路挡板及拨料装置，可实现分料、

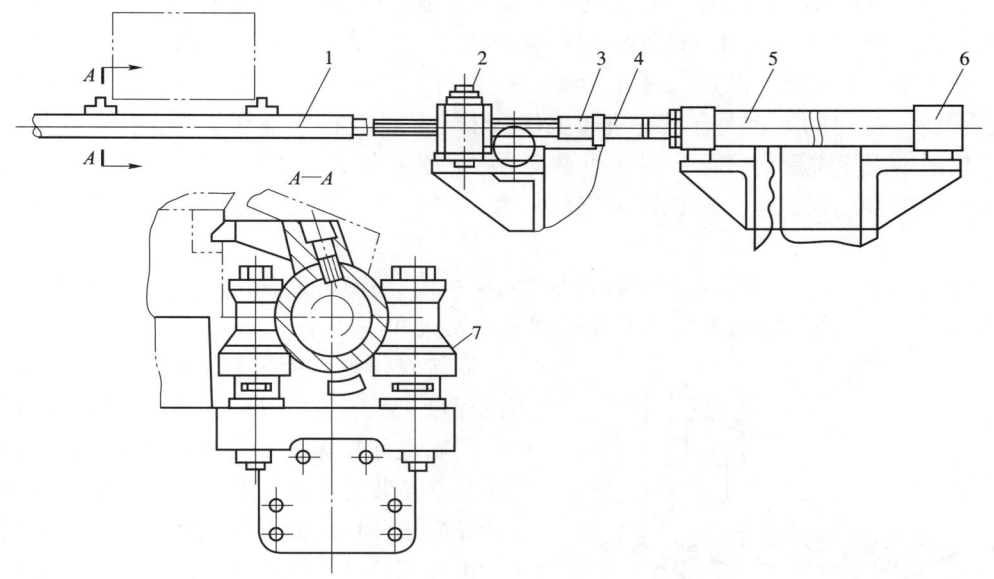

图 2-12　摆杆步伐式传送带

1—圆管形摆杆；2—回转机构；3—回转接头；4—活塞杆；
5—驱动液压缸；6—液压缓冲装置；7—支撑辊

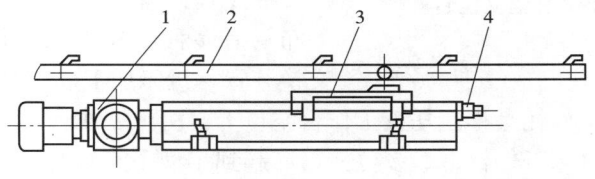

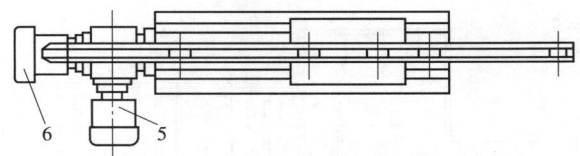

图 2-13　步伐式传送带的机械传动装置

1—机械滑台传动件；2—传送带；3—输送滑台；
4—调节螺钉；5—慢速电动机；6—快速电动机

合料、拨料、限位及返回等运动。这种传送带结构简单，工作可靠，储料多，易于实现多通道组合和自动化，且通用性好。

（3）托盘及托盘交换装置。

① 托盘：在 FMS 中广泛采用托盘及托盘交换装置，实现工件自动更换，缩短消耗在更换工件上的辅助时间。托盘是工件和夹具与输送设备和加工设备之间的接口。托盘有箱式、板式等多种结构。箱式托盘不进入机床的工作空间，主要用于小型工件及回转体工件的储存和运输。板式托盘主要用于较大型非回转体工件，工件在托盘上通常是单件安装，大型托盘

上可安装多个相同或不相同的工件。板式托盘不仅是工件输送和储存的载体，而且还随工件进入机床的工作空间，在加工过程中定位夹持工件，承受切削力。托盘的形式是多种多样的，有正方形、长方形、圆形、多角形等。托盘的上表面有便于安装的 T 型槽、矩阵螺孔（或配合孔）。托盘的下表面有供在机床工作台上定位的基面和输送基面，托盘在机床工作台上定位通常采用锥形定位器，用气动或液动钩形压板夹紧。输送基面在结构上与系统的输送方式、操作方式相适应。对托盘有定位精度、刚性、抗振性、防护切屑和切削液侵蚀等要求。

　　② 托盘交换装置：托盘交换装置是加工中心与工件输送设备之间的连接装置，起着桥梁和接口的作用。托盘交换装置的常用形式是回转式和往复式。

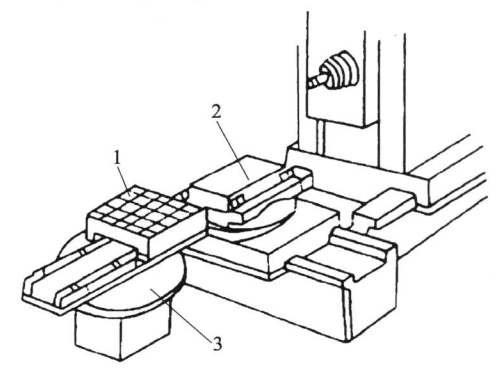

回转式托盘交换装置有两位和多位等形式。多位托盘交换装置可以存储多个相同或不同的工件，所以也称托盘库。图 2-14 所示为两位回转式托盘交换装置，其上有两条平行的导轨供托盘移动导向用，托盘的移动和回转式工作台的回转通常由液压驱动。机床加工好一个工件后，交换装置将工件托盘从机床工作台移至托盘回转工作台，然后回转工作台转 180°，将装有坯料的托盘再送至机床工作台上。

图 2-14　两位回转式托盘交换装置
1—托盘；2—托盘紧固装置；
3—用于托盘装卸的回转工作台

往复式托盘交换装置的基本形式是两位式，其布局有多种。图 2-15 所示为六位往复式托盘交换装置。机床加工好一个工件后，机床工作台移至卸工件位置，将工件托盘移至托盘工作台空位上，机床工作台再移至装工件位置，将待加工的工作托盘送至机床工作台上。多位托盘库起到小型中间储料库的作用，当工件输送设备出现短时故障时，不会造成机床停机。此装置适用于无人看管生产。

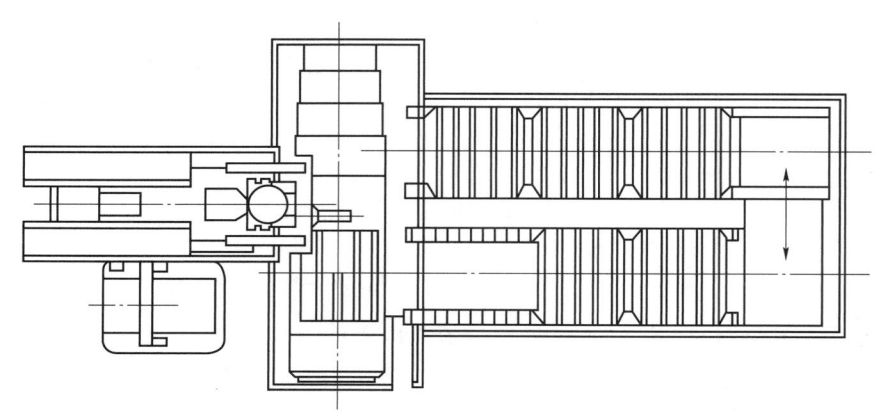

图 2-15　六位往复式托盘交换装置

2. 运输小车

（1）有轨小车（rail guide vehicle，RGV）。有轨小车是一种沿着铁轨行走的运输工具，有自驱和他驱两种驱动方式。

自驱式有轨小车有电动机，通过车上小齿轮和安装在铁轨一侧的齿条啮合，利用交、直流伺服电动机驱动。

他驱式有轨小车由外部链索牵引，如图 2-16 所示。在小车底盘的前后各装一导向销，地面上修有一组固定路线的沟槽，导向销嵌入沟槽内，保证小车行进时沿着沟槽移动。前面的销杆除作定向用外，还作为链索牵动小车的推杆。推杆是活动的，可在套筒中上下滑动。链索每隔一定距离有一个推头，小车前面的推杆可灵活地插入或脱开链索的推头，由埋设在沟槽内适当地点的接近开关和限位开关控制。推杆脱开链索的推头，小车就停止。

采用空架导轨和悬挂式机械手或机器人作为运输工具也是一种发展趋势。其主要优点是充分利用空间，适合于运送中重型工件，如汽车车架、车身等。

有轨小车的特点是：加速和移动速度都比较快，适合运送重型工件；因导轨固定，所以行走平稳，停车位置比较准确；控制系统简单，可靠性好，制造成本低，便于推广应用；行走路线不易改变，转弯角度不能太小；噪声较大，影响操作工监听加工状况及保护自身安全。

（2）自动导向小车（automatic guide vehicle，AGV）。自动导向小车是一种无人驾驶的、以蓄电池供电的物料搬运设备，其行驶路线和停靠位置是可编程的。20 世纪 70 年代以来，电子技术和计算机技术推动了 AGV 技术的发展，出现了磁感应、红外线传感、激光定位、图形化编程、语音控制等技术。目前有些语音控制的 AGV 能识别 4 000 个词汇。

① AGV 的结构：在自动化制造系统中用的 AGV 大多数是磁感应式 AGV，图 2-17 所示为一种能同时运送两个工件的 AGV，它由运输小车、地下电缆和控制器三部分组成。小车由蓄电池提供动力，沿着埋设在地板槽内的用交变电流激磁的电缆行走，地板槽埋设在地下4 cm 左右深处，地沟用环氧树脂灌封，形成光滑的地表，以便清扫和维护。导向电缆铺设的路线和车间工件的流动路线及仓库的布局相适应。AGV 行走的路线一般可分为直线、分支、环路或网状。

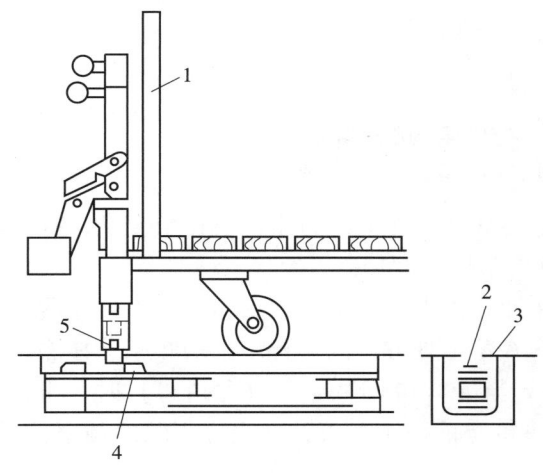

图 2-16　他驱式有轨小车

1—车辆；2—链条；3—轨道；4—拖钩；5—销

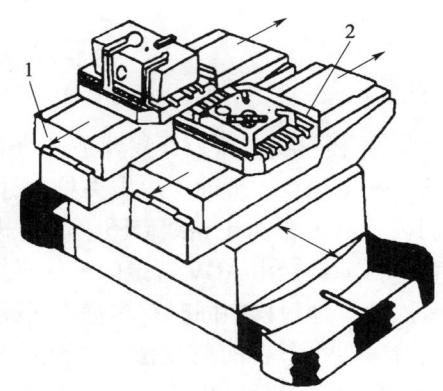

图 2-17　能同时运送两个工件的 AGV

1—装卸托盘的机构；2—托盘

AGV 驱动电动机由安装在车上的工业级铝酸蓄电池供电，通常供电周期为 20 h 左右，因此必须定期到维护区充电或更换。蓄电池的更换是手工进行的，充电可以是手工的或者自动的，有些小车能按照程序自动接上电插头进行充电。

为了实现工件的自动交接，小车装有托盘交换装置，以便与机床或装卸站之间进行自动连接。交换装置可以是辊轮式，利用辊轮与托盘间的摩擦力将托盘移进移出，这种装置一般与辊式传送带配套。交换装置也可以是滑动叉式，它利用往复运动的滑动叉将托盘推出或拉入，两边的支承滚子可减少移载时所需的力。升降台式交换装置是利用升降台将托盘升高，物料托架上的托物叉伸入托盘底部，升降台下降，托物叉回缩，将托盘移出。托盘移入的工作过程相反。小车还装有升降对齐装置，以便消除工件交接时的高度差。

AGV 小车上设有安全防护装置，小车前后有黄色警视信号灯。当小车连续行走或准备行走时，黄色信号灯闪烁。每个驱动轮带有安全制动器，断电时，制动器自动接上。小车每一面都有急停按钮和安全保险杠，其上有传感器，当小车轻微接触障碍物时，保险杠受压，小车停止。

② AGV 的自动导向：图 2-18 是磁感应 AGV 自动导向原理图，小车底部装有弓形天线 3，跨设于以感应导线 4 为中心且与感应导线垂直的平面内。感应导线通以交变电流，产生交变磁场。当天线 3 偏离感应导线任何一侧时，天线的两对称线感应电压有差值，误差信号经过放大，控制左、右驱动电动机 2，左、右驱动电动机有转速差，经驱动轮 1 使小车转向，使感应导线重新位于天线中心，直至误差信号为零。

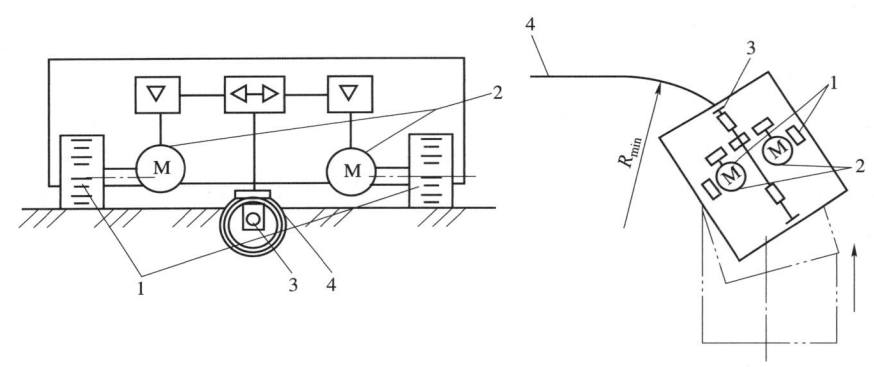

图 2-18　磁感应 AGV 自动导向原理图

1—驱动轮；2—驱动电动机；3—天线；4—感应导线

③ 路径寻找：路径寻找就是自动选取岔道。AGV 在车间的行走路线比较复杂，有很多分岔点和交汇点。地面上由中央控制计算机负责车辆调度控制，AGV 小车上带有微处理器控制板，AGV 的行走路线以图表的格式存储在计算机中。当给定起点和目标点位置后，控制程序自动选择出 AGV 行走的最佳路线。小车在岔道处方向的选择多采用频率选择法。在决策点处，地板槽中同时有多种不同频率信号。当 AGV 接近决策点（岔道口）时，通过编码装置确定小车目前所在位置。AGV 在接近决策点前做出决策，确定应跟踪的频率信号，从而实现自动路径寻找。

自动导向小车的行走路线是可编程的，FMS 控制系统可根据需要改变作业计划，重新安排小车的路线，具有柔性特征。AGV 小车工作安全可靠，停靠定位精度可以达到 13 mm，能与机床、传送带等相关设备交接传递货物，在运输过程中对工件无损伤，噪声低。

2.2.3　自动化立体仓库

1. 概述

自动化立体仓库是一种先进的仓储设备，其目的是将物料存放在正确的位置，以便于随时向制造系统供应物料。自动化立体仓库在自动化制造系统中起着十分重要的作用。自动化立体仓库的主要特点有：利用计算机管理，物资库存账目清楚，物料存放位置准确，对自动化制造系统物料需求响应速度快；与搬运设备（如自动导向小车、有轨小车、传送带）衔接，供给物料可靠及时；减少库存量，加速资金周转；充分利用空间，减少厂房面积；减少工件损伤和物料丢失；可存放的物料范围宽；减少管理人员，降低管理费用；耗资较大，适用于一定规模的生产。

2. 自动化立体仓库的组成

自动化立体仓库主要由库房、货架、堆垛起重机、外围输送设备、自动控制装置等组成。

图 2-19 所示为自动化立体仓库，高层货架 2 成对布置，货架之间有巷道，随仓库规模大小可以有一到若干条巷道。入库和出库一般都布置在巷道的某一端，有时也可以设计成由巷道的两端入库和出库。每条巷道都有巷道堆垛起重机 1。巷道的长度一般有几十米，货架的高度视厂房高度而定，一般有十几米。货架通常由一些尺寸一致的货格组成。货架的材料一般采用金属型材，货架上的托板用金属板或木板（轻型零件），多数采用金属板。进入高仓位的零件通常先装入标准的货箱内，然后再将货箱装入高仓位的货格中。每个货格存放的零件或货箱的质量一般不超过 1 t，其体积不超过 1 m^3，大型和重型零件因提升困难，一般不存入立体仓库中。

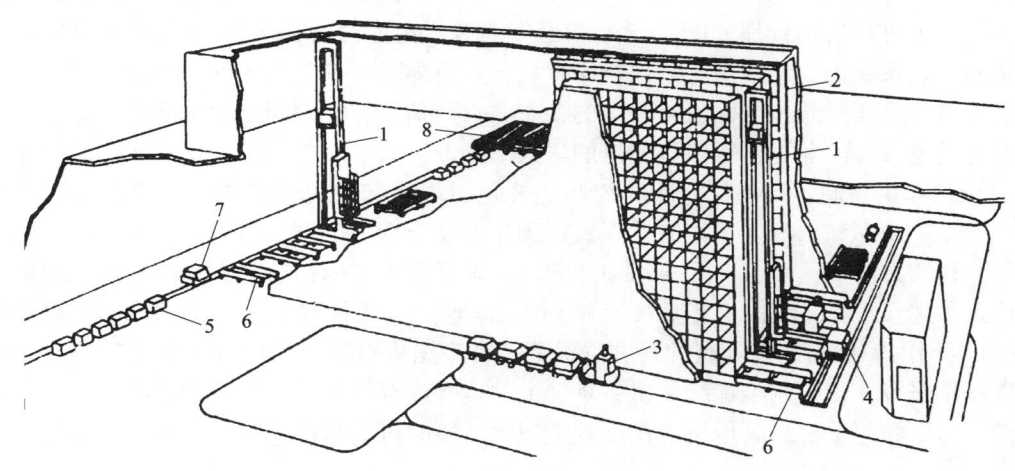

图 2-19　自动化立体仓库

1—堆垛起重机；2—高层货架；3—场内 AGV；4—场内有轨小车；5—中转货位；

6—出入库传送装置；7—场外 AGV；8—中转货场

3. 堆垛起重机

堆垛起重机是立体仓库内部的搬运设备。堆垛起重机可采用有轨或无轨方式，其控制原理与运输小车相似。仓库高度很高的立体仓库常采用有轨堆垛起重机。为增加稳定性，采用两条平行导轨，即天轨和地轨。堆垛起重机的运动有沿巷道的水平移动、升降台的垂直升降和货叉的伸缩。堆垛机上有检测水平移动和升降高度的传感器，辨认货物的位置，一旦找到需要的货位，便在水平和垂直方向上制动，货叉将货物自动推入货格，或将货物从货格中取出。

堆垛起重机上有货格状态检测器。它采用光电检测方法，利用零件表面对光的反射作用，探测货格内有无货箱，防止取空或存货干涉。

4. 自动化立体仓库的管理与控制

自动化立体仓库实现仓库管理自动化和出入库作业自动化。仓库管理自动化包括对账目、货箱、货位及其他信息的计算机管理。出入库作业自动化包括货箱零件的自动识别、自动认址、货格状态的自动检测以及堆垛起重机各种动作的自动控制等。

（1）货物的自动识别与存取：货物的自动识别是自动化仓库运行的关键。货物的自动识别通常采用编码技术，对货格进行编码，或对货箱（托盘）进行编码，或同时对货格和货箱进行编码，并通过扫描器阅读条码及译码。信息的存储方式常采用光信号或磁信号。条形码是由一组宽度不同、平行相邻的黑色"条"（bar）和"空"（space）组成，并按照预先规定的编码规则组合，表示一组数据的符号。这组数据可以是数字、字母或某种其他符号。条形码阅读装置由扫描器及译码器组成，当扫描器扫描条形码时，从"条"和"空"得到不同的光强反射信号，经光敏元件转换成电模拟量，经整形放大输出 TTL 电平，译码器将 TTL 电平转换成计算机可以识别的信号。条形码具有很高的信息容量，抗干扰能力强，工作可靠，保密性好，成本低。

条形码贴在货箱或托盘的适当部位，当货箱通过入库传送滚道时，用条形码扫描器自动扫描条形码，将货箱零件的有关信息自动录入计算机。

（2）计算机管理：自动化仓库的计算机管理包括物资管理、账目管理、货位管理及信息管理。入库时将货箱合理分配到各个巷道作业区，出库时遵循"先进先出"原则，或其他排队原则。系统可定期或不定期地打印报表，并可随时查询某一零件存放在何处。当系统出现故障时，可通过总控台修正运行中的动态账目及信息，并判断出发生故障的巷道，及时封锁发生机电故障的巷道，暂停该巷道的出入库作业。

（3）计算机控制：自动化仓库的控制主要是对堆垛起重机的控制。堆垛起重机的主要工作是入库、搬库和出库。从控制计算机得到作业命令后，屏幕上显示作业的目的地址、运行地址、移动方向和速度等，并显示伸叉方向及堆垛起重机的运行状态。控制堆垛起重机的移动位置和速度，以合理的速度快速接近目的地，然后慢速到位，以保证定位精度在±10 mm 范围内。控制系统具有货叉占位报警、取箱无货报警、存货占位报警等功能。如发生存货占位报警，则控制堆垛起重机将货叉上的货箱改存到另外指定的货格中。系统还有暂停功能，当堆垛起重机或其他机电设备发生短时故障时可暂时停止工作，故障排除后，系统继续运行。

2.3 刀具准备及储运系统

2.3.1 概述

刀具准备与储运系统为各加工设备及时提供所需要的刀具，从而实现刀具供给自动化，使自动化制造系统的自动化程度进一步提高。

在刚性自动线中，被加工零件品种比较单一，生产批量比较大，属于少品种大批量生产。为了提高自动线的生产效率和简化制造工艺，多采用多刀、复合刀具、仿形刀具和专用刀具加工，一般是多轴、多面同时加工。刀具的更换是定时强制换刀，由调整工人进行。刀具供给部门准备刀具，并进行预调。调整工人逐台机床更换全部刀具，直至全线所有刀具都已更换，并进行必要的调整和试加工。换刀、调试结束后，交生产工人使用。特殊情况和中途停机换刀作为紧急事故处理。

在 FMS 中，被加工零件品种较多。当零件加工工艺比较复杂且工序高度集中时，需要的刀具种类、规格、数量是很多的。随着被加工零件的变化和刀具磨损、破损，需要进行定时强制性换刀和随机换刀。在系统运行过程中，刀具频繁地在各机床之间、机床和刀库之间进行交换，刀具流的运输、管理和监控是很复杂的。

2.3.2　刀具准备与储运系统的组成

刀具准备与储运系统由刀具组装台、刀具预调仪、刀具进出站、中央刀库、机床刀库、刀具输送装置和刀具交换机构、刀具计算机管理系统等组成。图 2-20 所示为刀具储运系统示意。

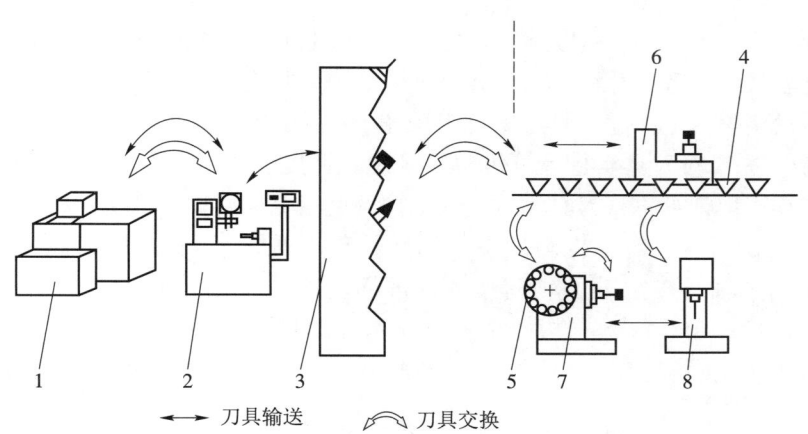

图 2-20　刀具储运系统示意

1—刀具组装台；2—刀具预调仪；3—刀具进出站；4—中央刀库；
5—机床刀库；6—刀具输送装置；7—加工中心；8—数控机床

在数控机床和加工中心上广泛使用模块化结构的组合刀具。刀具组件有刀柄、刀夹、刀杆、刀片、紧固件等，这些组件都是标准件。例如刀片有各种形式的不重磨刀片。组合刀具可以提高刀具的柔性，减少刀具组件的数量，充分发挥刀柄、刀夹、刀杆等标准件的作用，降低刀具费用。在一批新的工件加工之前，按照刀具清单组装出一批刀具，刀具组装工作通常由人工进行。有时也会使用整体刀具，一般使用特殊刀具。整体刀具磨损后需要重磨。

1. 刀具预调仪

刀具预调仪（又称对刀仪）是刀具系统的重要设备之一，其基本组成如图 2-21 所示。

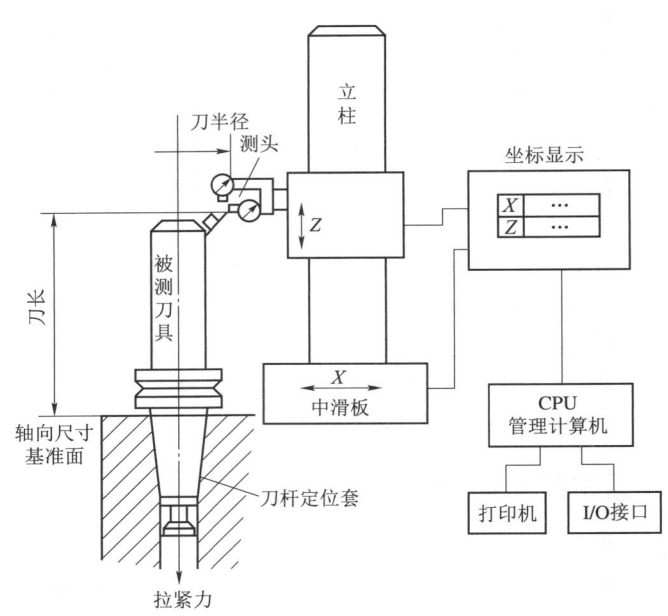

图 2-21　刀具预调仪基本组成

（1）刀具预调。组装好一把完整的刀具后，利用刀具预调仪按刀具清单进行调整，使其几何参数与名义值一致，并测量刀具补偿值，如刀具长度、刀具直径、刀尖半径等，测量结果记录在刀具调整卡上，随刀具送到机床操作者手中，以便将刀具补偿值送入数控装置。在 FMS 系统中，如果对刀具实行计算机集中管理和调度，要对刀具进行编码，测量结果可以自动录入刀具管理计算机，刀具和刀具数据按调度指令同时输送到指定机床。

（2）刀柄定位机构。定位机构是一个回转精度很高的、与刀柄锥面接触很好的、带拉紧刀柄机构的主轴。该主轴的轴向尺寸基准面与机床主轴相同。刀柄定位基准是测量基准，具有很高的精度，一般与机床主轴定位基准的精度相接近。测量时慢速转动主轴，便于找出刀具刀齿的最高点。刀具预调仪主轴中心线对测量轴 Z 和 X 有很高的平行度和垂直度。

（3）测量头。测量分为接触式测量和非接触式测量。接触式测量用百分表（或扭簧仪）直接测出刀齿的最高点和最外点，测量精度可达 0.002～0.01 mm。测量比较直观，但容易损伤表头和切削刃。

非接触式测量用得较多的是投影光屏，投影物镜放大倍数有 8、10、15 和 30 等。测量精度受光屏的质量、测量技巧、视觉误差等因素的影响，其测量精度在 0.005 mm 左右。这种测量不太直观，但可以综合检查切削刃质量。

（4）Z、X 轴测量机构。通过 Z、X 两个坐标轴的移动，带动测量头测得 Z 轴和 X 轴尺寸，即刀具的轴向尺寸和径向尺寸。两轴使用的实测元件有多种：机械式的有游标刻线尺、精密丝杠和刻线尺读数头；电测式有光栅数显、感应同步器数显和磁尺数显等。

（5）测量数据处理。在有些 FMS 中对刀具进行计算机管理和调度时，刀具预调数据随刀具一起自动送到指定机床。要做到这一点，需要对刀具进行编码，以便自动识别刀具。刀具的编码方法有很多种，如机械编码、磁性编码、条形码和磁性芯片。刀具编码在刀具准备阶段完成。此外，在刀具预调仪上配置计算机及附属装置，它可存储、输出和打印刀具预调数据，并与上一级计算机（刀具管理工作站、单元控制器）联网，形成 FMS 系统中刀具计算机管理系统。

2. 刀具进出站

刀具经预调、编码后，其准备工作宣告结束。将刀具送入刀具进出站，以便进入中央刀库。磨损、破损的刀具或在一定生产周期内不使用的刀具，从中央刀库中取出，送回刀具进出站。

刀具进出站是刀具流系统中外部与内部的界面。刀具进出站多为框架式结构，设有多个刀座位。刀具在进出站上的装卸可以是人工操作，也可以是机器人操作。

3. 中央刀库

中央刀库用于存储 FMS 加工工件所需的各种刀具及备用刀具。中央刀库通过刀具自动输送装置与机床刀库连接起来，构成自动刀具供给系统。中央刀库容量对 FMS 的柔性有很大影响，尤其是混流加工（同时加工多种工件）和有相互替代的机床的 FMS。中央刀库不但为各机床提供后续零件加工刀具，而且周转和协调各机床刀库的刀具，提高刀具的利用率。当从一个加工任务转换到另一个加工任务时，刀具管理和调度系统可以直接在中央刀库中组织新加工任务所需要的刀具组，并通过输送装置送到各机床刀库中去，数控程序中所需要的刀具数据也及时送到机床数控装置中。

中央刀库的结构形式有多种，有的安装在地面上，有的架设在空中（节省厂房面积）；刀具在存储架上的安放有水平、直立和倾斜等方式。图 2-22 所示为一中央刀库，标准化的刀具存储架在地面上一字排开，供机器人移动的导轨与存储架平行，每个刀具存储架可容纳 36 把刀具，分为 5 排，其中最上面一排可放置 4 把大尺寸刀具。刀具在存储架上水平放置，如图 2-23 所示。由刀托的中间槽进行轴向和径向定位，周向定位靠一个定位销。

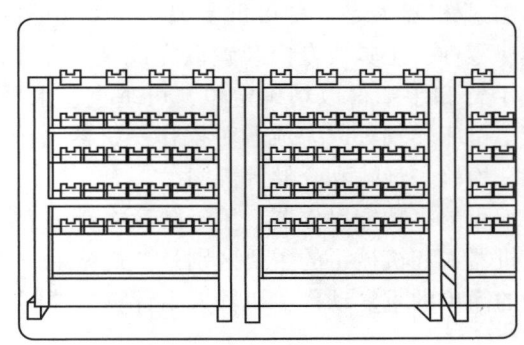

图 2-22　中央刀库

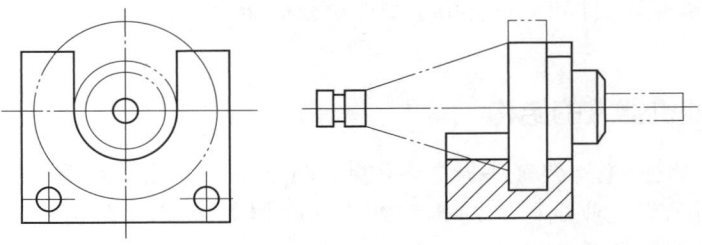

图 2-23　刀具在储存架上的放置方式

4. 机床刀库及换刀机械手

机床刀库有固定式和可换式两种。固定式刀库不能从机床上移开，其刀具容量较大（40 把以上）。可换式刀库可以从机床上移开，并用另一个装有刀具的刀库替换，刀库容量一般比固定式刀库要小。一般情况下，机床刀库用来装载当前工件加工所需要的刀具，刀具来源可以是刀具室、中央刀库或其他机床刀库。采用机械手进行机床上的刀具自动交换方式应用最广。机械手按具有一个或两个刀具夹持器分为单臂式和双臂式两种。双臂机械手又分为钩手、抱手、伸缩手和叉手。这几种机械手能完成抓刀、拔刀、回转、插刀、放刀及返回等全部动作。换刀机械手详细介绍请参阅相关书籍，这里不再赘述。

5. 刀具输送装置和交换机构

刀具输送装置和交换机构的任务是为各种机床刀库及时提供所需要的刀具，将磨损、破损的刀具送出系统。机床刀库与中央刀库，机床刀库与其他机床刀库，中央刀库与刀具进出站之间要进行刀具交换，需要相应的刀具输送装置和刀具交换机构。刀具的自动输送装置主要有：带有刀具托架的有轨小车或无轨小车；高架有轨小车；刀具搬运机器人。

刀具运输小车可装载一组刀具，小车上刀具和机床刀具的交换可由专门交换装置完成，也可由手工进行。机器人每次只运载一把刀具，取刀、运刀、放刀等动作均由机器人完成。

2.4 工业机器人

2.4.1 概述

机器人是用来完成生产工序的拟人化机器。美国机器人协会（The Robotic Institute of America）定义机器人为：工业机器人是一种可重复编程、多功能的操纵器，通过各种程度的自动化动作去移动材料、零件、工具或专门装置以完成某种操作。机器人的头脑是微机，有手臂和手掌。传感器使手臂和手掌得以精确定位，可垂直、水平和径向移动，能握住焊枪、电弧焊工具、喷漆枪、机床转轴等以完成各种操作。机器人价格随着数量增长而下降，可用于焊接、喷漆、装配、检验、运输和仓储等部门。

工业机器人是一种可编程的多功能操作器，用于搬运物料、工件和工具，或者通过不同的编程以完成各种任务。机器人和机械手的主要区别是：机械手没有自主能力，不可重复编程，只能完成定位点不变的简单的重复动作；机器人由计算机控制，可重复编程，能完成任意定位的复杂动作。

工业机器人有焊接机器人、喷漆机器人、搬运机器人、装配机器人等。自动化制造系统常用机器人搬运物料、工件和工具，由于受抓举载荷能力限制，通常搬运与装卸中小型工件或工具。

2.4.2 工业机器人的结构

工业机器人一般由主构架（手臂）、手腕、驱动系统、测量系统、控制器及传感器等组成。图 2-24 所示为工业机器人的典型结构。机器人手臂具有 3 个自由度（运动坐标轴），机器人作业空间由手臂运动范围决定。手腕是机器人工具（如焊枪、喷嘴、机加工刀具、夹爪）与主架构的连接机构，它具有 3 个自由度。驱动系统为机器人各运动部件提供力、力矩、速度、加速度。测量系统用于机器人运动部件的位移、速度和加速度的测量。控制器用于控制机器人各运动部件的位置、速度和加速度，使机器人手爪或机器人工具的中心点以给定的速度沿着给定轨迹到达目标点。通过传感器获得搬运对象和机器人本身的状态信息，如工件及其位置的识别、障碍物的识别、抓举工件的重量是否过载等。

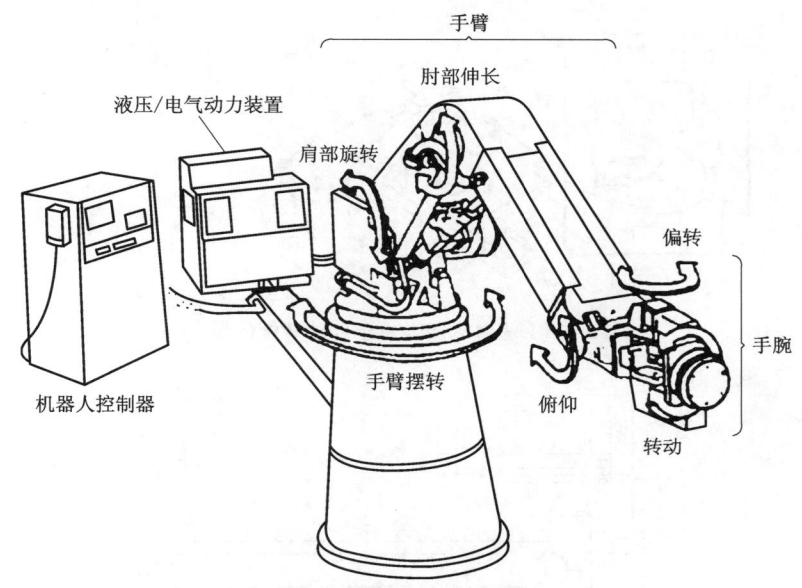

图 2-24　工业机器人的典型结构

工业机器人运动由主构架和手腕完成。主构架具有 3 个自由度，其运动由两种基本运动组成，即沿着坐标轴的直线移动和绕坐标轴的回转运动。不同运动的组合，形成四种类型的机器人：① 直角坐标型（3 个直线坐标轴）；② 圆柱坐标型（2 个直线坐标轴和 1 个回转轴）；③ 球坐标型（1 个直线坐标轴和 2 个回转轴）；④ 关节型（3 个回转轴）。

2.4.3　工业机器人的应用

图 2-25 所示是两台机器人用于自动装配的情况，主机器人是一台具有 3 个自由度，且带有触觉传感器的直角坐标机器人，它抓取 1 号零件，并完成装配动作。辅助机器人仅有一个回转自由度，它抓取 2 号零件。1 号和 2 号零件装配完成后，再由主机械手完成与 3 号零件的装配工作。

图 2-26 所示是一教学型 FMS，由一台 CNC 车床、一台 CNC 铣床、工件传送带、料仓、两台关节型机器人和控制计算机组成。两台机器人在 FMS 中服务：一台机器人服务于加工设备和传送带之间，为车床和铣床装卸工件；另一台位于传送带和料仓之间，负责上下料。

图 2-27 所示是数控车床装备的行走式（移动式）机器人，服务于传送带和数控车床之间，为数控机床装卸工件。机器人沿着空架导轨行走，活动范围大。

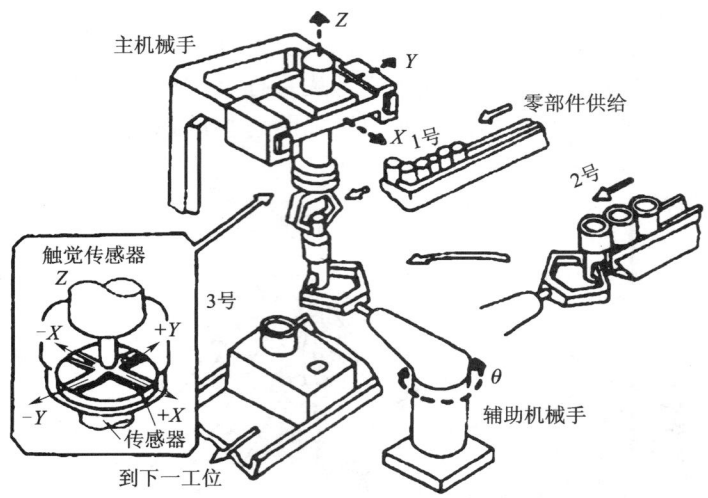

图 2-25　两台机器人用于自动装配的情况

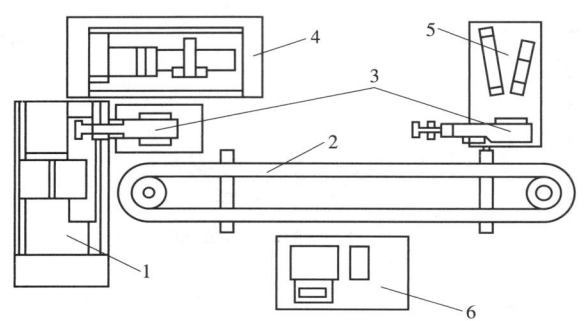

图 2-26　教学型 FMS

1—CNC 车床；2—传送带；3—关节型机器人；4—CNC 铣床；5—料仓；6—控制计算机

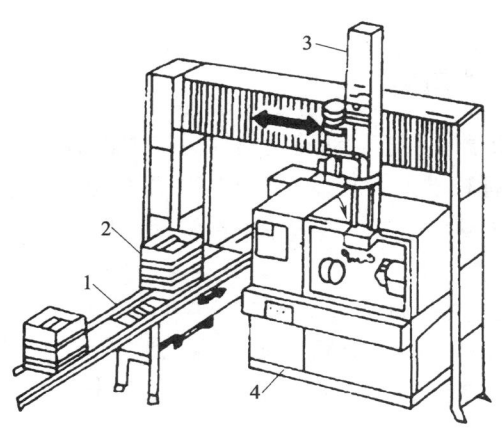

图 2-27　行走式机器人

1—传送机；2—机器；3—行走机器人；4—CNC 车床

习题

1. 自动化制造系统有哪些类型？
2. 工件储运系统有哪些类型？
3. 刀具准备及储运系统设计的典型特点有哪些？
4. 试给出典型生产企业中的机器人可应用的场景。

第3章

制造系统布局设计

制造系统规划不仅涉及各个组成部分，还涉及各个组成部分以规范的形式进行布局放置，必须从人机工程、物流模式以及未来的可重构调整的角度进行综合考虑。本章主要从五个部分开展论述：一是生产新布局的基本原则和主要约束；二是制造系统作业空间设计，并介绍相关国家标准规范；三是制造系统的配置设计，对加工设备、检测设备以及物流设备的选取进行分析；四是制造系统的平面布局规划，给出经典的示范性的布局实例分析；五是从柔性生产的角度，阐述可重构制造系统的布局调整方式，并结合科研实例进行介绍。

3.1 生产线布局的基本原则和主要约束

3.1.1 基本布局原则

生产线布局需遵循以下基本的设计原则。

（1）物料运输路线短：尽可能按照零件生产过程的流向和工艺顺序布置设备，减少零件在系统内的来回往返运输，尽可能缩短零件在加工过程中的运输路线。

（2）保证设备的加工精度：如清洗站应离加工机床和检测工位远一些，以免清洗工件时的振动对零件加工与测量产生不利影响。而三坐标测量机对工作环境的要求较高，应安放在有防振、防潮、恒温、恒湿等措施的隔离室内。

（3）确保安全：应为工作人员和设备创造安全的生产环境，充分保证必要的通风、照明、卫生、取暖、防暑、防尘、防污染等要求，设备的运动部分应有保护与隔离装置。

（4）作业方便：各设备间应留有适当的空间，便于物料运输设备的进入、物料的交换、设备的维护保养等，避免不同设备（如小车和机械手）之间的相互干扰。

（5）便于系统扩充：在进行设备平面布局时最好按结构化、模块化的原则设计，如有需要可方便地对系统进行扩充。

（6）便于控制与集成：对通信线路、计算机工作站的布置要充分考虑，要兼顾到本系统与其他系统（如装配、热处理、毛坯制造等）的物料与信息交换。

3.1.2 主要布局约束

生产线布局还需要考虑以下实际生产约束和布局规范。

（1）设计适当的作业空间：依据人体尺寸设计作业空间，保证人机关系协调。

（2）预留设备操作安全距离：分析不同设备可能对人造成伤害的危险区域，设计适当的安全防护装置并布置合理的机件，保障人身安全。

（3）减少环境对生产的影响：分析作业环境对操作者和机器的影响，对环境条件进行合理设计和适当控制，为操作者创造舒适的环境，以减轻疲劳，提高工效，同时减少对相邻设备和操作者的影响。

例如，将噪声大的设备与其他设备分开，并加装隔声、吸声设备；将烟尘多的设备与其他设备分开，使用抽风机、烟尘净化机等设备减少烟尘污染；有严重环境污染的设备如喷漆设备需要隔离操作间；加工易燃材料的设备也应该与其他设备分开，并采取一定的防火措施；会产生射线的设备需要屏蔽；等等。

（4）重型设备要与数控设备分开：减少重型设备的噪声和振动对精密设备的影响，提高数控设备及其操作者的工作效率。

（5）充分利用空间布局：如使用天车等重力运输装置，设计立体仓库存储刀具和工件。

3.1.3　典型物流模式

静态布局上是动态物流的运行。在生产空间中，加工设备处于相对固定的位置，只要能够正常运转，就不会对系统产生干扰，而物流始终处于运动状态，物流路径是逻辑交叉的。如果物流模式选择不当，物流方案设计不合理，就会对生产节奏和运行秩序产生重大影响。传统物流模式普遍存在以下问题。

（1）工艺定置的物流和布局制约了系统的柔性。随着企业生产模式向多品种变批量的转换，不少企业，尤其是家电、汽车制造业、家具和电子行业等，原有的生产工艺布置和物料配送方案已经远远不能满足企业现在的生产和物流需要。随着矛盾的积累，物流配送就变成了制约企业生产的最大瓶颈，系统的生产柔性和经济性都无法得到充分发挥。

（2）物流路径僵化，系统资源难以实现共享。实物布局反映了不同产品加工工艺和物流的逻辑变化，体现为资源的交叉关联和共享。但是传统的工艺定置布局主要按典型产品和典型工艺对设备和工人进行布置，不仅在物理位置上，而且在加工和物流路线上，设备和工人的位置都比较固定，系统资源难以实现共享，导致资源利用率不高或不均衡。

布局是动态物流运行的背景，通过物流模式的分析和确定以及物流方案的改进能够有效解决系统布局中出现的上述问题。

（1）单线物流。由于场地的限制，单线物流通常对直线型物流进行变形设计，如 U 形、S 形或弓形等，其特点是能够节省排布空间、减少操作工人的移动距离和配送时的运输、搬运距离。但是，在生产任务加大、运输设备故障等情况下，会产生大量的物流冲突和拥挤现象。

（2）区域性物流。区域性物流又可称为单元化物流。例如，成组单元和柔性制造单元，其加工生产和物流主要局限于单元内部。区域性物流由于资源比较集中，设备和工人的生产能力只在单元内分配和共享，很少对外提供生产能力。因此，区域性物流具有运输距离短、配送效率高等特点，但是，从生产线整体来看，常会出现区域外物料堆积和物流阻塞的情况。

（3）混合型物流。单元化生产线主要采用单线和区域性相结合的混合型生产物流。例如，在机加工和装配混线生产中，在机加工生产时将相似性高的工件物流封闭于生产单元内；而在产品装配时，以装配工位为中心组织单元化装配，配送人员则根据节拍原理在各个单元间巡回配送。这种情况下，尽管会出现大量资源共享问题，但是可以通过加强物流逻辑控制来解决，只要物流控制功能设计恰当，混合型物流的柔性和效率也会很高。

在多品种变批量生产模式下，为了提高布局的效率，并满足生产柔性的要求，生产线布局及其生产运行主要采用混合型物流模式。

3.2 制造系统作业空间设计

3.2.1 基本概念

制造系统的作业空间是指制造系统中各种制造设备本身及各种操作人员所占据的空间，包括加工设备、运输设备、工件及刀具存储、工具箱等所占空间以及作业人员操作空间、行走空间、检修空间、休息空间等的总和。因此，一个良好的作业空间，应能保证制造设备和操作者的各种作业都能方便地完成。在不同的制造系统中，人们使用各种机械加工设备及用具，如工作台、机床、计算机控制柜、物料储运设备等，这些设备本身的设计特性也影响着整个作业空间的作业性能。因此，作业空间的设计不仅要考虑机器设备本身的静态、动态作业范围，还必须顾及系统中操作人员的作业方便性、舒适性、安全性及劳动保护，使人在系统中的动、静态作业都能得到有效的保证。

在作业空间设计时，机械加工设备本身的作业空间在这些设备的安装使用说明中都有详细介绍，设计时只需仔细阅读，选择相应空间即可；而对人体测量尺寸、测量数据的选择原则、人的各种作业有效范围，以及人与加工设备间的作业关系，制造系统的设计者往往较为生疏，因此，这里将重点介绍人的作业空间设计及设备的总体布置原则。

3.2.2 人体测量数据及取用原则

为了满足我国工业产品设计、建筑设计、军事工业以及工业技术改造、设备更新及劳动安全保护的需要，1989 年 7 月国家标准局颁布了《中国成年人人体尺寸》（GB/T 10000—1988），该国家标准根据人机工程学要求提供了我国成年人人体尺寸的基础数据，可供设计时参考。

在确定自动化制造系统的作业空间时，如何选用人体测量数据至关重要，这里给出设计作业空间时选择人体测量数据的原则和步骤。

（1）确定对于设计至关重要的人体尺寸（如工作座椅设计中，人的坐高、大腿长等）。

（2）确定设计对象的使用者群体，以决定必须考虑的尺寸范围。

（3）确定数据运用准则。运用人体测量数据时，可以按照三种方式进行设计。第一种是个体设计准则，即按群体某特征的最大值或最小值进行设计。按最大值设计，例如 FMS 中人进入系统的安全防护门尺寸；按最小值设计，例如某一重要控制器与作业者之间的距离，常用控制器的操纵力。第二种是可调设计准则，对于重要的设计尺寸给出范围，使作业者群体的大多数能舒适地操作或使用，运用的数据为第 5 百分位至第 95 百分位。如高度可调的工作座椅的坐位高度设计。此处的百分位是指人体尺寸的分布等级，第 5 百分位数指有5% 的人群身体尺寸小于此值，而有 95% 的人身体尺寸均大于此值；第 50 百分位数表示大于和小于此人群身体尺寸的各占 50%，第 95 百分位数指有 95% 的人身体尺寸均小于此值。第三种是平均设计原则，尽管"平均人"的概念是不确切的，但某些设计要素按群体特征的平均值进行考虑是较合适的。

（4）数据运用准则确定后，查找与定位群体特征相符合的人体测量数据表，选择有关的数据值。

（5）人体群体的尺寸是随时间而变化的，比如中国青少年的身材普遍比以前更高大，有时数据测量与公布相隔好几年，差异会比较明显。因此，在精确设计作业空间时，建议尽可能使用近期测得的数据。

（6）考虑人体测量数据的着装影响。一般来说，标准人体测量学数据是在裸体或着装很少的情况下测得的，设计时应考虑人体测量数据的着装修正。具体设计时可参照《在产品设计中应用人体尺寸百分位数的通则》（GB/T 12985—1991）给出的人体测量数据。

3.2.3　操作空间设计

操作空间是指作业者操作时，四肢及躯体能触及范围的静态和动态尺寸。人的操作范围尺寸是作业空间设计与布置的重要依据，它主要受功能性臂长和腿长的约束，而臂长和腿长的功能尺寸又由作业方位及作业性质决定。此外，操作空间还要受衣着的影响。

1. 坐姿操作空间

坐姿操作空间通常是指人在坐姿下，以人的肩关节为圆心，以臂长为半径的上肢可活动的球形区域。在坐姿操作中，人的上肢操作范围随作业面高度、手偏离身体中线的距离及手举高度的不同，其舒适的作业范围也不同。图 3-1 所示为第 5 百分位的人体坐姿抓握尺寸范围。以肩关节为圆心的直臂抓握空间半径：男性为 65 cm，女性为 58 cm。

对于正常作业区域，作业者应能在小臂正常放置而上臂处于自然悬垂状态下舒适地操作；对最大作业区域，应使在臂部伸展状态下能够操作，且这种作业状态不宜持续很久。如图 3-2 中细实线与双点画线所示。作业时，由于肘部也在移动，小臂的移动与之相关联。考虑到这一点，则水平作业区域小于上述范围，如图 3-2 中粗实线所示。在此水平作业范围内，小臂前伸较小，从而能使肘关节处受力较小。因此在设计时应考虑臂部运动相关性，使确定的作业范围更为合适。

2. 站姿操作范围

图 3-2 也适合站姿操作范围的确定。站姿操作一般允许作业者自由地移动身体，但移动范围受作业空间的限制。一般情况下站姿单臂作业的操作范围比较大，由于身体各部位相互约束，其舒适操作空间范围有所减小。

作业性质也可影响作业面高度的设计：

（1）对于精密作业（例如绘图），作业面应上升到肘高以上 5～10 cm，以适应眼睛的观察距离。同时，给肘关节一定的支承，以减轻背部肌肉的静态负荷并稳定手部的精确操作。

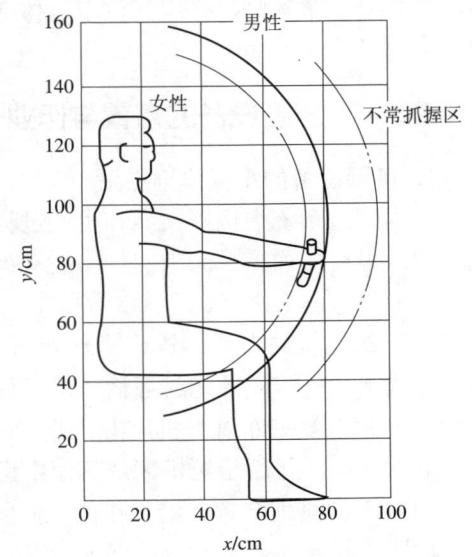

图 3-1　第 5 百分位的人体坐姿抓握尺寸范围

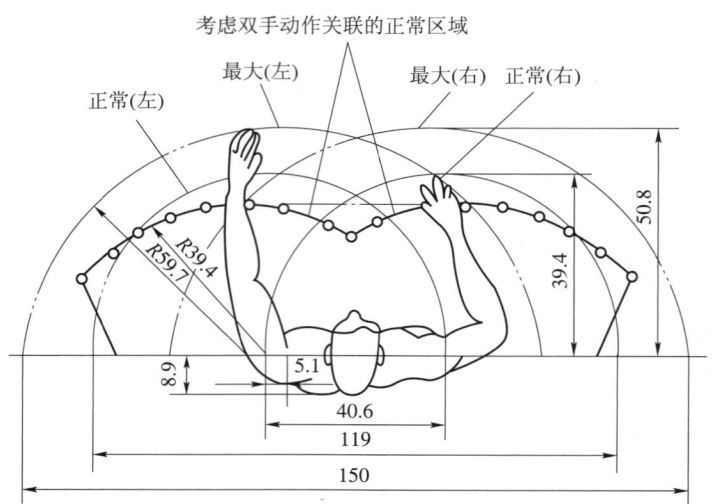

图 3-2　水平作业面的正常尺寸和最大尺寸（cm）

（2）对于工作台，如果台面还要放置工具、材料等，台面高度应降到肘高以下 10 ~ 15 cm。

（3）若作业的体力强度高，例如 FMS 中的工件装卸站和刀具预调站，作业面应降到肘高以下 15~40 mm。

对于不同的作业性质，设计者必须具体分析其特点，以确定最佳作业面高度。

3. 下肢及脚的操作范围

下肢及脚的操作范围主要是指坐姿下的操作范围（站姿下脚的操作范围大于坐姿，但易疲劳）。与手操作相比，脚操作力大，但精确度差，且活动范围较小，一般脚操作限于踏板类装置。正常的脚操作空间位于身体前侧、坐高以下的区域，其舒适的操作空间取决于身体尺寸与动作的性质。

3. 2. 4　加工设备的布置与作业空间设计

1. 机器设备的平面排列布置

根据制造系统中机器类型和生产过程中各工序间的衔接方式不同，机器的平面排列布置也不同。以机械加工车间为例，一般有纵向、横向和斜向排列三种，具体排列布置需考虑机床之间、机床与人之间的距离。

（1）纵向排列布置。机床沿作业区（车间）纵向排列（机床之间短向相对）。在这种排列方式下，机床间的物料运输和使用行车都较方便。纵向排列适用于长机床的布置。

（2）横向排列布置。机床沿作业区横向排列（机床之间长向相对）。此种方式排列较紧凑，节省面积，适用于短机床及其他中型设备的布置。

（3）斜向排列布置。沿工作区纵向斜放排列，一般斜角为 45°左右。此种排列有操作方便、切屑不易伤人、安全防护好等优点，是较常用的一种排列方式。

各种常用数控机床排列方式下彼此之间的距离见表 3-1。

表 3-1　各种常用数控机床排列方式下彼此之间的距离

序号	图例	说明
1	(横排) (斜排) 1 000~1 200 1 000~1 200 800~1 000 (纵排)	数控车床
2	1 000~1 200 1 000~1 200	数控铣床
3	1 200~1 500 800	立式加工中心
4	1 000	卧式加工中心
5	3 700 1 500 1 2	装卸工作量 1—装卸平台 2—机床 3—墙

各种机床所占面积：小型机床每台占作业面积 10~12 m²，中型机床每台占作业面积 18~25 m²，大型机床每台占作业面积 30~45 m²。表 3-2 为某些数控机床平均占用面积表。设计时还可参阅有关机床设备的平面布置数据。

表 3-2　某些数控机床平均占用面积表

序号	机床名称	型号及规范	占地面积/（mm×mm）	生产厂家
1	卧式加工中心	W2.140 自动交换工作台	7 820×8 130	青海第一机床厂
2	卧式加工中心	XH756/1 三轴联动	5 960×3 460	青海第一机床厂
3	卧式五面加工中心	KMC-630HV	5 900×4 850	台湾高明工业股份有限公司
4	立式加工中心	MC520	4 745×2 950	常州第一机床厂
5	卧式柔性加工中心	QH1-FMC001	5 730×4 460	青海第一机床厂
6	车削加工中心	NK-4TWIN	5 050×2 760	NISSIN MACHINE CO. LTD
7	车削加工中心	B-5V4100	2 634×3 816	日本青钢铁 2 所
8	立式加工中心	KT-1300V	2 921×1 800	北京机床研究所

当通道需要通过电动车时，通道宽度取 2 m，而只通过手推车时取 1.5 m（此通道宽不包括机床与通道间的距离）。表 3-3 是机床设备与通道间的最小距离，仅供参考。

表 3-3　机床设备与通道间的最小距离

序号	图例	说明
1		机床纵向排列
2		机床横向和斜向排列
3		1—工作平台与通道之间的距离 2—加工中心与通道之间的距离

在具体设计自动化制造系统的作业空间时，可参考国家标准《工作空间人体尺寸》（GB/T 13547—1992）给出的建议值，该标准规定了与工作空间有关的中国成人基本静态姿势人体尺寸的数值，该标准适用于各种与人体尺寸相关的操作、维修、安全防护等工作空间的设计及其工效学评价。

2. 机器设备的高度布置

在考虑机器设备的高度布置时，还要考虑人体身高尺寸，如显示器和操纵器等的布置，应适合人体观察操作要求，达到使用方便的目的。毫无疑问，设备布置得太高或太低都不好。布置太低，势必迫使操作者弯腰操作，这将引起操作者过度疲劳；布置太高，则迫使操作者举手或踮脚操作，同样也不好。表 3-4 给出了几种常用数控机床的竖向安装高度，供设计时参考。

表 3-4　常用数控机床的竖向安装高度

机床类别	高度范围	适宜尺寸/mm
数控机床	从主轴中心线到操作者站立时的水平视线	400~500
立式加工中心	工作台高度到操作者站立时的水平视线、数控操作面板离地面高度	750~780
卧式加工中心	工作台离地面高度	1 130
车削加工中心	主轴中心线离地面高度、数控操纵面板中心离地面高度	1 160~1 260

3.3 制造系统配置设计

制造系统的类型不同，其组成设备的配置设计也不同。一个典型的制造系统主要有以下三个重要组成部分。

（1）能独立工作的机械设备，如加工机床、工件装卸站、工件清洗站与工件检测设备等。

（2）物料储运系统，如工件与刀具的搬运系统、托盘缓冲站、刀具进出站、中央刀库、立体仓库等。

（3）系统运行控制与通信系统。

3.3.1 设备选择的基本原则

组成系统的设备选择是一个综合优化决策问题。在必须满足对设备基本功能和环境要求等约束的条件下，设计人员应对设备质量、效率、柔性、成本和其他方面进行多目标的整体优化。约束条件指在对系统进行优化时必须满足的条件，主要包括满足加工工艺要求的设备基本功能和符合国家、地方、行业和企业自身制定的对环境保护的标准与规范。对优化目标的具体考虑原则如下：

（1）质量：此处所说的质量并非单纯指零件加工的质量，还包括设备本身的质量。在选择设备时所涉及的质量是一种广义的质量。它包括：制造的产品满足用户期望值的程度和设备使用者对设备功能的基本要求两个方面。前者主要是指零件加工质量，能满足当前和可预见的将来对产品的要求即可，不必追求过高的精度要求。设备使用者对设备功能的基本要求比较广泛，可以称这种要求为功能要求，如设备的无故障工作时间、工作性能的保持性、设备的安全性、操作简易性、保养维护的方便性、设备资料与附件的完整性和售后服务等。

（2）效率：设备工作效率应根据自动化制造系统的设计产量、有效工作时间、利润、市场等因素来确定，如加工设备的生产率、运输设备的运行速度、机器人的工作周期等。对于单一品种或少品种加工的刚性自动线，设备的效率主要根据系统的生产节拍确定。而对于以多品种、中小批量加工为主的柔性自动线，情况就比较复杂。由于不同零件组合和市场因素的影响，系统的生产率在不同时段不完全相同，在确定效率时，要以工作最繁忙的时段为准，为了保持一定的柔性，设备效率还应有一定的富余。

（3）柔性：自动化制造系统的柔性是衡量系统适应多品种、中小批量产品生产和当市场需求以及生产环境发生变化时系统的应变能力。当环境条件变化，如产品品种、技术条件、零件制造工艺等改变，系统不需要进行大的调整，不需花费太长时间就可以适应这种变化，仍然能低成本、高效率地生产出新的产品，我们就说这种系统柔性好；反之则柔性差。一般来说柔性高的系统常采用通用性好的设备，相应地，其生产效率就较低，且设备常常会有一些冗余的功能，费用也较高。而柔性较低的系统可选用一些针对产品零件特点而制造的专用自动化设备，基本无冗余功能，生产效率较高且费用较低，如组合机床可多面、多刀同时加工。在设计自动化制造系统时应根据企业生产的需要确定系统对柔性的需求。当企业生产的产品品种不多，年产量很高且产品或零件在较长时期内不会发生大的改变时，可适当降低对系统柔性的要求，如摩托车发动机、冰箱压缩机的生产等。当企业生产的产品品种较多、批量不大或产品零件更新换代快时，则要求系统具有较高的柔性。

（4）成本：在任何工程项目中，成本都应该是十分重要的因素。自动化制造系统的设计过程中，在满足以上要求的情况下，应按成本最低的原则选择设备。但是，成本和设备的质量、效率和柔性往往会形成一定的矛盾，要根据企业的具体情况综合考虑，当企业经济条件较好时也可适当提高设备成本，以追求较高的性能和适当的性能储备。

（5）其他：除了以上目标外，有时还有其他一些目标也不应忽视，这要视企业和自动化制造系统的具体情况而定，如设备的能耗、占地面积、控制方式、联网通信能力和软硬件接口等。

3.3.2 加工设备的配置

以上就制造系统设备配置的一般原则做了介绍，以下就构成制造系统典型加工设备的配置做简单说明。制造系统有多个能独立工作的加工设备，其配置方案取决于企业经营目标、系统生产纲领、零件族类型及功能需求等。

1. 加工机床

加工机床是组成自动化制造系统的关键设备之一，可以实现零件的加工制造。机床的数量及其性能决定了自动化制造系统的生产能力。机床数量是由生产纲领、零件族的划分、加工工艺方案、机床结构形式、工序时间和一定的冗余量来确定的。

加工机床的类型应根据总体设计中确定的制造系统的类型、典型零件族和加工工艺特征来确定。对零件品种较少且相对稳定的系统，可考虑选用专用自动机床或组合机床，以降低成本和提高生产率，而对柔性要求较高的系统则应以通用性较强的自动机床为主。每一种加工设备都有其最佳加工对象和范围，如车削中心用于加工回转体类型零件；板材加工心用于板材加工；卧式加工中心适用于加工箱体、泵体、阀体和壳体等需要多面加工的零件；立式加工中心适用于加工板料零件，如箱盖、盖板、壳体和模具型腔等单面加工零件。机床类型确定后还应选定机床的规格，不同规格的机床其加工范围和精度是不同的，一般应根据零件族中尺寸最大和精度要求最高的零件选择。

选择加工设备类型也要综合考虑价格与工艺范围问题，通常卧式加工中心工艺适应性比较好，但同类规格的机床，一般卧式机床的价格比立式机床贵 80% ~ 100%。有时可考虑用夹具来扩充立式机床的工艺范围。在选择机床时还要考虑后期的使用费用问题，如有些进口加工中心购买价格不太高，但要正常使用必须使用特定厂家提供的刀具或润滑油、切削液，而这些消耗性物品的费用往往非常昂贵。此外，加工设备类型选择还受到机床配置形式的影响。在互替形式中，强调工序集中，要有较大的柔性和较宽的工艺范围；而在互补形式下，主要考虑生产率，较多用立式机床。选择加工机床时还应考虑它的加工能力、控制系统、刀具存储能力以及切削液处理和排屑装置的配置等。

2. 工件装卸站

工件装卸站是零件毛坯进入自动化制造系统和成品退出系统的港口，一般自动化程度较高的自动化制造系统，如自动化流水线或柔性制造系统等，零件在系统内是完全自动加工和流动的，装卸站是系统与外界进行零件交换的唯一接口。大多数情况下，零件进出系统的装卸工作还是由人完成的。对于箱体类等外型比较复杂的零件，一般是安装在托盘上进入系统加工的，工人在装卸站完成零件在托盘上的定位和夹紧。对于过重无法用人力搬运的工件，在装卸站应设置吊车或叉车作为辅助搬运设备。

在装卸站设有工作台，工作过程中自动导引小车或其他物料运输装置可自动或手动将托盘从工作台上取走或将托盘送上工作台，工作台至地面的高度以便于操作者在托盘上装卸夹具及工件为宜。

一个装卸站可有多个托盘位置，装卸站的工作台可以自动回转运动，使工人装卸工件和小车取送托盘在不同区域进行，互不干扰且比较安全。在必要时还应设置自动开启式防护闸门或其他安全防护装置。

对于多种不同零件混流加工的自动化制造系统，零件进出系统都应由生产调度管理系统确定，在装卸站应设置计算机终端接收零件装卸指令。操作人员通过终端接收来自自动化制造系统控制器的作业指令或向控制器提出作业请求。也可以在装卸站设置监视识别系统，防止错装的工件进入系统。

当零件进入和退出系统不在同一地点时，如自动流水线，可分别设置零件的装载站和拆卸站。装卸站的形式、数量、托盘位置数和人员配置等要根据自动化制造系统的类型、零件的生产节奏、装卸工作量等参数确定。

3.3.3　工件检测设备及辅助设备配置

1. 工件检测设备

零件检测是保证产品质量的重要措施，尤其是自动化制造系统，其生产率很高且零件的加工和运输都是由自动化设备实现的，因此自动检测设备的选择与使用对充分发挥系统的生产效率和保证加工质量都是十分重要的。

零件检测既有加工过程中完成某工序后在制品的检测，也有完成零件全部加工后零件成品的检测，检测时既有全部零件的检测，也有部分零件的抽检。针对不同情况可有不同的检测策略，选择不同类型的检测设备。

自动化制造系统对零件检测可有离线检测和在线检测两种形式。离线检测是指在自动化制造系统以外单独设立检测站完成零件检测，在检测时零件必须离开系统。这种类型的检测站除本系统加工的零件外还可承担其他零部件或产品的检测任务。离线检测站的规模可以很大，可配备较多的精密检测设备，可实现较复杂的检测操作。在线检测是指在自动化制造系统内配置一定的检测设备实现零件检测，在检测的过程中零件并不离开系统（检测设备属于制造系统），系统内的检测设备一般也不承担本系统外其他零部件的检测任务。通常零件加工完成后的最终检测常采用离线检测的方式，而零件加工过程中的检测及零件不太复杂的成品检测常用在线检测的方式。

在线检测通常是在三坐标测量机或其他自动检测装置上进行的，检测过程由数控程序控制，检测结果可传送到自动化制造系统的控制系统或加工设备以进行反馈控制。对于一些要求在零件加工工序过程中进行检测的场合，常将自动检测装置作为机床的附件与机床集成。如果检测时间较长，且检测需在一道工序完成之后进行，也可将零件退出机床，放到专门的检测工作台或缓冲托盘站上由人工检测，然后再进入下一工序。

2. 辅助设备

除了上述加工设备、工件装卸站和检测设备外，为了保证系统的正常工作，提高系统效率与工作质量，自动化制造系统常常配备一些辅助工作设备，如工件清洗站、工件翻转机、切削液处理装置和排屑装置等。

零件在进入检测站之前、精加工之前及加工完成退出系统之前通常都需要进行清洗，以彻底清除切屑及灰尘，提高测量、定位和装配的可靠性。除了在加工时有大量切削液冲洗工件外，自动化制造系统一般都应考虑设置工件清洗站。

一些箱体类零件在加工过程中常需翻转以便于不同面的加工，这时可考虑设置自动翻转机实现工件的自动翻转。翻转机也可和清洗机合二为一，在翻转的同时完成工件的清洗。

由于自动化制造系统的工作效率非常高，产生切削液和切屑的量也很大，如不及时进行清除将影响设备的工作，有可能造成环境的污染。自动化程度较高的制造系统配置的工作人员都很少，而且系统的工作区通常是封闭的，在工作时一般不允许人随便进入，所以切削液和切屑的自动处理是很重要的功能，应考虑设置此类装置。

3.3.4 物料储运系统的设备配置

自动化制造系统的物料包括工件（含工件毛坯、在制品和成品）、托盘、夹具、刀具和其他物品（如切屑等），物料储运系统的管理包含物料的搬运、缓冲存储和存储。

1. 物料搬运设备

物料搬运设备实现工件在制造系统内的流动，在机械制造工厂使用的搬运设备类型很多，在自动化制造系统内，主要是指能够实现物料自动输送的搬运装置。在实际生产中，搬运系统的运动路线可以是单向直线或环形运动、双向直线往复运动、环形或网状复杂运动和在一定半径内的小范围物料运送等。

在自动化制造系统中常用的搬运设备有以下几种。

（1）自动导向小车：自动导向小车承载能力强，柔性好，可做复杂路线的运动，通常以埋入地下的感应电缆导向，以红外线或无线电的方式传送控制指令，一般以车载的蓄电池提供动力。但自动导向小车的价格较高，运动速度较低。

（2）轨道导向小车：轨道导向小车沿轨道运动，承载能力强，运动速度较高，控制简单，可靠性高。轨道导向小车一般做直线或往复运动，运动距离较短。

（3）传送带和悬挂式输送装置：传送带和悬挂式输送装置常用于单向运动的物料输送，特别是在工件按固定速度或固定节拍运动的自动化制造系统中。这类输送装置的形式很多，价格较低，控制简单且可靠性高，但其柔性较差，不适用于工件需往复运动的情况。

（4）机器人或机械手：机器人或机械手是重量较轻的小型零件和刀具常用的输送装置，其动作灵活，可完成许多复杂的操作。但运动范围小，承载能力低，常与其他物料输送装置（如 AGV、传送带等）配合使用。

（5）其他搬运设备：除了上述搬运设备外，自动化制造系统还可能使用其他搬运装置，如特重和大型零件常用叉车、钣金类工件常用带吸盘的输送装置、输送切屑与切削液常用的管道输送装置等，应根据系统的需要选择。

搬运设备的选择应考虑自动化制造系统的工作性质、加工设备的布局、运动路线、工件形状和重量、生产节拍等因素的影响。如对于刚性自动线，传送带和悬挂式输送装置就是常见的选择；而对于柔性制造系统，自动导向小车和轨道导向小车就是最常用的输送设备。在柔性制造系统选择小车时还要考虑小车的速度及零件装卸的时间，经统计，当小车过于繁忙时（如小车的利用率超过 60%），机床设备的利用率将急剧下降，如图

3-3 所示。

2. 物料的缓冲存储装置配置

缓冲存储指物料在加工过程中在系统内的临时存放，此处主要是指工件的缓冲存储。在自动化制造系统中工件的缓冲存储通常以托盘站的形式存在，由于零件频繁地在缓冲托盘站和机床等设备之间进行交换，因此缓冲托盘站应尽量靠近机床，以缩短物料输送装置的运动距离。

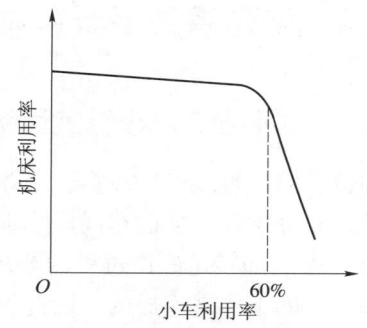

图 3-3　小车利用率和机床利用率的关系

缓冲存储最主要的功能是消除或缓解因各种原因造成系统加工机床负荷不平衡而引起的停工待料或阻塞现象。缓冲存储还可用于预先安装部分零件毛坯及暂时存放已加工好的零件，以便在一段时间内实现无人或少人加工（如节假日或深夜班等）。还有一些情况也可能需要设置缓冲托盘站，如工序之间的人工检测、清洗和粗加工后精加工前的自然冷却等。

缓冲托盘站的数目，以不使工件在系统内排队等待而产生阻塞为原则，设置较多的托盘站灵活性较高，有助于减少机床不必要的停工时间，也可实现较长时间内的无人或少人加工，但会增加成本和占地面积，且可能增加系统内不必要的在制品数量。一些按固定节拍生产的刚性自动线也可以不设置缓冲存储。

3. 存储装置配置

在自动化制造系统内设置仓库以存放零件毛坯、零件成品、暂时不用的托盘和夹具等，也可以将它看成托盘缓冲站的扩展和补充。在自动化制造系统中自动仓库主要有两种类型，一种是平面仓库，另一种是立体仓库。

平面仓库是在车间内靠近系统处划定一个区域，设置若干台架用以存放工件等物料。平面仓库造价低、管理容易、操作方便，但它占地面积较大、存放容量有限，常用于中小型自动化制造系统，工件较大、重量较重、不易上架的系统或企业投资有限等情况。

立体仓库通常以巷道、货架型结构设置，依靠堆垛起重机来自动存取物料。在相同存储容量的条件下，立体仓库占地面积比平面仓库小得多，但它的造价很高、控制复杂，要特别注意对库存信息的保护，一旦丢失在恢复时将要增加很大的工作量。立体仓库常用于大中型柔性制造系统，或系统需存放较多的零件毛坯、加工好的成品和托盘与夹具等情况。

无论采用何种形式的仓库，都应该能够实现零件的自动进出、存放数据的记录与更新、库存信息检索等功能。

自动化制造系统的刀具一般不放在上面所述的仓库内，而是存放在专门设立的中央刀库内。中央刀库的刀位数设定，应综合考虑系统中各机床刀库容量、采用混合工件加工时所需的刀具最大数量、为易损刀具准备的备用刀具数量以及工件的调度策略等多种因素。当加工过程中使用的刀具数量不大或加工中心的刀库容量足够大时，也可以不设中央刀库。中央刀库和机床刀库、刀具准备室等应能实现刀具的自动交换，并准确记录每把刀具的详细数据。

3.4 制造系统平面布局规划

3.4.1 平面布局设计的目标和依据

制造系统的组成设备较多，总体平面布局可对零件生产、产品成本等产生很大的影响，应该予以充分重视。平面布局应实现的目标很多，最主要应考虑如下三点：

（1）实现和满足生产过程的要求：产品的生产是通过加工来实现的，而加工又是通过设备和工人的工作来完成的，因此设备的布局应能实现和满足特定的生产过程的要求。

（2）较高的生产效率和合理的设备利用率：设备的布置应使在其间进行的生产有较高的效率，同时各设备能力负荷合理，以使生产高效、稳定地进行。

（3）合适的柔性设备：布局应为制造不同种类和数量的产品提供良好的生产环境，能敏捷适应市场和其他环境的变化。

进行设备平面布局设计的依据如下：

（1）自动化制造系统的功能和任务。

（2）零件特征和工艺路线。

（3）设备（包括所有生产和辅助设备）的种类、型号和数量。

（4）车间的总体布置。

（5）工作场地的有效面积等。

3.4.2 平面布局设计的基本形式

制造系统的平面布局设计，除一些特殊设备外（如清洗设备、测量设备等），加工设备应围绕零件运输路线展开，一般布置在输送装置运动线路附近。所以在进行平面布局设计时，首先要确定输送装置的运动线路。输送装置的运动路线主要有一维布局和二维布局两种，个别工艺路线特别长、零件又不太大的系统也可以布置成楼上楼下的三维布局。

采用一维布局时零件在运输的过程中按直线单向或往复运动，这种布局方式结构与控制都很简单，是在实际中应用非常广泛的布局。一维布局适用于工艺路线较短、加工设备不太多的情况。

直角形　U形　S形　环形

图 3-4　典型二维平面布局举例

采用二维布局时零件的运输路线形式很多，图3-4列举了一些典型的例子。当零件工艺路线较长、使用设备较多时，如仍用一维布局将使生产线拉得很长，占地很大，这时就应该采用二维布局的方式。有时测量装置或清洗机等需安放在特定地点也不宜采用一维布局。

三维布局其实可看成由两个或多个二维布局的子系统组成，一般情况下，零件在各楼层之间只存在单向运送，不应该在楼层间往返。

在零件运输路线确定后就可以确定其他设备的布局。通常加工设备可以布置在运输路线的一侧或两侧。若设备不多，或从便于操作角度考虑，设备布置在运输路线的一侧比较好。

3.4.3　平面布局设计的建模

1. 一维布局建模

假设设备系统由多台设备组成，各设备排列成一条直线，产品为一组零件，定义以下符号：

m 为设备的个数；

n 为零件的个数；

j 为第 j 台设备的编号，$j \in (1, 2, \cdots, m)$；

C_{ijk} 为零件 i 在设备 j 和 k 之间传递每单位距离的运输成本；

$S(j)$ 为设备 j 的长度；

d_{kj} 为设备 k 和 j 的最小间距；

$X(j)$ 为设备 j 的中心坐标；

E 为布局允许范围的最大坐标值；

G_{il} 为第 i 个零件的第 l 个工序的加工设备。如果 $G_{il} = k$，即表示第 i 个零件的第 l 个工序在设备 k 上加工；如果该零件在第 l 个工序无操作设备（取决于该零件的工艺路线长度），令 q 为某种工件的最大工序数（取所有零件中最长工序数作为 q），则 $G_{il} = 0$；$i \in (1, 2, \cdots, n)$，$l \in (1, 2, \cdots, q)$。

一维布局建模坐标图如图 3-5 所示。

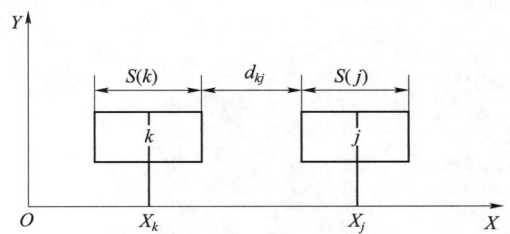

图 3-5　一维布局建模坐标图

工序–设备关系矩阵为

$$\left[G_{il} \right] = \begin{bmatrix} G_{11} & G_{12} \cdots & G_{1q} \\ G_{21} & G_{22} \cdots & G_{2q} \\ \vdots & \vdots & \vdots \\ G_{n1} & G_{n2} \cdots & G_{nq} \end{bmatrix} \tag{3-1}$$

按照使运输成本最低的原则进行建模。

令

$$G_{il} = Y, \ G_{i(l+1)} = Z, \ Y \in (1, 2, \cdots, m), \ Z \in (1, 2, \cdots, m) \tag{3-2}$$

表示第 i 个零件的第 l 个工序的加工设备选择 Y，第 i 个零件的第 $l+1$ 个工序的加工设备选择 Z。

则优化目标为

$$\min \sum_{i=1}^{n} \sum_{l=1}^{q-1} C_{iYZ} \left| X(Y) - X(Z) \right| \tag{3-3}$$

约束条件为

$$\mid X(Y)-X(Z)\mid \geqslant \frac{S(Y)+S(Z)}{2}+d_{YZ} \tag{3-4}$$

$$E-X(Z)\geqslant \frac{S(Z)}{2} \tag{3-5}$$

$$X(Y)\geqslant \frac{S(Y)}{2} \tag{3-6}$$

式（3-4）保证设备有足够的间距；式（3-5）、式（3-6）用以保证设备布置在 0 到 E 之间。

2. 二维布局建模

二维空间中设备可以布置成行式排列或非行式排列。以下所用符号的定义同一维排列。二维空间坐标如图 3-6 所示，其中 d_{xkj}、d_{ykj} 分别为设备 k、j 在 X 方向和 Y 方向的最小间距；$S(k)$、$L(k)$ 分别为设备 k 在 X 方向和 Y 方向的宽度。

设零件 i 在第 l 个工序和第 $l+1$ 个工序之间的运输距离为 η_{il}，于是有

$$G_{il}=F,\ G_{i(l+1)}=T,\ F\in(1,\ 2,\ \cdots,\ m),\ T\in(1,\ 2,\ \cdots,\ m) \tag{3-7}$$

表示第 i 个零件的第 l 个工序的加工设备选择 F，第 i 个零件的第 $l+1$ 个工序的加工设备选择 T。

则优化目标为

$$\min \sum_{i=1}^{n}\sum_{l=1}^{q-1} C_{iFT}\eta_{il} \tag{3-8}$$

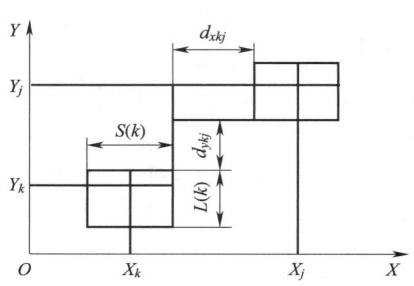

图 3-6　二维空间坐标示意图

约束条件有以下几种。

（1）间距约束。

$$\mid X(F)-X(T)\mid \geqslant \frac{S(F)+S(T)}{2}+d_{xFT} \tag{3-9}$$

$$\mid Y(F)-Y(T)\mid \geqslant \frac{L(F)+L(T)}{2}+d_{yFT} \tag{3-10}$$

（2）边界约束。

设车间可供布置的平面在 X 方向长为 h，在 Y 方向宽为 v，则约束表达为

$$\mid X(F)-X(T)\mid +\frac{S(F)+S(T)}{2}\leqslant h \tag{3-11}$$

$$\mid Y(F)-Y(T)\mid +\frac{L(F)+L(T)}{2}\leqslant v \tag{3-12}$$

（3）其他约束。

如要求每行设备的中心点连成直线，则

$$\mid X(F)-X(T)\mid \leqslant \varDelta -\frac{S(F)+S(T)}{2},\ 且\ Y(F)=Y(T) \tag{3-13}$$

其中：$Y(F)\geqslant 0$；$Y(T)\geqslant 0$。

式中：Δ 为设定的该行的长度。

一维布局和二维布局建模可用非线性规划的方法求解，但对较多设备的布局问题求解时，会遇到占内存过大和计算时间长的问题，于是，算法应运而生，如结构算法、改良算法，但所得的解不一定是全局最优解。另外还有各种各样的混合算法、图论算法等可以求解非线性规划问题的方法，请参阅有关文献，本书不进行专门讨论。

3.4.4　设备平面布局设计的方法

设备平面布局设计的方法很多，这里主要介绍从至表法。

从至表法是一种试验性的设计方法，适用于加工设备布置在运输线路一侧成直线排列的一维布局设计。它根据零件在各设备间移动次数建立从至表，经有限次实验和改进，求得近似最优的布置方案。这是一种简单的方法，下面通过举例来说明其设计过程。

【例 3-1】设自动化制造系统有 8 台加工设备成直线排列，每台设备之间的距离大致相等，并假设为一个单位的距离。共有 10 种不同零件在系统内加工，各零件在一个计划期内的产量见表 3-5。用从至表法确定加工设备的平面布局设计方案。

表 3-5　各零件在一个计划期内的产量

零件	P_1	P_2	P_3	P_4	P_5	P_6	P_7	P_8	P_9	P_{10}	合计
产量	3	5	6	4	2	4	5	3	4	5	41

第一步：根据每一种零件的工艺方案，绘制综合工艺路线图，如图 3-7 所示。

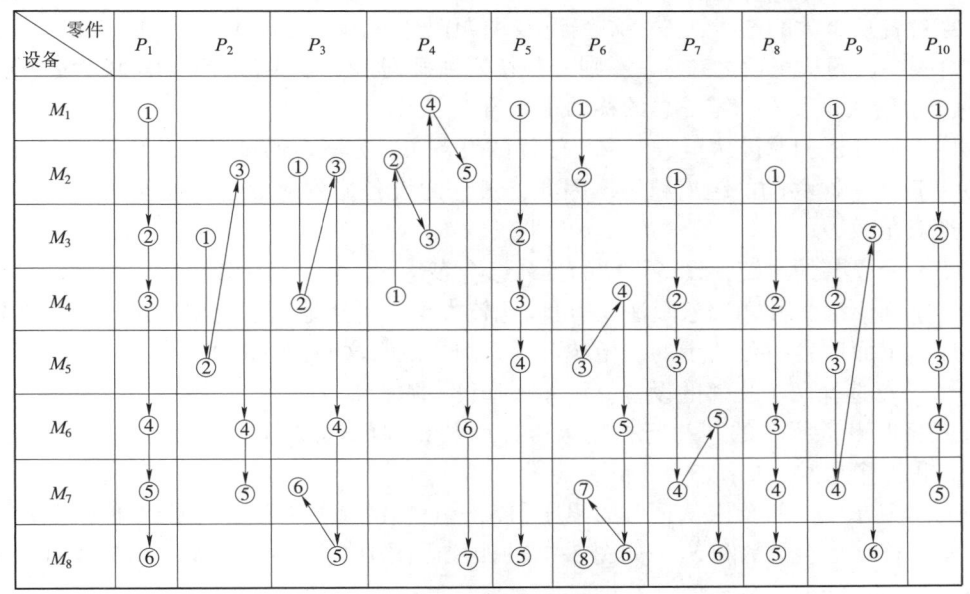

图 3-7　综合工艺路线图

第二步：根据零件的综合工艺路线图编制零件从至表。所谓从至表就是零件"从"一个设备"至"另一个设备移动（搬运）次数的汇总表，它是一个按设备数 n 确定的 $n×n$ 矩阵，表中的行为零件移动的起始设备，列为终至设备，行和列交叉格中的数据就是零件在这两台设备间的移动次数，即从至数。例如，根据图 3-7 所示的综合工艺路线图，从设备 M_3 至 M_5 的

移动有零件 P_2 的工序①到②和零件 P_{10} 的工序②到③，在计划期内，零件 P_2 的产量为5，零件 P_{10} 的产量也为5，因此零件从设备 M_3 至 M_5 的从至数为 5+5=10。从左上到右下对角线 D 的右上方表示按正方向移动的次数，左下方表示逆向移动的次数。假设例 3-1 中设备的初始平面布局按 M_1 到 M_8 的顺序排列，则根据图 3-7 可得初始零件从至表（表 3-6）。

表 3-6　初始零件从至表

从 ＼ 至	M_1	M_2	M_3	M_4	M_5	M_6	M_7	M_8	合计	
M_1		8	10	4					22	$t=n-1$
M_2			4	14	4	15			37	
M_3	4			5	10			4	23	
M_4		10			11	10			31	
M_5		5	4			5	9	2	25	
M_6							16	19	35	$t=2$
M_7			4		5			10	19	$t=1$
M_8							10		10	
合计	4	23	18	27	25	35	35	35	202	D

第三步：计算在本排列方式下零件移动的总距离。由从至表的构成可知，从至表中的从至数距对角线 D 的格数就是这两个设备间的距离单位数。在从至表对角线 D 的两侧作平行于 D，穿过各从至数的斜线，按各斜线距 D 的距离依次编号（$i=1$，2，…，$n-1$），若编号为 i 的斜线穿过的从至数之和为 j_i，则设备在这种排列下，零件总的移动距离为 $L=\sum j_i$。如在表 3-6 初始从至表中，零件总的移动距离为 $L=391$。

第四步：分析和改进从至表，求得较优的设备布置方案。通过以上分析可知，斜线距对角线 D 越近，每次移动的距离越短。因此，最佳的设备排列应该是使从至表中越大的从至数越靠近对角线 D。

对于 n 个设备的系统，设备可能的排列组合多达 $n!$ 个，当 n 较大时，全部试排一遍是不可能。下面介绍一种"四象限法"，可以比较方便、迅速地通过有限次试排而得出较优的排列顺序。下面以表 3-6 所示的初始从至表为例，说明这种方法的用法。

（1）随意选择两个相邻的设备，例如选择设备 M_2 和 M_3。

（2）将两设备所在的列和行抽出来，并以其相邻的连线作为坐标轴，将图划分为Ⅰ、Ⅱ、Ⅲ、Ⅳ四个象限，如图 3-8 所示。

（3）分别求Ⅰ、Ⅲ象限从至数的累加和 S_1，Ⅱ、Ⅳ象限从至数的累加和 S_2 和这两个设备之间零件移动从至数的和 S_3。如图 3-8 的四象限图中 $S_1=10+4+14+4+15+4+10+5=66$，$S_2=8+5+10+4+4=31$，$S_3=4$。

（4）求 $S=S_1-(S_2+S_3)$，如果 $S\leqslant0$，则这两个设备原有的排列顺序是合适的，否则是不合适的，应予以对调（其中 S 代表的是两设备对调后所减少的运输距离）。如对于图 3-8 所示的四象限图 $S=S_1-(S_2+S_3)=66-(31+4)>0$，这两台设备的顺序应予以对调，对调后的从至表见表 3-7，其总移动距离 $L=360$ 比原来减少了 31 个移动单位。如此经过有限次调整后，即可获得较优的结果。

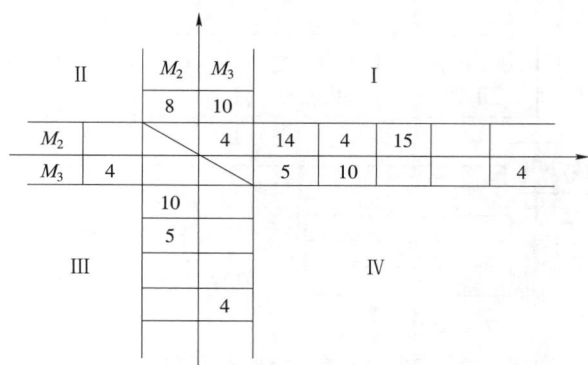

图 3-8　设备 M_2 和 M_3 之间的四象限图

表 3-7　设备 M_2 和 M_3 对调之后的零件从至表

从 \ 至	M_1	M_3	M_2	M_4	M_5	M_6	M_7	M_8	合计
M_1		10	8	4					22
M_3	4			5	10			4	23
M_2		4		14	4	15			37
M_4			10		11	10			31
M_5			5	4		5	9	2	25
M_6							16	19	35
M_7		4				5		10	19
M_8							10		10
合计	4	18	23	27	25	35	35	35	202

除了从至表法外，还可以有其他设计方法，如线性规划法，对于有 n 个零件在由 m 台加工设备组成的自动化制造系统中加工时，其线性规划的数学模型如式（3-14）所示。

$$\begin{cases} \min \sum_{i=1}^{m-1} \sum_{j=1}^{m-1} a_{ij} X_{ij} \\ X_{ij} \geqslant 0 (i = 1, 2, \cdots, m; \quad j = 1, 2, \cdots, m) \end{cases} \qquad (3-14)$$

式中：a_{ij} 为设备 i 和设备 j 之间零件的移动次数之和；

X_{ij} 为设备 i 和设备 j 之间的距离。

3.4.5　平面布局实例

【例 3-2】图 3-9 所示为某柔性制造系统总体平面布局示意图。

该系统包括 4 台卧式加工中心，其中 1 台由德国进口，其余 3 台由国内某机床厂制造，另配备了 1 台工件清洗机。物料输送装置为 1 台轨道导向自动小车，做直线往复运动，以无

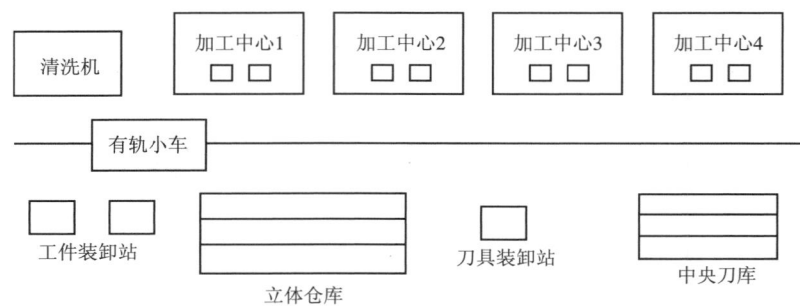

图 3-9 某柔性制造系统总体平面布局示意

线红外技术实现信息通信，为工件和刀具输送共用。系统设立了一个用于存放工件、有 90 个库位的立体仓库和一个有 30 个刀位的中央刀库，还设立了 2 个工件装卸站，1 个刀具装卸站。加工中心和清洗机 5 台设备呈直线排列在小车轨道的一侧，工件装卸站、刀具装卸站、立体仓库和中央刀库布置在小车轨道的另一侧。

【例 3-3】 图 3-10 所示为德国 WERNER 公司建造的柔性制造系统。它是为形状较复杂且具有中大批量零件族的自动加工而设计的。

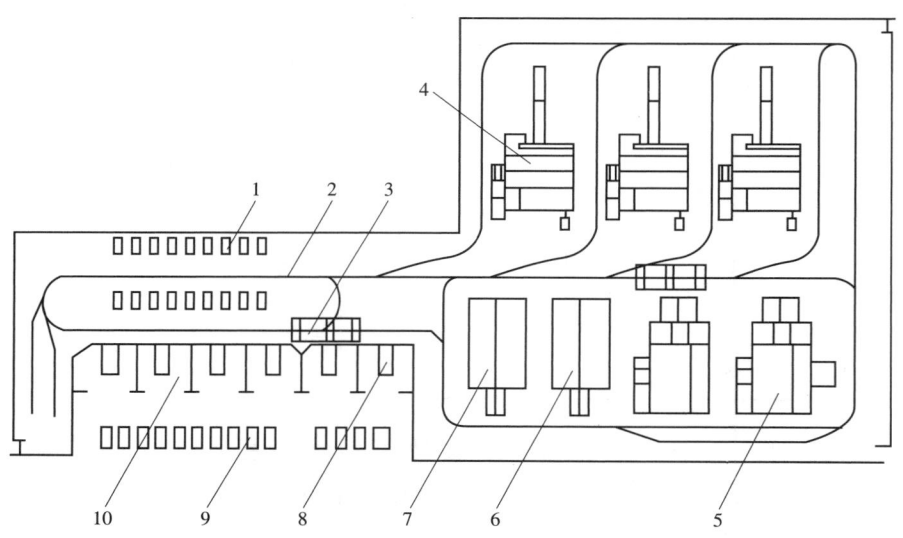

图 3-10 WERNER 公司建造的柔性制造系统
1—托盘缓冲站；2—轨道；3—无轨自动引导小车；4—立式车床；5—加工中心；
6—珩磨机床；7—测量机；8—工件装卸站；9—零件存储区；10—刀具装卸站

系统由如下具有不同工艺性能的 CNC 设备组成，即 2 台加工中心、3 台立式车床、1 台珩磨机床、1 台测量机、2 台无轨自动引导小车以及工件装卸站、刀具装卸站、托盘缓冲站和零件（含待加工和已加工）存储区等。平面布局有如下特点：① 机床布局在厂房的一头，而托盘缓冲站和零件存储区在另一头；② 工件装卸站和刀具装卸站靠近零件存储区，使操作者存取零件方便；③ 无轨自动引导小车沿敷设在地面下的电磁感应线行驶，其路径具有网络型的特点。

3.5 面向柔性生产的可重构制造系统

可重构制造系统（reconfigurable manufacturing system，RMS）是能够进行构形变化的制造系统。制造系统在某段时间内为完成某一具体生产任务而呈现的临时性固定状态（固定结构组成和布局形式）称为制造系统构形。重构也称重组或重配置，指系统从一种构形向另一种构形的转换。在快速多变的市场环境中，制造系统只有通过动态重构才能快速平稳地转换到新的状态，这种可重构性成为其对变化做出反应而得以继续存在的根本手段。

RMS 是一种新型的制造系统，其定义也在不断的发展之中。RMS 的正式概念首先由美国密歇根大学的 Y. Koren 提出，指出重构是由生产能力和功能的变化来驱动的。一般认为RMS 是能够在需要的时间，根据生产需求以及系统内部的变化，在充分利用现有制造资源的基础上快速提供合适生产能力和功能的制造系统。它能够基于现有自身系统在系统规划与设计规定的范围内，通过系统构件自身变化和数量增减及构件间联系变化等方式动态地改变构形，达到根据变化动态快速地调整生产过程、功能和能力的目标，实现短的系统研制周期和斜升时间、低的生产和重构成本、高的加工质量和经济效益。RMS 强调重构是由外部的生产需求和系统内部的变化驱动的，强调通过自身现有系统构件的变化来达到重构的目的，将重构的层次从物理重构扩展到逻辑重构。

对 RMS 的研究最早始于日本，到 20 世纪 90 年代初欧盟也开始列项研究开发，美国于1996 年在密歇根大学成立了可重构制造系统工程研究中心（ERC-RMS 中心），进行"制造系统重组方式对系统性能的影响"和"产品装配过程的变流理论与建模"等方面的研究。目前国内已经有多家院校和企业单位展开了对 RMS 系统的各项研究。

3.5.1 多品种变批量生产模式

1. 多品种变批量生产模式的特点

生产模式是一个制造企业的组织、管理和信息模式的总称，是人们设计和改进制造系统所使用的基本概念、原则和理论。生产模式与企业经营的产品性质有关，不同的产品品种和产品需求量需要不同生产模式相适应。调查表明，产品品种和批量之间存在一定的关系，当一个企业生产较多品种的产品时，其产品批量往往较小，而企业从事单一产品制造时，其产品批量通常较大。

变批量即为产品批量的变化。多品种变批量生产（multi product type and variant volume，MPTVV）模式的诞生反映了企业对社会需求的适应性变化。在民品行业，企业最初主要采用少品种大批量生产模式，其典型案例就是福特公司的汽车流水生产线。随着客户化定制需求的增多，多品种变批量的生产模式才逐渐盛行。同样，在军品行业，在复杂的国际军事环境下，我国国防战略方针也从"少试多产"向"多试少产"、研产并重的方向转变，由此引发军工企业必须改变原有少品种、大批量的生产形式，逐步向多品种变批量的生产模式转变。

MPTVV 模式之所以在民品和军工行业得到广泛认可，主要源于其兼顾效率和柔性的综合性特点。

（1）效率方面。总体上讲，企业对效率的追求经历了从单一的产品生产效率至整个生产系统的快速交货、快速切换能力的发展过程。在少品种大批量生产中，产品类型单一，功能固定，生产批量大，企业追求的是生产效率的最大化。采用通用设备生产多样化产品的多品种中小批量生产旨在满足产品多样化和制造周期缩短的社会需求。而多品种变批量生产的显著特征就是多功能、快速交货和短的产品生命周期，其目的也是满足日益加快的生产生活节奏，满足产品的个性化及多样化需求。可见，MPTVV 模式的这种高效性还体现在对不同生产方式下生产系统快速切换的支持之中。

（2）柔性方面。多品种变批量生产中的"多"和"变"的思想本身就是柔性的具体体现。多品种变批量生产方式的柔性不仅体现于生产功能上对类型和批量都动态变化的产品生产的支持，还体现于生产系统构形上对流水刚性结构和离散柔性组织结构的适应性和动态转换。

MPTVV 模式能够对生产线的柔性和效率进行权衡：当面向多品种中小批量生产时，企业对生产柔性有较高的要求，并要求生产线有快速的切换能力；而面向多品种大批量任务时，企业将会更加注重生产线的整体运行效率。

可见，MPTVV 模式是在对效率和柔性的不断追求中诞生的，效率和柔性的兼顾是其根本目标，因而，效率和柔性是多品种变批量生产模式的最大特点，也是其对制造系统的基本要求。

2. 多品种变批量生产模式对系统重构的要求

每种生产模式都要求某种制造系统或生产线组织结构与之相适应，如刚性制造系统（DMS）/刚性生产线（DTL）、柔性制造系统（FMS）/柔性生产线（FTL），以及从单元化制造系统（CMS）发展而来的可重构制造系统（RMS）/可重构生产线（RTL），都是在一定的生产模式下产生的，生产模式和制造系统是并行发展的（图3-11）。

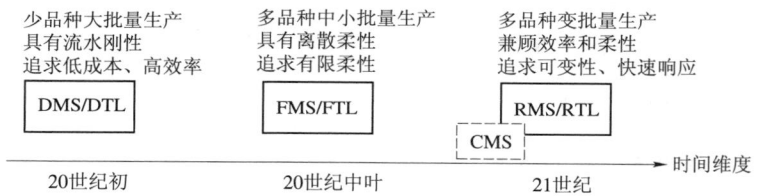

图3-11 生产模式与制造系统的并行发展

多品种变批量生产模式作为可重构系统的应用背景，它对系统重构有柔性组织、动态能力、经济性、可靠性等方面的特定要求，如图3-12所示。

（1）柔性组织能力。柔性是指通过重排、更替、剪裁等手段，对可系统逻辑或物理资源、系统功能进行重新组合的能力。柔性即为可变性，反映了系统适应内外部生产环境变化的能力。系统柔性可以从设备、工艺、产品、流程、生产批量、模块可扩展和工序柔性等方面进行评估。对可重构系统而言，柔性组织能力方面的要求主要包括：

① 可伸缩性：指系统适应不同类型和批量产品生产的能力，以及系统对产品类型和批量变化的适应能力。可重构制造系统既要支持民品的少品种大批量生产和多品种可变批量生产，又要兼顾军工产品的"试制"至"批产"的快速转换和研产并重的生产需求。

② 可扩展性：指系统结构能够通过模块进行组建和扩展的能力。例如，要求对生产线进行模块化和单元化结构设计，将具有动态自治特点的制造单元视为系统的构成模块，从而提高系统组建效率和扩展能力。

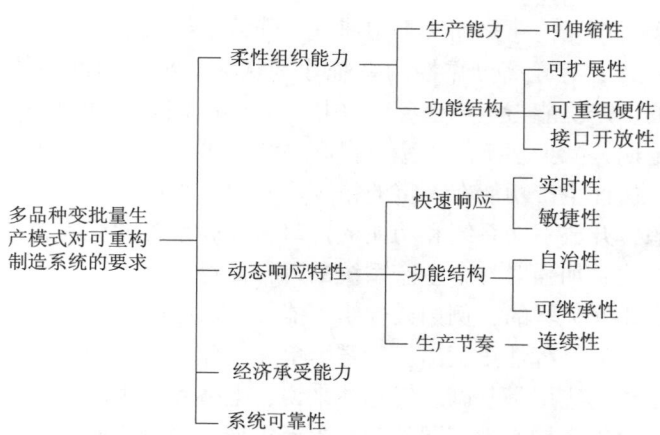

图 3-12　多品种变批量生产模式对系统重构的要求

③ 采用可重组硬件系统：一些具有可配置、多功能和易转换特点的组合机床、可重构机床是在可重构生产线中优先选用的硬件资源。

④ 接口开放性。采用动态模块化方法组建的硬件设备和整个生产系统还要具备一定的开放性，系统设计中，应根据模块化思想，向外界提供数据和功能集成接口。

（2）动态响应特性。企业生产环境具有不确定性、不准确性和不完备性等特点，存在大量的诸如订货数量更改、新增订单、设备故障、人员病休缺勤、生产准备不足和工序加工时间偏差等动态扰动因素。这些事件的大量存在和累积是导致制造系统进行资源重构的重要原因，因此，系统重构设计时必须加以重视。

多品种变批量生产对系统动态响应能力的要求主要体现在以下几方面：

① 实时性：时间成本太大的重组过程难以得到企业的认可，系统重构应该具有一定的响应时间限制。动态重构时，逻辑单元构建由于不改变系统的物理构形，不占用实物调整时间，是满足实时响应要求的重要手段。而在系统构形变化较大，如阶段性重构调整时，则需要提供快速布局切换等物理构建手段。

② 敏捷性：对异地协同企业或者网络虚拟制造联盟而言，系统或单元的快速构建和敏捷协同是虚拟企业的基本要求。

③ 自治性：指系统具有独立决策与完成任务的能力。可重构系统要具备一定的自治功能，在外界需求变动的情况下，能够迅速组织系统资源，恢复系统功能。在自治性要求下，系统的组成单元也应达到一定的生产目标要求，具有功能完整性和自治性，并进行自我管理。

④ 可继承性：重构实施影响面广，成本高。为了减少重构为生产带来的影响，系统重构必须体现原有生产的延续性以及系统构形和功能的可继承性。

⑤ 连续性：遵循精益制造的思路，越来越多的企业开始改用准时制连续生产方式。在连续生产中，可以通过生产节奏的控制动态平衡生产中各种资源的负荷，识别并解决生产中的瓶颈问题，达到对人员、设备及生产流程进行改进的目的。

（3）经济承受能力。除了在功能和结构上具有柔性组织能力和动态响应特性外，系统重构还要在经济上具有可承受性，即重构投入的资本与获得的系统功能对比应在经济上是可行的。制造系统可重构性的水平越高，适应变化的能力就越高，相应的成本投入也就越多，生产线重构的实现需要在系统总体效率的提升和功能的获得上与成本投入之间进行平衡。例如，对生产线进行逻辑单元构建是加快重构速度、降低重构成本的有效手段。

（4）系统可靠性。具有较高可靠性的系统才能认为是可实施的系统。由于鸟尾效应的存在，重构后系统的生产功能与生产任务会在相当长的时间内处于动态"磨合"过程之中。为缩短系统的不稳定期，减少系统故障率，提高系统的可靠性，在重构时需要考虑：适当提高系统的生产能力，保证生产功能在一定的裕度范围内；采用容错法，提供多种备选构建方案；采用模块化思想，开放不同系统和功能的接口，提高系统的交互容错能力；采用故障诊断技术及系统集成方法，加强对整个生产系统的运行监控。

以上要求之间是相互关联的，例如柔性组织能力、动态响应特性要求中都强调了资源的重组利用；从快速响应和经济性角度出发，逻辑单元构建是最优选择；为提高系统柔性和可靠性，模块化设计方法的应用是基础。但总体来说，上述系统重构都可以通过单元构建，即系统资源的动态模块化组合来实现不同类型的单元构形，满足不同的重构要求。

3.5.2 系统重构要素分析

对制造系统而言，效率和柔性主要是指系统具有高效和高度柔性的生产功能，从生产功能的角度看，系统的效率和柔性体现于两个方面：一是适应不同类型和数量产品的生产，以及对产品生命周期各阶段生产的支持，即产品要素的变化；二是应对产品要素变化的系统结构的自由演变和构建，即构形要素的变化。构形要素旨在说明系统结构的生命周期。

图3-13所示为系统重构要素分析。系统构形的变化是为了取得不同的系统功能以及系统的生产效率和柔性，满足不同产品的生产，因而，构形空间在不同的生产功能上截取。不同产品则在垂直于构形空间的不同产品空间交互。系统构形的变化映射至同一构形面，即可反映出系统重构演变过程，即系统构形变化的轨迹（图中最粗的轨迹线）。

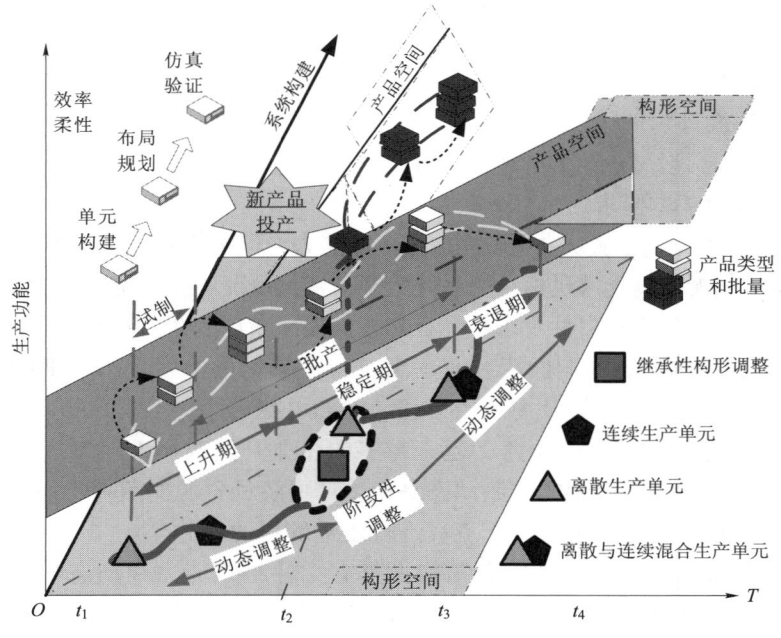

图3-13 系统重构要素分析

1. 单一类型产品及其批量的变化

在市场需求的变动下，任何产品都具有一定的生命周期，先后要经历上升期、稳定期和衰退期的发展过程。

（1）上升期是产品逐步投入市场、改进产品功能、提高市场份额的阶段，该时期的产品也随着产品功能和市场需求的磨合，将从以试制为主转为以批产为主。

（2）在产品稳定期，产品功能已经较好地吻合了社会需求，需求和供给产量较为稳定，产品工艺也得到完善，生产系统将按照批产要求组织大规模连续生产。

（3）随着市场份额的饱和和竞争的加剧，以及用户需求的提高，产品将进入衰退期，产品批量减少，该产品的生产又将逐步回到少量或单件生产的阶段。

2. 多种类型产品及其批量的变化

多品种变批量生产模式下，系统重构实际是应对产品类型和批量双重要素变化的生产决策。

（1）产品类型处于不断变化之中。随着老产品逐步过渡到衰退期，或者根据市场需要，企业需要不断引入新产品以扩大生产，此时就会出现不同类型产品的生命周期在产品空间交互的情况。通常情况下，产品空间的交互点就是构形空间发生较大结构调整（图中阶段性调整）的最可能发生点。

（2）产品批量在产品生命周期的不同阶段不断变化，不同产品又有不同的生命周期，并取得不同的生产批量。当引入的新产品还处于试制或单件生产阶段时，老产品可能正处于大量生产的稳定期或批量逐渐减少的衰退期。在产品类型较为稳定，只是产品批量发生变化的情况下，系统结构一般不需要进行重大调整，可只根据已有产品的典型工艺，通过逻辑单元构形调整达到对系统进行动态调整的目的。

3. 制造系统的重构调整

随着时间的推移，跟随市场需求和产品要素的变化，系统结构将在不同的构形空间中逐步演化。

（1）在相当长的时间内，市场需求和生产目标稳定，产品类型较为稳定，系统结构和功能也相对比较稳定，系统只需要响应动态生产扰动进行微调，即动态调整。

（2）随着时间的推移，系统的生产能力与市场需求之间的差异将逐渐积累，当通过动态微调无法满足新的需求时，就必须对系统实施阶段性调整。

（3）经过生产任务和系统功能的磨合，系统功能和柔性将逐步得到恢复，系统结构和功能又达到了一个相对稳定期，系统在构形空间上又将以动态调整为主。

可见，系统结构总是在动态调整→阶段性调整→动态调整的循环中重构演变，重构的结果是系统效率和柔性以及经济性、可靠性等综合性能的提高。

4. 系统构建

重构表示多次构建，反映了不同时间段上系统构形的变化。而在重构发生的时刻，系统构形形成的整个过程则为一次系统构建过程。系统除了沿着时间轴重构演进外，在固定的时间点，即重构发生的时刻，还将沿着由单元构建、布局和仿真验证等技术点组成的纵向维度发展。纵向维度的系统构建是产品要素与构形要素交互的结果，是系统重构的执行过程。

5. 单元构形的变化

系统的重构调整直接反映为制造单元的构形变化，单元类型的选择是重构决策的重要内容。

在动态调整中，制造单元主要进行逻辑构形调整。

（1）离散式生产单元。在产品批量小的情况下，主要采用离散加工生产，生产组织形式可采用成组单元、柔性制造单元、独立制造单元和智能制造单元。

离散式生产单元的选择主要考虑以下几种情况：

① 单件产品，且生产批量较少时，如需要试制的新产品或进入衰退期的老产品。

② 指定产品，针对处于稳定期的产品设计专用生产单元。

③ 多种加工特性相似的产品，且批量都不大时，如同系列不同规格的产品。

（2）连续式生产单元。连续式生产单元是满足连续性生产的单元类型，针对有稳定需求、批量较大的产品可以采用连续式生产单元组织生产。其选择依据主要是产品批量。

① 单一产品大批量生产，如处于稳定期的成熟产品的生产。

② 多种具有加工相似性的产品可以组合成中大批量，进行连续生产。

（3）混合式生产单元。一个成熟的企业一般都会同时生产多种产品，每种产品的批量也可能有较大差异。为了兼顾不同产品的发展趋势，同时又不失系统的总体效率和柔性，企业一般采用离散和连续结合的混合式生产方式，此时的系统构形也多为由离散和连续式生产单元结合的混合结构。

另外，在阶段性重构调整中，除了对制造单元的逻辑构形进行调整外，还需要对系统物理布局进行规划。而且，从构建成本和响应时间的角度考虑，都要求阶段性调整对原有系统的改变量最小，因此，单元构形应以原有单元为依据，采用继承性构建策略。

3.5.3　重构模式下生产线布局的特点

生产线布局在布局规则和约束的指导下实施，在布局规划中应根据物流模式分析，设计出合理的物流方案，这是系统布局的基本要求和方法。除此之外，重构模式下生产线布局的特点更加鲜明。

1. 灵活多样的布局形式和物流模式

图 3-14 所示为一些典型的生产线布局实物图片，它们都是从单行线形、U 形、环形、多行布局形式和物流模式演变而来的。例如，汽车总装生产线中大量采用流水式单线结构，柔性加工系统则广泛地使用多行或环形布局和物流方案。重构模式下生产线的布局形式和物流模式灵活多样，以混合型布局和物流方案为主，如整体范围内多行式柔性布局与局部单行流水式布局相结合，整体流水线与局部柔性制造单元的混合结构等。

2. 快速布局切换

而且，根据构建需求，生产线布局可适时调整，如将单元化生产线转化为由部分设备串联的直线型布局，重构布局还体现出快速生产转换的特点。在动态调整中，系统构形以微调为主，主要针对逻辑要素进行布局分析；当面向阶段性重构调整时，则考虑是否调整实物进行物理布局。重构布局需要在两者之间不断权衡，采用快速布局方案支持快速生产转换。

3. 设备共享现象大量存在

重构布局主要采用混合型布局结构和物流模式，产品很少完全局限在单元内完成加工，而且，多种类型不同批量产品的同时加工更加重了这种工艺和物流的交叉情况。从工艺和物流逻辑看，它体现为不同生产任务对设备能力的争用，即设备的逻辑共享；从布局的角度看，它又表现为设备在不同单元间的能力划分和共享利用，即设备的物理共享。

（a）　　　　　　　　　　　　　（b）

（c）　　　　　　　　　　　　　（d）

图 3-14　典型的生产线布局实物图片

（注：图片来自网络搜索）

（a）机加生产线；（b）汽车总装生产线；（c）电子产品装配线；（d）包装车间

4. 频繁布局调整需要人的参与

生产线布局的规则和约束众多，而且很多规则和约束都难以用定量标准加以量化，完全依靠计算机的自动布局功能无法全面平衡各种约束。布局不仅是一门科学，更是一门艺术，需要人的参与，一方面要将人作为基本布局要素加以考虑，另一方面应在布局设计中提高人的决策空间。

3.5.4　单元化生产线布局的技术方案

重构布局的柔性、单元化、快速切换、可视化等显著特点也隐含了单元化生产线布局的基本要求。本文将以单元构建方案为基础，沿着逻辑布局、物理布局和布局分析的技术思路展开对单元化生产线的布局研究，如图 3-15 所示。其中，逻辑布局是布局的首要阶段，主要面向系统构形的动态调整；物理布局中对实物元素进行调整，主要面向阶段性调整；布局分析用于辅助人的布局决策。

面向工厂、车间或生产线的布局主要有生产任务、生产工艺和制造资源等基础数据输入。

（1）基于单元构建方案进行自动逻辑布局。该步骤主要用于展现单元构建方案中的单元设备组成关系；同时，基于单元方案中的工件族及其加工信息，对设备能力分配和共享关系做进一步分析。逻辑布局输出初始布局方案。

（2）在初始布局方案的基础上，进行人机交互式的实物布局。事先建立布局元素的真实模型；然后在可视化界面中加入或替换布局元素；并在布局过程中，不断地采用布局分析工具进行实时分析和调整；最后，以三维场景展示布局方案。

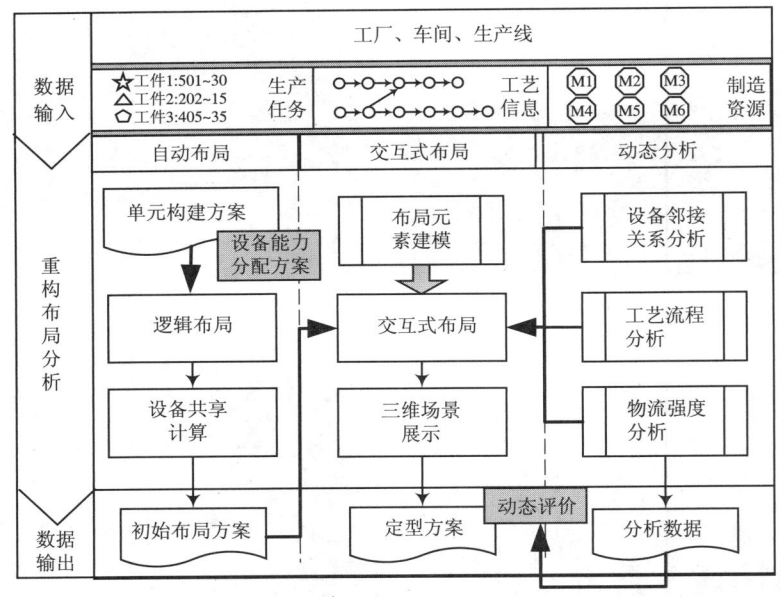

图 3-15 单元化布局的技术思路

（3）布局分析实际由一系列的布局辅助工具实现，在交互式布局中动态调用，是交互式布局的有机组成。本方案中提出了单元设备邻接关系、工艺流程、物流强度分析等具有单元化布局评价特色的工具，它们都从不同侧面为布局调整提供分析数据。

3.5.5 基于单元构建的自动布局技术

在计算机、家用电器、数码照相机、手机等消费电子类企业，产品更新换代快，生产线有动态调整需求，在调整方式上，主要以系统的逻辑构形调整为主。逻辑布局由于不需要复杂的布局模型支持，不关心布局元素的实物尺寸和位置，因而能够实现生产线逻辑构形的快速调整。

1. 基于单元构建的逻辑布局过程

逻辑布局介于逻辑单元构建和实物布局之间，是逻辑单元构建的自然延续，要求以单元构建的结果——制造单元及工件族的逻辑划分为依据展开布局分析。同时，逻辑布局又是实物布局的开始，需要为其提供初始方案。

（1）自动布局。在布局界面中逻辑构建单元的再现不需要布局算法和复杂真实布局模型的支持，只需要表达单元的逻辑构形。逻辑布局主要用于展示构建结果，通过导入单元构建方案，自动将单元划分和设备在单元的归属关系展现在布局界面中。

（2）布局分析。逻辑布局分析主要以工艺逻辑元素为研究对象。在导入单元方案的同时，也导入了工件加工工艺，基于逻辑工艺信息，可以在逻辑布局中计算获得更为详尽的设备共享信息。此时，设备共享分析实际是单元构建中单元设备能力共享分配的细节分析。

（3）布局输出。逻辑布局能够输出基本的布局元素，如简化的设备或单元模型，以及初步的分析结果，如共享分析数据。逻辑布局输出的初始布局方案是实物布局的数据基础。

2. 设备共享分析算法

在单元构建和逻辑单元布局中，可以对设备共享逻辑进行分析计算。单元构建中启发式算法的各个阶段，都在对设备能力进行反复的调配，即设备在各单元的能力分配与共享。基于单元构建中的资源能力共享分配方案，可以在逻辑布局中提出更为详尽的设备共享算法，其计算数据将作为交互式布局中设备邻接关系分析和可视化调整的依据。图 3-16 说明了系统构建的各个阶段对设备共享问题的分析过程。

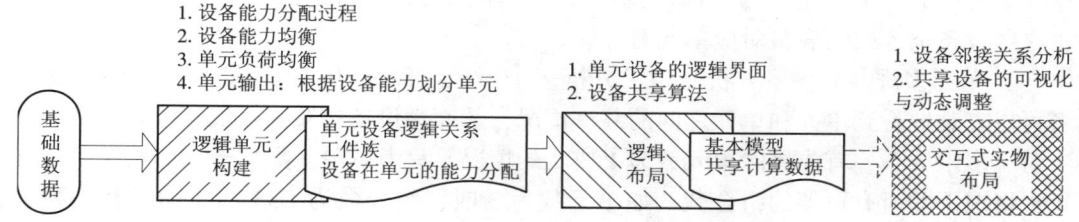

图 3-16　设备共享分析过程

为了提供充分的设备共享信息，设备共享算法可对设备共享度、单元设备二维及多维共享关系进行计算。其算法流程如图 3-17 所示。

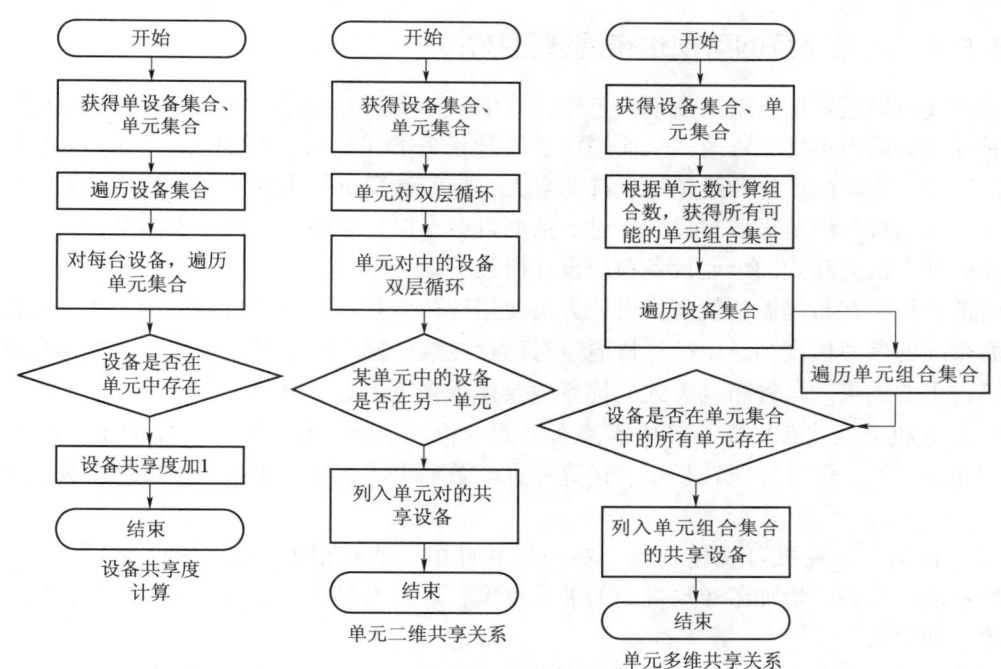

图 3-17　设备共享分析算法流程

（1）设备共享度计算。设备共享度就是设备在所有单元中出现的频次。共享度计算首先就是计算每台设备在各单元中出现的次数，再对计算结果进行排序，最后直观地给出排序结果。共享度高的设备其工作能力也分散在各加工单元。

算法的实现思路是建立一个设备的共享度累加器，以设备号作为设备累加器的标识符，在单元与设备关系表中对设备进行累加器运算，只要在一条记录中出现了某个设备，则对这个设备的累加器进行加一运算。在将单元与设备表完全遍历之后，则每一个设备的累加器中就存有该设备属于单元的个数。再将这个累加器数组进行数值从大到小的排序，即可得出一个由大到小的设备共享度正序数组。

（2）单元二维共享关系分析。用于分析两个单元之间所共享的设备，让设计者可以直观地看到单元和单元之间的共享情况，从而为设备的布局提供参考和支持。

算法思路是首先通过生产线中使用的设备集合获得关联的单元集合，即得到单元数组，由单元数组构成一个二维表格，循环比对每两个单元对，获得这两个单元中都使用到的设备，这些设备填入二维表格对应单元对位置。

（3）单元多维共享关系分析。用于分析多个单元之间所共享的设备，其目的也是让设计者可以直观地看到单元和单元之间的共享情况，从而为设备的布局提供参考和支持。

对于多维关系，首先排除单元数为 1 或 2 的情况，只考虑单元数大于 3 的情况，首先计算每种情况下的所有可能的组合数，如单元数为 3 时，组合数为 $C_3^3=1$，即只有一种组合形式为 0-1-2；单元数为 4 时，组合数为 $C_4^3+C_4^4=4+1=5$，即组合形式中有 3 个单元的组合 4 种，4 个单元的组合 1 种，分别为 0-1-2，0-1-3，0-2-3，1-2-3，0-1-2-4。将组合的单元集合成数组；之后遍历设备集合，看设备是否归属单元集合中的所有单元，如果是，则说明该设备为这组单元所共享。

3.5.6 人机交互的可视化布局调整技术

生产线布局是一项复杂而烦琐的工作，其中某一步骤上确定的方案往往由于在以后深入设计时发现问题而不得不修改，从而增加了设计任务的工作量，也加大了设计工作的难度。可见传统布局方案的设计和维护难度都非常大。随着计算机技术的发展，使用计算机辅助布局设计已成趋势，但是很多布局软件过于强调自动布局，忽略了人的主观能动性，因此，我们需要展开人机交互式的单元设备布局设计研究。

所谓人机交互布局调整就是指设计人员使用计算机软件在计算机上进行手工单元设备布局，而布局的参考依据则是由计算机通过对已存在数据库中的布局元素及其关联信息进行分析计算得出的结果。这种布局方式的优点主要体现在以下几个方面：

（1）人机交互式布局既不单纯依赖人工的分析和设想，也不完全依靠计算机进行自动布局，而是既发挥了计算机在显示、运算和存储数据上的优势，也最大限度地发挥了人的创造性。

（2）借助于计算机可视化技术，在布局软件中，能够很方便地实现二维及三维布局，甚至增强现实布局，增加了布局规划的展示维度，规划人员可以获得更多的信息，提高了布局的效率和效果。

（3）人机交互布局中，简单的布局规则和布局约束可以在布局软件中封装成固定知识模块，复杂布局约束则交给人来处理，以此提高生产线布局的可实施性和柔性。

1. 布局元素的可视化模型构建

布局元素真实模型的构建是可视化布局的基础。布局元素可分成实体元素与非实体元素。物理布局中不仅要考虑有固定尺寸、可精确定位的加工设备和物流通道等实体元素，还需要考虑工艺路线和操作空间等非实体元素，或逻辑元素，建立实体元素的元素库，以及非实体元素的存储结构。

（1）实体元素是指确实存在的、占据固定空间位置的元素，包括车间、设备、单元、禁摆区、服务区（如上料区、下料区、物料区、维修室、休息区）等。

（2）非实体元素是指不固定占据位置的、对实体元素有辅助决策作用或有关联关系的元素，如生产计划、工艺路线、物流、区域设置，对齐标志等。另有一些布局约束参数，如设备间距，设备与物流通道，墙、柱的距离，操作空间等，也可以纳入非实体元素。

实体元素和非实体元素之间存在一定的关系，如图 3-18 所示，非实体元素是实体元素的补充信息，或者关联信息。考虑布局建模的便利性和可扩展性，需要抽取多数元素的主要参数，进行统一建模，主要特征参数包括名称、标识、位置坐标、长度、宽度、高度、角度等。

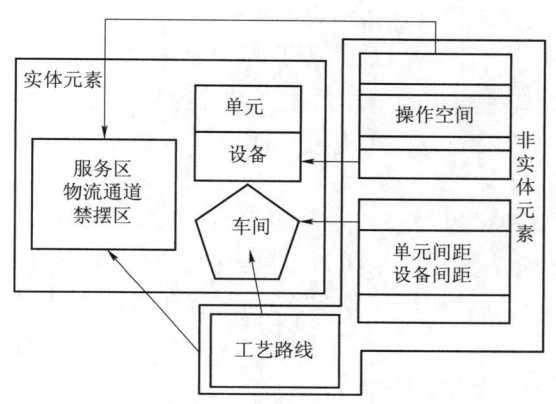

图 3-18　布局元素关系图

在真实模型构建的基础上，可以对元素干涉现象进行判断，布局建模的另外一项重要内容就是干涉检查模型的建立。可视化布局调整过程中，直接调整对象是实体元素，每次调整都需要利用设备间距、操作空间、工艺信息等非实体元素信息，对当前调整对象进行干涉检查。干涉检查就是检测设施的实际占据空间中是否有其他设施的侵入。平面布局中主要考虑元素的外形尺寸、操作空间、要求的设备间距，需要检查的矩形空间 Rectangle[X, Y]。X 为长度，Y 为宽度。

$$X = X_o + X_e + X_d \tag{3-15}$$
$$Y = Y_o + Y_e + Y_d \tag{3-16}$$

式中：X_o 为元素最小操作空间长度；

　　　X_e 为元素外形长度；

　　　X_d 为元素要求的最小间隔长度；

　　　Y_o 为元素最小操作空间宽度；

　　　Y_e 为元素外形宽度；

　　　Y_d 为元素要求的最小间隔宽度。

以设备为例，不仅要检查设备占据空间的端点是否在落在被检查设备的矩形空间内，还要检查被检查设备矩形空间的端点是否落在检查设备的占据空间内。若没有这样的端点存在，则证明这两个设备没有冲突干涉。图 3-19 中，左右分别为无干涉和干涉发生的情况。如果发生干涉现象，则对发生干涉的设备都要给出显著提示，如高亮显示干涉设备等。

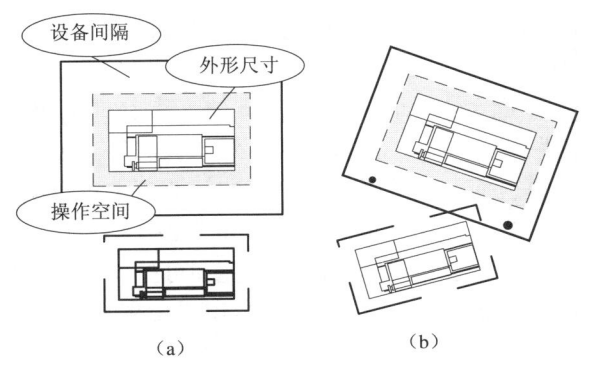

图 3-19 设备干涉检查模型

（a）无干涉 （b）干涉及颜色显示

应基于布局元素实现统一建模和干涉检查，以可视化的界面提供用户操作和交互平台，并在内置布局规则和约束的限制下，实现可见即可得的边布局边分析的人机交互式布局效果，从而达到快速布局的目的。

2. 人机交互的布局调整过程

逻辑布局根据单元构建方案生成了初始布局，但此时只能看到单元和设备的简单标识，以及它们之间的逻辑关系。在阶段性任务调整时，生产线具有物理布局调整的需求，人机交互式布局以可视化界面呈现用户操作，便于设计人员对生产线设备和单元的随时调整和分析，能够适应阶段性构形快速调整的需求。

可视化布局以设备建模为基础，在布局规则和约束及物流规划方案的技术要求下展开，人机交互的布局调整过程如图 3-20 所示。

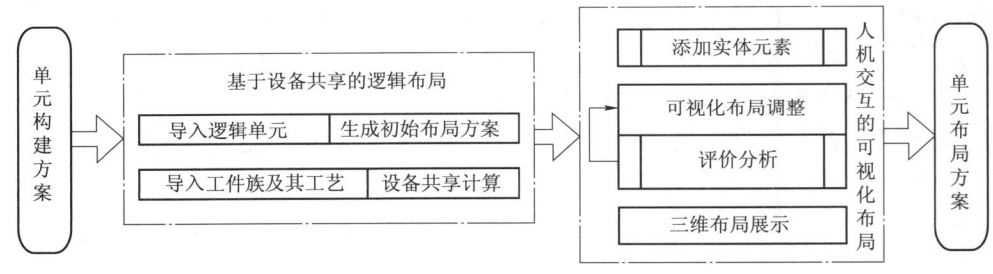

图 3-20 人机交互的布局调整过程

步骤一：导入单元构建方案，系统自动生成初始布局；同时导入工件族和工艺信息，进行设备共享计算，完成逻辑布局。

步骤二：添加实体元素，为实体元素附加二维模型，关联三维模型。

步骤三：可视化调整。调整单元设备的大小和位置，添加服务区、物流通道等实体元素，并在布局调整过程中根据内置的干涉检查规则对干涉现象进行提示；转步骤四，加载布局评价分析工具，依据设备共享线、工艺路径、物流统计信息，反复调整单元和设备位置，直至达到目标要求，转步骤五。

步骤四：调用分析工具对布局进行动态分析。使用设备邻接关系、工艺流程、物流强度分析等布局分析工具，对可视化调整效果进行评判，直至达到目标要求。

步骤五：三维布局展示。经过调整→分析的反复迭代，在确定了最终布局方案后，以三维布局的形式展示贴近真实的场景。

3.5.7　面向交互式单元布局的动态分析技术

人机交互的可视化布局提供了快速布局规划的平台，为增强人机交互特性，还需要有分析或模拟的量化数据支持，为可视化布局提供一些面向布局过程的交互分析工具，其目的是提高系统布局的准确度和可靠性。

以当前调整的生产线布局为背景，分析确定物流模式后，通过对典型生产任务及其工艺和生产物流等逻辑元素的分析，可以获得量化的分析数据。单元设备邻接关系用于表达物理布局中单元及设备之间的近邻和共享关系；工艺流程用于表达不同类型产品在设备间的流转情况；物流分析则以工艺流程分析为基础，对物流通道上的物流情况进行量化统计。三者都具有单元化布局特色，是本文主要采用的分析方法。

1.　单元设备邻接关系分析

单元设备邻接关系分析是对设备共享关系的可视化分析。在交互式布局中，还需要解决共享设备的归属及其计算机表达问题。布局界面中，设备只能归属某一位置，该位置也只能归属某一个单元，这里称之为主单元，其他单元（共享单元）只能从主单元共享该设备。为此，在共享设备布局设计中，可以为设备添加标识，表明某设备是否为共享设备，并且为其添加归属单元数组结构，记录该设备的所属单元，并在该结构中说明归属单元是主单元还是共享单元。共享设备数据结构设计如图 3-21 所示。

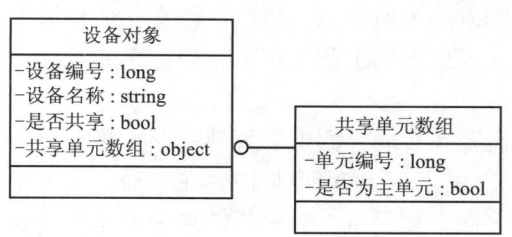

图 3-21　共享设备数据结构设计

为了体现单元设备共享关系，需要在布局界面中明确标示共享设备，指明其所属主单元以及与之关联的共享单元，而且能够在交互布局过程中自动跟随布局变化共享关系。

（1）确定设备是否共享，可以通过共享关系算法求出。

（2）确定设备的主单元，可以考虑按一定规则，如设备第一次进入的单元为主单元、设备最后一次进入的单元为主单元等，或者手工设定设备的主单元。一台设备只有一个主单元，因此，在明确设备主单元之后，其他单元都为该设备的共享单元（如果该设备为共享设备）。

（3）在界面上体现设备共享关系，为简便直观，可以直接将设备与共享单元用某种标志线连接起来，这种标志线称为共享标志线。当单元设备非常多、共享关系很复杂时，共享标志线就会变得错综复杂，所以一般情况下，可以将共享标志线设置为最为简单的直线或虚线形式。

如图 3-22 所示，在物理布局中，可以将布局划分为不同的虚拟单元，单元界面由虚线确定。每台设备都归属于某个单元或者主单元，设备共享关系则由共享标志线标示，标志线指向的单元则为设备的共享单元。图中，单元 2 中的车床 4 和磨床 2 为共享设备，车床 4 还为单元 1 和单元 3 共享，磨床 2 则只与单元 3 共享，单元设备共享关系一目了然。

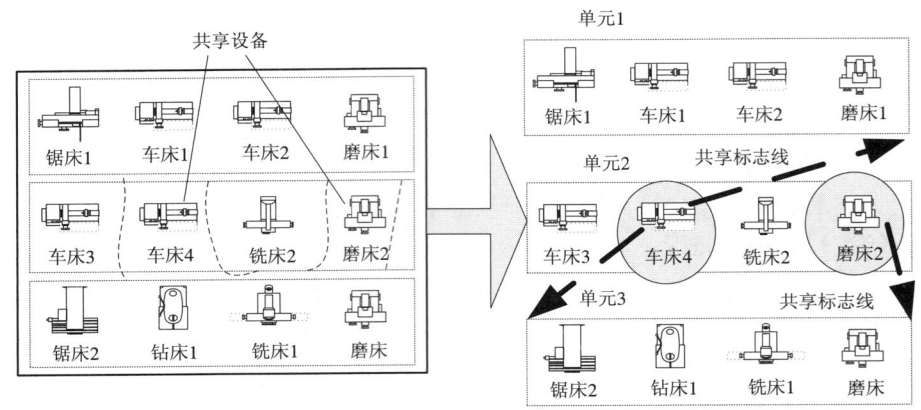

图 3-22　单元设备邻接关系分析示意

2. 工艺流程分析

面向大量的生产任务，为了尽可能地在布局规划阶段就减少工艺路线迂回、设备争用即逻辑共享等问题，还需要在生产线布局中对工艺流程情况进行分析，从而从全局保证所有任务的加工顺畅性。

针对某项任务，还可以对可选工艺和设备进行分析。单元构建确定了满足构建目标的工件加工路线，生产线布局则以此为典型加工路线。在交互式布局中，可以通过尝试选择工件的可选工艺或者可选设备，评估不同工艺流程下布局方案的柔性，对单元构建中给出的工艺流程的合理性进行再分析。

工艺流程选定之后，需要在布局界面中以直观的形式显示，供规划人员进行分析。与单元设备共享关系显示形式相同，工艺流程也只需要在布局中以示意形式显示所有任务的加工路径（图 3-23）。可进行多次对比分析，对分析结果中的瓶颈设备采取添加设备、改变工件工艺等方式解决，对工艺路径交叉严重的情况则可以手工调整设备位置。

3. 物流分析

单元设备邻接关系分析和工艺流程分析主要以工艺元素为逻辑分析对象，忽略了物流要素的影响，物流分析则以交互式布局中物流模式的确定和物流元素布置为基础，以物流元素为逻辑分析对象展开。生产线布局的一个重要目的是在保证物流顺畅性的前提下，实现物料搬运距离（费用）最小，可见，物流分析是面向生产运行的一种布局分析技术。

单元化结构的生产线具有一定的层次性，如生产线、单元和设备的分层，不同分层中的物流通道不是平等关系（图 3-24）。处于中间层次的物流通道通过上（下）层的物流通道接收物料，并向下（上）层物流通道递交物料。

物流分析中，首先需要确定每台设备在物流通道上的物料运送位置；然后通过统计全部工件的所有可选工艺路线，根据设定的工艺选择规则、设备选择规则确定每个工件的具体工艺和加工设备；模拟运行生产物流过程，记录每条工艺路线流经的物流通道路线及其物流量，对每段物流通道区间进行物流量的叠加，最终得到生产线内所有物流通道的物流量分布情况，最后根据物流量显示物流强度线。

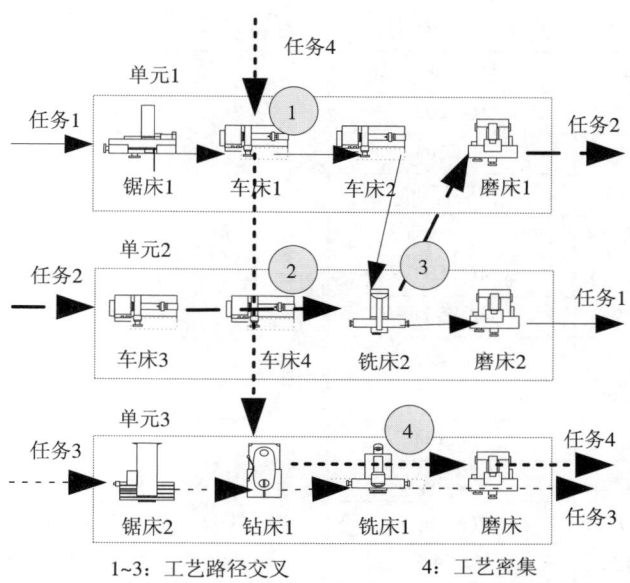

1～3：工艺路径交叉　　　　4：工艺密集

图 3-23　布局规划中的工艺流程分析示意

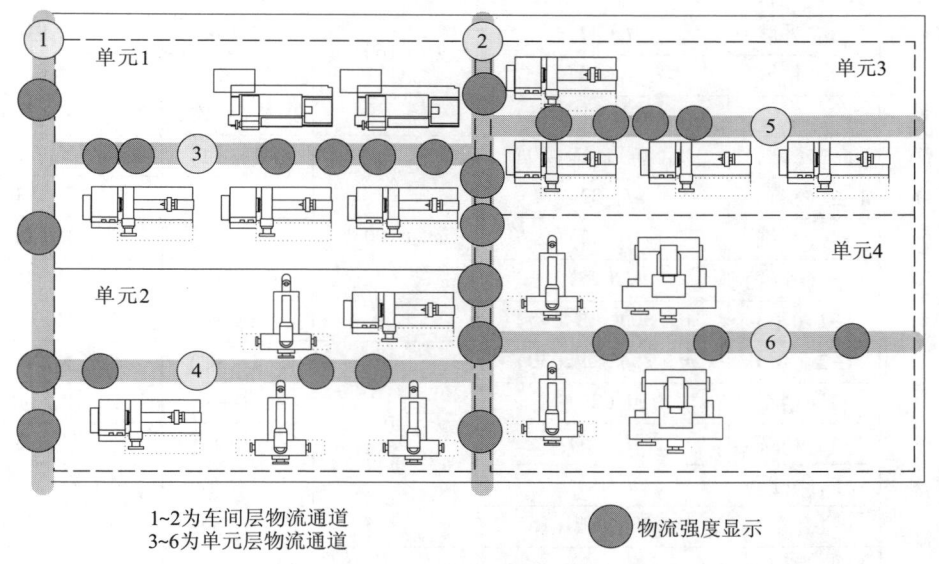

1～2 为车间层物流通道
3～6 为单元层物流通道

物流强度显示

图 3-24　单元化布局中的物流通道

依据物流强度线的交叉和密集程度进行设备位置调整，或者增加物流通道使整个生产线的物流分布情况保持平衡，避免出现有的单元生产压力过大，物流通道阻塞，而有的单元生产能力过剩，物流通道利用率不高的情况。经过反复的物流模拟和布局调整，从而实现布局方案的优化。

3.5.8　实例分析

现以表 3-8 和表 3-9 所示的基础数据为例进行分析验证。

表 3-8 任务资源列表

$P_1(80)$ 关重件	1-1（车）	$M_1(15)$，$M_2(20)$	$P_8(160)$	1-1（车）	$M_1(18)$，$M_2(20)$
	1-2（钳）	$M_3(20)$		1-2（铣）	$M_4(25)$，$M_5(30)$
	1-3（外磨）	$M_8(60)$		1-3（精车）	$M_7(25)$
	1-4（内磨）	$M_{10}(5)$		1-4（精铣）	$M_6(40)$
$P_2(80)$	1-1（车）	$M_1(40)$，$M_2(30)$		1-5（外磨）	$M_8(30)$
	1-2（精车）	$M_7(50)$		2-1（车）	$M_1(18)$，$M_2(20)$
	1-3（精铣）	$M_6(50)$		2-2（精车）	$M_7(25)$
	1-4（平磨）	$M_9(60)$		2-3（精铣）	$M_6(80)$
	1-5（内磨）	$M_{10}(40)$		2-4（外磨）	$M_8(30)$
	2-1（精车）	$M_7(70)$	$P_9(160)$	1-1（车）	$M_1(25)$，$M_2(20)$
	2-2（精铣）	$M_6(50)$		1-2（精车）	$M_7(25)$
	2-3（平磨）	$M_9(60)$		1-3（精铣）	$M_6(30)$
	2-4（内磨）	$M_{10}(40)$		1-4（平磨）	$M_9(25)$
$P_3(160)$ 关重件	1-1（铣）	$M_4(30)$，$M_5(25)$		1-5（内磨）	$M_{10}(20)$
	1-2（钳）	$M_3(15)$	$P_{10}(160)$	1-1（铣）	$M_4(25)$，$M_5(20)$
	1-3（外磨）	$M_8(32)$		1-2（钳）	$M_3(10)$
	1-4（精铣）	$M_6(40)$		1-3（外磨）	$M_8(22)$
$P_4(160)$	1-1（车）	$M_1(30)$，$M_2(35)$		1-4（精铣）	$M_6(38)$
	1-2（铣）	$M_4(26)$，$M_5(30)$	$P_{11}(100)$	1-1（钳）	$M_3(15)$
	1-3（精车）	$M_7(32)$		1-2（车）	$M_1(25)$，$M_2(30)$
	1-4（精铣）	$M_6(45)$		1-3（铣）	$M_5(27)$
	1-5（外磨）	$M_8(25)$		2-1（钳）	$M_3(15)$
$P_5(180)$	1-1（车）	$M_1(30)$，$M_2(35)$		2-2（铣）	$M_5(60)$
	1-2（铣）	$M_4(25)$，$M_5(30)$	$P_{12}(100)$ 关重件	1-1（铣）	$M_4(25)$，$M_5(30)$
	1-3（精车）	$M_7(27)$		1-2（平磨）	$M_9(50)$
	1-4（精铣）	$M_6(35)$		1-3（内磨）	$M_{10}(70)$
	1-5（外磨）	$M_8(32)$		1-4（车）	$M_1(40)$，$M_2(38)$
$P_6(180)$	1-1（车）	$M_1(25)$，$M_2(15)$		1-5（外磨）	$M_8(50)$
	1-2（精车）	$M_7(30)$	$P_{13}(100)$ 关重件	1-1（车）	$M_1(45)$，$M_2(30)$
	1-3（精铣）	$M_6(35)$		1-2（精车）	$M_7(30)$
	1-4（平磨）	$M_9(20)$		1-3（外磨）	$M_8(60)$
	1-5（内磨）	$M_{10}(25)$		1-4（精车）	$M_7(30)$
$P_7(180)$ 关重件	1-1（铣）	$M_4(35)$，$M_5(30)$	注：工件栏括号内为工件数量；工序编号前后数字分别表示工艺路线编号和工序编号；单件工时单位为分钟。交货期 2 个月。		
	1-2（钳）	$M_3(15)$			
	1-3（外磨）	$M_8(28)$			
	1-4（精铣）	$M_6(45)$			

表 3-9　设备资源列表

设备类型	设备编号	类型名	关键设备
M_1	M_{1-1}	车	非关键设备
	M_{1-2}	车	非关键设备
M_2	M_{2-1}	车	非关键设备
M_3	M_{3-1}	钻	非关键设备
M_4	M_{4-1}	铣	非关键设备
M_5	M_{5-1}	铣	非关键设备
M_6	M_{6-1}	精铣	关键设备
	M_{6-2}	精铣	关键设备
	M_{6-3}	精铣	关键设备
M_7	M_{7-1}	精车	关键设备
M_8	M_{8-1}	外磨	关键设备
	M_{8-2}	外磨	关键设备
M_9	M_{9-1}	平磨	关键设备
M_{10}	M_{10-1}	内磨	关键设备

　　下面将以某成组单元的构建方案为基础，进行布局设计的实例分析。该构建方案面向的生产任务为工件 $P_1 \sim P_{13}$，结果形成了 3 个成组单元 Cell1（M_{2-1}，M_{6-2}，M_{6-3}，M_{7-1}），Cell2（M_{1-2}，M_{4-1}，M_{6-1}，M_{8-2}，M_{9-1}），Cell3（M_{1-1}，M_{3-1}，M_{5-1}，M_{8-1}，M_{10-1}）。因为方案以单元平衡为主要考虑要素，结果中跨单元加工工序数比例达到了 41%，可见成组布局中会产生大量设备共享的现象。

　　首先，打开已存储至数据库的单元构建方案，系统自动生成初始布局（图 3-25）。因为单元方案中只有单元和设备的逻辑关系，所以初始布局中单元和设备只是简单地罗列在车间内。而且，构建方案中给出了设备在各单元的能力分配情况，所以在初始布局中就能够对单元设备共享关系展开分析，图 3-25 中细虚线即为设备共享线。图 3-26 所示为单元设备共享分析的详细信息，其中包含了设备共享度、单元二维共享关系及单元多维共享关系的分析结果。

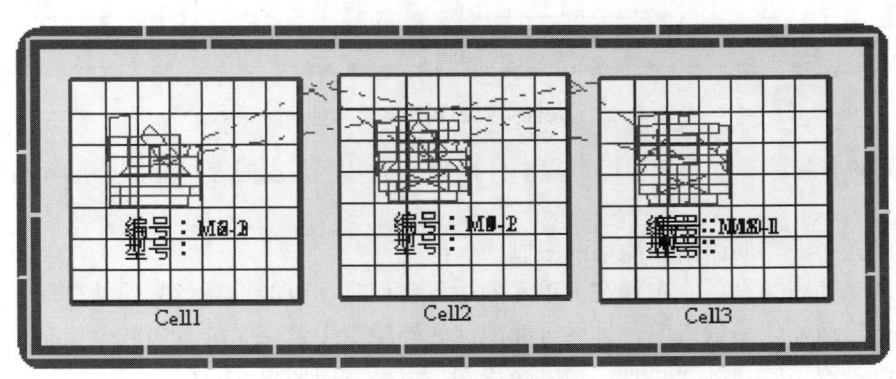

图 3-25　自动逻辑布局

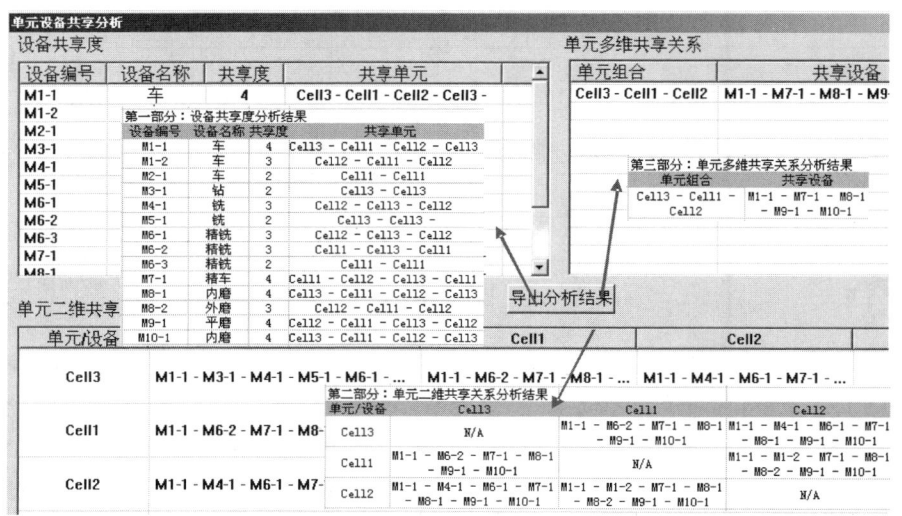

图 3-26　单元设备共享分析的详细信息

图 3-27 所示为人机交互的布局调整及评价分析。图中根据单元构建方案和设备共享计算，显示了设备共享线（左图细虚线）；加载了生产任务工件 $P_1 \sim P_{13}$ 的工艺，显示了所有工件的工艺路径（左图粗实线）；加入了一条车间物流通道和三条单元物流通道，在物流通道上显示了物流量（右图物流通道上的白色圆点），并显示了各设备间的物流强度（右图粗实线）。

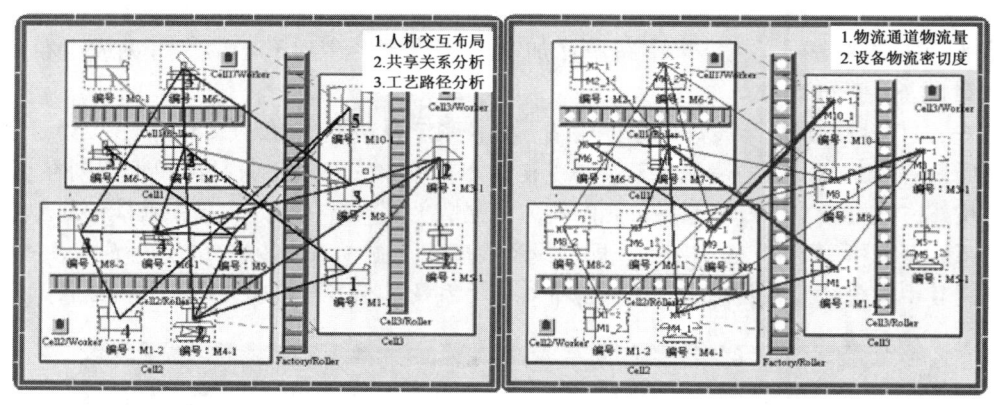

图 3-27　人机交互的布局调整与评价分析

在反复的布局调整和分析验证过程中，提炼出了以下几点能够指导重构单元布局的原则或结论：

（1）优先考虑布局原则和约束的限制。

（2）共享度高的设备应布置在主单元的边界，而且尽可能地靠近其他共享单元。

（3）工艺路径应尽量集中，且尽可能地向能够减少工艺交叉的方向调整设备。

（4）在兼顾离散物流的同时，物流路径和物流密度应向单元方向集中。

最后，据平面布局的最终方案，在三维场景中进行建模和展示（图 3-28）。

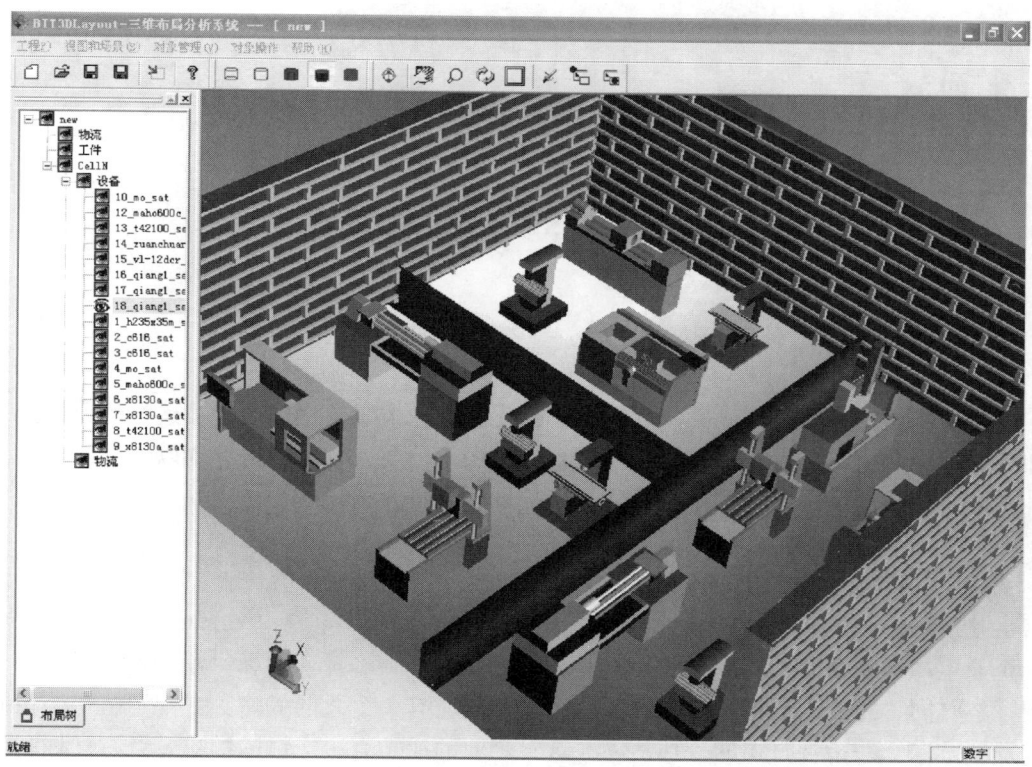

图 3-28 三维场景展示

习题

1. 生产线布局的基本原则和约束有哪些？
2. 可重构制造系统的基本内涵有哪些？系统重构调整需考虑哪些因素？

第4章

企业生产计划管理

企业生产计划具有庞大、关联的复杂体系化特点。本章针对制造企业运行的典型计划进行详细的分类介绍，重点包括综合生产计划、主生产计划、物料需求计划以及贯穿其中的能力计划等，并通过示例对关键计划管理技术的运用进行介绍。

4.1 企业生产计划分类与体系

企业生产计划按照不同的层次可以分为：战略计划、经营计划和作业计划。这三个计划的内容、时间、完成人员均不同。任何一个公司都应有一个总的战略，它规定整个公司的目标和发展方向，并指导公司的一切活动，这对企业的成功有决定性的影响，经营计划和作业计划都是围绕战略计划来进行的。

一般来说，战略计划往往是由高层管理人员制订的，它的周期也较长，通常为 3~5 年或更长时间。制订战略计划时要求对市场有深刻的了解，并能洞察市场在未来的发展方向，对高层管理人员来说，要求他们具有高瞻远瞩的眼光。

公司的经营计划则比战略计划的时间周期要短些，通常为 1 年左右，经营计划是将战略计划所规定的目标和任务变成切实可行的计划。例如，战略计划可能规定在未来要上马一种新的产品，则经营计划要对该产品生产所需的资源进行分配。在进行战略计划和经营计划时，均要对其资源进行负荷分析。若资源和生产不符合，可重新规定目标，使得它们与可用资源相适应；也可通过购置和补充额外资源，放宽关键资源约束条件，以便决定满足特定目标的最优分配。所以说，计划的编制实际上是一个不断优化、不断调整的动态过程。

作业计划则比较具体，其时间周期也比较短，其间也要进行资源和负荷的能力平衡分析。作业计划按照时间可分为长期作业计划和短期作业计划。长期作业计划，实际上是将公司目标转变为作业项目。长期作业计划提前期较长，通常为 1 年，有时也称为年度作业计划。短期作业计划则时间周期很短，通常为 1 个月，如主生产计划和物料需求计划。

从计划的时间跨度上讲，又可分为长期计划、中期计划和短期计划三个层次。企业生产计划框架体系如图 4-1 所示。

1. 长期计划

长期计划包括市场需求预测、生产战略规划、资源需求计划。综合生产计划（aggregate production planning，APP）界于长期计划和中期计划之间，是一个中长期的生产计划。

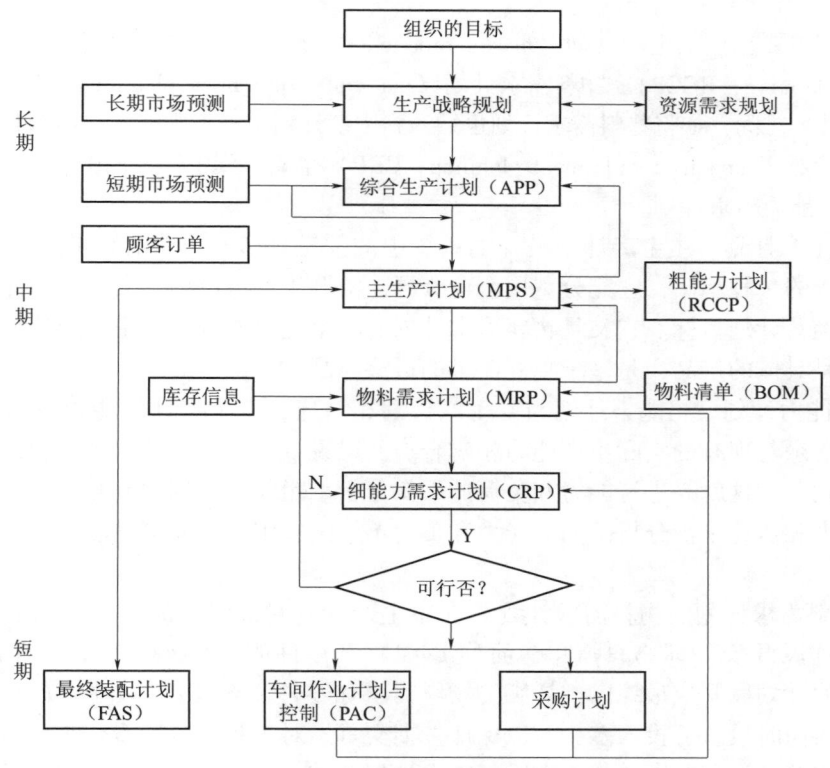

图 4-1 企业生产计划框架体系

（1）市场需求预测。市场需求预测可以分为长期预测和短期预测。长期市场预测主要是宏观的预测，预测的时间跨度较长，通常为 3~5 年，预测主要应考虑国家宏观经济的发展和政策，产业发展的大环境，产品的科技竞争能力等因素。这种长期预测一般由企业的最高层管理者做出，它不针对具体的产品，而是针对产品群。短期市场预测又可以分为两个层次：一方面在制订综合生产计划时要对未来 1 年内的销量做一个预测；另一方面，在综合生产计划期间，又要不断地对预测进行调整，即要做更短的预测，通常是每一季度或每个月。

（2）生产战略规划。在长期预测的基础上，生产战略规划主要是企业长远发展规划，它关系企业的兴衰成败，常言道"人无远虑，必有近忧"，长期生产战略规划一般是由企业的最上层管理人员制订的，属于战略层次的计划，用来指导全局，计划期比较长，通常为几年以上。长期生产战略规划考虑的是产品开发的方向、生产能力的决策和技术发展水平。这种长期生产战略规划的不确定性较大。

（3）资源需求计划。生产战略规划做出后，要对资源进行规划，对企业的机器、设备与人力资源是否能满足生产战略规划规定的要求进行分析，这是一种较高层次的能力计划。

（4）综合生产计划。综合生产计划是介于长期计划和中期计划之间，将它纳入到中期计划中也未尝不可。综合生产计划是指导全厂各部门一年内经营生产活动的纲领性文件。准确地编制综合生产计划可以在产品需求约束条件下实现劳动力水平、库存水平等指标的优化组合，以实现总成本最小的目标。

2. 中期计划

中期计划主要包括主生产计划（master production scheduling，MPS）、粗能力计划（rough cut capacity planning，RCCP）。物料需求计划（material requirement planning，MRP）介于中期计划和短期计划之间，如将物料需求计划也纳入到中期计划中来，则和物料需求计划相对应的细能力需求计划（capacity requirement planning，CRP）也应归到中期计划中。细能力需求计划通常也可称为能力需求计划。

（1）主生产计划。主生产计划是计划系统中的关键环节。一个有效的主生产计划是生产对客户需求的一种承诺，它充分利用企业资源，协调生产与市场，实现生产计划大纲中所表达的企业经营计划目标。它又是物料需求计划的一个主要的输入。主生产计划针对的不是产品群，而是具体的产品，是基于独立需求的最终产品。

（2）粗能力计划。粗能力计划和主生产计划相对应，主生产计划能否按期实现的关键是生产计划必须与现有的实际生产能力相吻合。所以说，在主生产计划制订后，必须对其是否可行进行确认，这就要进行能力和负荷的平衡分析。粗能力计划主要对生产线上关键工作中心进行能力和负荷平衡分析。如果能力和负荷不匹配，则一方面调整能力，另一方面也可以修正负荷。

（3）物料需求计划。物料需求计划是在主生产计划对最终产品做出计划的基础上，根据产品零部件展开表（即物料清单，简称 BOM）和零件的可用库存量（库存记录文件），将主生产作业计划展开成最终的、详细的物料需求和零件需求及零件外协加工的作业计划，决定所有物料何时投入、投入多少，以保证按期交货。对于制造装配型企业，物料需求计划对确保完成主生产计划非常关键。在物料需求计划基础上考虑成本因素就扩展形成制造需求计划，简称 MRP Ⅱ。物料需求计划制订后还要进行细的能力需求计划。

（4）细能力需求计划。物料需求计划规定了每种物料的订单下达日期和下达数量，那么生产能力能否满足需求，就要进行分析，细能力需求计划主要对生产线上所有的工作中心都进行这种能力和负荷的平衡分析，如果不满足，则要采取措施。图 4-1 显示的生产计划总架构是一个闭环的系统。

3. 短期计划

短期计划主要根据物料需求计划产生的结果作用于生产车间现场，包括最终装配计划（final assembly scheduling，FAS）、生产作业计划与控制（production activity control，PAC）、采购计划等。

（1）最终装配计划。最终装配计划是描述在特定时期里将 MPS 的物料组装成最终的产品，有些时候，MPS 的物料与 FAS 的物料是一致的，但在许多情况下，最终产品的数量比下一层 BOM 的物料还多，此时 MPS 与 FAS 的文件是不同的。

（2）生产作业计划与控制。执行物料需求计划将形成生产作业计划和采购计划，生产作业的计划期一般为周、日或一个轮班，其中，生产作业计划具体规定每种零件的投入时间和完工时间，以及各种零件在每台设备上的加工顺序，在保证零件按期完工的前提下，使设备的负荷均衡并使在制品库存尽可能少。生产作业计划将以生产订单的形式下达到车间现场，生产订单下达车间后，对生产订单的控制就不再是生产计划部门或 MRP 系统管辖的范围，而是由车间控制系统来完成。订单的排序要根据排序的优先规则来确定。

（3）采购计划。采购计划有其固有的特性，现在特别强调要实现供应链的集成，这就要重视和供应商之间的和谐关系，要形成战略伙伴关系，供应商是企业的延伸，对供应商的能力也要有一个规划。

4.2　综合生产计划

4.2.1　基本描述

在整个生产计划与控制系统中，综合生产计划所处的层次较高。综合生产计划的主要目的是明确生产率、劳动力水平、当前库存和设备的最优组合，确保在需要时可以得到有计划的产品或服务。生产率是指每单位时间（如每小时或每天）生产的产品数量。劳动力水平是指生产所需的工人人数。当前库存等于上期期末库存。综合生产计划的周期也较长，计划周期为 6~18 个月，通常为 1 年，但每月或每季度都要根据实际情况做适时的更新。

对于需求稳定的产品或服务，不存在综合生产计划的问题，生产率、劳动力人数、库存水平只要按照稳定的需求来组织生产即行。对于存在季节性需求或周期性需求的产品或服务，则可以采取两种策略：一种是修改或管理需求；另一种就是管理供应，如提供足够的生产能力和柔性使得生产能力满足需求，或者以平准化的速率进行生产。

综合生产计划问题可以描述为：在已知计划期内，每一时段 t 的需求预测量为 F_t，以最小化生产计划期内的成本为目标，确定时段 $t=1, 2, \cdots, T$ 的产量 P、库存量 I_t、劳动力水平 W_t。

制订综合生产计划主要有两种方法。一种方法是从公司的销售预测中获得信息，通过需求预测未来一段时期内市场的需求量，各产品系列应该生产多少，计划人员利用此信息可以决定如何利用公司现有的资源以满足市场的预测。另一种方法是通过模拟不同主生产计划和计算相应的生产能力需求，了解每个工作中心是否都有足够的工人与设备，并以此制订综合生产计划，如果生产能力不足，就要确定是否需要加班、是否需要增加工人人数等，以便采取相应的措施以增加能力，以及增加多少，然后用试算法进行试算，并不断修正，最后得到一个比较满意的结果。

4.2.2　综合生产计划所处的地位

图 4-2 所示为综合生产计划与其他模块的关系。产品决策和工厂能力决策的计划是长期战略规划，是由企业最高层领导所做出的决策；综合生产计划的时间周期通常为 1 年，由职能部门经理或中层管理人员制订；短期生产作业计划由车间一级管理人员制订并贯彻执行。

由图 4-3 可知，综合生产计划的制订依赖于对市场需求的预测、客户的实际订单、现有的库存状态信息、各种成本参数、每月可用的工作日天数、可以获得的原材料，以及外部生产能力等，综合生产计划的输入可以分为四个部分：资源、预测、成本和劳动力变化的政策。资源主要有人力/生产率，以及设施与设备；成本主要有库存持有成本、缺货成本、招聘/解聘成本、加班费用、库存变化成本，以及转包合同的费用；劳动力变化的政策主要有转包合同、加班、库存水平/变化和缺货。综合生产计划的输出是劳动力、库存量、生产纲领，是作为主生产计划的输入。

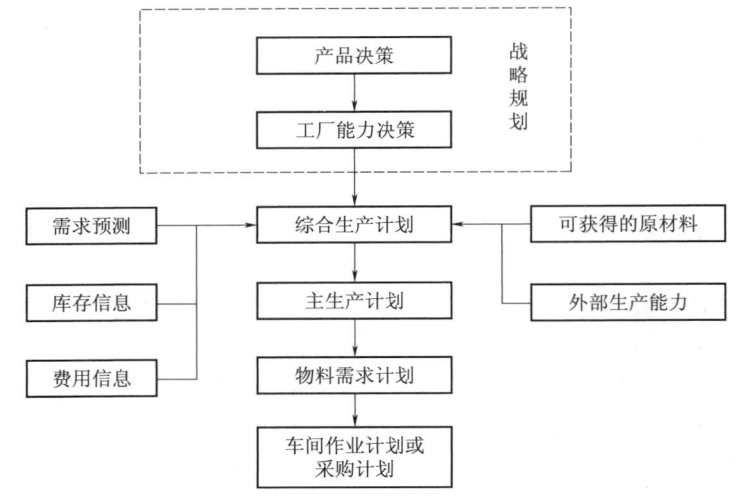

图 4-2　综合生产计划与其他模块的关系

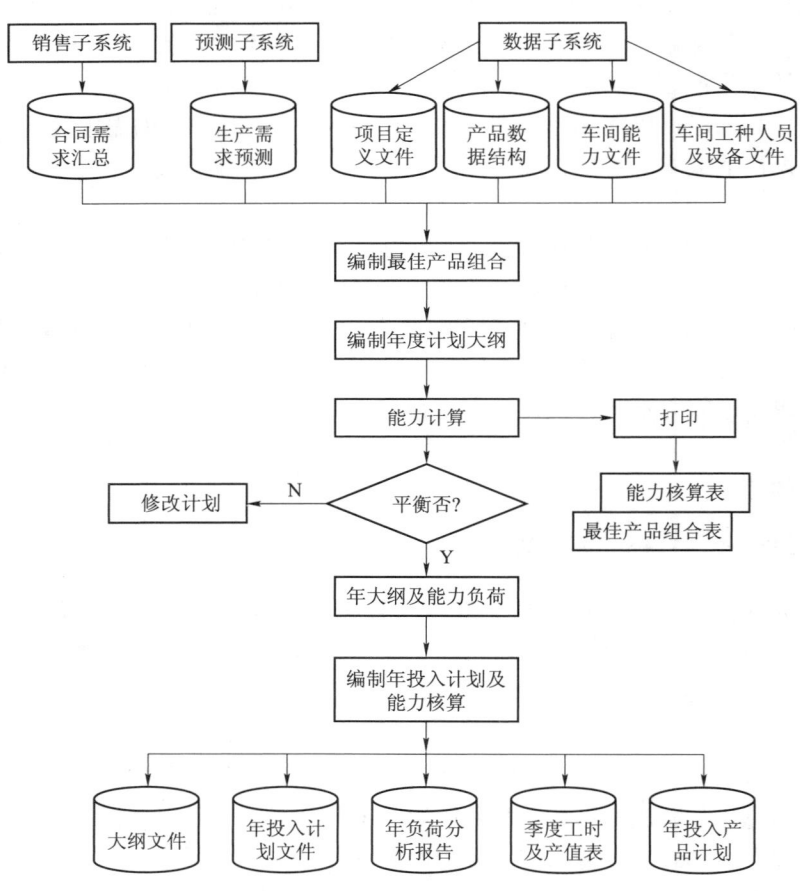

图 4-3　综合生产计划信息流程图

在工厂实际运作过程中，在编制综合生产计划前，先要根据销售子系统（合同需求的汇总）、预测子系统（生产需求的预测）和数据子系统（包括项目定义文件、产品数据结构、车间能力文件和车间工种人员及设备文件），确定最佳的产品组合，然后编制综合生产计划，综合生产计划可保证劳动力水平、库存量等实现最优组合。综合生产计划编制后，也要进行能力计划与分析，如能力可行，则打印能力核算表和产品组合表，形成年生产大纲和能力核算清单、年投入计划文件、年负荷分析报告、季度工时及年投入产品计划。如不行，则返回，重新修改综合生产计划。主生产计划是根据市场预测和实际订单制订的最终产品生产计划，确定每批订货所需产品的数量与交货期。粗能力计划是检查核定当前所具备的生产、仓库设施和设备、劳动力的能力是否满足要求，并且核定供应商是否已经安排了足够的生产能力，以确保在需要时能按时提供所需的物料。物料需求计划是从主生产计划中得到最终产品的需求量，将其分解为零件与部装件的需求量。该计划应确定何时安排每种零件与部装件的生产与订货，以保证按计划完成产品生产。同时要制订细的能力计划，它要对生产能力和负荷进行平衡分析，并且要对每个工作中心进行分析。这和主生产计划的粗能力计划有所区别。在粗能力计划中，只是对生产系统中的关键工作中心进行能力负荷平衡分析，最后生成生产车间作业计划或零部件的采购计划，并将加工单或采购单分别下达到车间和采购部门。

4.2.3　综合生产计划策略分析

如果需求非常平稳，如一些流程型工业，其计划的制订相对简单，重点在于制订综合生产计划和设备的可靠性维修计划。如果在计划阶段内出现季节性需求或周期性需求，则可以采取相应的措施来应对这种需求，实际上也就是在需求和供应之间寻求一个平衡点。因为出现供大于求或供小于求都是企业或顾客所不愿看到的，因此可以采取对需求进行管理和对供应进行管理两种策略。对需求进行管理可以采取以下措施，如生产互补性产品，利用广告、降价等手段进行促销，以及按照累计订单进行生产，即在订单累计到一定量时再按照订单进行生产。

综合生产计划的管理策略主要包括：追逐策略、稳定的劳动力水平-变化的工作时间、外包和平准策略。

1. 追逐策略

追逐策略是适时改变劳动力水平以适应需求变化的一种策略，当订货变动时，雇用或解雇工人，使产量与订货相一致。这种策略取决于劳动力的成本，发达地区劳动力成本往往很高，通常不采取这种策略；经济欠发达地区，则通常采取追逐策略以保证能按时完成订单。采用这种策略，是因为在招聘新工人时要对员工进行培训，还要求工人所从事的工作易于培训。经常性变动员工的数量，往往会使员工人心不稳，影响员工工作的积极性和士气。

2. 稳定的劳动力水平-变化的工作时间

通过柔性的工作计划或加减班改变工作时间，以适应需求量的变化，使产品产量与订单量相匹配。采用这种策略使工人人数相对稳定，但在需求量变化时，必须增加或减少员工的工作时数，这时只能采取加减班的策略。缺点是不须另招聘或解聘员工，虽然节省了招聘或解聘费用，但柔性工作计划或加班会产生其他成本，加班费用往往超出正常工作的费用。

3. 外包

如果需求量增大，企业既不想通过雇用新工人来满足需求，又不想通过加班来满足需求，则可以将超过企业生产能力的那部分外包出去，从而间接地提高企业的生产能力。但采取这样的策略通常都有一定的风险，因为将部分订单外包出去以后，可能会有一部分顾客转投竞争对手，从而会失去顾客。一般都在雇用或解雇工人的费用很高，或者加班成本很高，以及在核心领域发生转移时采用这种策略。

上述三种策略可以叫作需求配合策略，即保证企业有足够的生产能力和柔性以满足需求。这种方法会使生产率变动很大。需求配合策略的基本出发点是避免为满足需求必然要求高库存从而提高库存成本的情况发生。如果需求出现上升，然后又出现短期下降的趋势，则可以在这段时间内对这些多余人员进行训练，使他们掌握多种技能，这样可以增大生产线的柔性。

4. 平准策略

可以用变动库存量、压缩订单积压和减少销售来消化缺货或剩余产品，保持稳定的劳动力数量与产出率。因有稳定的工作时间，雇员可以受益，但可能会造成缺货。平准化生产方式是着眼于保持一个平准生产计划。平准生产计划是指在一段时间内保持生产能力的平稳。它在一定程度上是我们提到的四种策略的综合。对于每段时间，它维持劳动力数量的稳定和低库存量，并依赖需求拉动生产。平准策略可有计划安排整个系统，使之达到库存与在制品量最小化，这样在制品储备少，产品及时改进；生产系统流程平稳；从供应商处购买的物料能及时交付，而且事实上常常直接送至生产线。

对综合生产计划制订后进行能力和负荷平衡分析时，不须涉及具体的工作中心，也不涉及具体的每一个阶段，而是计算全部工作中心的年全部生产能力，并且根据客户的合同订单和对市场的需求预测得出生产负荷，然后进行比较。如果出现能力和负荷不平衡，则可以通过上述策略改变生产能力，也可以采取做广告、降价促销、延期交货、不同季节的产品混合生产等手段来改变负荷。

综合生产计划的编制策略还与生产的类型有关。对于制造装配型企业来说（如汽车行业），通常采用订货生产，那么在制订年度计划时，由于市场的波动等不确定性因素的影响，根本不可能得到准确的订货合同信息，所以对这种生产类型的企业而言，综合生产计划只起到指导作用。这类企业的计划重点将是周期更短的生产计划，如采用物料需求计划或准时化生产方式以克服上述缺点。而对于流程型生产企业来说，其生产是连续的，生产能力可以明确计算，加之其年需求量往往起伏不大，故综合生产计划是非常关键的。

制订综合生产计划时通常要保证总成本最小，如果采取上述单独的策略效果不佳，则需要采取包含上述两个或两个以上的策略的混合形式，例如，一家企业可能同时采用加班和外包来调节生产能力。采取混合策略的缺点是组合很多，要寻求一个合理的组合比较困难。

4.2.4　综合生产计划相关成本

综合生产计划的制订过程实际上是一个优化的过程，其目标是确定劳动力水平和库存量的最优组合，从而使计划期内的与生产相关的总成本最低。所以说，综合生产计划也可以为企业的年度预算提供依据，保证预算的准确性。综合生产计划有以下四种与生产相关的成本。

（1）基本生产成本：是计划期内生产某一产品的固定与变动成本，包括直接与间接劳动力成本，正常与加班的工资。一般加班成本比正常成本高。

（2）库存成本：主要组成部分是库存占用资金的成本。另外，还有储存费用、保险费、税费、物料损坏和变质费用、过时风险费用、折旧费用等。在精益生产方式中，制造过剩被认为是最大的浪费，且一定会产生大量额外的库存成本，所以应该尽量避免库存的浪费。库存不仅占用储存空间，而且会掩盖企业中存在的许多问题和造成产品生产成本的增加。

（3）延期交货成本：这类成本比较难以估算。包括由延期交货引起的赶工生产成本、失去企业信誉和销售收入的损失。

（4）与生产率相关的变动成本：典型成本是雇用、培训与解雇人员的成本，设施与设备占用的成本、人员闲置成本、兼职或临时员工成本、外包成本。雇用临时或兼职员工是降低这类成本的一种方法。下面简述几个典型的与生产率相关的变动成本。

① 聘用和解雇员工的成本。当需求增加或减小时，为保证供应和需求相符合，即企业的生产能力和负荷相匹配，必须另外招聘或解雇员工。不同的国家，在招聘和解雇员工时产生的成本不相同，如美国，雇用和解聘费用相对较低，而在日本这种强调终生雇用的国家，则招聘和解聘的费用相对来说较高，所以应视不同情况采取相应的策略。另外，招聘新员工时，必须对员工进行培训，而且新员工在开始时可能会使生产率有所降低，所以这些培训费用和相关的间接费用也应考虑在内。

② 外包成本。当需求增大时，如果企业不想招聘新的员工来满足增大的需求，则可以将多余的负荷外包出去来达到满足需求的目标，对于两个企业来说，这可以实现双赢，使得那些没有充分利用生产能力的企业能够将能力尽量发挥出来，但外包出去的企业也会有失去顾客的风险。

③ 人员和设备闲置成本。如果某段时间出现供过于求，为了不使制造过剩，必然导致闲置情况的发生。出现闲置时，可以参考精益生产的一些做法：第一，可以利用闲置时间对员工进行培训，使员工成为多能工，即掌握多种技能，这样可以提高生产线的柔性和便于生产线按照规定的生产节拍进行生产；第二，利用闲置期间对生产线布置、质量控制、标准化作业等进行持续的改进活动。这样的话，即使出现闲置，也不会造成浪费。

④ 兼职或临时员工成本。如果可能的话，应尽可能雇用兼职人员或临时员工，这对企业或员工都有利，有以下几个原因：有些人可能不希望全职工作，而喜欢工作具有一定的弹性；雇用兼职或临时员工不需要额外的一些福利；雇用临时员工或兼职人员本身要支付的工资相对较低。越来越多的提供兼职或临时员工的人事公司的涌现，就说明了这一点。

4.2.5　综合生产计划直观计算法

直观试算法，顾名思义，它是一种试算的方法，有时又叫作图表法，这种方法优点是直观，缺点是往往只能获得局部最优解，而不能得到全局最优解，而且计算结果只能采取一种单一的策略，实际情况是有可能综合多种策略。

直观试算法的基本步骤如下：

（1）确定每一时段的需求、安全库存量及期初的库存水平。

（2）确定每一时段的正常生产能力。

（3）确定加班、转包等生产能力。

（4）确定库存策略。

（5）计算劳动成本、库存成本、缺货成本、招聘和解聘成本、加班成本、外包成本等相关成本。

（6）初步设定几种可行的方案。

（7）计算每个方案总的成本。

（8）寻找总成本最低的方案。

通常这种方案可以获得比较满意的结果，但并不是最佳的方案，因为它只是计算其中有限的几种方案。企业在编制综合生产计划时一般利用简单的试算法。这种方法有两个计算过程，一个是手算，另一个就是借助电子表格软件（Excel）计算。精确的方法如线性规划与仿真方法经常在电子表格软件中应用。

【例4-1】某公司要制订未来6个月产品群组的年度生产计划，已知6个月的需求预测量和每月实际工作天数（表4-1），每天正常工作时间为8 h。该产品群组的期初库存量为400单位，安全库存量为预测需求量的1/4。相关的成本数据见表4-2，需要说明的是，在考虑分包成本时，仅考虑边际成本，即假如材料成本为每件100元，分包成本为每件120元，那么在考虑实际分包成本时，将分包成本减去材料本身的成本，就得到所谓的边际成本。

表4-1　每月需求预测量和工作天数

月份	预测量	每月工作天数
1	1 800	22
2	1 500	19
3	1 100	21
4	900	21
5	1 100	22
6	1 600	20
总计	8 000	125

表4-2　成本数据

成本类型	成本值
招聘成本	200 元/人
解聘成本	250 元/人
库存成本	1.5 元/(件·月)
缺货成本	5 元/(件·月)
材料成本	100 元/件
分包成本	120 元/件
单位产品加工时间	5 h/件
正常人工成本	4 元/h
加班人工成本	6 元/h

（1）按照原始数据计算每月的实际需求和每月月末的库存量。

每月的实际需求量=每月需求预测量+每月安全库存量-每月期初库存量；

每月月末库存量＝每月期初库存量＋每月实际需求量－每月需求预测量。

通过上述计算，可得需求量计算表格（表4-3）。

表4-3　需求量的计算

月份	1	2	3	4	5	6
期初库存量	400	450	375	275	225	275
需求预测量	1 800	1 500	1 100	900	1 100	1 600
安全库存量	450	375	275	225	275	400
实际需求量	1 850	1 425	1 000	850	1 150	1 725
期末库存量	450	375	275	225	275	400

（2）初步设定四种策略，其内容介绍如下：

① 追逐策略：满足需求量的变化，以改变工人人数来调节生产能力，假设每班次工作8 h，追逐策略的分析结果见表4-4。

表4-4　追逐策略

月份	1	2	3	4	5	6
实际需求量	1 850	1 425	1 000	850	1 150	1 725
满足需求所需生产时间/h	9 250	7 125	5 000	4 250	5 750	8 625
每月工作天数	22	19	21	21	22	20
每人每月工时/h	176	152	168	168	176	160
所需人数	53	47	30	25	33	54
招聘人数	0	0	0	0	8	21
招聘成本/元	0	0	0	0	1 600	4 200
解聘人数	0	6	17	5	0	0
解聘成本/元	0	1 500	4 250	1 250	0	0
正常人工成本/元	37 000	28 500	20 000	17 000	23 000	34 500

总成本：172 800 元

满足需求所需生产时间＝实际需求量×5 h/件；

每人每月工时＝工作天数×8 h/天；

所需人数＝满足需求所需生产时间÷每人每月工时；

招聘人数＝本月所需人数－上月人数，如果为正，表示需招聘员工；如果为负，则表示需要解聘员工。

② 平准策略：保持工人人数不变，变动库存，既不加班也不外包，固定工人的人数用该段时间内平均每天需要工人人数计算，即用 6 个月的总需求量乘以每件加工时间，再除以一个工人在计划期内的总工作时间，即

$$\frac{5\text{ h/件}\times8\ 000\text{ 件（6个月总预测量）}}{125\text{ 天（6个月的总工作天数）}\times8\text{ h/（天·人）}}=40\text{ 人}$$

计算结果见表4-5。

表4-5 平准策略

月份	1	2	3	4	5	6
月初库存量	400	8	−276	−32	412	720
每月工作天数	22	19	21	21	22	20
可用生产时间/h	7 040	6 080	6 720	6 720	7 040	6 400
实际生产量	1 408	1 216	1 344	1 344	1 408	1 280
需求预测量	1 800	1 500	1 100	900	1 100	1 600
月末库存量	8	−276	−32	412	720	400
缺货成本/元	0	1 380	160	0	0	0
安全库存量	450	375	275	225	275	400
多余库存量	0	0	0	187	445	0
多余库存成本/元	0	0	0	280.5	667.5	0
正常人工成本/元	28 160	24 320	26 880	26 880	28 160	25 600

总成本：162 488 元

可用生产时间=工作天数×8（h/天）×40人；

实际生产量=可用生产时间÷5（h/件）；

月末库存=月初库存+实际产量−需求预测量；

下月的月初库存=本月的月末库存。

③ 外包策略：将超出能力之外的工作包出去，工人人数固定，以满足最小的需求预测量，由表4-1可知，最小预测量为4月份850，其他月份超出850的能力就用外包的形式来满足，由最小预测量计算最少的固定的工人人数为

$$\frac{5\text{ h/件}\times850\text{ 件}\times6\text{（6个月总预测量）}}{125\text{ 天（6个月的总工作天数）}\times8\text{ h/（天·人）}}=25\text{ 人}$$

计算结果见表4-6。

表4-6 外包策略

月份	1	2	3	4	5	6
生产需求量	1 850	1 425	1 000	850	1 150	1 725
每月工作天数	22	19	21	21	22	20
可用生产时间/h	4 400	3 800	4 200	4 200	4 400	4 000
实际生产量	880	760	840	840	880	800

续表

月份	1	2	3	4	5	6
分包件数	970	665	160	10	270	925
分包成本/元	19 400	13 300	3 200	200	5 400	18 500
正常人工成本/元	17 600	15 200	16 800	16 800	17 600	16 000

总成本：160 000 元

④ 加班策略：保持工人人数不变，通过加班或减班来改变能力，计算结果见表4-7。

表 4-7　加班策略

月份	1	2	3	4	5	6
期初库存	400	8	−276	−32	412	720
每月工作天数	22	19	21	21	22	20
可用生产时间/h[①]	6 688	5 776	6 384	6 384	6 688	6 080
固定生产量	1 338	1 155	1 277	1 277	1 338	1 216
需求预测量	1 800	1 500	1 100	900	1 100	1 600
加班前库存量	−62	−345	177	554	792	408
加班生产件数	62	345	0	0	0	0
加班成本/元	1 860	10 350	0	0	0	0
安全库存	450	375	275	225	275	400
多余库存	0	0	0	329	517	8
库存成本/元	0	0	0	494	776	12
正常人工成本/元	26 752	23 104	25 536	25 536	26 752	24 230

总成本：165 402 元

① 该策略的正常工人人数比较难以确定，目标是使期末的库存与安全库存尽可能接近，这要进行反复试算。最后可知最合适的工人人数为38人，可用生产时间=工作天数×8（h/天）×38人。

（3）将四种策略进行比较，比较结果见表4-8。

表 4-8　四种策略的比较结果

成本项	策略 1	策略 2	策略 3	策略 4
正常人工成本（元）	160 000	160 000	100 000	151 910
加班人工成本（元）	0	0	0	12 210
招聘成本（元）	5 800	0	0	0

成本项	策略 1	策略 2	策略 3	策略 4
解雇成本（元）	7 000	0	0	0
外包成本（元）	0	0	60 000	0
库存成本（元）	0	948	0	1 282
缺货成本（元）	0	1 540	0	0
总成本（元）	172 800	162 488	160 000	165 402

（4）最终确定采取何种策略。由表 4-8 可知，策略 3 即外包策略的总成本最小，故可以确定采用这种策略，在该策略中，未来 6 个月的工人人数为 25 人，每月的安全库存和期末库存都可以确定。

4.2.6 综合生产计划数学计算法

上述试算法只能用于解单一产品的问题，并且最终也只能采取一种最佳的策略，所得到的最佳解只是一种局部的优化，因为实际上最小总成本所对应的可能是几种策略的组合，这就须借用数学方法来解决。综合生产计划的数学方法一般不为人们所采用，原因有：建立的优化数学模型常常是动态的，因为它会受一些政策的影响；一些因素如劳工合约、可用资金、生产能力限制或产品储存寿命可能会影响决策；试算方法已被大多数企业管理人员所接受，如果利用电子表格来计算则会使工作量大大降低；另外，数学的规划方法是研究人员从研究角度所提出的，它很难为企业管理人员所接受。

1. 线性规划方法

线性规划方法是确定一些变量，这些变量满足一定的约束条件，并追求一定的目标，其中目标函数和约束条件均为线性的，线性规划方法因此而得名。线性规划的数学模型确定以后，如果是比较简单的数学模型，则可以用图解法来解，比较复杂的线性规划模型，则可以通过单纯型方法来解。对于不考虑雇佣与解聘的特殊情况，可应用更容易建立的运输方法模型，比较复杂或非常复杂的线性规划还可以通过建立线性规划数学模型，借助于计算机软件来计算分析。线性规划数学模型中，目标通常是总成本最小或总利润最大，而限制条件则是生产能力的限制、储存空间的限制、劳动时间的限制、劳动人数的限制等。因为做线性的假设，而实际情况常常不是线性的，所以要建立符合实际情况的数学模型就比较困难。例如，由于生产效率的降低，每小时加班成本可能会随加班的增加而增加。另外，如果生产量的变化较大，则随着生产量的增大，每单位产品的成本可能会随着产量的增大而降低。

将该线性规划数学模型用于综合生产计划模型的建立，则目标函数为总成本最小，约束条件有：① 产品的计划产量应小于最高需求量；② 产品的计划产量应高于最低需求量；③ 各种资源的限制；④ 各种变量的非负性限制。

【例 4-2】对某产品未来 6 个月的需求预测见表 4-9，每月工作天数见表 4-10，成本参数见表 4-11，假设产品的单位生产成本为 0，每天正常工作一个班次 8 h，单位产品的生产时间为 2 天，期初人数为 35 人。求最优的总体计划。

表 4-9　产品的需求预测量

月份	1	2	3	4	5	6
需求预测量	2 760	3 320	3 970	3 540	3 180	2 900

表 4-10　每月工作天数

月份	1	2	3	4	5	6
工作天数	21	20	23	21	22	22

表 4-11　成本参数

成本类型	成本值
单位产品生产成本	$C_P = 0$ 元
单位人工成本	$C_W = 120$ 元/(人·天)
招聘费用	$C_H = 450$ 元/人
解聘费用	$C_L = 600$ 元/人
存储费用	$C_I = 5$ 元/(件·周期)

建立线性规划数学模型时需要设定的变量有：

① P_i（$i=1$，2，…，6）为每个月的产量；

② W_i（$i=1$，2，…，6）为每个月的工人数量；

③ H_i（$i=1$，2，…，6）为每个月的招聘人数；

④ L_i（$i=1$，2，…，6）为每个月的解聘人数；

⑤ I_i（$i=1$，2，…，6）为每个月的库存量；

建立的线性规划数学模型以总成本最小为目标，设总成本为 TC，则数学模型为：

$$\min TC = (2\ 520 \times W_1 + 2\ 400 \times W_2 + 2\ 760 \times W_3 + 2\ 520 \times W_4 + 2\ 640 \times W_5 +$$

$$2\ 640 \times W_6) + 450 \sum_{i=1}^{6} H_i + 600 \sum_{i=1}^{6} L_i + 5 \sum_{i=1}^{6} I_i$$

式右第一项为考虑正常人工成本，如第一月的人工成本为 $120 \times 21 \times W_1 = 2\ 520 \times W_1$；第二项为招聘费用；第三项为解聘费用；第四项为库存费用。

约束条件需要考虑生产能力的约束、人工能力的约束、库存平衡的约束及非负条件的约束。

（1）生产能力约束。

$P_1 \leqslant 84 \times W_1$（由 $2 \times P_1 \leqslant 21 \times 8 \times W_1$ 得到，以下推导相同）

$P_2 \leqslant 80 \times W_2$

$P_3 \leqslant 92 \times W_3$

$P_4 \leqslant 84 \times W_4$

$P_5 \leqslant 88 \times W_5$

$P_6 \leqslant 80 \times W_6$

（2）人工能力约束。

$W_1 = 35 + H_1 - L_1$

$W_2 = W_1 + H_2 - L_2$

$W_3 = W_2 + H_3 - L_3$

$W_4 = W_3 + H_4 - L_4$

$W_5 = W_4 + H_5 - L_5$

$W_6 = W_5 + H_6 - L_6$

（3）库存平衡约束。

$I_1 = 0 + P_1 - 2\,760$

$I_2 = I_1 + P_2 - 3\,320$

$I_3 = I_2 + P_3 - 3\,970$

$I_4 = I_3 + P_4 - 3\,540$

$I_5 = I_4 + P_4 - 3\,180$

$I_6 = I_5 + P_6 - 2\,900$

（4）非负条件约束。

$P_i\ (i = 1,\ 2,\ \cdots,\ 6)\ \geqslant 0$

$W_i\ (i = 1,\ 2,\ \cdots,\ 6)\ \geqslant 0$

$H_i\ (i = 1,\ 2,\ \cdots,\ 6)\ \geqslant 0$

$L_i\ (i = 1,\ 2,\ \cdots,\ 6)\ \geqslant 0$

$I_i\ (i = 1,\ 2,\ \cdots,\ 6)\ \geqslant 0$

将上述模型的数据输入到优化软件中即可得到最优解，见表4-12。由上述计算可知，总费用为600 191.60元。实际产量、库存量、招聘人数、解聘人数、需要工人数均要取整数。

表4-12　最优解的结果

月份	产量	库存量	招聘人数	解聘人数	需要工人数
1	2 940. 000	180. 000	0. 000	0. 000	35. 000
2	3 232. 857	92. 857	5. 411	0. 000	40. 411
3	3 877. 143	0. 000	1. 732	0. 000	42. 143
4	3 540. 000	0. 000	0. 000	0. 000	42. 143
5	3 180. 000	0. 000	0. 000	6. 006	36. 136
6	2 900. 000	0. 000	0. 000	3. 182	32. 955

2. 运输方法

运输方法又可称为图表作业法，实际上是一种表格化的线性规划方法。用运输方法编制综合生产计划必须做一定的假设：① 在每一计划期内的正常生产能力、加班生产能力和外包都有一定的限制；② 每一期间的需求预测量均为已知；③ 成本和产量为线性关系。

利用运输方法，必须正确建立运输表格，见表 4-13。在表中，第一行分别为每期计划方案、计划期、未用生产能力和可用生产能力。接下来是每期的正常产量、加班产量和外包产量。最下面一行表示每期总的需求量。表中每一格表示单位产品的相应成本，包括了生产成本和库存成本。设单位产品在每期的库存成本为 C_I，单位产品的正常生产成本为 C_P，单位产品的加班生产成本为 C_O，单位产品的外包成本为 C_W，则如果第 1 期生产出来的产品准备在第 2 期销售，其成本就变为 C_P+C_I，若在第 3 期销售，成本就为 C_P+2C_I。以此类推，可得加班生产成本和外包成本。第 t 期的正常可用生产能力为 PN_t，第 t 期的加班可用生产能力为 PO_t，第 t 期的正常可用生产能力为 PW_t。

表 4-13　运输表

计划期	计划方案	计划期			未用生产能力	可用生产能力
		1	2	3		
1	正常	C_P	C_P+C_1	C_P+2C_1		PN_1
	加班	C_O	C_O+C_1	C_O+2C_1		PO_1
	外包	C_W	C_W+C_1	C_W+2C_1		PW_1
2	正常		C_P	C_P+C_1		PN_2
	加班		C_O	C_O+C_1		PO_2
	外包		C_W	C_W+C_1		PW_3
3	正常			C_P		PN_3
	加班			C_O		PO_3
	外包			C_W		PW_3
需求		D_1	D_2	D_3		

应用运输方法编制综合生产计划时遵循如下步骤：① 在可用生产能力一列填上正常、加班和外包的最大生产能力。② 在每一单元格中填上各自的成本。③ 在第 1 列寻找成本最低的单元格，尽可能将生产任务分配至该单元格，但必须满足生产能力的限制。④ 在该行的未用生产能力中减去所占用的部分，但必须注意剩余的未用生产能力不能为负数，如果该列仍有需求尚未满足，则重复步骤②~④，直至需求全部满足为止。并且按照②~④的步骤分配全部期间的单元格。使用运输表还应注意，每一列的分配总和必须等于该期的总需求，每一行生产能力和也应等于可用的总的生产能力。

【例 4-3】已知某产品的需求量及期间数见表 4-14，假设期初库存为零，正常时间单位成本为 100 元，加班时间单位成本为 107 元，外包单位成本为 113 元，每期间单位存储成本为 2 元，不允许出现缺货情形，正常时间每期间可生产 180 单位，加班为 36 单位，外包可达 50 单位，将以上各项列成运输问题表格见表 4-15，最终综合生产计划见表 4-16。

表 4-14　产品的需求量及期间数

期间/月	1	2	3	4	5	6	7	8	9	10	11	12	13
需求量	100	180	220	150	100	200	250	300	360	250	240	210	140

表 4-15　运输表

期间/月	计划方案	1	2	3	4	5	6	7	8	9	10	11	12	13	未用能力	可用能力
1	正常	100 / 100	102	104 / 40	106	108	110	112	114	116	118	120	122	124	0 / 40	180
	加班	107	109	111	113	115	117	119	121	123	125	127	129	131	0 / 36	36
	外包	113	115	117	119	121	123	125	127	129	131	133	135	137	0 / 50	50
2	正常		100 / 180	102	104	106	108	110	112	114	116	118	120	122	0 / 0	180
	加班		107	109	111	113	115	117	119	121	123	125	127	129	0 / 36	36
	外包		113	115	117	119	121	123	125	127	129	131	133	135	0 / 50	50
3	正常			100 / 180	102	104	106	108	110	112	114	116	118	120	0 / 0	180
	加班			107	109	111	113	115	117	119	121	123	125	127	0 / 36	36
	外包			113	115	117	119	121	123	125	127	129	131	133	0 / 50	50
4	正常				100 / 150	102	104	106 / 10	108 / 20	110	112	114	116	118	0 / 0	180
	加班				107	109	111	113	115	117	119	121	123	125	0 / 36	36
	外包				113	115	117	119	121	123	125	127	129	131	0 / 50	50
5	正常					100 / 100	102 / 20	104 / 60	106	108	110	112	114	116	0 / 0	180
	加班					107	109	111	113	115	117	119	121	123	0 / 36	36
	外包					113	115	117	119	121	123	125	127	129	0 / 50	50

续表

期间/月	计划方案	1	2	3	4	5	6	7	8	9	10	11	12	13	未用能力	可用能力
6	正常						100 180	102	104	106	108	110	112	114	0 0	180
	加班						107	109	111 28	113 8	115	117	119	121	0 0	36
	外包						113	115	117	119	121	123	125	127	0 50	50
7	正常							100 180	102	104	106	108	110	112	0 0	180
	加班							107	109 36	111	113	115	117	119	0 0	36
	外包							113	115	117	119	121	123	125	0 50	50
8	正常								100 180	102	104	106	108	110	0 0	180
	加班								107 36	109	111	113	115	117	0 0	36
	外包								113	115	117	119	121	123	0 50	50
9	正常									100 180	102	104	106	108	0 0	180
	加班									107 36	109	111	113	115	0 0	36
	外包									113 36	115	117	119	121	0 14	50
10	正常										100 180	102	104	106	0 0	180
	加班										107 36	109	111	113	0 0	36
	外包										113 34	115	117	119	0 19	50

续表

期间/月	计划方案	期间（月）													未用能力	可用能力
		1	2	3	4	5	6	7	8	9	10	11	12	13		
11	正常											[100] 180	[102]	[104]	[0] 0	180
	加班											[107] 36	[109]	[111]	[0] 0	36
	外包											[113] 24	[115]	[117]	[0] 26	50
12	正常												[100] 180	[102]	[0] 0	180
	加班												[107] 30	[109]	[0] 6	36
	外包												[113]	[115]	[0] 50	50
13	正常													[100] 140	[0] 40	180
	加班													[107]	[0] 36	36
	外包													[113]	[0] 50	50
需求量		100	180	220	150	100	200	250	300	260	250	240	210	140	858	3 458

表 4-16 最佳综合生产计划

期间/月	正常时间生产量	加班时间生产量	外包	需求量	各期间期末库存
1	140			100	40
2	180			180	40
3	180			220	0
4	180			150	30
5	180			100	110
6	180	36		200	126
7	180	36		250	92
8	180	36		300	8

期间/月	正常时间生产量	加班时间生产量	外包	需求量	各期间期末库存
9	180	36	36	260	0
10	180	36	24	250	0
11	180	36	24	240	0
12	180	30		210	0
13	140			140	0
总计	2 260	246	94	2 600	

4.3　主生产计划

4.3.1　基本描述

主生产计划在制造计划和控制系统乃至整个生产管理中都有很重要的作用，它直接与需求预测、综合生产计划，以及物料需求计划相联系，连接了制造、销售、工程设计及生产计划等部门。综合生产计划的计划对象为产品群，主生产计划的对象则是以具体产品为主的基于独立需求的最终物料（end item）。主生产计划的制订是否合理，将直接影响到随后的物料需求计划的计算执行效果和准确度。一个有效的主生产计划需要充分考虑企业的生产能力，要能够体现企业的战略目标、生产和市场战略的解决方案。粗能力计划将决定企业是否有足够的能力来执行主生产计划。

4.3.2　主生产计划所处的地位

主生产计划是整个计划系统中的关键环节。一个有效的主生产计划是企业对客户需求的一种承诺，它充分利用企业资源，协调生产与市场，实现生产计划大纲中所确定的企业经营计划目标。主生产计划在三个计划模块中起承上启下、从宏观计划向微观计划过渡的作用，它决定了后续的所有计划及制造行为的目标，是后续物料需求计划的主要驱动。主生产计划与其他制造活动之间的关系如图 4-4 所示。从短期上讲，主生产计划是物料需求计划、零件生产、订货优先级和短期能力需求计划的依据。从长期上讲，主生产计划是估计本厂生产能力（厂房面积、机床、人力等）、仓库容量、技术人员和资金等资源需求的依据。

综合生产计划约束主生产计划，因为主生产计划的全部细节性的计划要和综合生产计划所阐述的一致。在一些公司，主生产计划是总公司或单个工厂按照月或者季度销售计划来进行描述的。而在另外一些公司，主生产计划是根据每个月生产线上要生产的产品的产量来进行描述的。

在主生产计划制订后，要检验它是否可行，这时就应编制粗能力计划，对生产过程中的关键工作中心进行能力和负荷的平衡分析，以确定工作中心的数量和关键工作中心是否满足需求。

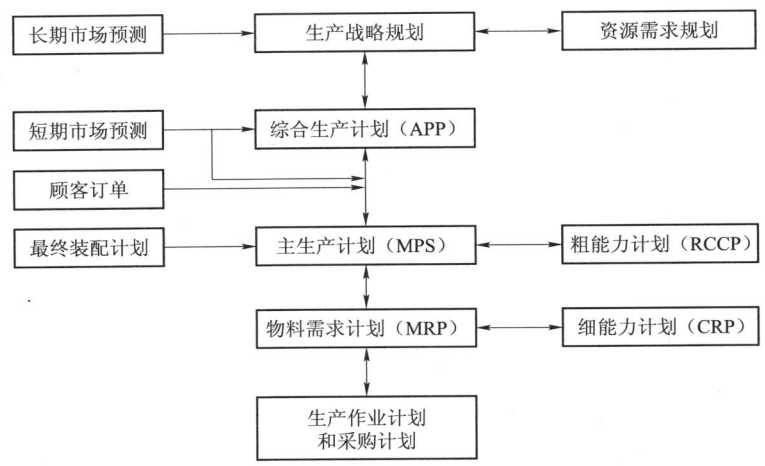

图 4-4　主生产计划与其他制造活动之间的关系

　　主生产计划是制造物料的最基础的活动，是生产部门的工具，因为它指明了未来某时段将要生产什么。同时，主生产计划也是销售部门的工具，它指出了将要为用户提供什么，主生产计划还为销售部门提供生产和库存信息，一方面它可以使得企业的行销部门与各地库存和最终的顾客签订交货协议，另一方面，也可使生产部门较精确地估计生产能力。如果能力不足以满足顾客需求，应及时将此信息反馈至生产和行销部门。高级管理层需要从主生产计划反馈的信息中了解制造计划可否实现。

4.3.3　主生产计划的计划对象

　　综合生产计划的计划对象是产品系列，每一系列可以由多个型号的产品所构成，综合生产计划不做细分，这和其后的主生产计划有所区别，举例来说，如果某汽车公司生产某种轿车，有 4 种型号 A、B、C 和 D，计划年总生产量为 1 万辆，这是综合生产计划预先规定的，而不必规定每一型号轿车的产量。而主生产计划则规定每一种型号产品的生产量，如 A 型号车为 2 500 辆、B 型号车为 3 500 辆、C 型号车为 2 000 辆、D 型号车为 2 000 辆，如图 4-5 所示。图中，通过编制汽车的综合生产计划可知第一个月的总产量为 800 辆。在此基础上，编制主生产计划时，不仅要将该产品群分解至每一型号的汽车产量，还要将时间周期进行分解，通常以周为单位进行分解，则由图可以看出，第一个月的第一周需生产 A 型号汽车，产量为 200 辆；第二周需生产 B 型号和 D 型号的汽车，产量分别为 300 辆和 150 辆；第三周需生产 C 型号的汽车，产量为 150 辆；第四周不生产，这样，前四周的总产量和综合生产计划相对应，即为 800 辆。

4.3.4　主生产计划制订的步骤

　　主生产计划制订的步骤包括计算现有库存量、确定主生产计划产品的生产量与生产时间、计算待分配库存等。为简便起见，暂不考虑最终产品的安全库存。

1. 计算现有库存量（project on-hand inventory，POH）

现有库存量是指每周的需求被满足之后剩余的可利用的库存量，其计算公式为

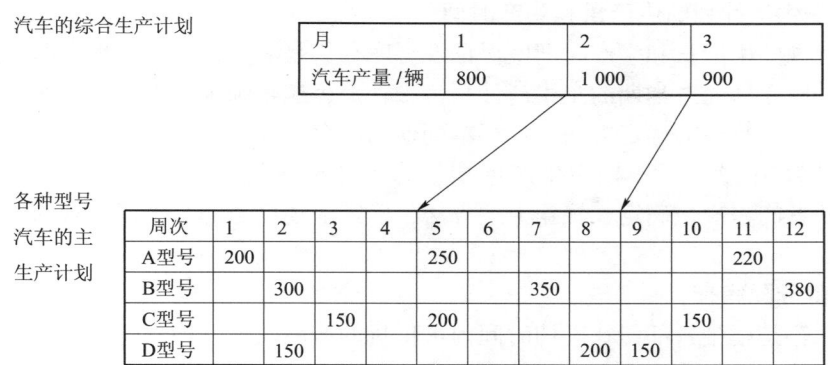

图 4-5　综合生产计划和主生产计划的关系

$$I_t = I_{t-1} + P_t - \max\{D_t, MO_t\} \tag{4-1}$$

式中：I_t 为 t 周末的现有库存量；I_{t-1} 为 $t-1$ 周末的现有库存量；P_t 为 t 周末的主生产计划量；D_t 为 t 周的预计需求量；MO_t 为 t 周准备发货的顾客订货量。

式（4-1）中减去预计需求量和实际订货量的最大者是为了最大限度地满足需求。以某摩托车制造厂为例，其主生产计划见表 4-17，为 100 型踏板式摩托车产品制订一个主生产计划，该产品 1 月份的需求为 800 辆，2 月份 1 200 辆，期初库存量是 500 辆，生产批量为600 辆，顾客的实际订货量见表 4-18。按式（4-1）计算，结果见表 4-18。

表 4-17　某摩托车厂踏板式摩托车 1—2 月的主生产计划

月份 项目	一月				二月			
周次	1	2	3	4	5	6	7	8
50 型产量/辆		250		250		100		100
100 型产量/辆	200	200	200	200	300	300	300	300
150 型产量/辆	100		100		100		100	
月产量/辆	1 500				1 600			

表 4-18　某产品各期的现有库存量、主生产计划和生产时间

月份 项目	一月				二月			
周次	1	2	3	4	5	6	7	8
需求预计量/辆	200	200	200	200	300	300	300	300
订货量/辆	150	150	100	100	0	0	0	0
现有库存量 500/辆	300	100	500	300	0	300	0	300
主生产计划量/辆	0	0	600	0	0	600	0	600

2. 确定主生产计划的生产量和生产时间

主生产计划的生产量和生产时间应保证现有库存量是非负的，一旦现有库存量在某周有可能为负值，应立即通过当期的主生产计划量来补上，这是确定主生产计划的生产量和生产时间的基准之一，具体的确定方法是：当本期期初库存量与本期订货量之差大于0，则本期主生产计划量为0；否则，本期主生产计划量为生产批量的整数倍，具体是一批还是若干批，要根据两者的差额来确定。根据上述方法，确定前述例子的主生产计划的生产量和生产时间。

3. 计算待分配库存

待分配库存是指销售部门在确切时间内可供货的产品数量。待分配库存的计算分以下两种情况：一是第一期的待分配库存量等于期初现有库存量加本期的主生产计划量减去直至主生产计划量到达前（不包括该期）各期的全部订货量；二是以后各期只有主生产计划量时才存在待分配库存量，计算方法是该期的主生产计划量减去从该期至下一主生产计划量到期前（不包括该期）各期的全部订货量。根据上述方法，计算主生产计划各期的待分配库存量见表4-19。例如，表4-19中，第一期待分配库存量等于500-150（第一周订货量）-150（第二周订货量）=200，第一次主生产计划量发生在第三周，其待分配库存量等于600-100（第三周订货量）-100（第四周订货量）=400。

表4-19 某产品主生产计划各期的待分配库存量

月份\项目	一月				二月			
周次	1	2	3	4	5	6	7	8
需求预计量/辆	200	200	200	200	300	300	300	300
订货量/辆	150	150	100	100	0	0	0	0
现有库存量500/辆	300	100	500	300	0	300	0	300
主生产计划量/辆	0	0	600	0	0	600	0	600
待分配库存量/辆	200		400			600		600

4.3.5 主生产计划制订需注意的问题

制订合理的主生产计划要注意处理好以下三个相关问题。

（1）主生产计划与综合计划的衔接。主生产计划是对综合生产计划的具体化，主生产计划要体现综合生产计划的意图。它主要解决两个问题：其一由于综合生产计划中的产量是按照产品系列来规定的，为了使之转换成主生产计划中的市场需求量，首先需要对其进行分解，分解成每一计划期内对每一具体型号产品的需求。在分解的同时根据每种型号的现有库存量和已有顾客订单量等考虑不同型号、规格的适当组合，才能将此分解结果作为主生产计划中的需求预测量。其二，由于综合生产计划要对生产速率、人员变化、调节库存等进行权衡，因此，在主生产计划的粗能力计划中也可采用相应的策略。

（2）主生产计划的相对稳定化。主生产计划是物料需求计划的基础，主生产计划的改变，尤其是对已开始执行但尚未完成的主生产计划进行修改时，将会引起一系列计划的改变。当主生产计划量要增加时，可能会由于物料短缺而导致交货期延迟；当主生产计划量要减少时，可能会导致多余物料或零部件的产生、存货增加、成本增加等许多问题。为此，许多企业设定一个时间段，使主生产计划在该期间内相对稳定，此时间段叫冻结期。常采用两种方法：其一是确定需求冻结期，在该期间内，没有决策层的特殊授权，不得随意修改主生产计划；其二是规定计划冻结期，计划冻结期通常比需求冻结期要长，在该期间内，一般不得随意改变主生产计划，但可在两个冻结期的差额时间段内根据情况对主生产计划进行必要的修改。在这两个期间之外，可进行更自由的修改。总而言之，主生产计划的稳定是相对的，因为主生产计划的相对稳定尽管可以使生产成本得以减少，但同时也降低了企业对市场变化的适应能力，从而导致机会成本问题。因此，需要确定适当的计划冻结期。

（3）不同生产类型下主生产计划的"变型"。前面讨论主生产计划的编制主要是针对大多数"存货生产型"企业而言的。在这类企业中，虽然可能要用到多种原材料和零部件，但最终产品的种类一般较少且大都是标准产品，企业对这种产品的市场需求预测的准确性也较高。因此，通常是将最终产品预先生产出来，放置于仓库，随时准备交货。但随着市场需求的日益多样化，企业要生产的最终产品的"变型"也越来越多，这些变型产品往往是若干标准模块的不同组合。这些变型产品主要部件和组件的种类总数比最终产品种类的总数少得多。对于具有需求多样化和不稳定性而又难以准确预测的产品，保持最终产品的库存是一种不经济的做法。由于构成最终产品的组合部件的种类较少，预测这些主要部件的需求比较容易也比较准确时，通常维持一定数量主要部件和组件的库存，当最终产品的订单到达后，立即按订单"组装生产"（assemble-to-order）。这样，在这种生产类型中，若以要出厂的最终产品编制主生产计划，由于最终产品的种类较多，该计划工作量较大，而且由于难以准确预测需求，计划的可靠性难以保证。因此，在这种情况下，主生产计划以主要部件和组件为对象来编制；对于"订货生产"类型企业，当最终产品和主要的部件、组件都是顾客订货的特殊产品，而这些最终产品和主要部件、组件的种类若比它们所需的主要原材料和基本零件的数量还多，主生产计划可以主要原材料和基本零件为对象来编制，这样既可减少主生产计划编制的工作量，又可提高主生产计划的可靠性。

4.4　物料需求计划

4.4.1　基本描述

在工业企业生产中，产品大多结构复杂，而且品种繁多，编制它们的物料需求计划是一项十分复杂、繁重且困难的工作，它一直是生产管理工作中的一个瓶颈。1965 年，IBM 公司的 Joseph A. Orlicky 提出了独立需求、相关需求概念，并且随着计算机技术的发展及其在企业管理中的广泛推广应用，在计算机上形成了用于装配型产品生产与控制的 MRP 计划系统。该系统利用计算机处理信息的强大功能，极大地提高了生产计划的正确性和可靠性，起到了指导生产实际的作用。目前，MRP 是世界上运用最普遍的一项现代计划管理技术。MRP 制定物料需求计划要考虑此物料需求是独立需求还是相关需求。

（1）独立需求（independent demand）：是指对一种物料的需求与对其他物料的需求是无

关的。独立需求一般是那些随机的、企业自身无法加以控制而由市场决定的需求。如厂外订货量的多少与厂内用于试验的产品需求量两者之间无相互制约关系。这里，物料是指构成产品的所有物品，可以是原材料、毛坯、零件、外协件、部件。

（2）相关需求（dependent demand）：是指一种物料的需求与其他物料的需求具有内在的相关性。这种相关性表现在空间、时间与数量三个方面，如汽车装配线（空间）在某个计划期（时间）的生产任务为100台（数量），那么，这种需求决定了发动机车间（另一个空间）在另一个计划期（另一个时间）的生产任务为100台（另一个数量）；同样，这种需求决定了采购部门（另一个空间）在另一个计划期（另一个时间）的轮胎采购量是400台（另一个数量），因为每台汽车需要4只轮胎。在制造企业，一个产品的制造过程可能会涉及成千上万的不同种类的物料，其中，绝大多数属于相关需求。相关需求概念是 MRP 的核心概念，是 MRP 制订物料需求计划的基础。

4.4.2　开环物料需求计划系统的构成

最初的 MRP 系统是一个开环系统，该系统由主生产计划（MPS）子系统、物料清单（BOM）维护子系统、库存管理（IM）子系统与物料需求计划（MRP）编制子系统四部分组成（图4-6）。

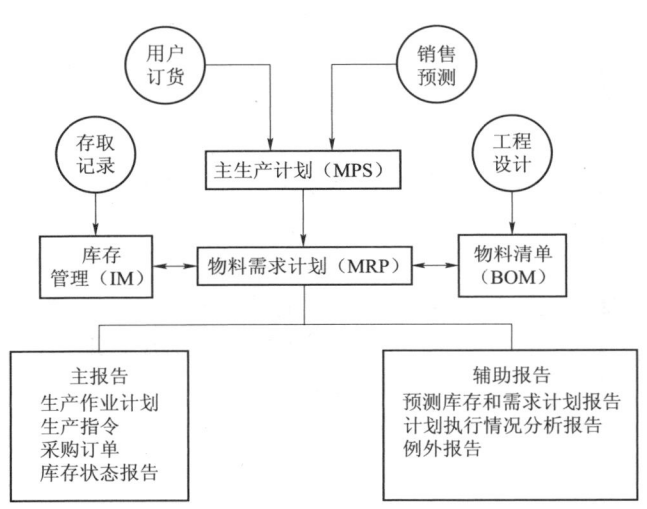

图4-6　开环 MRP 系统结构示意图

（1）主生产计划子系统。

（2）物料清单维护子系统。物料清单描述了构成一个产品内各种物料之间相互关系的信息。包括产品中所有零部件和毛坯材料的品种单台份数量、它们之间的隶属关系以及提前期。表述物料清单的两种基本方式是产品结构树与物料表。

①　产品结构树：是以树状图形方式描述产品结构，如图4-7（a）所示。图中的产品 P由一个 A 部件、两个 B 零件、两个 C 组件组成。部件 A 由一个 C 组件与一个 D 零件组成。组件 C 由一个 B 零件和一个 E 零件组成。为了便于后面计算物料需求量，要求树状图按照最低层级规则（lower level coding）绘制，即将构成产品的各种物料按其隶属关系分为不同的层级，这样上下层级的物料为母子项关系。最终产品定成0级，与它相邻的下一层物料定

为 1 级，以此类推。要求同一种物料只能出现在同一层级上，即将其集中表示在它们所处的各层级中最低的层级上 ［图 4-7（b）］。

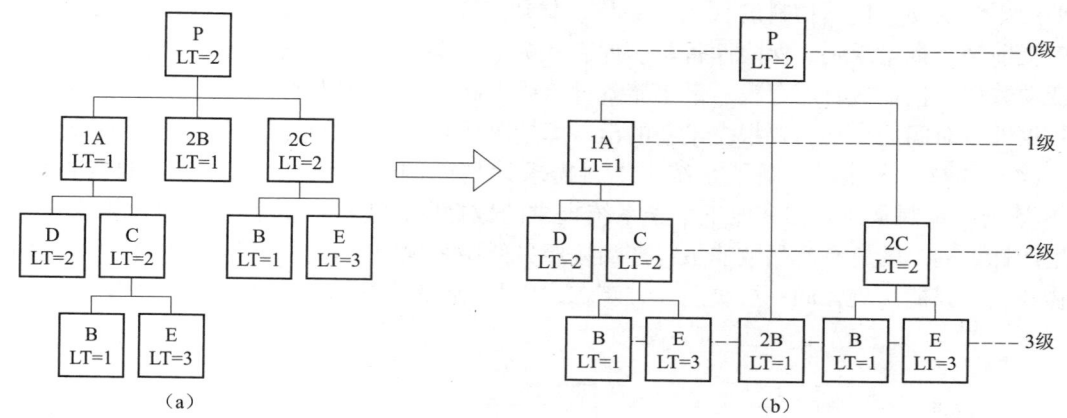

图 4-7　产品结构示意图

② 物料表：产品结构树能直观地描述产品内各种物料的结构关系，但其图形方式不便于计算机处理。物料表是用表格形式表示构成产品的各种物料的结构关系，这样就便于用计算机存储和处理，其基本形式如图 4-8 所示。由于物料表将产品所有层级的物料表示在一张表上，故称为多级物料表。多级物料表为矩阵式表格，由于存在数据冗余，需占用较多的存储空间。此外，对物料项进行修改时，需要重新编制新的表格。为了避免这些缺点，可将其拆分为单级物料表（图 4-9）。每一张单级物料表只表示一项物料与其直接相邻的子项物料的关系，通过自上而下的逐层检索和汇总就能够得到产品多级物料表。单级物料表具有以下优点：能充分利用存储空间；进行修改维护时，只需修改一张单级物料表而不影响产品的其他物料表；单级物料表是一种模块化结构，尤其适应产品结构模块化的需要，根据产品的结构，通过调用相应的模块物料表，就可生成各种变型产品的物料表。

产品 P				
零件号缩排			装配数量	提前期
A			1	1
	D		1	2
	C		1	2
		B	1	1
		E	1	3
B			2	1
C			2	2
	D		1	2
	E		1	3

图 4-8　多级物料表

项目 P		项目 A		项目 C	
零件号	装配数	零件号	装配数	零件号	装配数
A	1	D	1	B	1
B	2	C	1	E	1
C	2				

图 4-9　单级物料表

（3）库存管理子系统。它包括了所有半成品、毛坯及原材料等库存物料数据资料。数据资料可分为两类：一类是固定数据，又称为主数据，它说明物料的基本特征，在一定的计划期内不会变动，包括物料的代码、名称、材质、单价、供应来源（自制、外购或外协）、供应提前期、批量规则、保险储备量、库存类别、允许的残料率（或废品率）等；另一类是变动数据，包括现有库存量、最小储备量、最大储备量、预留库存量、预计到货量等。这些数据随着时间而变动，要根据最新的出入库情况随时进行账目更新，保持账物一致。

（4）物料需求计划编制子系统。物料需求计划编制子系统是 MRP 系统的核心部分。MRP 计划的编制是建立在其他三个子系统提供的数据基础上的，编制过程的计算流程是将主生产计划列出的所有产品或非最终产品按照最低层级规则展开，注意：这里不同产品的同一物料项目只能出现在同一层级上。计算 MRP 时，从 0 级开始，由上而下、逐层进行（图4-10）。

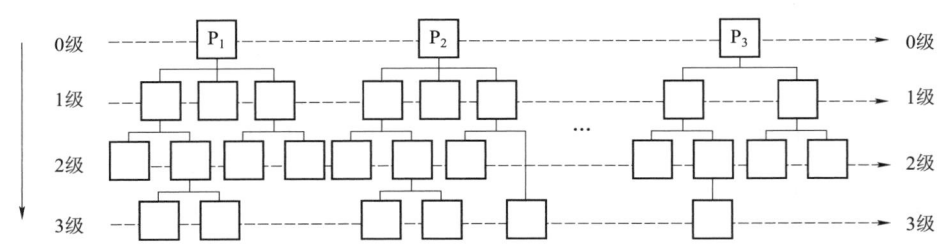

图 4-10　MRP 计算流程示意

4.4.3　MPR 计算项目

（1）总需求量或毛需求量 $G_j(t)$：表示对物料 j 在 t 周期预计需求量。$G_j(t)$ 由主生产计划或根据该物料的直接母项计算汇总而得。

（2）计划到货量（或计划入库量）$S_j(t)$：表示已订购或已生产，预计在计划周期 t 内到货入库的物料数量。

（3）可用库存量 $H_j(t)$：表示在满足本期总需求量后，剩余的可供下一个周期使用的库存量。其计算公式如下：

$$H_j(t) = H_j(t-1) + S_j(t) + P_j(t) - G_j(t) \tag{4-2}$$

（4）净需求量 $N_j(t)$：当可用库存量不够满足当期总需求量时，即 $H_j(t)$ 小于零，其短缺部分就转化为净需求量。其计算公式如下：

$$N_j(t) = G_j(t) - H_j(t-1) - S_j(t) - P_j(t) \tag{4-3}$$

（5）计划订货量 $P_j(t)$：一般净需求量 $N_j(t)$ 就是生产批量或订货批量，但考虑到生产的经济性及其他生产约束条件，需要按批量规则将净需求量 $N_j(t)$ 调整为生产批量或订货批量 $P_j(t)$。t 为预定的交货期。

（6）计划投入量 $R_j(t')$：投入生产或提出采购的数量，其数量与计划投入量相同，但时间需要按计划投入量的时间反推一个提前期，即

$$R_j(t') = P_j(t-L) \tag{4-4}$$

式中：L 为该物料的制造提前期或订货提前期。

4.4.4 MPR 计划因子

在进行 MRP 计算时，会涉及若干称为计划因子的参数，这些计划因子在整个 MRP 的运算过程中起着重要的作用。

1. 计划期与计划周期

计划期是指相邻两次 MRP 计算的时间间隔，它由若干个称为计划周期的小时间段组成。计划周期长度的大小反映了 MRP 的细致程度，并与整个计算工作量成反比，一般取一周。但随着计算机技术的提高，计划周期可缩短到以天为单位。当然，有关其他与时间有关的信息也需精确到天，如主生产计划、提前期、库存记录及反馈信息等。一般计划期长度应大于或等于产品的最长生产周期（含采购周期或外协周期）。

2. 提前期（lead time）

提前期关系到生产指令或采购订单的下达时间点的确定，提前期一般可分为外购件提前期和自制件提前期。

（1）外购件提前期：从订单发出到货物入库的时间长度。

（2）自制件提前期：生产指令制定时间长度+加工时间长度+作业交换时间长度+运输移动时间长度+等待时间长度。

3. 批量规则

批量即生产量或采购量的大小，MRP 是按照以下两种批量规则来确定批量的。

（1）静态批量规则。每一批量的大小相同，它包括以下方法：

① 固定批量法（fixed order quantity，FOQ）：当净需求量小于 FOQ 时，以 FOQ 作为计划订货量；当净需求量大于 FOQ 时，以净需求量作为计划订货量。

② 经济订货批量法（EOQ）：是一种存管理中常用的批量方法。

（2）动态批量规则。动态批量规则允许每次订货的数量不同，但不允许出现缺货。它包括以下几种方法：

① 固定订货间隔期法：批量的大小等于未来 P 周的总需求量减去前一周的可用库存量。此方法的重点在于保证未来 P 周的需求，并不意味着每隔 P 周必须发出一个订单。P 的大小与物料单件价值有关，价值大，P 取短些；反之，P 取长些。

② 直接批量法：直接将净需求量作为计划订货量。

③ 最小总成本法（Groff 法）：依据成本分析决定批量大小的一种方法，这种方法与 EOQ 的思路一致，但可处理离散情况。其基本做法如下：将未来若干期的需求合并为一批，比较由于合并带来的订货成本的节省量与由此导致的保管成本增加量。若前者大于或等于后者，则合并；否则，不合并。称两者相等时累计的库存量（存货数量与存货时间的乘积）为临界库存量 E。

设每次订货费用为 C，单位产品每周期的保管费为 H，未来各期的净需求量为 Q_i。则有

$$E = C/H \tag{4-5}$$

实际上，由于当保管费用等于订货费用时，总费用最小，即有

$$C = HQ_2 + 2HQ_3 + \cdots + kHQ_{k+1}$$

从而
$$E = C/H = Q_2 + 2Q_3 + \cdots + kQ_{k+1}$$

【例 4-4】设某产品的成本为 50 元，保管费率为 2%，订货费用为 100 元。未来各期的净需求量见表 4-20。试按照最小成本法批量规则计算每次订货数量。

表 4-20　未来各期的净需求量

项目 \ 周期	1	2	3	4	5	6	7	8	9	10	11	12
净需求量	35	10	0	25	20	0	30	10	30	40	0	20

由给定条件，有 $H = 2\% \times 50 = 1$，因此 $E = 100$。记 $Q_2 + 2Q_3 + \cdots + kQ_{k+1}$ 为 LQ，计算过程见表 4-21。

表 4-21　按照最小成本法计算

项目 \ 周期	需求量	预定批量	k	LQ
1	35	35	0	
2	10	45	1	10
3	0		2	
4	25	70	3	85
5	20	20	0	
6	0		1	
7	30	50	2	60
8	10	60	3	90
9	30	30	0	
10	40	70	1	40
11	0		2	
12	20	90	3	100

4. 安全库存

安全库存主要是为了应付市场波动及供应商的不可靠性而设置的库存量。因此，从产品结构树的角度看，安全库存的位置主要处于 BOM 的顶层级和底层级物料。安全库存的具体数量根据物料项目的历史资料、要求的服务水平（即缺货率）采用统计分析方法计算所得。

4.4.5　MPR 输出报告与更新

1. MRP 的输出报告

MRP 的输出报告分为主报告与辅助报告。主报告用于库存和生产管理，包括生产作业计划、生产指令、采购订单、库存状态报告以及计划或指令的变更通知单等。辅助报告包括预测库存和需求的计划报告、计划完成情况分析报告以及例外报告等。

2. MRP 系统的更新

MRP 系统的一个重要功能是根据计划实际执行情况及时对计划进行更新，更新的方式有以下两种。

（1）重新生成方式：指按主生产计划从 0 层级开始，对物料需求量重新进行展开计算。更新的间隔期一般为 1 周或 2 周，采用批处理方式对两次更新之间的所有变化一起进行处理。重新生成方式的处理工作量较大，一般用于比较稳定的生产环境。

（2）净变更方式：用于生产环境不稳定且频繁地需要在较短的时间周期内更新计划的场合。净变更方式只对那些有变化的物料项目做重新计算和新的计划安排，这样使得计算工作量大大减少，计划更新的频次加快，增强了系统适应变化的能力。

4.4.6　关于经济订货批量法的解释

1. 定量订货模型的建立

定量订货模型有时也可称为经济定量模型。所谓经济定量模型，是指利用数学方法，求得在一定时期内储存成本和订购成本总和为最低时的订购批量。定量订货模型可与其他的模型相组合。

定量订货模型基于下列假设条件：

① 需求已知而且不变，所以不会有缺货的情况；

② 发出订单时，及时受理，即订货和交货之间的时间为零；

③ 订货的提前期是固定的；

④ 一批订货是瞬时到达的，即假设在一定时间，物料的补充以无限大的速率进行；

⑤ 数量不打折扣；

⑥ 订货成本是固定不变的，与订货量无关，保管成本与库存水平成正比；

⑦ 没有脱货现象，都能及时补充；

⑧ 单位产品的价格是固定的；

⑨ 不允许出现延期交货的情况。

上述假设的第⑥条中，如果年需求量一定，则订购成本随着订购批数的减少、每批订购数量的增加而减少，储存成本则随订购批量的增加、每批订购数量的减少而下降。前者要求采购批量大而批数少以降低订购成本，后者则要求采购批量小而批数多以降低储存成本。经济定量模型的目的就是选择每一库存的最佳订购量，以使二者之和最低。在经济定量模型中，通过对提前期（指从发出订货到收到订货所需的时间）的考虑，帮助确定在什么时候开始订货，以及通过建立一定的安全库存，防止由于意外事故或供不应求而造成损失。在分析定量订货模型库存管理时，有两个信息是非常重要的：一个就是库存量随时间增长而消耗的速率；另外一个就是库存成本和订购批量大小之间的关系。

定量订货模型如图 4-11 所示，该模型实际上反映了库存量和时间之间的关系。由图可以看出，订购批量为 Q，也是库存量的最大值，订货点为 Q^*，平均库存量为 $\overline{Q}=Q/2$，订货提前期为 LT，根据前面的假设条件，提前期是固定的，所以每次订货的提前期均为 LT。通常我们以采购成本和储存成本的总和来表示总成本，采购成本和储存成本计算公式如下：

$$采购成本 = 每次采购成本 \times 该期的采购次数$$
$$储存成本 = 平均库存量 \times 该期单位储存成本$$

在需求固定情况下，从仓库提取货物，实际上得到的现有库存量应为一阶梯状的图形，如图 4-12（a）所示，一般用斜线近似地表示，即视现有库存量和时间为线性关系，如图 4-12（b）所示。

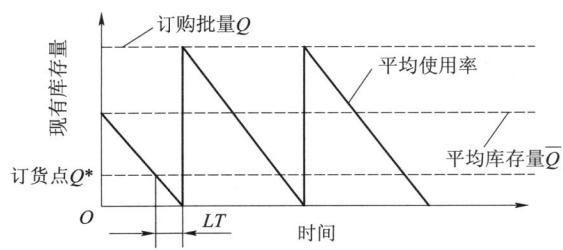

图 4-11　定量订货模型

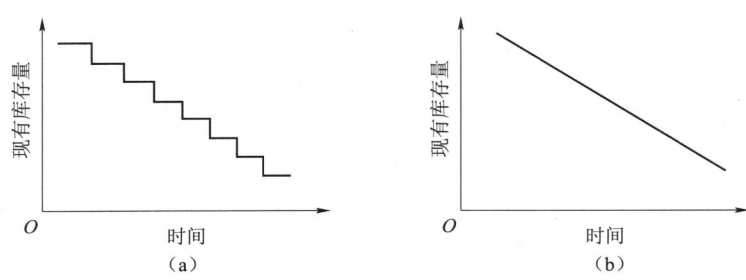

图 4-12　现有存量与时间的关系

（a）需求固定下库存量实际变化；（b）需求固定下库存量近似斜线表示

　　设 D 为年需求量，C_I 为单位存货的年成本，C_T 为一次订货的业务成本，则每年的订购次数可以用年需求量除以每次订货的批量得到，即 D/Q。由此可以计算每年的总储存成本：

$$TC_I = C_I \frac{Q}{2} \tag{4-6}$$

式中：TC_I 为每年的总储存成本。

　　每年的订购总成本：

$$TC_T = C_T \frac{D}{Q} \tag{4-7}$$

式中：TC_T 为每年的总订购成本。

　　总成本以 TC 表示，则计算公式如下：

$$TC = C_T \frac{D}{Q} + C_I \frac{Q}{2} \tag{4-8}$$

2. 定量订货模型的微分解法

　　在总成本计算公式中，由于年需求量和单位存货的年成本及一次订货的成本均为已知，故总成本是批量的函数，方程式中的两个组成部分，采购成本和批量成反比关系，因为批量越大，势必订购次数越少，故每年采购成本相应地也越少，而储存成本则和批量成正比关系，批量越大，放在仓库的时间越长，保管成本相应地也越大。

　　根据前面的假设，需求是连续且稳定的，所以可以用总成本对订货量的微分得到。为使总成本最小，可以用总成本对批量求偏导，并令偏导函数等于 0。

　　令

$$\frac{d\ (TC)}{dQ} = 0$$

　　得

$$-C_T \frac{D}{Q^2} + \frac{C_I}{2} = 0$$

从而可得 $Q = \sqrt{\dfrac{2DC_T}{C_I}}$，此为最佳订购批量，常用 EOQ 表示。将经济订购批量代入总成本计算公式，可以得到经济批量所对应的最小总成本：

$$TC_{\min} = C_T \frac{D}{\sqrt{2DC_T/C_I}} + C_I \frac{\sqrt{2DC_T/C_I}}{2} = \sqrt{2DC_TC_I} \qquad (4\text{-}9)$$

3. 定量订货模型的图解说明

将库存的采购成本、储存成本和总成本之间的关系用图 4-13 可以很好地表示，由前面微分解的推导过程可知：当采购成本和储存成本相等时，所对应的订货批量即是最佳经济订购批量。由公式可以看出，储存成本随着订购量的增大呈线性比例关系增大，而订购成本恰恰和订购批量是一个反比的关系，即随着订购量的增大，订购成本反而降低。由图 4-13 中可知，总成本的曲线有一个最低点，该最低点即是所对应的经济订购批量，在该图中，显然总成本在最低点对批量的导数为零，这和前面微分解是一致的。

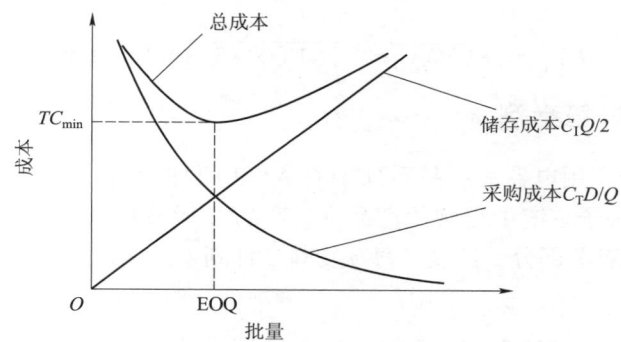

图 4-13　定量订货模型总成本构成图

4. 再订购点的确定

由图 4-13 可知，定量订货模型中再订购点等于提前期内的需求量，若提前期内的库存需求速率不变，则在安全库存为零时（图 4-11），即在现有库存量刚好为零时，发出的订单能够及时交货，此时，订货点为

$$Q^* = LT \cdot q \qquad (4\text{-}10)$$

式中：q 为平均每日需求率，可由年需求量除以天数近似地得到。如果提前期内的需求有变化，这是一种随机库存模型，此时需考虑安全库存。当库存降到安全库存量和提前期内的需求量之和时就得到订货点，设安全库存为 SS，则订货点为

$$Q^* = LT \cdot q + SS \qquad (4\text{-}11)$$

考虑安全库存时的定量订货模型如图 4-14 所示。

【例 4-5】 已知某物料的年需求量为 1 000 单位，则日需求量为 1 000/365 单位，订购成本为每次 5 元，单位产品的年存储成本为 1 元，订货提前期为 5 天，该物料的单价为 10 元。试确定经济订购批量与再订购点以及总成本。

解： 最优订购批量可根据公式得到，计算如下：

$$\text{EOQ} = \sqrt{\frac{2DC_T}{C_I}} = \sqrt{\frac{2 \times 1\,000 \times 5}{1}} = 100\,（单位）$$

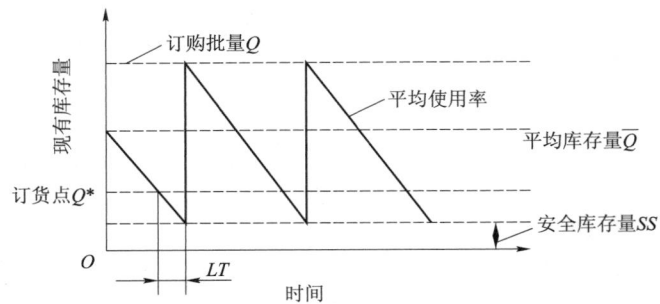

图 4-14　考虑安全库存时的定量订货模型

再订购点：

$$Q^* = LT \cdot q = 5 \times 1\,000/365 = 13.7 \text{（单位）}$$

由此可知，当库存量将降至 14 单位时，即开始发出订货请求，订购的数量为 100 单位。
年库存总成本为

$$TC_{\min} = \sqrt{2DC_TC_I} = \sqrt{2 \times 1\,000 \times 5 \times 1} = 100 \text{（元）}$$

4.4.7　MRP 计算举例

某工厂批量生产家用电器，产品系列中有 A、B 两种产品，其结构树如图 4-15 所示。表 4-22 是从库存管理子系统中得到的产品 A、产品 B 所属物料的库存记录数据。表 4-23 是该厂主生产计划的有关部分。试制订每项物料在计划期的 MRP 计划。

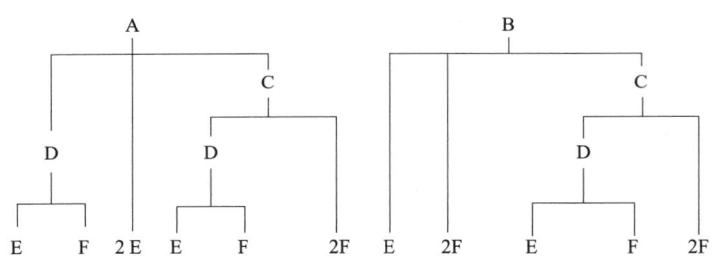

图 4-15　产品 A、B 的结构树

表 4-22　产品 A、B 的库存记录

物料项目	批量规则	期初可用库存量	提前期
A	直接批量	50	2
B	直接批量	60	2
C	直接批量	40	1
D	直接批量	30	1
E	固定批量 2 000	330	1
F	固定批量 2 000	1 000	1

表 4-23　主生产计划的有关部分

周期	9	13	17
产品 A	1 250	850	550
产品 B	460	360	560
部件 D	250	250	330
零件 E	400	430	380

求解：按照 MRP 计算顺序（图 4-10），从 0 级开始，由上而下逐层进行（表 4-24）。

（1）计算 0 层级的物料。根据主生产计划、库存记录等数据，计算出产品 A、产品 B 在计划期中的总需求量、可用库存量、净需要量、计划交货量、计划投入量。

（2）计算第 1 层级物料 C。C 的总需求量按照产品结构树，在第 7 周 C 的总需求量为 A、B 的计划投入量之和，等于 1 600。净需求量为 1 560，计划交货量为 1 560，投入时间为第 6 周，数量为 1 560。

表 4-24　MRP 计划表

项目	周期	4	5	6	7	8	9	10	11
A	总需求量						1 250		
	可用库存量 50	50	50	50	50	50	0		
	净需求量						1 200		
	计划交货量						1 200		
	计划投入量				1 200				
B	总需求量						460		
	可用库存量 60	60	60	60	60	60	0		
	净需求量						400		
	计划交货量						400		
	计划投入量				400				
C	总需求量				1 600				
	可用库存量 40	40	40	40	0				
	净需求量				1 560				
	计划交货量				1 560				
	计划投入量			1 560					

项目 周期		4	5	6	7	8	9	10	11
D	总需求量			1 560	1 200		250		
	可用库存量 30	30	30	0	0	0	0		
	净需求量			1 530	1 200		250		
	计划交货量			1 530	1 200		250		
	计划投入量		1 530	1 200		250			
E	总需求量		1 530	1 200	2 800	250	400		
	可用库存量 330	330	800	1 600	800	550	150		
	净需求量		1 200	400	1 200	0	0		
	计划交货量		2 000	2 000	2 000				
	计划投入量	2 000	2 000	2 000	0	0			
F	总需求量		1 530	4 320	800	250			
	可用库存量 1 000	1 000	1 470	0	1 200	950			
	净需求量		530	2 850	800	0			
	计划交货量		2 000	2 850	2 000	0			
	计划投入量	2 000	2 850	2 000					

（3）计算第 2 层级的物料。D 的总需求量根据主生产计划、A 的计划投入量、C 的计划投入量确定，分别为第 6 周 1 560、第 7 周 1 200、第 9 周 250；净需求量、计划交货量分别为第 6 周 1 530、第 7 周 1 200、第 9 周 250；计划投入量分别为第 5 周 1 530、第 6 周 1 200、第 8 周 250。

（4）计算第 3 层级的物料。

① E 的总需求量。根据主生产计划、A 的计划投入量、B 的计划投入量、D 的计划投入量确定，分别为第 5 周 1 530、第 6 周 1 200、第 7 周 2 800、第 8 周 250、第 9 周 400。

• 第 5 周的净需求量为 1 200、计划交货量按照固定批量规则调整为 2 000；第 4 周计划投入量为 2 000，第 5 周的可用库存量为 800。

• 第 6 周的净需求量为 400、计划交货量为 2 000，第 5 周计划投入量为 2 000，第 6 周的可用库存量为 1 600。

• 第 7 周的净需求量为 1 200、计划交货量为 2 000；第 6 周计划投入量为 2 000，第 7 周的可用库存量为 800。

• 第 8、9 周的净需求量、计划交货量为 0，可用库存量分别为 550 和 150，第 7、8 周计划投入量为 0。

② F 的总需求量。根据 B、C、D 的计划投入量确定，分别为第 5 周 1 530，第 6 周 4 320，第 7 周 800，第 8 周 250。

- 第 5 周的净需求量为 530，计划交货量按照固定批量规则调整为 2 000；第 4 周计划投入量为 2 000；第 5 周的可用库存量为 1 470。
- 第 6 周的净需求量为 2 850，计划交货量为 2 850，第 5 周计划投入量为 2 850；第 6 周的可用库存量为 0。
- 第 7 周的净需求量为 800，计划交货量按照固定批量规则调整为 2 000；第 6 周计划投入量为 2 000；第 7 周的可用库存量为 1 200。
- 第 8 周的净需求量、计划交货量皆为 0，可用库存量为 950。

4.4.8　闭环 MRP 系统

开环 MRP 系统，只是提出了物料需求计划，而没有考虑生产能力的约束条件，尽管在主生产计划阶段做过能力平衡，但那只是车间级的粗略平衡，没有考虑生产现场实际发生的生产能力的动态变化，使得物料生产在进度安排上缺乏可行性与可靠性。20 世纪 70 年代，提出了在有限生产能力条件下安排生产的概念与方法。同时，随着计算机技术的进步，MRP 系统进一步扩展了功能，增加了生产能力需求计划和车间作业控制两个子系统，实现了生产任务与生产能力的统一计划与管理，形成了闭环 MRP 系统（图 4-16）。与开环 MRP 系统的区别是：在生成物料需求计划后，依据生产工艺，推算出生产这些物料所需的生产能力，即制订生产能力需求计划。然后与现有的生产能力相对比，检查该计划的可行性。若不可行，则返回修改物料需求计划或主生产计划，直至达到满意的平衡。随后进入车间作业控制子系统，监控计划的实施情况。

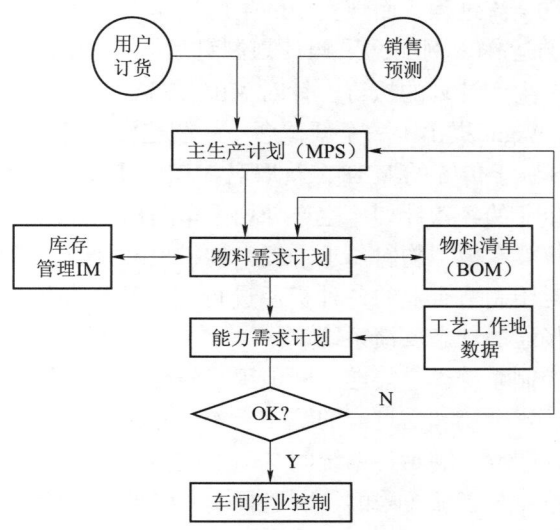

图 4-16　闭环 MRP 系统结构示意图

1. 生产能力需求计划子系统的计算流程

由物料需求计划取得每项物料任务的数量和需要时间，按照物料的工艺路线，计算出各个工序的加工周期，推算出初始的工序进度计划；再分别按照工作中心汇总每个时间周期内各项任务所需的台时总量，即可得到生产能力需求计划。然后检查各个工作中心在各周期的实有生产能力，与生产能力需求计划进行对比。如果生产能力不足，则返回，采取适当措施调整初始的工序进度计划，或物料需求计划，或主生产计划，重新计算生产能力需求计划，通过如此反复，直至达到生产任务与生产能力的平衡。根据平衡结果，输出最后的工序进度计划。

2. 车间作业控制子系统

该子系统具备两个功能：一是作业分派；二是作业统计。前者是为每个工作中心安排出一个时间周期的任务计划，即根据工作中心当周的能力情况和在制任务的实际进度，确定应下达的任务量。然后按照优先规则进一步规定出任务的投入顺序和应完工的时限。后者的任务是监控计划的实施，采集生产现场实际进度数据，以供查询和编制生产报告，同时提供给生产能力需求计划子系统与作业分派模块用于下一期计划的制订。

在闭环 MRP 系统中，各子系统通过信息的反馈相互连接成一个有机整体，使得整个系统既适应市场需求变化，又能保持任务与能力动态平衡，从而使 MRP 系统真正成为一个有效的计划与控制系统。

4.4.9 制造资源计划系统（MRPⅡ）

1. MRPⅡ系统概述

MRPⅡ是指制造资源计划（manufacturing resource planning），是在 MRP 基础上扩展财务管理（含成本管理）的功能而形成的适应制造企业的综合信息化系统。从闭环 MRP 到 MRPⅡ转变的一个重大改进，就在于实现了财务系统与生产系统的同步与集成，也就是资金流和物流的集成。闭环 MRP 的运行过程主要是物流的过程（也有部分信息流），但不能反映伴随生产运作过程的资金流过程，而现实中的生产运作过程必然是物流伴随着资金流，资金的运作会影响到生产的运作。例如，采购计划制订后，可能由于资金短缺而无法按时完成，这样就会影响到整个生产计划的执行。针对 MRP 的这一缺陷，1977 年 9 月，美国著名生产管理专家 Oliver W. Wight 提出了一个新概念——制造资源计划（manufacturing resources planning，MRP），为了区别于传统的 MRP，就取名 MRP-Ⅱ或 MRPⅡ。MRPⅡ以生产计划为主线，该系统集成了企业的经营计划、生产计划、车间作业计划、销售、物资供应、库存及成本管理等重要信息，具有模拟物料需求、提出物料短缺警告、模拟生产能力需求、发出能力不足警告等功能，对于制造企业的各种资源进行统一计划和控制，成为反映企业物流、资金流、信息流并使之畅通的动态反馈系统。

MRPⅡ是一个闭环控制系统，它能够不断地跟踪外部、内部环境变化，从而提高企业动态应变能力，实现物流、资金流和信息流的统一。MRPⅡ的实施可帮助企业处理制造业中最复杂的产供销之间的平衡问题，满足各系统间自动集成的需求，同时也可帮助企业快速地处理数量与时间的连动关系，对于缩短采购、制造日期，降低库存资金费用，准时订货，降低生产成本，提高企业应变能力和经济效益起着十分重要的作用。在欧美，大多数装配类型制造企业都采用 MRPⅡ系统。

2. MRPⅡ原理

MRPⅡ的基本思想是把企业作为一个整体，从系统整体最优的角度出发，通过运用科学方法，对企业各种制造资源和产、供、销、财各个环节进行有效的计划、组织和控制，使企业内各部门的活动协调一致，提高整体的运作效率。把生产活动与财务活动联系到一起，是 MRP Ⅱ 迈出的关键一步。

MRP Ⅱ 原理图如图 4–17 所示。原理图的右侧是生产的计划与控制系统，包括了决策层、计划层和执行层三个层次，中间是基础数据，存储在计算机系统的中央数据库中，反复被业务模块调用。左侧是财务系统，这里只列出了财务系统的应收、应付、总账和成本控制四大基本模块。图中连线表示信息的流向。MRP Ⅱ 系统根据供应商采购记录（采购订单、供应商发票、收货单、入库单）形成应付账款信息。根据客户销售记录（销售订单、销售发票、发货单、出库单）形成应收账款信息；根据采购作业、车间生产作业等信息形成生产成本信息。

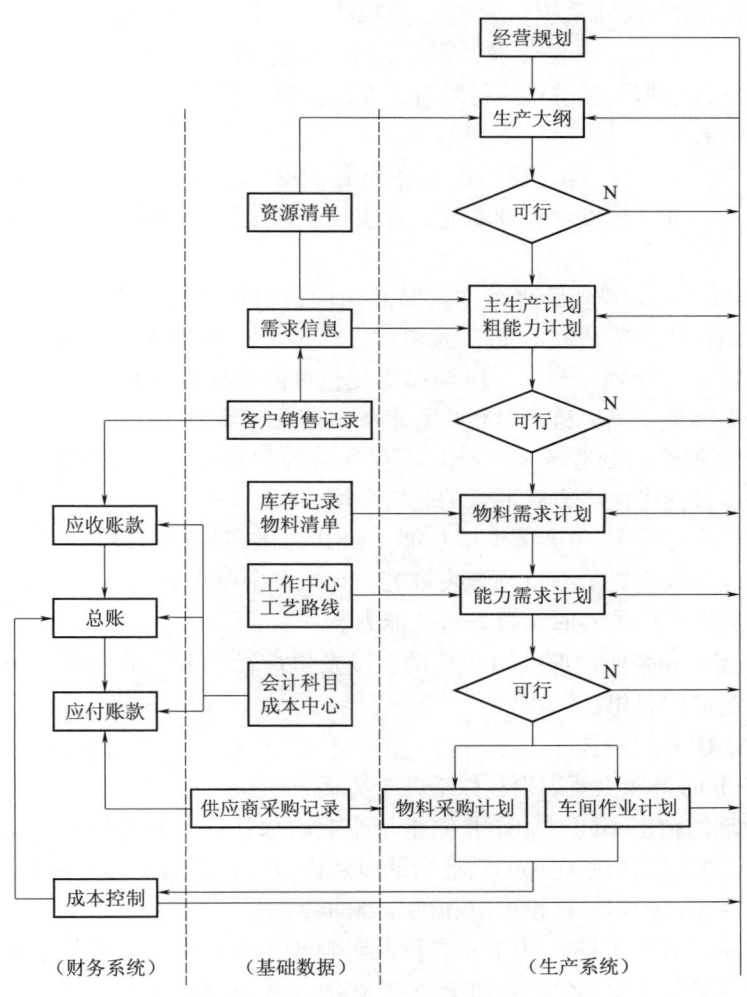

图 4–17 MRP Ⅱ 原理图

4.4.10 企业资源计划（ERP）

1. ERP 概述

20 世纪 80 年代后期，市场需求的时间效应与多样性日益突出，企业能否满足顾客的需求不仅与企业自身有关，而且与相应产业链的效率有关，这使得企业之间的联系更加紧密，供应链管理（supply chain management，SCM）等概念相继被提出。供应链管理的核心思想是：企业应该从整个供应链的角度追求企业经营效果优化，而不是局部职能的优化。这种优化必须在充分整合企业内部和外部各种资源的情况下才能实现。为此，美国著名咨询公司Gartner Group 在 1990 年提出了 ERP 的概念。ERP 是以供应链管理思想为基础，以现代化的计算机及网络通信技术为运行平台，将企业的各项管理集于一体，并能对供应链上所有资源进行有效控制的计算机管理系统。

2. ERP 的功能

作为一个企业综合性信息系统，各种 ERP 产品在软件功能模块划分上尚没有一个统一的规范标准。目前 ERP 软件系统包含的主要功能有：生产计划与控制、成本计划与控制、财务管理、采购供应管理、销售管理、客户关系管理、库存管理、质量管理、人力资源管理、设备管理、基础数据管理、供应链管理、系统配置与重构等。

3. ERP 功能特点

（1）ERP 扩充了企业经营管理功能。在原有 MRP Ⅱ 功能基础上，ERP 增加了质量控制、分销管理、人力资源管理等管理功能，可实现全球范围内的多工厂、多地点的跨国经营运作。

（2）ERP 扩展了企业经营管理范围。ERP 面向供应链，把客户需求和企业内部制造活动及其供应商的制造资源集成在一起，强调对供应链上的各个环节进行管理。ERP 能对供应链上的所有资源进行计划、控制、协调和优化，可降低库存、物流等费用，通过 Internet 上的信息传递，提高整个供应链面对客户需求的快速反应能力。

（3）ERP 支持混合的制造环境。ERP 不仅支持各种离散型制造环境，而且支持流程型制造环境，支持多种典型生产方式混合的制造环境。

（4）ERP 具有综合分析和决策支持功能。ERP 提供多种模拟分析和决策支持功能，例如，项目决策、兼并收购决策、投融资决策等。有的在企业级的范围内，提供对质量、客户满意度、绩效等关键指标的实时综合分析的能力。

ERP 把客户需求和企业内部的制造活动，以及供应商的制造资源整合在一起，体现了完全按客户需求制造的思想。

4. ERP 与 MRP Ⅱ 的差异

ERP 与 MRP Ⅱ 的差异主要表现在以下几个方面：

（1）资源管理的范围不同：MRP Ⅱ 侧重于企业内部运作及其资源的管理；ERP 扩展了管理范围，把客户需求、企业内部的制造活动以及供应商的制造资源等都集成在一起，关注整个供应链上的资源，例如，销售渠道和供应商的管理。

（2）支持的生产方式不同：MRP Ⅱ 支持几种典型的生产方式，例如，批量生产、按订单生产、按订单装配、按库存生产；ERP 除了支持这些典型的生产方式外，还可以支持和管理混合型的生产模式。

（3）管理功能方面的差异：MRP Ⅱ 仅支持企业内部的生产和财务管理，而 ERP 可对供应链上涉及的产、供、销各个环节进行管理。

（4）事务处理控制的差异：MRP Ⅱ 通过计划执行情况的反馈信息实施控制，实时性较差；ERP 强调事前控制、联机事务处理和联机事务分析，实时性较好。

（5）跨国经营事务处理方面的差异：随着经济全球化的发展和市场竞争的加剧，跨地区甚至跨国家的集团型企业越来越多，企业内部各个组织单元之间、企业与外部业务单位之间的协调和联系也越来越多，从而要求 ERP 系统适应全球化和集团化发展对企业事务处理的要求。大型 ERP 软件，如 SAP、Oracle ERP，就是针对大型跨国公司开发的，这些 ERP 能满足跨国经营的多国家、多地区、多工厂、多语言、多币种的应用需求。20 世纪 90 年代前的 MRP Ⅱ 在跨国经营事务处理方面的功能较弱。

（6）信息技术方面的差异：ERP 采用了比 MRP Ⅱ 更先进的信息处理技术和技术架构，如客户机/服务器结构、图形用户界面、分布式数据处理、支持 Internet 技术等。正是这些先进信息技术的成熟和采用，才使 ERP 实现对整个供应链的信息集成成为可能。

5. ERP 系统对生产计划与控制的影响

ERP 是一个高度集成的信息系统，扩大了 MRP Ⅱ 的集成范围，它不限于生产系统与财务系统的集成，而是实现了整个供应链上的集成。

以某 ERP 系统为例，给出一个制鞋企业完整的、详细的订单处理业务流程（图 4-18）。从图 4-18 中可看到，在每一个阶段，从最初的订货到最后的发货以及开票，各模块是如何相互协作来支持和控制整个业务流程的。图中直角矩形表示的是物流类模块；圆角矩形表示的是财务类模块；椭圆表示的是人力资源类模块。SD 为销售与分销模块，MM 为物料管理模块，PP 为生产计划模块，FI 为财务会计模块，PM 为工厂维护模块，PA 为人事管理模块，QM 为质量管理模块。

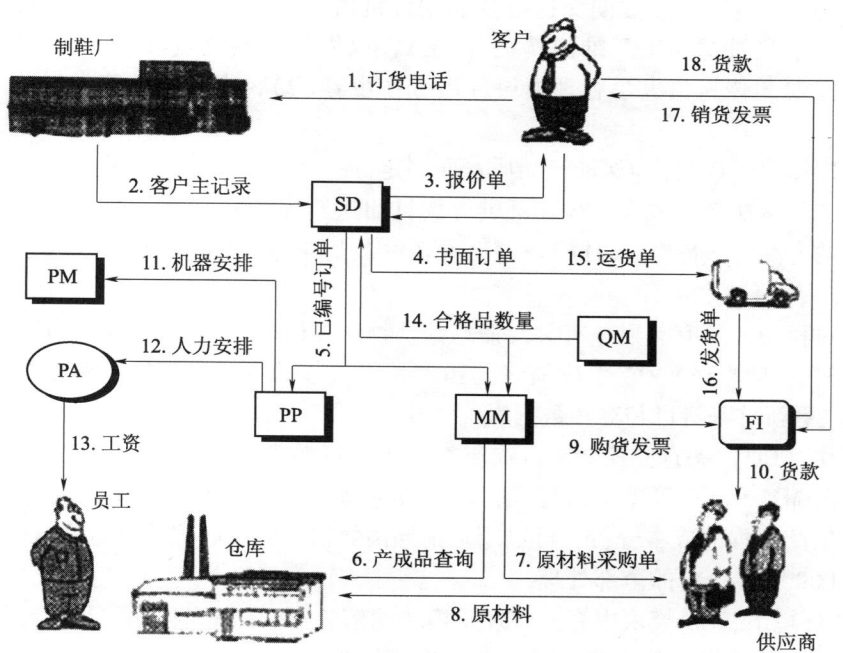

图 4-18　EPR 系统的高度集成性示例

某公司是一个生产运动鞋的厂家，为增加在运动鞋市场上的占有率，发起了一场促销活动，允诺以优惠价出售某种运动鞋。一位潜在客户打来电话，他想尽快买到 4 000 双这种鞋（如图 4-18 步骤 1）。公司将此客户详细信息作为客户主记录输入销售与分销模块（SD）的数据库中（如图 4-18 中步骤 2）。所谓客户主记录，其中存储的是该公司与此客户的业务关系，包含以下条目：地址、付款方式、以往的销售记录和客户所在公司的代码等。这些信息输入 SD 模块后，就触发订单处理流程。首先，给该客户生成一份报价单，包括价格、数量、交货期和该报价单的有效期等信息（如图 4-18 中步骤 3）。报价单发出几天后，公司收到了一份书面订单（如图 4-18 中步骤 4）。现在可输入这份订单了。订单大部分的信息可从客户主记录取得，因而无须重新输入。订单输入完毕后，整个订货信息就被保存下来，由系统自动给它分配一个订单编号。一旦订单被确认并赋予了一个订单号，订单信息就从 SD 模块传送到物料管理模块（MM）和生产计划模块（PP），以便开始这批鞋的生产（如图 4-18 中步骤 5）。MM 模块从 SD 模块收到计划出售这 4 000 双鞋的信息后，首先检查数据库中保存的库存信息，看当前可以提供的产成品数目（步骤 6）。经查询，得知仓库中只有 1 000 双这种鞋，显然，要满足客户订单，还要生产 3 000 双鞋。于是，MM 模块把仓库中现有的鞋和原材料预留下来，再向公司的供应商去订购原材料的不足部分（步骤 7）。当供应商将原材料运到后，仓库管理员便把这批到货的详细信息输入 MM 模块来更新库存信息（步骤 8）。

MM 模块还能提供发票核对的功能，用来检查供应商开出的发票上记载的货物是否确实是公司订购的，并核实价格的正确性。经过核对的这些信息又被传送给财务会计模块（FI）（步骤 9），由其决定付款方式并安排给供应商付款（步骤 10）。MM 模块进行处理的同时，PP 模块在为这批鞋的生产安排机器设备。它计算出为达到订单要求所需的机器工时。当 PP 模块为能按期交这批货而制订机器使用计划时，发现需要推迟一台机器的维修。这个信息被送往工厂维护模块（PM），以做相应调整（步骤 11）。PP 模块同时计算出人力工时，传送给人事管理模块（PA）（步骤 12），由它来计算员工的工资（步骤13）。

质量管理模块（QM）为保证产品质量而制定的一系列检测措施，则贯穿于整个生产过程中。当生产和测试都完成后，最终可供货数目回送给 MM 和 SD 模块（步骤 14）。MM 模块将生产好的产品计入库存。SD 模块自动准备好装运单据（步骤 15），并安排把这批鞋运送给那位客户。

在整个过程中，所有与财务有关的信息都从物流类模块送至 FI 模块。当 FI 模块被告知货物已发运时（步骤 16），它生成最终的销售发票（步骤 17）。当客户付清货款后（步骤18），FI 模块更新总账科目和客户数据库。

控制模块（CO）一直监控着来自物流类和人力资源类模块的信息。比如说，它使用这些信息来修改 MM 和 PP 等模块的配置，以便改进将来的生产流程处理。同时，CO 模块提供一份整个生产流程的成本分析，可以用来指导销售部门将来的报价。直到这时，才算是完成了这张 4 000 双鞋订单的全部处理。

在 ERP 环境下，SD 模块中客户管理子模块的信息需要经常定期更新，特别是可以通过互联网获得客户的销售信息。MM 模块中供应商管理子模块提供了最新的供应商的相关信息。由于信息的获得更加准确与及时，因此所制订的生产计划具有可操作性，计划的执行程度得到很大提高。对于存货式生产企业而言，MM 模块使得制订生产计划所用信息的不确定性降低，同时可使库存量降低。在一定意义上使存货式生产管理模式向订货式生产管理模式靠拢。

4.5 能力计划

任何一项计划的制订，必须有其相应的检验过程，即检查企业所具备的实际生产能力是否能满足所制订的计划，所以说，能力计划和物料的生产需求计划同样重要。如果不具备足够的能力，就不能满足顾客的需求，如果存在过剩能力，则会造成浪费，也就不可能彻底体现出一个有效运行的生产计划控制系统的价值。一方面，如果能力不足，则可以采取增加库存的方法来克服这种不足，但增加库存一定会造成制造成本的增加；另一方面，能力过剩会造成设备和人员的利用率下降，增加不必要的支出。所以说，能力不足和能力过剩都应避免。即使那些有先进的物料计划控制系统的企业也会发现：他们为工作中心提供的能力不足，会成为实现最大利益的主要障碍，所以要强调能力计划系统与物料需求计划系统一致发展的重要性。

4.5.1 能力计划的层次结构

图 4-19 把各个层次的能力计划和生产计划控制系统其他模块联系起来。图中显示了能力计划的范围：由总的资源需求计划开始，进而到对主生产计划进行负荷平衡分析的粗能力计划，然后是物料需求计划所对应的细能力计划，最后是车间现场的输入/输出控制。

与综合生产计划相对应的能力计划是资源需求计划，输入/输出控制与车间作业计划与控制相关联。粗能力计划和细能力计划是所有能力计划的核心。从时间上看，也可以和生产计划相对应，将能力计划按时间进行分类，即分成长期、中期和短期的能力计划，其中，资源需求计划属于长期能力计划，粗能力计划和细能力计划属于中期能力计划，输入/输出控制属于短期能力计划，如图 4-19 所示。这种分类不是绝对的，因企业不同而异。

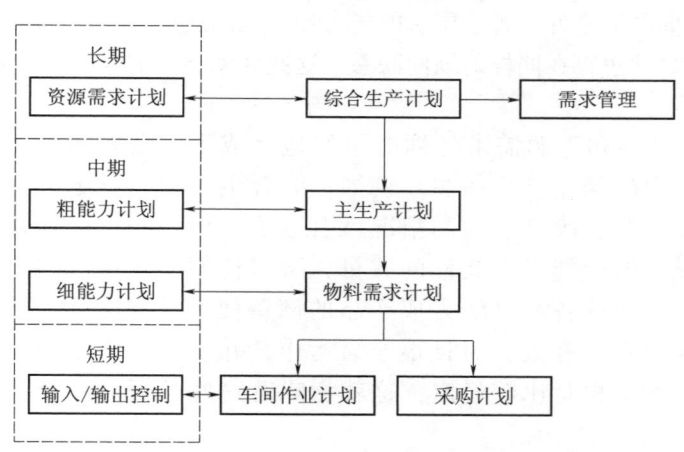

图 4-19　生产计划系统各个层次的能力计划

4.5.2 能力计划与系统其他模块之间的联系

能力计划与生产计划系统其他模块之间有联系，图 4-19 描述了它们之间的结构关系。资源需求计划与生产计划模块直接相连，这是高度集成和范围最广的能力计划决策。典型的资源需求计划包括把每月、每季度甚至每年的生产计划信息转化为总的资源，如总的工时等。这一层次的计划包括新资本扩展、工厂的扩建、购置新的设备机器、增建仓库等，这一计划需要有一个时间分段标准，即月或年。

主生产计划是粗能力计划的基本信息来源。一个特定的主生产计划的粗能力需求可通过几种技术来估算，如综合因子法（capacity planning using overall factors，CPOF）、能力清单法（bill of resources）、资源负载法（resources profile）。这些技术为调整资源水平和物料计划提供信息，从而保证主生产计划的实施。对于那些使用物料需求计划来准备详细物料计划的企业来说，使用细能力计划可以将能力计划细化。为了提供细节的能力计划，需要先用物料需求计划系统制订出时间分段的物料计划，作为计算分时段能力需求的基础。细能力计划计算所用的数据文件，包括工作进程、工艺路线、计划接收和计划订单。粗能力计划提供的信息用于确定关键工作中心的能力需求，这主要是几个月到一年的计划，而细能力计划则用于确定所有工作中心的能力需求。

资源需求计划、粗能力计划和细能力计划与综合生产计划、主生产计划及物料需求计划系统分别相关。用双箭头表示相关关系有特定的原因，实施给定的主生产计划和物料需求计划所需的能力与可提供的能力之间必定存在某种关系，没有这种关系，这一计划就不可能实施或不能充分实施。不是说能力必须为满足物料需求计划而变化，计划也可以根据实际情况，随着能力的现状做相应的调整。

输入/输出控制分析提供了一种在实施由分时段物料需求计划系统制订的车间作业过程中监控能力的方法，这与车间作业系统和作业控制的数据库有关。当实际的车间作业与系统形成的分时段的计划相背离时，输入/输出控制分析能指出更新能力计划的需要，也能指出调整能力计划技术中的计划因素的必要性。

图4-19表示了生产计划控制系统框架中，各个层次的生产计划和能力计划模块之间的关系。除了这种横向的联系外，各个层次的能力计划之间还存在纵向的联系，与此相对应的物料需求计划模块之间也存在同样的纵向联系，这些联系会影响对能力计划系统的设计和使用的选择。

如果综合生产计划和资源需求计划能很好地完成了，则表明已经提供了合适的资源，能力计划中出现的问题将会减少。例如，综合生产计划设定了一个非常平稳的输出，那么主生产计划要求改变能力的情况就会减少。如一些生产计划相对稳定的汽车公司，由于他们谨慎地计划好选装件的数量，所以他们实际生产的不同车型少于其他汽车公司。因为订单的储备和已经完成产品的储备使工厂与实际的顾客订单分离，于是执行系统就非常简单、有效，而且很容易运作，并能达到最小的库存及最短的系统运行时间。同时，计划相对比较稳定，这就意味着这些公司对粗能力计划和细能力计划的需求都很小。

由于生产能力的限制对最终产品交货期的影响与产品原材料供应的影响一样重要，因此，应该对生产能力的计划给予足够的重视。企业应建立一套良好的能力利用监控系统，它可以防止销售部门对客户做出过度的承诺，同时也有助于生产计划和控制部门安排好更准确的生产计划。在对能力计划的有效控制中，车间系统也是关键。好的车间控制可使计划更容易完成，从而使实际输入/输出和计划输入/输出之间有较好的匹配。

4.5.3　生产能力的测定

1. 生产能力的概念

生产能力是指企业的固定资产，在一定时期内和在一定的技术组织条件下，经过综合平衡后所能生产的一定种类产品最大可能的量。工业企业的生产能力是指直接参与产品生产的固定资产的生产能力，在确定生产能力时，不考虑劳动力不足或物资供应中断等不正常现象。企业的生产能力可按年、季、月、日、班、小时作为计算的时间跨度，但通常按年来计算。按年计算的企业生产能力可与企业年度生产计划任务相比较，同行业的不同企业也常以年生产能力相互比较；计算流水线的生产能力常采用轮班、小时等作为时间单位；生产能力以实物指标为计算单位。

2. 生产能力的种类

企业的生产能力可分为设计能力、计划能力和实际能力三种。

（1）设计能力：指在企业设计时确定的生产能力。它是由设计企业生产规模时所采用的机器设备、生产定额及技术水平等条件决定的。通常，设计能力是在企业建成投产，经过一段时间熟悉和掌握生产技术工艺后，生产进入正常状态时才能达到的生产能力。

（2）计划能力：指企业在计划期内能够达到的生产能力。它是根据企业现有的生产技术条件与计划期内所能实现的技术组织措施情况来确定的。

（3）实际能力：指在企业现有的固定资产、当前的产品方案、协作关系和生产技术组织条件下，所能达到的生产能力。

设计能力是企业制定长期规划、安排企业基本建设和技术改造的重要依据。计划能力和实际能力是企业编制生产计划的依据，也可以说它是计划期生产任务与生产条件平衡的依据。

3. 测定生产能力的程序

（1）确定企业的专业方向和生产大纲：企业的生产能力是按照一定的产品品种方案来计算的，因此，在测定生产能力时，首先要确定企业的专业方向和产品品种、数量方案。

（2）做好测定生产能力的准备工作：测定生产能力的准备工作包括组织准备和资料准备，首先要向企业职工宣传测定生产能力的重要性，动员全体职工积极配合测定工作；其次，要组成全厂和车间的测定生产能力小组，配备一定的技术人员和管理人员，具体负责测定生产能力的工作，要制订测定生产能力的计划，明确职责；最后，要收集和整理测定生产能力所需要的各种数据资料。

（3）计算：分别计算设备组、工段和车间的生产能力。

（4）进行全厂生产能力的综合平衡：测定企业的生产能力，应当从基层开始自下而上地进行。即首先计算和测定各生产线、各设备组的生产能力，在此基础上计算和测定各工段的生产能力，然后计算和测定车间的生产能力，最后在综合平衡各车间生产能力的基础上，测定企业的生产能力。

4. 生产能力的计量单位

生产能力以实物指标作为计量单位。常见的实物计量单位有：具体产品、代表产品及假定产品。由于企业及其生产环节的产品特点、生产类型和技术条件不同，因此计算生产能力也将采用不同的计量单位。

（1）具体产品：在产品品种单一的大量生产企业中，计算生产能力时的生产率定额用该具体产品的时间定额或生产该产品的产量定额。企业生产能力以该具体产品的产量表示。

（2）代表产品：在多品种生产的企业中，在结构、工艺和劳动量构成相似的产品中选出代表产品，以生产代表产品的时间定额和产量定额来计算生产能力。代表产品一般选代表企业专业方向、在结构工艺方面相似的产品，总劳动量（即产量与单位劳动量乘积）最大的产品。代表产品与具体产品之间通过换算系数换算。换算系数为具体产品与代表产品的时间定额的比例，即

$$K_i = T_i/T_0 \tag{4-12}$$

式中：K_i 为产品 i 的换算系数；T_i 为产品时间定额（台时）；T_0 为代表产品时间定额（台时）。

（3）假定产品：在产品品种数较多，各种产品的结构、工艺和劳动量构成差别较大的情况下，不能用代表产品来计算生产能力，此时，可用假定产品作为计量单位。假定产品指由各种产品按其总劳动量比重构成的一种假想产品。例如，企业生产纲领规定生产 A、B、C 三种结构、工艺不相似的产品，其产量分别为 600、350、80，单位产品台时定额分别为100、200 和 250，则各产品的总劳动量依次为 60 000 台时、70 000 台时和 20 000 台时，总劳动量之和为 150 000 台时。因此，三种产品的总劳动量比重为：$\theta_A = 60\,000/150\,000 = 0.4$、$\theta_B = 70\,000/150\,000 = 0.467$、$\theta_C = 20\,000/150\,000 = 0.133$。则一个假定产品中含 0.4 个 A 产品，0.467 个 B 产品和 0.133 个 C 产品。假定产品劳动量的计算公式如下：

$$T_a = \sum_{i=1}^{n} T_i \theta_i \tag{4-13}$$

式中：T_a 为单位假定产品的台时定额（台时/件）；θ_i 为 i 产品的劳动量比重；T_i 为 i 产品的台时定额（台时/件）；n 为产品品种数。

在产品品种繁多而且不稳定的单件小批量生产企业，也常采用产品的某种技术参数作为计量单位，如发电设备的功率（kW）；在铸造、锻压、金属结构等工厂和车间，则常采用质量单位。

5. 设备组生产能力的计算

设备组中的各个设备具有以下特点：在生产上具有互换性，即设备组中的各个设备都可以完成分配给该设备组的任务，并能达到规定的质量标准。

（1）在单一品种生产情况下，设备组生产能力计算公式如下：

$$M = \frac{F_e S}{T} \tag{4-14}$$

式中：M 为设备组的年生产能力；F_e 为单台设备年有效工作时间（h）；S 为设备组内设备数；T 为单位产品的台时定额（台时/件）。

设备组生产能力的单位为具体产品计量单位，如台或件等。如果设备组生产能力采用质量单位，公式中的 T 是单位产品台时定额。

（2）在多品种生产情况下，当设备组的加工对象结构工艺相似时，采用代表产品计量单位来计算设备组的生产能力。

【例4-6】某车床组有车床 8 台，每台车床全年有效工作时间为 4 650 h，在车床组加工工艺相似的四种产品 A、B、C、D，根据总劳动量最大的原则，选择 B 产品为代表产品。各产品的计划产量与台时定额见表4-25。

表 4-25　产品计划产量与台时定额表

产品名称 项目	A	B	C	D
计划产量/件	280	200	120	100
台时定额/（台时·件$^{-1}$）	25	50	75	100

解： B 产品在车床上的单位产品台时定额为 50，则以 B 产品为计量单位表示车床组生产能力：

$$M = \frac{F_e S}{T} = \frac{4\,650 \times 8}{50} = 744\,(件)$$

将 B 产品表示的生产能力，换算为各具体产品的生产能力的过程详见表 4-26。车床组的负荷系数为 720/744 = 96.8%。

表 4-26　代表产品换算为具体产品的计算过程表

项目 产品 名称	计划产量	台时定额	换算系数	换算为代表产品的产量	以代表产品表示的能力	换算为具体产品表示的能力
①	②	③	④	⑤=②×④	⑥=$\frac{SF_e}{50}$	⑦=⑥×$\frac{⑤}{\sum⑤}$×$\frac{1}{④}$
A	280	25	0.5	140		280
B	200	50	1	200		207
C	120	75	1.5	180	744	124
D	100	100	2	200		103
合计	—	—	—	720		—

（3）在多品种生产情况下，当设备组的加工对象结构工艺不相似时，应采用假定产品计量单位来计算设备组的生产能力。

计算以假定产品计量单位表示的设备组生产能力，需要计算假定产品的台时定额，根据假定产品的台时定额和设备组在计划期内的有效工作时间，求出以假定产品计量单位表示的生产能力。然后，将以假定产品计量单位表示的生产能力，再按生产计划草案中规定的产品品种换算为具体产品的生产能力。

【例 4-7】 某车床组有设备 15 台，每台车床全年有效工作时间为 4 800 小时。在车床组上加工 A、B、C、D 四种在结构上和工艺上相差较大的产品。

解： 采用假定产品计量单位来计算设备组的生产能力，产品的计算产量、台时定额以及用假定产品为计量单位计算车床生产能力的计算过程见表 4-27。设备组的负荷系数为 $\frac{60\,000/191.8}{375} = 83.4\%$。

表 4-27　以假定产品为计量单位进行生产能力计算过程表

项目产品名称	计划产量	台时定额	总劳动量	总劳动量比重	假定产品台时定额	以假定产品表示的能力	换算为具体产品表示的能力
①	②	③	④=②×③	$⑤=\dfrac{④}{\sum④}$	⑥=∑(③×⑤)	$⑦=\dfrac{SF_e}{⑥}$	$⑧=\dfrac{SF_e⑤}{③}$
A	100	200	20 000	0.33			119
B	80	270	21 600	0.36			96
C	160	100	16 000	0.27	191.8	375	194
D	60	40	2 400	0.04			72
合计	—	—	60 000	1.00			—

6. 工段（车间）生产能力的计算

生产能力取决于工段（车间），可以在计算设备组生产能力的基础上，确定工段（车间）的生产能力。各设备组的生产能力一般是不相等的，因此，确定工段（车间）生产能力时，要进行综合平衡。通常以主要设备组的生产能力作为综合平均的依据。所谓主要设备组是指在工段（车间）生产中起决定作用、完成劳动量比重最大或者贵重而无代用设备的设备组。生产能力不足的设备组为薄弱环节，要制订消除薄弱环节的措施，应尽可能利用富裕环节的能力来补偿薄弱环节。如果一个车间内有多个加工工段，则先按上述方法确定出各工段的生产能力，根据主要工段的生产能力，经过综合平衡以后确定车间的生产能力。

7. 企业生产能力的确定

当各个生产车间的生产能力计算出来后，便可确定企业的生产能力，企业的生产能力取决于各个生产车间的成套程度。由于企业的产品品种、产量及其他技术组织条件总是在变化的，因此，不成套、不平衡的现象是经常出现的。这就需要进行综合平衡，以便使企业的生产能力在适应条件变化的情况下达到一个最佳的高水平。企业生产能力综合平衡的内容主要包括两个方面：一是各基本车间之间生产能力的平衡；二是基本车间与辅助生产车间之间以及生产服务部门之间生产能力的平衡。基本生产车间与辅助生产车间的平衡，一般是以基本生产车间的生产能力为基准，核对辅助生产车间的生产能力配合情况并采取措施，使之达到平衡。

4.5.4　粗能力计划

粗能力计划是对关键工作中心进行能力和负荷平衡的分析，以确定关键工作中心的能力能否满足计划的要求。这里主要介绍三种粗能力计划的技术，这三种粗能力计划对数据的要求和计算量都不尽相同。第一种是综合因子法，它需要使用所有因素，这是三种技术中最简单的、要求计算数据最少、计算量也最小的技术方法。计算数据是综合因子法的基础。第二种是能力清单法，它需要使用每一产品在关键资源上标准工时的详细信息，标准工时是以具有平均技术水平的操作工的操作速度来测定的，它是生产单位产品工人工作所花的平均时间，标准工时已考虑了疲劳技术修正系数、性别等个人因素，以及个人生理需求和休息等宽放时间。标准工时若是固定不变的，则能力清单也不需变动。若在一个实施精益生产的公司，因为强调持续改进、不断完善，故标准工时也是一个动态的概念，此时，能力清单也应做适时的调整。第三种是资源负载法，它的计算较复杂，除了需要标准工时资料，还需要物料清单、提前期等数据。这三种技术方法是粗略的能力计划的方法，因为只对其中关键工作中心进行能力计划。更细的下一步的计划是细能力计划，它通过分时段的物料需求计划记录和车间作业系统记录来计算所有工作中心的能力，然后利用这些能力来制订未结车间订单（计划接收量）和计划订单。

1. 综合因子法

综合因子法是一种相对简单的能力计划方法，它一般可通过手工完成。数据输入是由主生产计划确定的，而不是细的物料需求计划。综合因子法需要 3 个主要输入数据：主生产计划、生产某物料所需的总时间，以及每一关键工作中心所需总时间的百分比。这一程序以计划因素为基础，这些因素来源于标准或成品的历史数据。当把这些计划因素作为主生产计划的数据时，劳动或机器工作时间的总的能力需求就能估算出来。把估算出的能力分配给各个关键工作中心，分配额是依据车间工作载荷的历史记录定出的。综合因子法通常是以周或月为时间分段的，并且根据企业主生产计划的变化而修改。下面以一个例子说明综合因子法的计算过程。

【例 4-8】有两种产品 X 和 Y，未来 10 周的主生产计划见表 4-28；两种产品的物料清单表（BOM）见表 4-29；两种产品的工艺路线和标准工时数据见表 4-30，共有 3 个关键工作中心，编号为 100、200 和 300。单位产品 X 和 Y 的能力需求见表 4-31。

表 4-28　产品 X 和 Y 的主生产计划

产品	期间/周									
	1	2	3	4	5	6	7	8	9	10
X	30	30	30	40	40	40	32	32	32	35
Y	20	20	20	15	15	15	25	25	25	30

表 4-29　产品 X 和 Y 的物料清单

父件	子件	所需数量
X	A	1
X	B	2
Y	B	1
Y	C	2
C	D	2

表 4-30　产品 X 和 Y 的工艺路线和标准工时数据

物料	所需工步	工作中心	单位准备时间/h	单位作业时间/h	单位总时间/h
X	1	100	0.025	0.025	0.05
Y	1	100	0.050	1.250	1.30
A	1 2	200 300	0.025 0.025	0.575 0.175	0.60 0.20
B	1	200	0.033	0.067	0.10
C	1	200	0.020	0.080	0.10
D	1	200	0.020	0.042 5	0.062 5

表 4-31　产品 X 和 Y 的能力需求

最终产品	单位能力需求/h
X	1.05
Y	1.85

粗能力计划的第 1 步，是根据表 4-31 所列的单位产品的能力需求和表 4-28 所列的产品的主生产计划，计算未来 10 周的总的能力需求，如第 1 周总能力需求为 1.05×30+1.85×20＝68.50（h），计算结果见表 4-32。

表 4-32　总的能力需求表

能力需求	期间/周									
	1	2	3	4	5	6	7	8	9	10
总能力需求/h	68.50	68.50	68.50	69.75	69.75	69.75	79.85	79.85	79.85	92.25

粗能力计划的第 2 步，是根据以前的分配比例，把每个时间周期需要的总能力分配给各工作中心。3 个关键工作中心的直接工时的分配比例由前一年的分配比例确定，假设分配到的工时的百分比分别为 60%、30%、10%。则第一周 3 个关键工作中心的能力需求如下：

工作中心 100 所需工时：68.50×60%＝41.10（h）

工作中心 200 所需工时：68.50×30%＝20.55（h）

工作中心 300 所需工时：68.50×10%＝6.85（h）

其他 9 周均按该算法计算，则可以得到未来 10 周各关键工作中心的能力需求，见表 4-33。

表 4-33 综合因子法所得到的各关键工作重心的能力需求计划

工作中心	历史比例/%	期间/周									
		1	2	3	4	5	6	7	8	9	10
100	60	41.10	41.10	41.10	41.85	41.85	41.85	47.91	47.91	47.91	55.35
200	30	20.55	20.55	20.55	20.93	20.93	20.93	23.96	23.96	23.96	27.68
300	10	6.85	6.85	6.85	6.98	6.98	6.98	7.99	7.99	7.99	9.23
	总计	68.50	68.50	68.50	69.76	69.76	69.76	79.86	79.86	79.86	92.26

这样，就得到每个周期各关键工作中心所需的工时数。综合因子法计算过程简单，所需的数据少且取得也比较容易，计算相对简单，可以通过手工完成。该方法只对各关键工作中心能力需求进行粗略的计算，适用于那些工作中心间的产品组成或工作分配不变的企业。

2. 能力清单法

能力清单有时也称为资源清单或人力清单，Conlon 于 1977 年对能力清单做过如下定义："能力清单是针对物料或零件，根据主要资源和物料所需能力列出的清单，它不是为了计划之用，而只是估计特定物料所需生产能力的方法。可为每一独立需求物料或相关需求物料的群组建立资源清单，并根据排定的数量来延伸，以决定生产能力需求。"能力清单法是为在产品主生产计划和各关键工作中心的能力需求之间，提供更多的相关关系的粗略计算方法，这种程序需要的数据比综合因子法多。必须提供准备时间和机器加工时间。

和综合因子法相比，能力清单是根据产品物料清单展开得到的，它是最终产品在各个关键工作中心上细的能力清单，而不是总的能力需求，各个关键工作中心所需总时间的百分比不是根据历史数据得到，而是根据产品的工艺路线及标准工时数据得到的。能力清单的计算过程为：假定有 n 个主生产计划的物料，工作中心 i 的产品 k 的能力清单为 a_{ik}，期间 j 的产品 k 的主生产计划数量为 b_{kj}，则期间 j 在工作中心 i 所需的生产能力计算如下：

$$所需能力 = \sum_{k=1}^{n} a_{ik}b_{kj}（对于所有的 i 和 k） \qquad (4-15)$$

由表 4-29 所列产品 X 和 Y 产品的物料清单，以及表 4-30 所列的时间数据进行展开，可以得到产品 X 和产品 Y 相对 3 个关键工作中心的能力清单，见表 4-34。如产品 X 对关键工作中心 200 的能力需求计算为：产品 X 的最终装配对工作中心 100 有需求，对工作中心 200 没有需求，而产品 X 下属物料 A 和 B 却对工作中心 200 有需求，物料 A 需求 0.60 h，物料 B 需求 $0.10 \times 2 = 0.20(h)$，则总的需求就为 $0.60 + 0.20 = 0.80(h)$。

表 4-34 产品 X 和产品 Y 的能力清单

工作中心	产品	
	X	Y
100	0.05	1.30
200	0.80	0.55
300	0.20	0.00

根据表 4-28 所列的产品 X 和产品 Y 主生产计划，以及表 4-34 所列的能力清单，可以由式（4-15）计算得到关键工作中心的能力需求，见表 4-35。以第 1 周为例，3 个关键工作中心的能力计划分别如下：

$$0.05 \times 30 + 1.30 \times 20 = 27.50 \text{（h）}$$

$$0.80 \times 30 + 0.55 \times 20 = 35.00 \text{（h）}$$

$$0.20 \times 30 + 0.00 \times 20 = 6.00 \text{（h）}$$

表 4-35 使用能力清单法得到的工作中心需求计划

工作中心	期间/周									
	1	2	3	4	5	6	7	8	9	10
100	27.50	27.50	27.50	21.50	21.50	21.50	34.10	34.10	34.10	40.75
200	35.00	35.00	35.00	40.25	40.25	40.25	39.35	39.35	39.35	44.50
300	6.00	6.00	6.00	8.00	8.00	8.00	6.40	6.40	6.40	7.00
总计	68.50	68.50	68.50	69.75	69.75	69.75	79.85	79.85	79.85	92.25

3. 资源负载法

不管是综合因子法还是能力清单法，都没有考虑到不同工作中心工作开始的时间安排。资源负载法则考虑了生产的提前期，以便为各生产设备的能力需求提供分时段的计划。因此，资源负载法为粗能力计划提供了更精确的方法，但不如细能力计划更为详细。任何能力计划技术中，能力计划的时间周期是不同的（如周、月、季）。因为资源负载法计算比较复杂，所以通常借助计算机来完成。

应用资源负载法必须使用物料清单、工序流程和标准作业时间。还须把各产品和零件的生产提前期信息输入数据库，就是说，应用资源负载法时还需要生产提前期的数据，下面先说明资源负载法考虑生产提前期的计算逻辑。表 4-36 为考虑提前期的关键工作中心 1 的资源负载表，表 4-37 为考虑提前期的关键工作中心 2 的资源负载表，表 4-36 和表 4-37 均为两个产品的 3 个月的资源负载。表 4-38 为两个产品在 3 个月的主生产计划。两个关键工作中心在 3 个月的粗能力计划见表 4-39。

表 4-36 关键工作中心 1 的资源负载表

产品	离到期日的时间/月		
	2	1	0
P1	A_{112}	A_{111}	A_{110}
P2	A_{212}	A_{211}	A_{210}

表 4-37 关键工作中心 2 的资源负载表

产品	离到期日的时间/月		
	2	1	0
P1	A_{122}	A_{121}	A_{120}
P2	A_{222}	A_{221}	A_{220}

表 4-38　产品的主生产计划

产品	月份		
	1	2	3
P1	B_{11}	B_{12}	B_{13}
P2	B_{21}	B_{22}	B_{23}

表 4-39　粗能力计划表

关键工作中心	月份		
	1	2	3
1	C_{11}	C_{12}	C_{13}
2	C_{21}	C_{22}	C_{23}

表 4-39 中，两个关键工作中心在 3 个月的能力计划计算公式如下：

$$C_{11} = A_{110}B_{11} + A_{111}B_{12} + A_{112}B_{13} + A_{210}B_{21} + A_{211}B_{22} + A_{212}B_{23} \tag{4-16}$$

$$C_{12} = A_{111}B_{12} + A_{112}B_{13} + A_{211}B_{22} + A_{212}B_{23} \tag{4-17}$$

$$C_{13} = A_{112}B_{13} + A_{212}B_{23} \tag{4-18}$$

$$C_{21} = A_{120}B_{11} + A_{121}B_{12} + A_{122}B_{13} + A_{220}B_{21} + A_{221}B_{22} + A_{222}B_{23} \tag{4-19}$$

$$C_{22} = A_{121}B_{12} + A_{122}B_{13} + A_{221}B_{22} + A_{222}B_{23} \tag{4-20}$$

$$C_{23} = A_{122}B_{13} + A_{222}B_{23} \tag{4-21}$$

工作中心 1 产品 P1 的资源负载分成三部分：产品 P1 的订单到期的月份中，工作中心 1 所需的时间，产品 P1 到期的前一个月工作中心 1 所需的时间，产品 P1 到期的前两个月工作中心 1 所需的时间。表 4-37 中产品 P1 在工作中心 1 上 1 月份的能力需求为：1 月份 P1 的需求量乘以工作中心 1 在产品到期日的月份所需时间，加 2 月份 P1 的需求量乘以工作中心 1 在产品到期日的前一月所需的时间，再加上 3 月份 P1 的需求量乘以工作中心 1 在产品到期日的前两月所需时间。同样，产品 P2 在工作中心 1 上 1 月份的能力需求为：1 月份 P2 的需求量乘以工作中心 1 在产品到期日的月份所需时间，加 2 月份 P2 的需求量乘以工作中心 1 在产品到期日的前一月所需时间，再加上 3 月份 P2 的需求量乘以工作中心 1 在产品到期日的前两月所需时间。其他的参数计算过程也如此。

在综合因子法和资源清单法所用的【例 4-8】中，假设提前期偏置时间见表 4-40，两种产品的主生产计划见表 4-28，则可以利用式(4-16)~式(4-21)，计算得到使用资源负载法的能力计划，如工作中心 1 在第 1 月的细能力需求为 30×0.05+30×0.0+30×0.0+20×1.3+20×0.0+20×0.0=27.5(h)，计算结果见表 4-41。

表 4-40　考虑提前期偏置的资源负载　　　　　　　　　　　　　　h

产品	关键加工中心	离到期的时间/月		
		2	1	0
X	100	0.00	0.00	0.05
	200	0.60	0.20	0.00
	300	0.00	0.20	0.00
Y	100	0.00	0.00	1.30
	200	0.25	0.30	0.00

表 4-41　使用资源负载表计算得到的能力需求计划　　　　　　　h

关键 工作中心	期间/周									
	1	2	3	4	5	6	7	8	9	10
100	27.50	27.50	27.50	21.50	21.50	21.50	34.10	34.10	34.10	40.75
200	35.00	39.80	40.30	40.30	38.00	39.40	39.35	42.45	44.55	44.50
300	6.00	6.00	6.00	8.00	8.00	6.40	6.40	6.40	6.40	7.00
总计	68.50	73.30	75.80	69.80	67.50	67.30	79.85	82.95	85.05	92.25

4. 粗能力计划的决策

制订和执行粗能力计划时，要计算实际可用的生产能力。大部分软件可确定所需生产能力和可用生产能力，当生产能力不满足需求时，可采用四种方法来增加生产能力：加班、外包、改变加工路线和增加人员。如果这四种方法都不能增加生产能力，则应改变主生产计划。

（1）加班：加班虽然不是最好的方法，但确实是经常使用的方法，因为它的安排最方便。但加班必须有一定的限度，如果超过这一限制，就达不到预期的效果，此时，如果加班的强度太大，则需要采取其他决策，如雇用新的员工、外包等。

（2）外包：外包在一定程度上可以解决能力不足的问题，但也会面临一定的风险，即可能面临失去顾客的风险。外包必须提前进行，因为需要耗费一定时间去寻找承包商。在计算外包成本时还要计算外包的边际成本，即外包费用减去零组件本身的费用。虽然外包产生边际成本，但是这应该比加班费用低，一般是在加班实在不能实现的情况下，才将超出的需求外包出去。外包的缺点是增加成本，当然，和自制相比，外包会增加成本（如额外的运输费用），和加班相比，外包费则相对低一些。另外外包时还需要加大提前期。外包可能会带来质量问题，因为外包难以控制质量，同时，外包商的生产水平对产品质量也有一定的影响。

（3）改变加工路线：如果仅有少量的工作中心过载，而大多数工作中心都有闲置，则此时应考虑改变加工路线，将工作重新进行分配。如果两个工作中心，其中一个过量，一个有闲置，则应将过量的工作中心上的一部分作业分配给闲置的工作中心，这种做法比让过量工作中心加班好一些，因为这样做有利于均衡整个生产线的能力。

（4）增加人员：当设备不是生产线的约束时，人员可能成为约束，这时可增加人员来提高生产能力。有三种增加能力的方法：增加轮班、聘用新人员、对人员重新进行分配。所以说，这是广义的增加人员。增加轮班次数一般在主生产计划初期形成时采用。雇用新的人员应该从长远的角度去考虑，因为雇用人员要产生费用，如果是短期的需求增大，则没有必要雇用新的人员。因为当需求降低时，会造成人员的闲置，这样再解聘多余的人员时又会产生解聘费用。对人员进行重新分配不失是一个很好的方法，在精益生产中，强调对员工多技能的培训，将有利于人员的重新分配，因为如果员工是多能工的话，则一定能很容易地适应新的岗位。

（5）修改主生产计划：如果加班、外包、改变工艺路线、增加人员均不能提供可用的生产能力，则唯一也是最后可以采取的技术只能是修改主生产计划，闭环的生产计划与控制即源于这种反馈系统。许多公司通常将修改主生产计划看成是在生产能力不足时最后的解决方案，实际上，修改主生产计划应该是公司首先要考虑的。修改主生产计划时，要考虑延缓哪些订单对企业总体计划的冲击最小，使得企业的总耗费成本最少。作为管理人员，必须负责确定粗能力计划的执行，如果负荷超过能力的情况实在无法避免，则管理人员必须负责修改作业到期日，以提供可行的主生产计划。

4.5.5　细能力计划

美国生产与库存控制协会对细能力计划的定义为："建立、评估及调整生产能力界线及水准的功能，细能力计划是详细地确定需要多少人工和机器以完成生产工作的过程。物料需求计划系统中已核发的车间制造订单与计划订单被输入到细能力计划中，而后者将这些订单转换成工作中心在一定期间的工作小时。"由定义可以看出，此细能力计划是先对各生产阶段和各个工作中心所需的资源进行计算，得到了各工作中心的负荷，再根据物料需求计划产生的加工单、工作中心数据、工艺路线和工厂日历等数据，计算各工作中心所能提供的资源，即生产能力，接着将负荷和能力进行比较，做平衡分析，最后制订出物料需求计划和形成细能力计划报表，如图 4-20 所示。

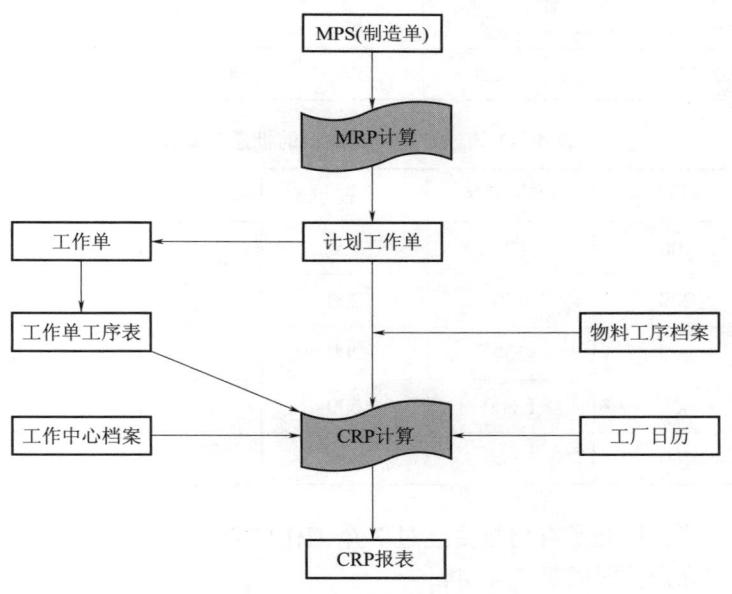

图 4-20　细能力计划的流程

在生产计划控制系统的开环物料需求计划发展的初期，不需制订细能力计划，而在发展到闭环物料需求计划阶段，则要考虑细能力计划。细能力计划主要用来检验物料需求计划是否可行，以及平衡各工序的能力与负荷，并检查在计划期间是否有足够的能力来处理全部订单。

粗能力计划和细能力计划的计算过程相似，它们最主要的区别是，粗能力计划对其中关键资源进行分析，而细能力计划主要对全部工作中心进行负荷平衡分析。工作中心能力需求的计划更精确。因为计算是基于所有零件和成品的，并且贯穿于物料需求计划记录的所有周期，我们会发现细能力计划的计算量很大。一些企业在实施物料需求计划时，尽量减少收集数据的费用。细能力计划的计算比较烦琐，为说明其计算过程，用一个例子做详细的分析。

【例4-9】图4-21为某产品A的物料清单，产品A是由2个组件B和1个零件C所构成，组件B又由4个零件D和2个零件E构成。产品A在未来8周的主生产计划见表4-42。假设现在的日期是8月10日，本例中所有物料均不考虑安全库存。所有物料的批量、现有库存量、计划接受量等数据见表4-43。

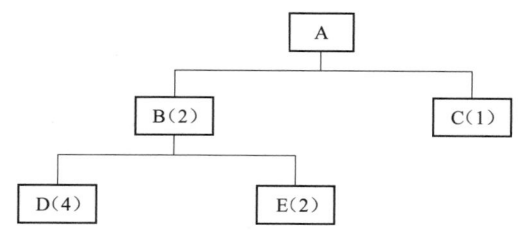

图4-21 产品A的物料清单

表4-42 产品A的主生产计划

期间/周	1	2	3	4	5	6	7	8
计划数量	180	200	220	250	200	150	200	160

表4-43 产品A所有物料的批量等数据

物料	批量	已有库存	在途量	提前期/周	到期日
A	100	100	100	1	8月12日
B	200	450	200	1	8月19日
C	200	300	200	1	8月19日
D	600	1 600	600	1	8月19日
E	400	1 000	400	1	8月19日

为简化起见，假设已知所有物料要经过3个工作中心1、2和3，所有物料的工艺路线及相应的准备时间和操作时间见表4-44。

表4-44 生产产品A所需的所有物料工艺和时间数据

物料	工作中心	批量	每批准备时间/min	每件加工时间/min
A	1	100	25	3.0
B	2	200	20	0.5
C	1	200	15	0.9
	3	200	10	1.0
	2	200	20	0.8

物料	工作中心	批量	每批准备时间/min	每件加工时间/min
D	3	600	25	0.4
	1	600	20	0.3
	2	600	15	0.5
E	3	400	15	0.4
	2	400	20	0.3
	1	400	10	0.5
	3	400	25	0.6

　　3 个工作中心的可用能力见表 4-45。工作中心的负荷计算见表 4-46。计算物料占用工作中心的负荷时，每件作业时间即完成该工序时间的计算公式如下：

　　每件作业时间＝每批准备时间/批量＋单件加工时间＝单件准备时间＋单件加工时间

　　如计算物料的加工提前期，还应考虑排队时间和转运时间，即加工提前期为

　　物料的加工提前期＝排队时间＋转运时间＋准备时间＋（加工时间×标准批量）

表 4-45　3 个工作中心的可用能力

工作中心	可用能力/min
1	2 600
2	2 000
3	2 400

表 4-46　3 个工作中心的负荷

物料	作业序列	工作中心	批量	每批准备时间/min	单间准备时间/min	每件加工时间/min	每件作业时间/min	BOM 中数量	总作业时间/min
A	1	1	100	25	0.250	3.0	3.250	1	3.250
B	1	2	200	20	0.100	0.5	0.600	2	1.200
	2	1	200	15	0.075	0.9	0.975	2	1.950
C	1	3	200	10	0.050	1.0	1.050	1	1.050
	2	2	200	20	0.100	0.8	0.900	1	0.900
D	1	3	600	25	0.040	0.4	0.640	8	5.120
	2	1	600	20	0.033	0.3	0.733	8	5.864
	3	2	600	15	0.025	0.5	0.525	8	4.200
E	1	3	400	15	0.038	0.4	0.438	4	1.752
	2	2	400	20	0.050	0.3	0.350	4	1.400
	3	1	400	10	0.025	0.5	0.535	4	2.140
	4	3	400	25	0.063	0.6	0.663	4	2.652

3 个工作中心的总负荷见表 4-47。

表 4-47 全部工作中心总负荷

工作中心	单件产品 A 的负荷/min
1	13.204
2	7.7
3	10.574

将表 4-47 中结果和表 4-42 中产品 A 的主生产计划相乘即可以得到未来周每个工作中心的负荷,见表 4-48。

表 4-48 全部工作中心的分时段总负荷 min

工作中心	期间/周							
	1	2	3	4	5	6	7	8
1	2 376.22	2 640.80	2 904.88	3 301.00	2 640.80	1 980.60	2 640.80	2 112.64
2	1 386.00	1 540.00	1 694.00	1 925.00	1 540.00	1 155.00	1 540.00	1 232.00
3	1 903.32	2 114.80	2 326.28	2 643.50	2 114.80	1 586.10	2 114.80	1 691.84

粗能力计划是建立在主生产计划的基础上的,它直接根据主生产计划结果对其中关键工作中心进行负荷和能力平衡分析,当主生产计划对应的粗能力计划在某些时段不能满足负荷要求时,可以进行适当的调整,即将部分超出的负荷调整至低负荷的时段。若要编制全部工作中心的能力需求计划,即细能力计划,则应首先展开得到的物料需求计划。几种物料的需求计划见表 4-49 ~ 表 4-53,假定最后一期计划订单下达量为批量的大小。本例中,在确定计划订单投入量时,最后一期的数值均为假定的。

表 4-49 物料 A 主生产计划

计算项	期间/周							
	1	2	3	4	5	6	7	8
毛需求量	180	200	220	250	200	150	200	160
在途量	100							
预计可用库存量	20	20	0	50	50	0	0	40
净需求量	0	180	200	250	150	100	200	160
计划订单产出量		200	200	300	200	100	200	200
计划订单投入量	200	200	300	200	100	200	200	100

表 4-50 物料 B 需求计划

计算项	期间/周							
	1	2	3	4	5	6	7	8
毛需求量	400	400	600	400	200	400	400	200
在途量		200						
预计可用库存量	50	250	50	50	50	50	50	250

续表

计算项	期间/周							
	1	2	3	4	5	6	7	8
净需求量	0	150	350	350	150	350	350	150
计划订单产出量		400	400	400	200	400	400	400
计划订单投入量	400	400	400	200	400	400	400	200

表 4-51　物料 C 需求计划

计算项	期间/周							
	1	2	3	4	5	6	7	8
毛需求量	200	200	300	200	100	200	200	100
在途量	0	200	0	0	0	0	0	0
预计可用库存量	100	100	0	0	100	100	100	0
净需求量	0	0	200	200	100	100	100	0
计划订单产出量		0	200	200	200	200	200	0
计划订单投入量	0	200	200	200	200	200	0	200

表 4-52　物料 D 需求计划

计算项	期间/周							
	1	2	3	4	5	6	7	8
毛需求量	1 600	1 600	2 400	1 600	800	1 600	1 600	800
在途量		600						
预计可用库存量	0	200	200	400	200	400	0	400
净需求量	0	1 000	2 200	1 400	400	1 400	1 200	800
计划订单产出量		1 200	2 400	1 800	600	1 800	1 200	1 200
计划订单投入量	1 200	2 400	1 800	600	1 800	1 200	1 200	600

表 4-53　物料 E 需求计划

计算项	期间/周							
	1	2	3	4	5	6	7	8
毛需求量	800	800	1 200	800	400	800	800	4 000
在途量		400						
预计可用库存量	200	200	200	200	200	200	200	2 000
净需求量	0	200	1 000	600	200	600	600	200
计划订单产出量	0	400	1 200	800	400	800	800	400
计划订单投入量	400	1 200	800	400	800	800	400	400

建立准备时间矩阵和加工时间矩阵，准备时间矩阵见表 4-54，加工时间矩阵见表4-55。

表 4-54　产品 A 的准备时间　　　min

工作中心	物料	期间/周							
		1	2	3	4	5	6	7	8
1	A	50	50	75	50	25	50	50	25
	B	30	30	30	15	30	30	30	15
	D	40	80	60	20	60	40	40	20
	E	10	30	20	10	20	20	10	10
	合计	130	190	185	95	135	140	130	70
2	B	40	40	40	20	40	40	40	20
	C	0	20	20	20	20	20	0	20
	D	30	60	45	15	45	30	30	15
	E	20	60	40	20	40	40	20	20
	合计	90	180	145	75	145	140	90	75
3	C	0	10	10	10	10	10	0	10
	D	50	100	75	25	75	50	50	25
	E	40	120	80	40	80	80	40	40
	合计	100	230	165	75	185	140	90	75

表 4-55　产品 A 的加工时间　　　min

工作中心	物料	期间/周							
		1	2	3	4	5	6	7	8
1	A	600	600	900	600	300	600	600	300
	B	360	360	360	180	360	360	360	180
	D	360	720	540	180	360	360	360	180
	E	200	600	400	200	400	400	200	200
	合计	1 520	2 280	2 200	1 160	1 600	1 720	1 520	860
2	B	200	200	200	100	200	200	200	100
	C	0	160	160	160	160	160	0	160
	D	600	1 200	900	300	900	900	600	300
	E	120	360	240	120	240	240	120	120
	合计	920	180	1 500	680	1 500	1 200	920	680
3	C	0	200	200	200	200	200	0	200
	D	480	960	720	240	720	480	480	240
	E	240	720	480	240	480	480	240	240
	合计	720	1 880	1 400	680	1 400	1 160	720	680

综合考虑了表 4-54 和表 4-55，可以得到 3 个工作中心的能力需求，见表 4-56。

表 4-56　3 个工作中心的能力需求

工作中心	物料	期间/周							
		1	2	3	4	5	6	7	8
1	A，B，D，E	1 650	2 470	2 385	1 255	1 735	1 860	1 650	930
2	B，C，D，E	1 010	2 100	1 645	755	1 645	1 330	1 010	755
3	C，D，E	820	2 110	1 565	755	1 585	1 300	810	755

考虑已经核发的订单，本例中即为在途量，已核发订单的作业时间见表 4-57。

表 4-57　已核发订单的作业时间

物料	周次	工作中心	已核发量	每批准备时间/min	每件加工时间/min	总加工时间/min	总作业时间/min
A	1	1	100	25	3.0	300	325
B	1	2	200	20	0.5	100	120
	2	1	200	15	0.9	180	195
C	1	3	200	10	1.0	200	210
	2	2	200	20	0.8	160	180
D	1	1	600	20	0.3	180	200
	2	2	600	15	0.5	300	315
E	1	3	400	15	0.4	160	175
	2	2	400	20	0.3	120	140

计算得到已核发订单所需 3 个工作中心的能力，见表 4-58。

表 4-58　已核发订单的能力需求

工作中心	物料	周次	
		1	2
1	A，B	525	195
2	B，C，E	120	635
3	C，E	385	0

综合考虑了表 4-56 和表 4-58，可以得到 3 个工作中心最终的总能力需求，如表 4-59 所列。

表 4-59 3 个工作中心的总能力需求

工作中心	期间/周							
	1	2	3	4	5	6	7	8
1	2 175	2 665	2 385	1 255	1 735	1 860	1 650	930
2	1 130	2 735	1 645	755	1 645	1 330	1 010	755
3	1 205	2 110	1 565	755	1 585	1 300	810	722

习题

1. 企业的计划层次如何划分，各种层次之间有何关系？

2. 制订综合计划的混合策略如何考虑？

3. 主生产计划的对象和综合生产计划的对象有何不同？

4. 何谓开环 MRP？何谓闭环 MRP？何谓 MRP Ⅱ？何谓 ERP？

5. 某工厂批量生产家用电器，产品系列中有 A、B 两种产品，其结构树如图 4-22 所示。库存管理子系统中可得到产品 A 和 B 及所属物料的库存记录数据（表 4-60、表 4-61）。部分主生产计划已知。试制订每项物料在计划期的 MRP 计划。

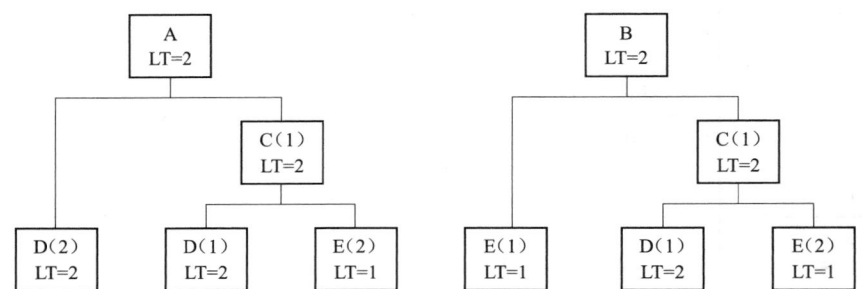

图 4-22 产品 A、B 的结构树

表 4-60 物料项目的批量规则（一）

周期	第 9 周
A	1 250
B	460
D	250
E	400

表 4-61 物料项目的批量规则（二）

物料项目	期初库存	批量规则
A	50	直接
B	60	直接
C	40	直接
D	30	直接
E	330	固定 2 000

第5章
典型生产类型的作业计划

生产作业计划是企业生产的具体执行计划。这种具体化表现在将生产计划规定的产品任务在规格、空间、时间等方面进行分解，即在产品方面具体规定到品种、质量、数量；在作业单位方面规定到车间、工段、班组乃至设备；在时间上细化到月、旬、日、时，以保证企业生产计划得到切实可行的落实。因此，生产作业计划的任务是按照产品生产计划的时、量、期及产品的工艺要求，将生产资源最适当地配置给各产品任务，形成各作业单位在时间周期的进度日程计划，既完成（品种、质量、数量、期限）生产计划，又使资源得到充分、均衡的利用。为此，生产作业计划的主要工作内容应是明确企业各级生产单位所拥有的生产资源，即生产能力、分配任务负荷、平衡负荷与生产能力、编制日历进度计划、监督检查各种生产准备工作（技术、供应）以及生产作业控制调度。在编制生产作业计划过程中的主要决策问题包括：确定不同产品的生产顺序，确定某一产品的生产批量以及确定生产进度日程。相应的决策目标包括计划完成率、生产周期、设备利用率和生产成本等。

一个企业的生产作业计划制订过程中的重点、难点以及所用方法，同企业所属生产类型密切相关。本章首先分别探讨论述不同生产类型生产作业计划中所涉及的期量标准与生产作业计划的编制方法；其次，就生产作业计划中的难点即作业排序问题进行讨论。

5.1　大量流水生产的生产作业计划

5.1.1　大量流水生产的特点

大量生产的主要生产组织方式为流水生产，其基础是由设备、工作地和传送装置构成的设施系统，即流水生产线。最典型的流水生产线是汽车装配生产线。流水生产线是为特定的产品和预定的生产大纲所设计的。生产作业计划的主要决策问题在流水生产线的设计阶段中就已经做出规定。因此，大量流水生产的生产作业计划的关键在于合理地设计好流水线。这包括确定流水线的生产节拍、给流水线上的各工作地分配负荷、确定产品的生产顺序等。

流水生产是指生产对象按照一定的工艺路线顺序地通过各个工作地，并按照统一的生产速度完成工艺作业的生产过程。流水生产具有以下特点：专业化程度高，流水线固定生产一种或几种制品，每个工作地固定完成一道或几道工序；工艺过程是封闭的，生产对象在流水线上完成其全部或大部分工序；工作地按工艺过程的顺序排列，生产对象在工作地间单向移动；生产过程分解为许多独立的可在相等的时间间隔内完成的工序，生产对象按照统一的生产速度进行生产，具有明显的节奏性；各工作地之间有传送装置连接。流水生产具有高度的连续性、比例性、平行性。图5-1所示为这种流水线的示意图。

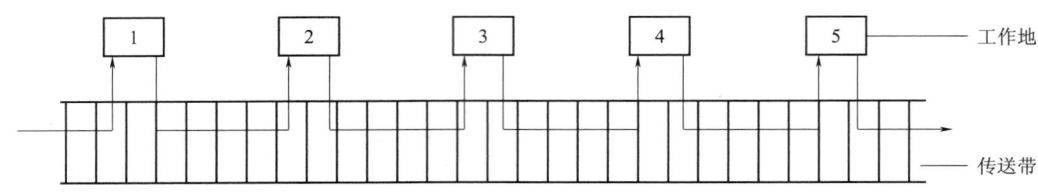

图5-1 流水线示意图

5.1.2 大量流水生产的期量标准

期量标准是为合理地、科学地组织生产活动，在生产数量和生产期限上规定的标准，是编制生产作业计划、组织均衡生产，从而取得良好的经济效益的基础与进行生产控制的依据。对于大量流水生产，主要期量标准有节拍、流水线标准工作指示图表以及在制品定额等。

1. 节拍

（1）单一对象流水线节拍的确定。节拍是流水线上出产两个相同制品的时间间隔。节拍是组织大量流水生产的依据，是流水生产期量标准中最主要的标准。节拍的大小取决于计划期生产任务的数量和完成该任务的时间。其计算公式如下：

$$C = F_e / N \qquad (5-1)$$

式中：F_e 为计划期内的有效工作时间；N 为计划期内生产任务的数量（含废品量）。

按照式（5-1）计算出的节拍称为计划节拍或平均节拍。流水线上某一工序实际出产两个相同制品的时间间隔为该工序的工作节拍。其计算公式如下：

$$C_i = t_i / S_i \qquad (5-2)$$

式中：t_i 为工序单件时间；S_i 为该工序的工作地数量。

（2）多对象流水线节拍的确定。多对象流水生产有两种基本形式。一种是可变流水线，其特点是在计划期内，按照一定的间隔期，成批轮番生产多种产品。在间隔期内，只生产一种产品，在完成规定的批量后，转生产另一种产品。另一种是混合流水线，其特点是在同一时间内，流水线上混合地生产多种产品。按固定的混合产品组组织生产，即将不同的产品按固定的比例和生产顺序编成产品组。一个组一个组地在流水线上进行生产。由于可变流水线在一定的时间间隔内相当于单一对象流水线，其计划方式与单一对象流水线的计划方式相似，只需要额外考虑如何确定每个品种占用的生产期，以及相应的品种节拍。而对于混合流水线，由于不同产品的作业内容不尽相同，作业时间也不同。这些不同往往会造成工作地的负荷变动不均衡，导致流水线的节拍不均、在制品拥挤等现象。因此，对于混合流水线，其生产作业计划的关键在于如何做好流水线平衡，以及如何对同时生产的产品品种进行混合编组，确定编组内各品种的数量与投产顺序。

① 可变流水线节拍的确定。具体方法有以下两种：

• 代表产品换算法：选择产量大、劳动量大、工艺过程比较复杂的产品为代表产品，将其他产品按照劳动量比例关系换算为代表产品的产量，按换算后的代表产品的总产量 N 计算每种产品的节拍。

- 劳动量比例分配法：将计划期有效工作时间按各种产品的劳动量比例进行分配，然后根据各种产品分得的有效工作时间和产量计算生产节拍。

② 混合流水线节拍的确定。按照产品组计算节拍。产品组节拍 $C_组$ 等于有效作业时间 F_e 与组数 $N_组$ 的比值。当各产品产量相同时，组数取为产品产量即可；当各产品计划期产量成较小的整数比例时，各组内产品的数量可由产量比确定，则组数 $N_组$ 等于产品 i 的计划期产量，n_i 为产品组内产品 i 的数量。

2. 流水线标准工作指示图表

流水线标准工作指示图表又称流水线标准计划。该计划详细规定了流水线上每个工作地的工作制度。一般步骤为：计算各工序的工作地需要量和工作地负荷；配备工人，计算工人工作负荷，并保证工人工作负荷尽可能充分；编制标准工作指示图表。对于连续流水线，因为同期化程度高，每个工作地的工作制度基本一致，因此，只需规定整个流水线的工作制度即可。图 5-2 所示为连续流水线标准工作指示图表。

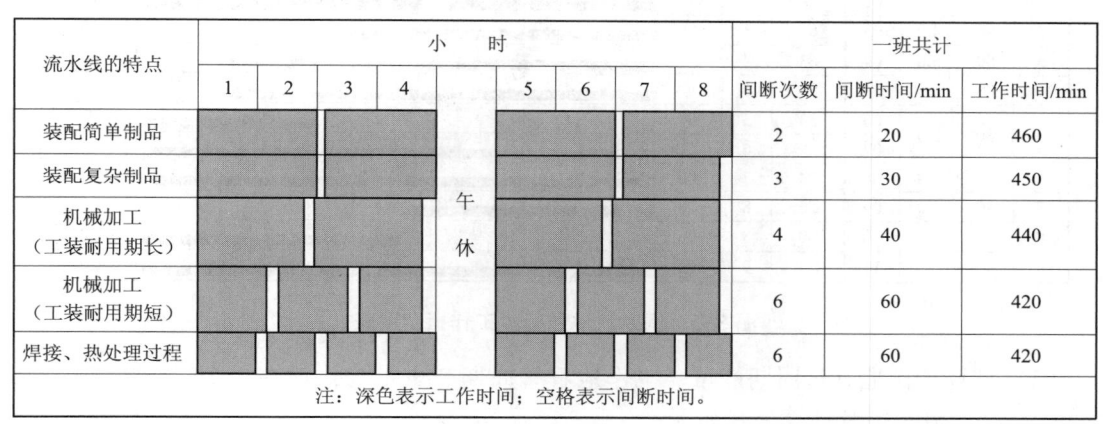

流水线的特点	小　时								一班共计		
	1	2	3	4	5	6	7	8	间断次数	间断时间/min	工作时间/min
装配简单制品									2	20	460
装配复杂制品									3	30	450
机械加工（工装耐用期长）									4	40	440
机械加工（工装耐用期短）									6	60	420
焊接、热处理过程									6	60	420

注：深色表示工作时间；空格表示间断时间。

图 5-2　连续流水线标准工作指示图表

对于间断流水线，因为其同期化程度不高，因此需要分工序规定每一个工作地的工作时间程序，确定标准计划时间、计算工作地看管周期产量。

（1）确定看管周期 R。为了使间断流水线有节奏地工作，需要平衡流水线上各工序的生产率。为此就必须规定一段时间跨度，每道工序在该时间内生产相同数量的制品。该时间跨度为看管周期。间断流水线尽管在节拍意义下是不平衡的，但在看管周期的意义下是平衡的，因此，看管周期大于节拍和节奏。选定看管周期时，应考虑到看管周期对在制品占用量的影响。看管周期长，则在制品占用量就多；反之，在制品占用量少。一般取一个班、1/2 个班或 1/4 个班的时间为看管周期。

（2）计算工作地的计划工作时间。工作地计划工作时间是指工作地在看管周期的工作延续时间。其计算公式如下：

$$T_i = RK_i \tag{5-3}$$

式中：T_i 为工作地 i 的计划工作时间；K_i 为工作地 i 的负荷系数。

【例 5-1】某企业的发动机曲轴加工线，看管周期 $R = 120$ min，工作地负荷系数为：$K_{01} = 100\%$、$K_{02} = 100\%$、$K_{03} = 66.7\%$、$K_{04} = 83\%$，则各工作地的看管周期如下：

$$01\text{工作地：}T_{01} = 120 \times 100\% = 120(\text{min})$$

01工作地：$T_{01}=120\times100\%=120(\text{min})$

02工作地：$T_{02}=120\times100\%=120(\text{min})$

03工作地：$T_{03}=120\times66.7\%=80(\text{min})$

04工作地：$T_{04}=120\times83\%=100(\text{min})$

在计算出各工作地的看管周期后，即可编制标准工作指示图表。表中用甘特图的形式，注明每个工作地的设备在看管周期 R 内的开工时间点、停机时间点以及其他的工作延续时间，同时注明多机床看管工人的工作时间分配（图5-3）。

生产线名称			轮班数	日产量	节拍		运输批量		生产节奏		看管周期
曲轴加工线			2	160件	6 min/件		1		6 min/件		2 h
工序号	班任务	时间定额/h	工作地号	负荷率/%	工人号	兼管工作地号	每一看管周期内的工作指示图表				看管周期产量
1	80	12.0	01	100	1						10
			02	100	2						10
2	80	4.0	03	67	3	06					20
3	80	5.0	04	83	4						20
4	80	5.0	05	83	5						20
5	80	8.0	06	33	3	03					5
			07	100	6						15
6	80	5.8	08	94	7	06					20
7	80	3.0	09	50	8	10					20
8	80	3.0	10	50	8	09					20
9	80	6.0	11	100	9	06					20

（图表刻度：10 20 30 40 50 60 70 80 90 100 110 120）

图5-3　间断流水线标准工作指示图表

（3）计算工作地看管周期产量。工作地看管周期产量指工作地在一个看管周期内应该生产的制品的数量。其计算公式如下：

$$N_i=T_i/t_i \tag{5-4}$$

式中：t_i 为工序单件时间。

将计算出的看管周期产量填入标准工作指示图表。

在【例5-1】中，假设工序单件时间为：$t_{01}=t_{02}=12.0\ \text{min}$、$t_{03}=4.0\ \text{min}$、$t_{04}=5.0\ \text{min}$，则工作地看管周期产量依次如下：

01、02 工作地：$N_{01}=N_{02}=120/12.0=10(\text{件})$

03 工作地：$N_{03}=80/4.0=20(\text{件})$

04 工作地：$N_{04}=100/5.0=20(\text{件})$

3. 在制品占用量定额

在制品占用量是指从原材料投入到成品入库为止，尚处于生产过程中未完工的各种制品。在制品占用量定额是指在必要的时间、地点和一定的生产技术组织条件下，保证均衡生产所需的最低限度的在制品数量。图5-4所示为在制品占用量按照存放地点以及按照性质和用途的分类情况。

（1）工艺占用量 Z_1：是指流水线内各工作地上正在加工、装配或检验的在制品数量。它的大小取决于流水线内工序的数目、每道工序的工作地数目，以及每个工作地同时加工的在制品数量。其公式为

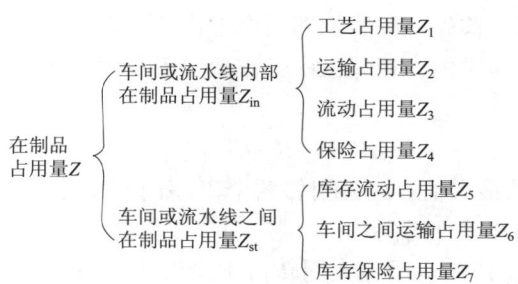

图 5-4　在制品占用量分类

$$Z_1 = \sum_{i=1}^{m} S_i q_i \qquad (5\text{-}5)$$

式中：m 为流水线内工序数目；S_i 为工序 i 的工作地数目；q_i 为工序 i 的每个工作地同时加工的在制品数量。

工艺占用量是保证流水线按照计划节拍正常生产必须拥有的在制品数量，其数值是在流水线的设计过程中确定的，因此，欲减少工艺占用量必须在流水线的设计阶段采取一定的技术组织措施。

（2）运输占用量 Z_2：是指流水线内各工序之间运输装置上被运送的在制品数量。其大小与运输方式、运输批量、运输间隔期、制品重量和体积以及存放地点有关。其公式为

$$Z_2 = (m-1)n \qquad (5\text{-}6)$$

式中：n 为运输批量。

同样，运输占用量的数值也是在流水线的设计过程中确定的。欲减少运输占用量必须在流水线的设计阶段采取一定的技术组织措施，如可通过提高运输速度来减少运输占用量。在图 5-5 中，假设两条流水线的节拍均为 1 min/台，各工序间的距离为 4 m，▲表示制品。其中，图 5-5（a）传送带的速度为 2 m/min，则该流水线运输占用量为 6 台；图 5-5（b）传送带的速度为 4 m/min，则该流水线运输占用量为 3 台。

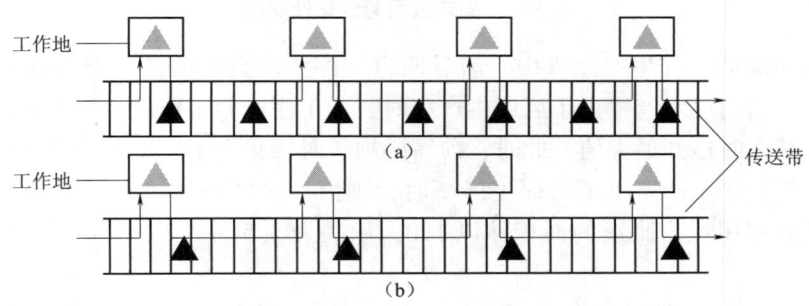

图 5-5　流水线运输占用量示意

（a）传送带速度为 2 m/min；（b）传送带速度为 4 m/min

（3）周转占用量 Z_3 是指间断生产条件下流水线上两个相邻工序之间由于生产率不同，为使每个工作地能够连续完成看管期产量，在工序之间存放的在制品数量，又称为流动占用量。其数量由最大到零，又由零增至最大，周期性地变化。相邻工序之间周转占用量的最大值及形成时刻，与相邻工序生产率的差异以及工作起止时间的安排有关。因此，要在标准工

作指示图表的基础上计算。首先，按照相邻工序工作地数发生变化的情况，将看管周期分为若干时间段，即在同一时间段内，相邻工序工作地数不发生变化；然后依照式（5-7）计算周转占用量的最大值：

$$Z_T = t_s(S_e/t_e - S_1/t_1) \tag{5-7}$$

式中：Z_T 为周转占用量的最大值；t_s 为相邻两个工序同时工作时段长度；S_e、t_e、S_1、t_1 为前、后工序的工作地数目和单件时间。

计算所得 Z_T 如果为正值，表明最大周转占用量形成于该时段的最后；如果为负值，则表示形成于该时段的开始。图 5-6 所示为根据图 5-3 中的数据及各道工序起止时间安排所绘制的周转占用量变化情况图。

工序号	工序时间/min	周转占用量形成地点	20	40	60	80	100	120	看管周期初周转占用量/件	最大周转占用量/件
1	12	工序1、2之间							7	7
2	4	工序2、3之间							0	4
3	5	工序3、4之间							0	0
4	5	工序4、5之间							0	6
5	8	工序5、6之间							4	4
6	5.8	工序6、7之间							10	10

图 5-6　周转占用量变化情况图

从图 5-6 可看到，在生产过程中，前后两道工序生产数量的差额有规律地由小到大或由大到小变化。当前序生产率大于后序生产率时，两工序开始工作后，周转占用量逐渐积累增大，在时段结束时达到最大值。此时，前序必须暂时停止下来，直至后序将积累的流动占用量加工完。当前序生产率小于后序生产率时，则情形恰好相反。图 5-6 中，相邻工序间平均周转在制品占用量为阴影的面积除以 120，依次为 3.5 件、2 件、0 件、3.4 件、2 件、5 件。

式（5-7）表明，相邻两工序之间存在效率差是形成周转占用量的根本原因，因此，提高流水线的同期化程度是解决周转占用量的主要手段。

（4）保险占用量 Z_4：流水线的保险占用量是为防备发生意外事故时，用以保证连续生产正常进行而储备的在制品数量。它可分为两种：一是为整个流水线设立的保险占用量，这类保险占用量通常集中放置在流水线的末端，是用来弥补意外废品损失和防止前工序出现生产故障，造成零件供应中断而设置的在制品；二是工序专用保险占用量，这类保险占用量一般放置在关键工序和关键设备旁，是用来弥补实际工作效率与计划节拍不符及设备发生故障时使用。保险占用量的大小，同制品的生产周期、制品的价值、生产工艺的复杂性与稳定性以及设备调整时间的长短等因素有关。由于这些因素具有不确定性，因此，需要在对积累的统计资料进行分析研究的基础上加以确定。

车间内的在制品占用量 Z_{in} 是上述 Z_1、Z_2、Z_3、Z_4 四种占用量之和。但连续流水线不包括周转占用量，间断流水线不包括运输占用量。

（5）库存流动占用量 Z_5：是由于前后车间或流水线之间生产率不同或工作制度（班次或起止时间）不同而形成的在制品占用量，其作用是协调前后车间或流水线之间的正常生产。在前后车间或流水线之间仅仅是生产率不同的情况下，占用量的确定与 Z_3 相同；在生产率与班次均不同的情况下，可用式（5-8）确定：

$$Z_5 = N_{min}(f_{min} - f_{max}) \tag{5-8}$$

式中：N_{min}，f_{min} 为生产率低的班产量、工作班次；f_{max} 为生产率高的工作班次。

【例 5-2】机加工车间某流水线每日开两班，班产量为 100 台，装配生产线每日开一班，班产量为 200 台。依据式（5-8）有 $Z_5 = 100$（2-1）= 100。

（6）车间之间运输占用量 Z_6：是停留在车间之间的运输工具上和等待运输的在制品占用量。其作用和计算方法与 Z_2 类似。

（7）库存保险占用量 Z_7：是由于供应车间或流水线因意外原因造成交付延迟时，为保证需用车间正常生产而设置的在制品占用量。其计算公式如下：

$$Z_7 = T_{in}/C \tag{5-9}$$

式中：T_{in} 为供应车间的恢复间隔期；C 为供应车间的生产节拍。恢复间隔期具有不确定性，可依据统计资料分析确定。

车间或流水线之间的在制品占用量 Z_{st} 是 Z_5、Z_6、Z_7 三种占用量之和。

以上给出了大量流水生产在制品占用量的确定方法。在具体确定时，还应注意分清主次，明确哪种占用量起主导作用。如对于毛坯车间，流动占用量是主要的；而对于机加车间，工艺占用量是主要的。此外，对于价值较大的制品，需要增加技术经济方面的分析。例如相同数量的流动在制品处于流水线不同工序位置上，其占用的流动资金的数量是不同的，越靠近流水线末端，占用的资金越大。

5.1.3　大量流水生产的生产作业计划编制

1. 厂级生产作业计划的编制

大量生产类型的厂级月度生产作业计划，是根据企业的季度生产计划编制的。编制时，先要确定合理的计划单位，然后再安排各车间的生产任务和进度，以保证车间之间在品种、数量和期限方面的衔接。安排各车间的生产任务和进度的方法，主要取决于车间的专业组织形式。如果车间为产品对象专业化，则只需要将季度生产计划按照各个车间的分工、生产能力和其他生产条件分配给各个车间即可。如果各个车间之间是依次加工半成品的关系，则为保证各车间生产之间的衔接，通常采用反工艺过程的顺序，逐个计算车间的投入和出产任务。此类方法有在制品定额法。

大量生产企业，产品品种少，产量大，生产任务稳定，分工明确，车间的专业化程度高。各车间的联系表现为前车间提供在制品，保证后车间的加工与维持库存半成品，就可以使生产协调和均衡地进行。因此，在大量生产条件下，生产作业计划的核心是解决各车间在生产数量上的衔接平衡。在制品定额法就是根据大量生产的特点，用在制品定额作为规定生产任务数量的标准，按照工艺过程逆序连续计算方法，依次确定车间的投入和出产任务。

具体计算方法为：某一车间的产出量等于后续车间的投入量，加本车间半成品外销量，再加上车间之间库存在制品定额与期初预计库存量的差额。某车间的投入量等于本车间产出量，加本车间可能出现的废品数，再加上车间内部期末在制品定额与本车间期初预计的在制品占用量的差额。用公式表示为

$$N_{01} = N_{in2} + N_{s1} + (Z_{st} + Z'_{st}) \tag{5-10}$$
$$N_{in1} = N_{01} + N_{w} + (Z_{e} + Z_{b}) \tag{5-11}$$

式中：N_{01} 为本车间的产出量；N_{in2} 为后续车间的投入量；N_{s1} 为本车间半成品外销量；Z_{st} 为车间之间库存在制品定额；Z'_{st} 为期初预计库存量；N_{in1} 为本车间的投入量；N_{w} 为本车间可能出现的废品数；Z_{e} 为车间内部期末在制品定额；Z_{b} 为本车间期初预计的在制品占用量。

表 5-1 是应用在制品定额法确定各个车间投入量和出产量的例子。在计算出各车间的投入与产出任务后，即可编制出每个车间的月度生产作业计划（表 5-2）。各车间的月度生产作业计划确定后，还需要编制车间的日历进度计划，即按工作日分配生产任务，其一般形式见表 5-3。日计划投入量与出产量可用月度除以每月工作日数得到，但对于可变流水线，应考虑到不同制品的投入先后与分配给各个制品的工作日数。日历作业进度计划同时可用于统计车间生产作业计划实际完成情况，为作业计划的控制提供信息和标准。

表 5-1 车间之间投入量与出产量计算表

产品名称			C650 车床		
商品产量			10 000 台		
零件编号			01-051	02-034	
零件名称			轴	齿轮	其他
每台件数			1	4	
装配车间	1	出产量	10 000	40 000	
	2	废品	—	—	
	3	在制品占用量定额	1 000	5 000	
	4	期初预计在制品占用量	600	3 500	
	5	投入量	10 400	41 500	
零件库	6	半成品外销量	—	2 000	
	7	半成品占用量定额	800	6 000	
	8	期初预计占用量	1 000	7 100	
加工车间	9	出产量	10 200	42 400	
	10	废品	100	1 400	
	11	在制品占用量定额	1 800	4 500	
	12	期初预计在制品占用量	600	3 400	
	13	投入量	11 500	44 900	

毛坯库	14	半成品外销量	500	6 100	
	15	半成品占用量定额	2 000	1 0 000	
	16	期初预计占用量	3 000	10 000	
准备车间	17	出产量	11 000	51 000	
	18	废品	800	—	
	19	在制品占用量定额	400	2 500	
	20	期初预计在制品占用量	300	1 500	
	21	投入量	11 900	52 000	

表 5-2 某月份加工车间投入与出产计划任务

序号	零件号及名称	每台件数	装配投入需要量	库存定额差额	外销量	出产量	投入量
1	01-051 轴	1	10 400	−200	0	10 200	11 500
2	01-034 齿轮	4	41 500	−1 100	2 000	42 400	44 900
3	…	…	…	…	…	…	…

表 5-3 某月份加工车间日历进度计划

零件编号零件名称	计划出产量	计划投入量	项目	日历进度							
				1	2	3	4	…	…	…	31
01-051 轴	10 200	11 500	计划投入 计划出产 实际出产 累积出产	460 408	460 408	460 408	460 408	…	…	…	460 408
02-034 齿轮	42 400	44 900	计划投入 计划出产 实际出产 累积出产	1 796 1 696	1 796 1 696	1 796 1 696	1 796 1 696	…	…	…	1 796 1 696
其他	…	…	计划投入 计划出产 实际出产 累积出产								

2. 车间内部生产作业计划的编制

车间内部生产作业计划是进一步将生产任务落实到每个工作地和工人，使之在时间和数量上协调一致。

编制车间内部生产作业计划的工作包括两个层次的内容：第一个层次是编制分工段（小组）的月度作业计划和旬（周）作业计划；第二个层次是编制工段（小组）分工作地的旬（周）作业计划，并下达到各个工作地。

编制分工段（小组）的月度作业计划和旬（周）作业计划时，如车间内部是按照对象原则组建各工段的，则只需将车间月度作业计划中的零件加工任务平均分配给对应的工段即可；如各个工段存在工艺上的先后关系，则一般应按照反工艺的原则，从最后工段倒序依次安排各工段的投入与出产进度。

编制分工段（小组）的月度作业计划和旬（周）作业计划可根据工段（小组）的旬（周）作业计划与流水线工作指示图表安排各工作地的每日生产任务。

在编制车间内部生产作业计划时，应认真核算车间的生产能力，根据生产任务的轻重缓急，安排零件投入、加工和出产进度，特别注意最后工段、前后工序互相协调，紧密衔接，以确保厂级生产作业计划的落实。

5.2 成批生产的生产作业计划

5.2.1 成批生产的特点

从生产作业计划的角度考虑，成批生产方式具有以下特点：

（1）从产品的角度分析：企业所生产的产品的品种较多，且多为系列化的定型产品；产品的结构与工艺有较好的相似性，因而可组织成批生产；各品种的产量不大；在同一计划期内，有多种产品在各个生产单位内成批轮番生产。

（2）从生产工艺的角度分析：各产品的工艺路线不尽相同，可有多种安排产品的工艺路线；加工设备既有专用设备又有通用设备；生产单位按照对象原则（如成组生产单元）或工艺原则组建。

（3）从需求的角度分析：生产任务来自用户订货或依据市场预测；一般对交货期有较严的要求；一般有一定的成品、半成品和原材料库存。

（4）从组织生产的角度分析：在同一时段内，存在生产任务在利用生产能力时发生冲突的现象，特别是在关键设备上；由于品种变换较多，导致设备准备时间占用有效工作时间比重较大；生产作业计划的编制在较大量生产情况时具有较大的灵活性，因而具有较大的复杂性和难度。

5.2.2 成批生产的期量标准——生产批量与生产间隔期

生产作业计划的一项重要任务就是研究生产过程中期与量的关系标准。成批生产与大量生产相比，大量生产主要将生产作业计划的重点放在了量上，而成批生产作业计划所要解决的主要问题，是如何在时间上安排不同品种、不同数量的产品轮番生产，这里既有期又有量。成批生产的期量标准有批量与生产间隔期、生产周期、生产提前期、在制品定额等。

所谓生产批量是指在消耗一次准备结束时间的条件下，连续生产一批相同制品的数量。

批量的大小对生产的技术经济效果有很大影响。

一方面，批量大，有利于提高工人的熟练程度和劳动生产效率，有利于保证产品质量；由于在相同时间内，设备调整次数减少，设备利用率提高，会使生产成本降低；但是另一方面，批量增大，会延长生产周期，使生产过程中的在制品增多，增加流动资金的占用量，这会增加生产成本，同时也难以适应变化多端的市场需求。

批量小，能使生产的安排比较灵活，易于保证及时交货，生产周期较短，使得在制品占用量变小；但由于产品品种变动频繁，使得生产效率与设备利用率降低。因此，需要综合考虑批量对生产绩效的影响，做出适当的选择。

生产间隔期是与批量密切相关的另一概念，它是指相邻两批相同制品投入或产出的时间间隔。两者的关系可用式（5-12）表示：

$$Q = Rn_d \tag{5-12}$$

式（5-12）表明当平均日产量 n_d 不变时，生产间隔期 R 与批量 Q 成正比。生产批量与生产间隔期是成批生产类型企业的主要期量标准之一。确定批量与生产间隔期的方法通常有以量定期法和以期定量法两类。

1. 以量定期法

首先从生产的技术与经济两方面考虑，确定一个初始批量；然后依据式（5-12）确定生产间隔期；最后，对初始批量进行适当的调整，求得一个与生产间隔期相互配合的最佳数值作为标准批量。当生产任务发生变化时，只对生产间隔期进行调整而批量不变。常用的确定初始批量的方法有以下两种。

（1）最小批量法。它是依据技术经济原则确定批量的一种经验方法。首先给定一个设备损失系数的阈值，设备的调整时间与零件加工时间之比不能超过该阈值。其计算公式为

$$t_{ad} / (tQ_{\min}) \leqslant \delta \tag{5-13}$$

式中：δ 为设备损失系数阈值；t_{ad} 为设备准备结束时间；$Q_{\min}$ 为最小批量；t 为单件工序时间。

设备损失系数阈值的确定主要考虑两个因素：零件的价值与生产类型。通常，价值小的零件，加工批量可以取大些，故相应的 δ 值取小些；相反，价值大的零件，加工批量应小些，故相应的 δ 取大些。对于大批量生产类型企业，δ 较小；小批量生产类型企业，δ 较大。表5-4给出了 δ 的参考值。具体计算时，按设备准备结束时间 t_{ad} 和单件工序时间 t 取值的范围不同，有以下三种确定最小批量方法：按照零件全部工序的设备准备结束时间 t_{ad} 和单件工序时间 t，计算最小批量；按照零件关键设备的设备准备结束时间 t_{ad} 和单件工序时间 t，计算最小批量；按照比值 t_{ad}/t 最大的工序设备，计算最小批量。

表5-4　设备损失系数阈值参考表

零件大小	生产类型		
	大批	中批	小批
小件	0.03	0.04	0.05
中件	0.04	0.05	0.08
大件	0.05	0.08	0.12

（2）经济批量法。在确定批量时，除了考虑由于设备调整产生的费用外，还应考虑由于形成在制品库存而产生的费用，这样导出的经济批量 Q^* 为

$$Q^* = \sqrt{2BN/CI} \qquad\qquad (5-14)$$

式中：B 为一次准备结束工作费用；C 为单位零件成本；I 为资金利用率；N 为年产量。

若进一步考虑批量增大时，除了会使库存量增加导致库存费用的增加外，还会使车间内部在制品量增加，导致生产费用也随之增加。则在生产周期等于生产间隔期的假设下，单位零件生产费用与单位零件库存费相同，导出的经济批量 Q^* 为

$$Q^* = \sqrt{BN/CI} \qquad\qquad (5-15)$$

在得到初始批量后，需要考虑以下因素对其进行调整，以得到标准批量：组成同一产品的各个零件的批量应满足产品的成套关系；批量应与计划产量成倍比关系；批量应与大型设备同时加工的零件数成倍比关系；批量应与贵重加工刀具的耐用度、工位器具的容量、仓库与工作地面积相适应；各车间的同种零件批量尽可能成倍数关系，且前车间的批量必须大于或等于后车间的批量；其他生产条件的约束。调整后得到的批量称为标准批量。最后，利用式（5-12）计算生产间隔期。

2. 以期定量法

本方法首先要确定生产间隔期，然后依据式（5-12）确定批量。当生产任务发生变化时，只对批量进行调整，而生产间隔期不变。

（1）确定生产间隔期时要考虑的因素。生产间隔期应与月工作日数成倍数或可约数关系，以方便生产的组织与计划；尽可能采取统一的或为数不多的几个生产间隔期，以便使各工艺环节的生产活动相互衔接，协调一致，保持生产过程的均衡性；应考虑由此确定的批量而导致的经济指标（如在制品占用量、设备利用率等）的优劣，以及批量与计划产量是否成倍比关系，相邻工艺阶段的批量是否互成倍比关系。在零件种类繁多情况下，为简化生产间隔期和批量的确定，可按照装配过程需要的顺序，零件的工艺结构特征，零件的外形尺寸、重量和价值，以及生产周期长短，将零件分组，从每一组中选择典型零件为代表，制定生产间隔期和批量。同组其他零件的生产间隔期和批量可参考制定。

（2）采用以期定量法确定生产间隔期和批量的优缺点。计算简便，能适应生产任务的变动，当任务变动较大时，只需调整批量即可。由于生产间隔期与每月的工作日数互成倍数或可约数关系，批量又依生产间隔期制定，保持了各种必要的比例关系，易于保证零件生产的成套性，利于组织均衡生产。因此，以期定量法为许多企业采用。但此方法制定过程对在制品占用量和资金利用效率等经济指标的考虑过于粗糙，因而不能认为它是很好的方法。此法一般适用于中小批量生产企业。

5.2.3 成批生产的期量标准——生产周期

生产周期是指制品从原材料投入到成品出产所经历的整个生产过程的全部日历时间。对于零件而言，其生产周期是从投入生产开始到出产为止的全部日历时间。对于产品而言，其生产周期是从毛坯准备、零件加工、部件组装、成品总装的全部日历时间。图 5-7 所示为产品生产周期结构示意。

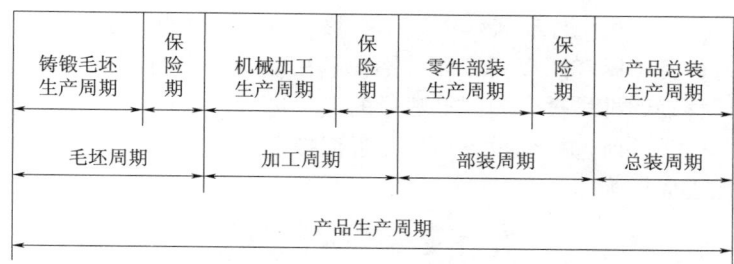

图 5-7　产品生产周期结构示意

毛坯准备、机械加工、产品装配等每一工艺阶段的生产周期，又包括以下几个组成部分：工艺过程时间、检验过程时间、运输过程时间、自然过程时间、制度规定的停歇时间。各工艺阶段生产周期的长短，主要取决于这些时间的长短。生产周期也可划分为工艺时间与停留时间两部分。工艺时间即工艺过程时间，停留时间指工序之间的停留时间，包括由于管理原因造成的零件等待时间以及检验、运输、自然停留、等待准备时间。其中，工艺时间是生产周期的主要部分。它的长短取决于零件工序时间、零件移动方式和批量的大小等因素。而停留时间则依工序数目、生产组织水平、配合条件、生产准备条件等因素而定。

生产周期是非常重要的期量标准，对成批生产企业尤其如此。它是确定产品各个生产环节的投入和产出时间、编制生产作业计划的主要依据。缩短生产周期对于提高劳动生产率、节约流动资金、降低产品成本、改善各种技术经济指标、提高企业对市场的快速反应能力和增强企业的竞争能力，都有着十分重要的作用。

生产周期的确定是在分析各生产阶段的在制品占用时间后，用分解配合关系细致地决定的。通常是按零件产品所经过的工序和工艺阶段，由下至上计算的。

1. 零件工序生产周期

零件工序生产周期简称为工序周期，是一批零件在某道工序上的制造时间，其计算公式为

$$T_{\mathrm{op}} = \frac{Qt}{SF_{\mathrm{e}}K_{\mathrm{t}}} + T_{\mathrm{se}} \tag{5-16}$$

式中：T_{op} 为工序周期；Q 为批量；t 为单件工序时间；S 为该工序的工作地数；F_{e} 为有效工作时间；K_{t} 为定额完成系数；T_{se} 为准备结束时间。

2. 零件生产周期

零件生产周期是工艺阶段生产周期的重要组成部分。

（1）顺序移动。所谓顺序移动是指一批零件在上道工序全部加工完毕后，才整批转移到下道工序继续加工。顺序移动方式的优点是零件运输次数少、设备利用较为充分以及管理简单等，其缺点主要体现为加工周期比较长。顺序移动是传统的离散式加工生产最常见的移动生产方式，尤其对质量要求比较严格，要求批次工序零件全部检验后才能周转到下道工序进行生产。

顺序移动的加工周期为

$$T_{\text{顺}} = n \sum_{i=1}^{m} t_i$$

式中：n 为零件的加工批量；m 为零件的加工工序数；t_i 为工序 i 的单件工序时间。

（2）平行移动。所谓平行移动是指每个零件在上道工序加工完毕后，立即转移到下道

工序去继续加工，形成前后工序交叉作业。平行移动方式的优点是加工周期短，其缺点主要体现为运输频繁、设备空闲时间多而零碎且不便利用。对于平行移动的调度处理比较复杂，一般是将一批平行移动的批量拆分为同等数量的订单进行计划排产，但在设备选择方面优先选择某道工序第一个工件所选择的设备，可以近似拟合出平行移动的生产效果。

平行移动的加工周期为

$$T_{平} = \sum_{i=1}^{m} t_i + (n-1)t_1$$

式中：t_1 为最长的单件工序时间。

（3）平行顺序移动。所谓平行顺序移动是指既要求每道工序连续进行加工，但又要求各道工序尽可能平行地加工的周转移动方式。平行顺序移动的优点是设备利用率高，其缺点是管理复杂。平行顺序移动是介于顺序移动和平行移动之间的一种中间过渡移动方式，能够有效地降低计划排产的复杂性，同时避免了出现设备空闲时间的零碎的现象。平行顺序移动的加工周期为

$$T_{平顺} = n\sum_{i=1}^{m} t_i - (n-1)\sum_{j=1}^{m-1} \min(t_j, t_{j+1})$$

具体做法：

① 当 $t_i < t_{i+1}$ 时（前道工序单件时间小于后道工序单件时间），零件按平行移动方式转移；

② 当 $t_i \geq t_{i+1}$ 时，以该工序最后一个零件的完工时间为基准，往前推移 $(n-1) \times t_{i+1}$ 作为零件在（$i+1$）工序的开始加工时间。

【例 5-3】某零件的加工批量为 4，需要经过 4 道工序加工，每道工序的单件加工时间分别为 10、5、15、10 min。则按上述三种移动方式下的加工周期分别为

$$T_{顺} = n\sum_{i=1}^{m} t_i = 4 \times (10 + 5 + 15 + 10) = 160 \text{（min）}$$

$$T_{平} = \sum_{i=1}^{m} t_i + (n-1)t_1 = (10 + 5 + 15 + 10) + (4-1) \times 15 = 85 \text{（min）}$$

$$T_{平顺} = n\sum_{i=1}^{m} t_i - (n-1)\sum_{j=1}^{m-1} \min(t_j, t_{j+1})$$
$$= 4 \times (10 + 5 + 15 + 10) - (4-1) \times (5 + 5 + 10) = 100 \text{（min）}$$

由上述计算可知，平行顺序移动是一种可行且较为简便的保证连续生产的机制，但对于复杂的作业工序而言，其可能出现多个相对于前道工序而言工序加工时间较长的工序，对于调度处理而言，一般通过计算压件额度来保证严格的连续性生产机制。

3. 毛坯生产周期

毛坯生产周期是工艺阶段生产周期的重要组成部分。其计算方法与加工周期的确定方法类似。

4. 装配生产周期

装配生产周期又简称为装配周期。其确定方法的思路与加工周期的确定方法类似。具体形式采用画生产周期图来确定。先逐一计算出各装配工序周期，再按反工艺顺序的方法画出装配工艺的生产周期图（图 5-8）。图 5-8 中在各装配工序周期上方标明所需装配工人人数，汇总各个时间段所需人数，可得到工人负荷分布图。

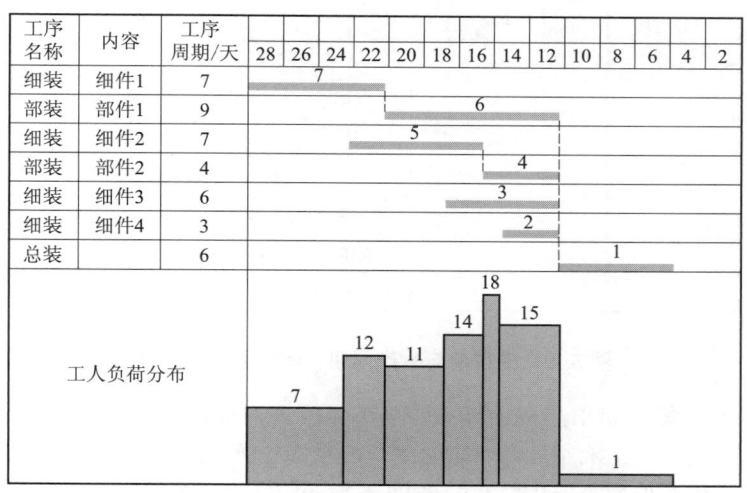

工序名称	内容	工序周期/天	28	26	24	22	20	18	16	14	12	10	8	6	4	2

图 5-8　某批产品的装配周期图

5. 产品生产周期

在组成产品的每一个零件的生产周期计算出来后，就可计算产品生产周期。在实际工作中，企业通常采用类似装配周期图的方法，根据各工艺阶段的平行衔接关系，绘制产品生产周期图。一般只需绘出主要零件即可。

由于工业产品工艺配套衔接关系非常复杂，需要考虑的因素中，有许多具有不确定性，为了防止生产过程中发生意外，造成生产脱节，必须在确定生产周期时留有一定的余地。对于不经常重复生产或工艺过程不很熟悉的产品，一般采用设置保险期的方式；而对于经常重复生产的产品，一般采用设置保险量的方式。在确定保险期或保险量时，要考虑以下因素：

（1）零件工序多、加工时间长、加工设备精密的工艺阶段，其保险期应长些（保险量应多些）；反之可短些（少些）。

（2）零件贵重、尺寸大，保险期应短些（或保险量应少些）。

（3）前工艺阶段的生产能力大于后工艺阶段的生产能力时，保险期应长些（保险量应多些）。

5.2.4　成批生产的期量标准——生产提前期

所谓生产提前期是指毛坯、零件或部件在各个工艺阶段出产或投入的日期比成品出产的日期应提前的时间长度。生产提前期分为投入提前期和出产提前期，图 5-9 表明了前后车间生产批量相同时，提前期与生产周期、保险期的关系。计算提前期的一般公式为

$$某车间出产提前期=后续车间投入提前期+保险期 \qquad (5-17)$$
$$某车间投入提前期=该车间出产提前期+该车间生产周期 \qquad (5-18)$$

计算过程按照工艺过程反顺序计算。

当不同的工艺阶段的批量不同时，需要将计算提前期的一般式(5-17) 修改为式(5-19)，因为出产提前期不仅与生产周期有关，还与批量、生产间隔期有关。

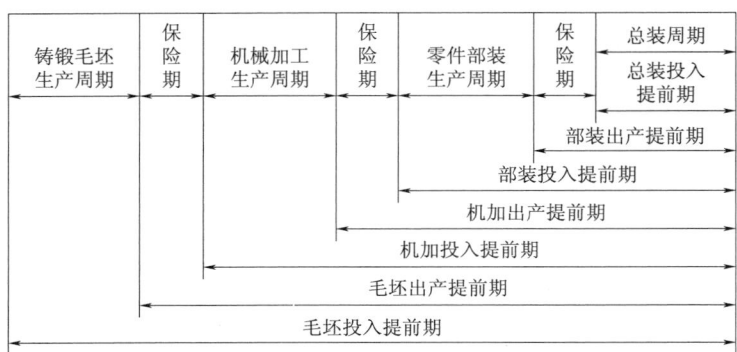

图5-9 提前期与生产周期、保险期关系示意

某车间出产提前期＝后续车间投入提前期＋保险期＋

(本车间生产间隔期－后车间生产间隔期)　　　　　　　　(5-19)

【例5-4】 对于某批产品，装配车间的批量为40件，生产周期为30天，生产间隔期为10天；机加车间的批量为120件，生产周期为50天，生产间隔期为30天，保险期为10天；毛坯车间的批量为240件，生产周期为20天，生产间隔期为60天，保险期为5天。则按式(5-18)、式(5-19)计算如下：

装配车间投入提前期＝30＋5＝35(天)

机加车间出产提前期＝35＋10＋(30－10)＝65(天)

机加车间投入提前期＝65＋50＝115(天)

毛坯车间出产提前期＝115＋5＋(60－30)＝150(天)

毛坯车间投入提前期＝150＋20＝170(天)

5.2.5 在制品占用量定额

在制品占用量定额是成批生产的另一个重要期量指标。同大量生产一样，成批生产的在制品占用量分作车间之间的占用量和车间内部的占用量，其构成如图5-10所示。与大量生产情况不同的是，成批生产的车间内部在制品占用量经常处于波动之中。

1. 车间内部在制品占用量 Z_{in}

车间内部在制品占用量包括正在加工的在制品、等待加工的在制品和处于运输或检验中的在制品等。其数量的确定分为以下两种情形，在不定期成批轮番生产条件下，在制品占用量只能得到大概的数量；在定期成批轮番生产条件下，根据生产周期、生产间隔期和批量情况，可采用图表法确定(图5-11)

2. 库存在制品占用量 Z_{st}

库存在制量占用量包括库存流动在制品占用量和库存保险占用量两种。

$$在制品占用量Z \begin{cases} 车间内部在制品 \\ 占用量Z_{in} \\ 库存在制品 \begin{cases} 库存流动占用量Z_{st1} \\ 占用量Z_{st} & 库存保险占用量Z_{st2} \end{cases} \end{cases}$$

图5-10 在制品占用量分类示意图

(1)库存流动在制品占用量 Z_{st1}。它是由于前后车间的批量和生产间隔期不同而形成的在制品占用量。其作用是协调前后车间的正常连续生产。由于前后车间交库与领用的方式不同，所以库存量处于变动之中，因此，需要分不同的情况确定库存流动占用量。

TR关系	生产周期	生产间隔期	T/R	进度			批量	在制品平均占用量	在制品期末占用量
				上旬	中旬	下旬			
$T=R$	10	10	1				20	20	20
$T<R$	5	10	0.5				20	10	20
$T<R$	5	10	0.5				20	10	0
$T>R$	20	10	2				20	40	40
$T>R$	25	10	2.5				20	50	60

图 5-11　批量生产时在制品占用量的各种情况

①前车间成批交库，后车间成批领用：当交库数量小于或等于领用数量时，假设后者是前者的整数倍，即后车间的生产间隔期是前车间的相同整数倍，则库存流动在制品占用量的变化如图 5-12 所示。其中，图 5-12（a）为后车间领用时间点在计划期内，前车间的第 1 个批量交库时，领用量为 3 个批量，则平均库存流动在制品占用量为 1 个批量。图 5-12（b）为后车间领用时间点在前车间的第 3 个批量交库后，第 4 个批量交货前，平均库存流动在制品占用量为 1.5 个批量。图 5-12（c）为后车间领用时间点在前车间的第 4 个批量交库时，平均库存流动在制品占用量为 2 个批量。

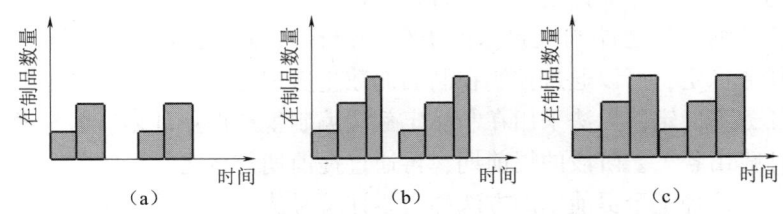

图 5-12　库存流动在制品占用量变化情况示意（一）
（a）库存流动在制品占用量为 1 个批量；（b）库存流动在制品占用量为 1.5 个批量；
（c）库存流动在制品占用量为 2 个批量

②前车间成批交库，后车间分批领用：当领用数量小于或等于交库数量时，假设后者是前者的整数倍，即前车间的生产间隔期是后车间的相同整数倍，则库存流动在制品占用量的变化如图 5-13 所示。其中，图 5-13（a）为后车间领用时间点在计划期内，前车间的第 1 个批量交库时，领用量为 1/3 个批量，则平均库存流动在制品占用量为 1 个批量。图 5-13（b）为后车间领用时间点在前车间的第 1 个批量交库后，1/3 个生产间隔期前，平均库存流动在制品占用量为 1.5 个批量。图 5-13（c）为后车间领用时间点在前车间的第 1 个批量交库后，1/3 个生产间隔期时，平均库存流动在制品占用量为 2 个批量。

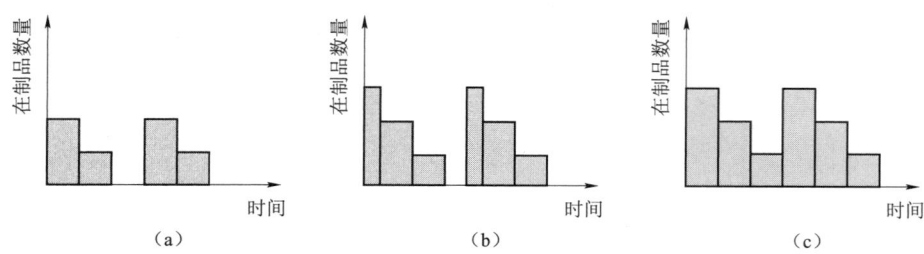

图 5-13　库存流动在制品占用量变化情况示意（二）
（a）库存流动在制品占用量为 1 个批量；（b）库存流动在制品占用量为 1.5 个批量；
（c）库存流动在制品占用量为 2 个批量

以上分析中是在领用间隔期与生产间隔期相同的情况下做出的，若两者不同，则情况更为复杂。

（2）库存保险占用量 Z_{st2}。库存保险占用量是由于前车间因意外原因造成交库延误时，为保证后车间正常生产而设置的在制品占用量。一般根据前车间交库延误天数和后车间平均日需要量计算：

$$Z_{st2} = D_{in} n_d \tag{5-20}$$

式中：D_{in} 为前车间的交库延误天数，亦即恢复间隔期；n_d 为后车间的平均日需要量。

由于交库延误天数具有不确定性，因此需依据统计资料分析确定。此外，确定库存保险占用量还应考虑到零件价值的大小，即从总的期望成本增量（由于延误造成的成本增量与库存成本增量）的角度考虑。

5.2.6　成批生产的生产作业计划编制

1. 厂级生产作业计划的编制

成批生产的厂级生产作业计划，安排各车间投入、产出的制品种类、时间与数量。成批生产的生产作业计划编制思路与大量生产类似，但在具体方法上又有不同。大量生产情况下，由于生产任务稳定，可以通过控制在制品的数量实现生产作业计划的编制。而成批生产情况下，生产任务不稳定，无法采用在制品定额法编制生产作业计划。但是通过产品的交货日期可以逆序计算出各工艺阶段的提前期，再通过提前期与量之间的关系，将提前期转化为投入量与出产量。这种基于提前期的方法称为累计编号法。采用累计编号法时，生产的产品必须实行累计编号。即从年初或开始生产该型号的产品起，按照成品出产的先后顺序，为每一个产品编一个累计号码。在同一个时间点，产品在某一生产工艺阶段上的累计号码，同成品出产的累计号码的差称为提前量，其大小与提前期成正比例。累计编号法的一般步骤如下：

（1）确定各个生产环节的提前期定额与批量定额。提前期包括投入提前期与出产提前期，某车间投入提前期＝车间出产提前期＋车间生产周期；而出产提前期的计算需要考虑先后两车间的批量是否相同，若批量相同，则某车间出产提前期＝后续车间投入提前期＋保险期，若批量不同，则某车间出产提前期＝后续车间投入提前期＋保险期＋（本车间生产间隔期－后续车间生产间隔期）。

（2）计算各车间在计划期末产品出产和投入应达到的累计号数。

$$N_o = N_{oe} + n_d T_o \tag{5-21}$$

$$N_{in} = N_{oe} + n_d T_{in} \tag{5-22}$$

式中：N_o 为本车间出产累计号；N_{oe} 为最后车间即装配车间出产累计号；N_{in} 为本车间投入累计号；T_o 为本车间出产提前期；T_{in} 为本车间投入提前期；n_d 为最后车间日均产量。

（3）计算各车间在计划期内产品出产量和投入量：

$$\Delta N_o = N_o - N_{o'} \tag{5-23}$$

$$\Delta N_{in} = N_{in} - N_{in'} \tag{5-24}$$

式中：ΔN_o 计划期本车间出产量；$N_{o'}$ 为本车间期初出产累计号；ΔN_{in} 计划期本车间投入量；$N_{in'}$ 本车间期初投入累计号。

（4）对计算出的产品出产量和投入量进行修正。使车间出产或投入的数量与批量相等或成整倍数关系。

【例 5-5】表 5-5 给出了某成批生产企业主要车间的批量、生产周期、生产间隔期、出产提前期以及投入提前期等期量标准。设 1 月上旬初装配车间已达到的出产累计编号为 220。按照累计编号法计算 1—4 月各车间的生产作业计划。

表 5-5 某成批生产企业主要车间的期量标准

车间	批量/件	生产周期/旬	间隔期/旬	保险期/旬	生产提前期/旬	投入提前期/旬
装配	20	1	1	1	0	1
加工	40	3	2	1	3	6
毛坯	80	1	4	2	10	11

首先，按照给定的出产累计编号的初值、批量和生产间隔期，计算 1—4 月各旬末应达到的装配车间出产累计编号；其次，计算 1—4 月各旬初装配车间应达到的投入累计编号，按照装配车间出产累计编号、日均产量以及投入提前期，依式（5-22）计算；最后，对于加工车间以及毛坯车间的投入累计编号与出产累计编号，按照式（5-23）与式（5-24）计算，计算结果见表 5-6。

表 5-6 各车间投入累计编号与出产累计编号计算结果表

项目	旬 / 月份	1 月 上	中	下	2 月 上	中	下	3 月 上	中	下	4 月 上	中	下
装配	出产	240	260	280	300	320	340	360	380	400	420	440	460
	投入	260	280	300	320	340	360	380	400	420	440	460	480
加工	出产		320				400		440		480		
	投入	360		400		440		480		520		560	
毛坯	出产	440				520				600			
	投入				520				600				680

用累计编号法确定各车间的生产任务有以下特点：在确定装配车间的出产累计编号后，可同时计算各车间的任务，而不必按照反工艺顺序方向依次计算；由于生产任务用累计编号表示，无须计算在制品数量，也不必按计划期初实际完成情况修正计划；若上期没有完成计划，其拖欠部分自然结转到下一期计划的任务中，因此，简化了计划编制工作；由于同一台产品的所有零件都属于一个累计编号，因而每个车间只要按照规定的累计编号生产，就能保证零件的成套出产。

2. 成批生产车间内部生产作业计划的编制

成批生产车间内部生产作业计划工作包括一系列的计划与控制工作。它要将下达的通常为台份的厂级生产作业计划分解为零件任务，再将零件任务细化为工序任务，分配到有关的生产单位或工作地，编制生产进度计划，并做好生产技术准备工作，组织计划的实施。由于在成批生产方式下，生产任务不稳定，订货常有变化；车间的零件任务众多，它们的工艺路线各不相同，多种工序共用生产设备。所有这些使得车间内生产作业计划工作变得比在大量生产情况下复杂得多，因此，需将其分解为不同的层次进行计划与控制。

一般分解为三个层次：作业进度计划、作业短期分配和作业的进度控制。

（1）作业进度计划的任务。作业进度计划是为计划期内的各项作业任务配制所需的生产能力，在满足交货要求而又保持负荷与能力相平衡的条件下，编制出各项作业任务的进度日程计划。进度日程计划的计划期在定期轮番生产条件下可与厂级作业计划同步；在不定期轮番生产条件下应小于厂级作业计划的计划期，如取半月为期或以旬为期。即将厂级作业计划的计划期拆分为两段或三段，逐段编制进度日程计划。计划的详细程度逐步降低。

（2）编制作业进度计划的步骤。

① 准备编制计划所需材料。

零件的工艺路线：用以说明零件加工所经过的工序，各工序使用的设备或工作中心，以及各工序的单件工时（表5-7）。

表5-7 零件的工艺路线资料

零件号：S1205 零件名称：驱动轴　　生产周期：30日　　生产批量：50				
工作中心	工序号	工序名称	调整时间/h	单件时间/h
1	10	车	0.4	0.125
3	20	铣	0.8	0.075
5	30	切齿	1.0	0.25
8	40	钻孔	0.3	0.25
9	50	热处理*		3日
7	60	磨外圆	0.6	0.3
6	70	磨齿	1.0	0.4
* 外协加工的供应周期。				

工作中心资料：工作中心是由同类型设备组成的设备组，是成批生产车间进行任务分配的基本生产单位。工作中心资料指提供计算生产能力所需的诸如班次、设备数量、生产效率、日有效能力及等待时间等数据；其中等待时间是为了应付作业在工作中心内排队等待加工以及为设备故障、质量事故等预留的时间。

外购外协件供应资料：包括外购外协件的供应来源、供应周期、供应来源的生产能力以及备选的供应来源等。

② 推算作业任务的工序进度日程。对于新投产的任务，应从交货日期开始，反工艺顺序，由后往前推算。按照工序时间、排队时间和运输时间决定作业任务在每道工序上的持续时间，计算出各工序的开始时间和结束时间。

对于已经在车间内加工，由上期结转的尚未完成的在制任务，则从当前工序开始，由前向后推算。

③ 计算生产能力需求量。根据生产任务的工序进度日程，将同一时间段内所有生产任务对同一工作中心需求的加工时间汇总起来，就得到在这一时间段生产任务对该工作中心的生产能力需求量，这样就可得到在计划期内该工作中心的负荷分布表（表5-8）。

表5-8　转塔车床工作中心负荷分布表

设备数：3		周有效能力：115 台时		
周	任务号	零件号	需要台时	累积台时
29	442	S3240	34.5	34.5
29	554	S2816	42.8	77.3
29	413	R0635	25.0	102.3
30	472	S1025	17.5	17.5
30	367	P6831	31.3	48.8
30	429	R4236	32.0	80.8
30	490	G0972	45.8	126.6
31	532	S3716	42.1	42.1
31	544	P5824	35.9	78.0

④ 调整工作中心负荷，使负荷与能力达到平衡。在得到每个工作中心的计划期负荷分布表后，需要做的是调整负荷分布，使得负荷与工作中心能够提供的生产能力达到平衡，而且尽可能均衡。如表5-8中，第29周、第30周、第31周的负荷分别为102.3台时、126.6台时、78.0台时，而转塔车床工作中心的周有效生产能力为115台时。第30周的负荷超过了生产能力且负荷分布不均衡。按照调整的目的，调整负荷的措施不外乎两类：一类属于降低负荷，另一类属于临时提高有效生产能力。

常用的降低负荷的措施：

● 修改进度日程。将某些生产任务从负荷过重的时间段移动到负荷较轻的时间段，采用时应注意移动造成的对前序的影响或对交货期的影响。

● 压缩制品在工作中心的等待时间，如在不停机的情况下，预先做好某些调整工作。

- 组织平行顺序加工。
- 将标准批量拆分为若干个小批量。

常用的临时提高有效生产能力的措施：
- 采用备选设备或工艺路线。
- 增加工人，增加班次，从而增加有效工作时间。
- 外协加工。

后两种措施会增加生产成本，应将其与延误造成的成本增量从经济角度相比较，做出选择。

⑤ 制订正式的作业进度计划和工作中心生产能力需求计划。根据负荷与能力的平衡结果，编制正式的作业进度计划和各工作中心生产能力需求计划。常用的形式除了规定工序的开工与结束时间的表格形式外，还有甘特图或横道图形式。

5.3 单件小批量生产的生产作业计划

5.3.1 单件小批量生产的特点

在单件小批量生产条件下，企业所生产产品的品种多，每个品种的产量很小，基本上是按照用户的订货需要组织生产的；产品的结构与工艺有较大的差异；生产的稳定性和专业化程度很低，生产设备采用通用设备，按照工艺原则组织生产单位。每个工作中心承担多种生产任务的加工。产品的生产过程间断时间、工艺路线和生产周期均长。但是，单件小批量生产方式具有生产灵活、对外部市场环境有较好的适应性等优点。基于上述特点，单件小批量生产的生产作业计划要解决的主要问题是，如何控制好产品的生产流程，使得整个生产环节达到均衡负荷，最大限度地缩短生产周期及按订货要求的交货期完成生产任务。

5.3.2 单件小批量生产的期量标准

单件小批量生产的期量标准有生产周期和总日历进度计划。

1. 生产周期

生产周期是单件小批量生产的基本期量标准。其构成同成批生产条件下产品的生产周期相同。由于产品品种多，因此通常只确定企业的主要产品和代表产品的生产周期，而其他产品可根据代表产品的生产周期加以比较，按其复杂程度确定。生产周期可采用编制产品生产周期图表的方法确定。编制过程中，按照产品的结构、工艺特点，主要考虑产品零件中的主要件和关键件在工艺上的逻辑衔接关系，确定产品的生产周期。在产品的零件繁多、工序衔接复杂的情况下，可以采用网络计划技术确定生产周期。

2. 总日历进度计划

总日历进度计划就是各项产品订货在日历时间上的总安排。其目的是验算各项任务在各个生产阶段所使用的设备和面积负荷，保证各工段、各工作地的负荷均衡，以利于生产任务的如期完成。验算时，首先验算关键设备的负荷，使关键设备的负荷均衡；其次验算关键性的进度，使关键件的进度满足装配的需要，进而保证交货日期的要求。对非关键件则可插空安排。

编制总日历进度计划包括两部分工作：编制各项订货的生产进度计划；验算平衡各阶段设备的负荷。具体编制过程如图 5-14 所示。

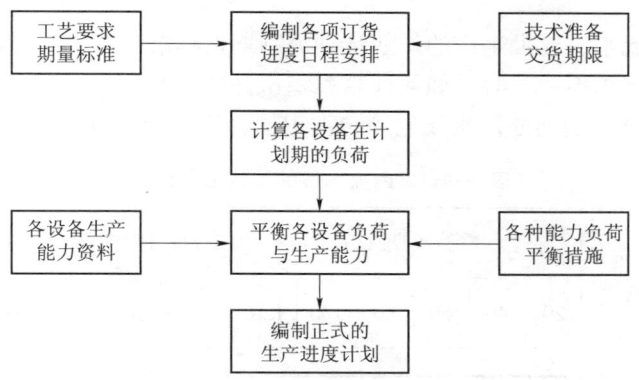

图 5-14　编制总日历进度计划过程示意

5.3.3　单件小批量生产作业计划的编制

单件小批量生产，由于每一种产品的产量很小，重复生产的可能性很小，无周转用在制品，在编制其作业计划时，主要考虑期限上的衔接、负荷与生产能力的均衡。常用的方法有以下几种：

1. 生产周期进度表法

此方法的具体过程与编制总日历进度计划的过程类似。首先依据订货合同确定产品的生产阶段；其次编制订货说明书，具体规定该产品在各车间的投入与出产期限；最后编制综合日历进度表。

2. 生产进度百分比法

所谓生产进度百分比法，就是对某项产品规定在各个时间段应完成总任务的百分比的方法，用百分比规定并控制各车间在每个时间段应完成的工作量，可以防止因生产延误而影响交货日期。具体过程是：首先根据产品的出产日期以及它们在各车间的生产周期，确定各车间制造该项产品的时间；其次，根据进度要求，下达完成计划任务的百分比；最后，车间根据百分比，计算出该项产品在本车间的总工作量并编制车间日历进度计划。此方法适用于生产周期长的大型产品。

3. 网络计划技术

网络计划技术是指在网络模型的基础上，对工程项目进行规划及有效的控制，使资源发挥最大的功能，以节省费用、缩短工期、提高工作效率的一种科学方法，它广泛用于项目管理、单件小批量生产计划。应用于生产作业计划工作的主要过程分为以下几个阶段。

（1）计划阶段。根据产品的结构、工艺路线、工序间的逻辑关系，绘制生产过程网络图。

（2）进度安排阶段。依据网络图，确定生产过程的关键工序，利用非关键工序的时差，通过调整工序的起讫日期对制造资源进行合理分配，编制出各工序的开工与完工时间进度表。

（3）控制阶段。应用网络图与时间进度表，定期对生产实际进展情况做出报告和分析，必要时修改网络图与进度表。

习题

1. 试简述大量流水、成批生产的作业计划编制期量标准都有哪些异同。
2. 当前后工序节拍不一致时，如何计算累积压件数量？
3. 试计算表5-9中的间断流水线的周转占用量，给出计算过程并填表。

表5-9　间断流水线的周转占用量表

工序号	工序时间/min	周转占用量形成地点	看管周期/min						看管周期初周转占用量/件	最大周转占用量	最大周转占用量发生时间点
			20	40	60	80	100	120			
1	10	1、2之间	————————————————								
2	4	2、3之间	——————————————(96)								
3	5	3、4之间	————————————————								

4. 已知某零件的加工批量为4，需要经过4道工序加工，每道工序的单件加工时间分别为10、5、20、8 min，试计算平行移动和平行顺序移动两种情况下的加工周期，并绘制设备的忙闲占用情况。

第6章
车间作业计划排产与动态调度

当物料需求计划已执行，并且经能力需求计划核准后确认生产能力满足负荷的要求时，就应根据物料的属性，生成生产作业计划或采购计划，其中生产作业计划以订单的形式下达到生产车间。在整个生产计划和控制系统中，生产作业控制是将物料需求计划的结果转变成可执行的作业活动。本章重点针对作业计划排产与动态调度技术进行详细描述，尤其对不同作业、不同作业中心数量的排序方法，柔性车间复杂生产调度模型及其优化方法，多品种变批量混线生产作业调度等进行介绍。

6.1 基本目标、功能与影响因素

车间作业计划（scheduling）是安排零部件（作业、活动）的出产数量、设备，以及人工使用、投入时间及产出时间。生产控制是以生产计划和作业计划为依据，检查、落实计划执行的情况，发现偏差即采取纠正措施，保证实现各项计划目标。通过制订车间作业计划和进行车间作业控制，可以使企业实现如下目标：满足交货期要求；使在制品库存最小；使平均流程时间最短；提供准确的作业状态信息；提高机器/人工的利用率；缩短调整准备时间；使生产和人工成本最低。

为保证在规定的交货期内提交满足顾客要求的产品，在生产订单下达到车间时，必须将订单、设备和人员分配到各工作中心或其他规定的地方。典型的生产作业排序和控制的功能包括：决定订单顺序（priority），即建立订单优先级，通常称之为排序；对已排序的作业安排生产，通常称之为调度（dispatch），调度的结果是将形成的调度单分别下发给各个工作中心；输入/输出（input/output）的车间作业控制。车间的控制功能主要包括：在作业进行过程中，检查其状态和控制作业的进度；加速迟缓的和关键的作业。车间作业计划与控制是由车间作业计划员来完成的。作业计划员的决策取决于以下因素：每个作业的方式和规定的工艺顺序要求，每个工作中心上现有作业的状态，每个工作中心前面作业的排队情况，作业优先级，物料的可得性，当天较晚发布的作业订单，工作中心资源的能力。

生产计划制订后，将生产订单以加工单形式下达到车间，加工单最后发到工作中心。对于物料或零组件来讲，有的经过单个工作中心，有的经过两个工作中心，有的甚至可能经过三个或三个以上的工作中心，经过的工作中心复杂程度不一，直接决定了作业计划和控制的难易程度。这种影响因素还有很多，在作业计划和控制过程中，通常要综合考虑下列因素的影响：作业到达的方式；车间内机器的数量；车间拥有的人力资源；作业移动方式；作业的

工艺、路线；作业在各个工作中心上的加工时间和准备时间；作业的交货期；批量的大小；不同的调度准则及评价目标。

6.2　基础数据与基本术语

车间作业计划和控制主要来自车间计划文件和控制文件。计划文件主要包括：项目主文件，用来记录全部有关零件的信息；工艺路线文件，用来记录生产零件的加工顺序；工作中心文件，用来记录工作中心的数据。控制文件主要有：车间任务主文件，为每个生产中的任务提供一条记录；车间任务详细文件——记载完成每个车间任务所需的工序；从工作人员处得到的信息。

除了了解车间作业计划和控制的信息源外，还要对相关的术语有一个了解，下面对一些常用术语做简单的介绍。

1. 加工单

加工单，有时候也称车间订单。它是一种面向加工作业说明物料需求计划的文件，可以跨车间甚至厂际协作使用。加工单的格式同工艺路线报表相似，加工单要反映出：需要经过哪些加工工序（工艺路线），需要什么工具、材料，能力和提前期如何。加工单的形成，首先必须确定工具、材料、能力和提前期的可用性，其次要解决工具、材料、能力和提前期可能出现的短缺问题。加工单形成后要下达，同时发放工具、材料和任务的有关文件给车间。

2. 派工单

派工单，有时也称调度单，是一种面向工作中心说明加工优先级的文件。它说明工作在一周或一个时期内要完成的生产任务。说明哪些工作已经完成或正在排队，应当什么时间开始加工，什么时间完成，加工单的需用日期是哪天，计划加工时数是多少，完成后又应传给哪道工序。又要说明哪些作业即将到达，什么时间到，从哪里来。有了派工单，车间调度员、工作中心操作员可以对目前和即将到达的任务一目了然。

3. 工作中心的特征和重要性

工作中心是生产车间中的一个单元，在这个单元中，组织生产资源来完成工作。工作中心可以是一台机器、一组机器或完成某一类型工作的一个区域，这些工作中心可以按工艺专业化的一般作业车间组织，或者按产品流程、装配线、成组技术单元结构进行组织。在工艺专业化情况下，作业须按规定路线、在按功能组织的各个工作中心之间移动。作业排序涉及如何决定作业加工顺序，以及分配相应的机器来加工这些作业。一个作业排序系统区别于另一个作业排序系统的特征是：在进行作业排序时是如何考虑生产能力的。

4. 无限负荷方法和有限负荷方法

无限负荷方法指的是当将工作分配给一个工作中心时，只考虑它需要多少时间，而不直接考虑完成这项工作所需的资源是否有足够的能力，也不考虑在该工作中，每个资源完成这项工作时的实际顺序。通常仅检查一下关键资源，大体上看看其是否超负荷。它可以根据各种作业顺序下的调整和加工时间标准所计算出的一段时间内所需的工作量来判定。

有限负荷方法是用每一订单所需的调整时间和运行时间对每一种资源详细地制订计划。提前期是将期望作业时间（调整和运行时间）加上运输材料和等待订单执行而引起的期望排队延期时间，进行估算而得到的。从理论上讲，当运用有限负荷时，所有的计划都是可行的。

5. 前向排序和后向排序

区分作业排序的另一个特征是，基于前向排序还是后向排序。在前向排序和后向排序中，最常用的是前向排序。前向排序指的是系统接受一个订单后，对订单所需作业按从前向后的顺序进行排序，前向排序系统能够告诉我们订单能完成的最早日期。后向排序，是从未来的某个日期（可能是一个约定的交货日期）开始，按从后向前的顺序对所需作业进行排序。后向排序告诉我们，为了按规定日期完成一个作业所必须开工的最晚时间。

6.3　车间作业排序的目标与分类

1. 排序的目标

当执行物料需求计划生成的生产订单下达至生产车间后，须将众多不同的工作，按一定顺序安排到机器设备上，以使生产效率最高。在某机器上或某工作中心决定哪个作业首先开始工作的过程，称为排序或优先调度排序，在进行作业排序时，需要用到优先调度规则。这些规则可能很简单，它仅须根据一种数据信息对作业进行排序。这些数据可以是加工时间，也可以是交货期内货物到达的顺序。

作业排序的目标是使完成所有工作的总时间最少，也可以是每项作业的流程平均延迟时间最少，或平均流程时间最少。除了总时间最少的目标外，还可以用其他的目标来进行排序。车间作业排序通常要达到以下目标：满足顾客或下一道作业的交货期；极小化流程时间（作业在工序中所耗费的时间）；极小化准备时间或成本；极小化在制品库存；极大化设备或劳动力的利用。最后一个目标是有争议的，因为保持所有设备和（或）员工一直处于繁忙的状态，可能不是工序管理生产中最有效的方法。

2. 排序和计划的关系

编制作业计划与排序不是同义语。作业计划是安排零部件（作业、活动）的出产数量、设备及人工使用、投入时间及出产时间，排序只是确定作业在机器上的加工顺序。可以通过一组作业代号的排列来表示该组作业的加工顺序。而编制作业计划，则不仅包括确定作业的加工顺序，而且还包括确定机器加工每个作业的开始时间和完成时间。因此，只有作业计划才能指导每个工人的生产活动。

人们常常不加区别地使用"排序"与"编制作业计划"。其实，编制作业计划与排序的概念和目的都是不同的，但是，编制作业计划的主要工作之一就是要确定最佳的作业顺序，而且，在通常情况下都是按最早可能开（完）工的时间来编排作业计划的。因此，当作业的加工顺序确定之后，作业计划也就确定了。

3. 排序问题的分类与表示法

作业的排序问题可以有多种分类方法，按机器的种类和数量，可以分为单台机器排序问题和多台机器排序问题；按加工路线的特征，可以分为单件车间排序问题和流水车间排序问题；按作业达到车间情况，可以分为静态排序问题和动态排序问题；按目标函数，可以分为平均流程时间最短或误期完工的作业数最少；按参数的性质，可以分为确定型排序问题与随机型排序问题；按实现的目标，可以分为单目标排序和多目标排序。排序问题必须建立合适的模型，存在一种通用的排序问题模型，即任何排序问题都可以用此模型描述，该模型是

$n/m/A/B$，其中 n 表示作业数量，n 必须大于 2，否则不存在排序问题；m 表示机器数量，m 等于 1 为单台机器的排序问题，m 大于 1 则为多台机器的排序问题；A 表示车间类型，即工件流经机器的形态类型［其中 J 表示单件车间调度问题（job-shop）、F 表示流水车间调度问题（flow-shop）；perm 表示置换流水线调度问题（permutation flow-shop）；O 表示开放式调度问题（open-shop）；K-parallel 表示 K 个机器并行加工调度问题］；B 为目标函数，目标函数可以是单目标，也可以是多目标，常见的目标有：

（1）基于加工完成时间的性能指标，如 C_{max}（最大完工时间）、$\bar{C}$（平均完工时间）、$\bar{F}$（平均流经时间）、F_{max}（最大流经时间）等。

（2）基于交货期的性能指标，如 $\bar{L}$（平均推迟完成时间）、L_{max}（最大推迟完成时间）、T_{max}（最大拖后时间）、$\sum_{i=1}^{n} T_i$（总拖后完成时间）、n_T（拖后工件个数）等。

（3）基于库存的性能指标，如 $\bar{N}_w$（平均待加工工件数）、$\bar{N}_c$（平均已完工工件数）、$\bar{I}$（平均机器空闲时间）等。

（4）多目标综合性能指标，如最大完工时间与总拖后完工时间的综合，即 $C_{max} + \lambda \sum_{i=1}^{n} T_i$ 等。

6.4　n 个作业单台工作中心排序

当 n 个作业全部经由一台机器处理时，属于 n 个作业单台工作中心的排序问题，即 $n/1$ 问题，这里的作业可以理解为到达工作中心的工件。模型如图 6-1 所示。图中，J_i 表示作业（$i=1$, 2, $\cdots$, n）。在这种情况下，可理解为每个作业或者订单只有一道工序的情况，属于一种较为简单的排序方式。

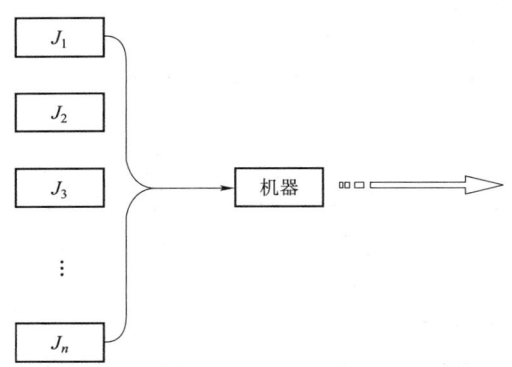

图 6-1　n 个作业单台工作中心的排序模型

n 个作业单台工作中心的排序目标如下。

（1）平均流程时间最短。平均流程时间即 n 个作业经由一台机器的平均流程时间。若已排定顺序，则任何一个作业，假设排在第 k 位，其流程时间 $F_k = \sum_{i=1}^{k} p_i$，其中 p_i 表示作业

i 的加工时间；总的流程时间为 $\sum\limits_{i=1}^{n} F_k$，全部作业的平均流程时间为

$$\bar{F} = \frac{\sum\limits_{i=1}^{n} F_k}{n} = \frac{\sum\limits_{k=1}^{n}\sum\limits_{i=1}^{k} p_i}{n} = \frac{\sum\limits_{i=1}^{n} (n-i+1)p_i}{n} \tag{6-1}$$

相应的目标函数为 $\min F$，即式（6-1）中的分子最小，即可将式（6-1）写为

$$\min\left[np_1 + (n-1)p_2 + (n-2)p_3 + \cdots + 2p_{n-1} + p_n \right] \tag{6-2}$$

（2）最大延迟时间、总延迟时间（或平均延迟时间）最小。单个工作中心的延期时间为 T_i，如果以最大延迟时间为最小，则其目标函数为

$$\min T_{\max} = \max\{T_i\}\,(i = 1,\ 2,\ \cdots,\ n) \tag{6-3}$$

若以总延迟时间为最小，则目标函数为

$$\min \sum\limits_{i=1}^{n} T_i \tag{6-4}$$

进行作业排序，需要利用优先调度规则，这些规则比较适用于以工艺专业化为导向的场所。优先规则通常以定量的数值来描述，常用的排序规则有以下几种。

（1）先到先服务（first come first served，FCFS）。根据按订单到达工作中心的先后顺序来执行加工作业，先来的先进行加工。在服务业，通常利用这种规则以满足顾客的要求，有时这种规则的实施要利用一些排队论的方法来配合。与此类似的还有后到先服务（last come first served，LCFS）规则。

（2）最短作业时间（shortest operation time，SOT）。所需加工时间最短的作业首先进行，然后是加工时间第二最短的，以此类推，即按照作业时间的反向顺序来安排订单。有的也将 SOT 规则称为最短加工时间（shortest processing time，SPT）规则。

通常在所有的作业排序规则中，最短加工时间规则是经常使用的规则，它可以获得最少的在制品、最小的平均工作完成时间以及最短的工作平均延迟时间。

（3）剩余松弛时间（slack time remained，STR）。剩余松弛时间是将在交货期前所剩余的时间减去剩余的总加工时间所得的差值，剩余松弛时间值越小，越有可能拖期，故 STR 最短的任务应最先进行加工。

（4）每个作业的剩余松弛时间（STR/OP）。STR 是剩余松弛时间，OP 表示作业的数量，STR/OP 则表示平均每个作业的剩余时间。这种规则不常用，因为该规则计算的每个作业剩余松弛时间只是一个平均的松弛时间，而每个作业的剩余松弛时间应该是不同的。

（5）最早到期日（earliest due date，EDD）。根据订单交期的先后顺序来安排订单，即交货期最早则应最早加工，将交货期最早的作业放在第一个进行。这种方法在作业时间相同时往往效果非常好。

（6）紧迫系数（critical ratio，CR）。紧迫系数是用交货期减去当前日期的差值除以剩余的工作日数，即

$$\mathrm{CR} = \frac{到期日 - 现在日期}{正常制造所剩余的提前期} \tag{6-5}$$

CR 的值有如下几种情况：CR = 负值，说明已经脱期；CR = 1 说明剩余时间刚好够用；CR>1，说明剩余时间有富裕；CR<1 说明剩余时间不够。

需要说明的是，当一个作业完成后，其余作业的 CR 值会有变化，应随时调整。紧迫系数越小，其优先级越高，故紧迫系数最小的任务先进行加工。

（7）最少作业数（fewest operations，FO）。根据剩余作业数来优先安排订单，该规则的逻辑是：较少的作业意味着有较少的等待时间，该规则的平均在制品少，制造提前期和平均延迟时间均较少。

（8）后到先服务。该规则经常作为缺省规则使用。因为后来的工单放在先来的上面，操作人员通常是先加工上面的工单。

上述排序的规则适用于若干作业在一个工作中心上的排序，这类问题被称为"n 个作业-单台工作中心的问题"或"$n/1$ 问题"，理论上，排序问题的难度随着工作中心数量的增加而增大，而不是随着作业数量的增加而增大，对 n 的约束是，它必须是确定的有限的数。下面以具体例子说明上述的排序规则。

【例 6-1】 现有 5 个订单需要在一台机器上加工，5 个订单到达的顺序为 A、B、C、D、E，相关的原始数据见表 6-1。

表 6-1 5 个订单的原始数据

订单	交货期/天	加工时间/天	剩余的制造提前期/天	作业数
A	7	1	5	5
B	5	2.5	6	3
C	6	4.5	6	4
D	8	5	7	2
E	9	2	11	1

分析：分别采用先到先服务规则、最短作业时间规则、最早到期日规则、剩余松弛时间规则、每个作业的剩余松弛时间规则、紧迫系数规则、最少作业数规则进行排序，并对排序的结果进行比较分析。

（1）先到先服务。订单按照到达的先后顺序决定顺序，到达的顺序为 A、B、C、D、E。则总的流程时间为 1+3.5+8+13+15 = 40.5（天），平均流程时间为 40.5/5 = 8.1（天），计算结果见表 6-2。

表 6-2 先到先服务的计算结果

订单	交货期/天	加工时间/天	作业数	流程时间/天	延迟时间/天
A	7	1	5	0+1 = 1	-6
B	5	2.5	3	1+2.5 = 3.5	-1.5
C	6	4.5	4	3.5+4.5 = 8	2
D	8	5	2	8+5 = 13	5
E	9	2	1	13+2 = 15	6

将每个订单的交货日期与其流程时间相比较，发现只有 A 和 B 订单能按时交货。订单 C、D 和 E 将会延期交货。表中延迟时间为负的表示不会延迟，3 个订单的延期时间分别为 2、5 和 6 天。总的延迟时间为 2+5+6 = 13（天），每个订单平均延迟时间为 13/5 = 2.6（天）。

（2）最短作业时间。订单加工顺序为 A、E、B、C、D。总的流程时间为 1+3+5.5+10+15 = 34.5（天）。平均流程时间为 34.5/5 = 6.9（天）。A 和 E 将准时完成，订单 B、C 和 D 将延迟，延迟时间分别是 0.5、4 和 7 天。总的延迟时间为 0+0+0.5+4+7 = 11.5（天），每个订单平均延迟时间为 11.5/5 = 2.3（天）。计算结果见表 6-3。

表 6-3　最短作业时间的计算结果

订单顺序	交货期/天	加工时间/天	作业数	流程时间/天	延迟时间/天
A	7	1	5	0+1=1	−6
E	9	2	1	1+2=3	−6
B	5	2.5	3	3+2.5=5.5	0.5
C	6	4.5	4	5.5+4.5=10	4
D	8	5	2	10+5=15	7

（3）最早到期日。订单加工顺序为 B、C、A、D、E。只有订单 B 按期完成，总的流程时间为 2.5+7+8+14+15 = 45.5（天），平均每个订单流程时间为 45.5/5 = 9.1（天）。订单 B 按期完成，订单 C、A、D 和 E 将延迟，延迟时间分别为 1、1、5 和 6 天。总的延迟时间为 0+1+1+5+6 = 13（天），平均延迟时间为 13/5 = 2.6（天）。计算结果见表 6-4。

表 6-4　最早到期日的计算结果

订单顺序	交货期/天	加工时间/天	作业数	流程时间/天	延迟时间/天
B	5	2.5	3	0+2.5=2.5	−2.5
C	6	4.5	4	2.5+4.5=7	1
A	7	1	5	7+1=8	1
D	8	5	2	8+5=13	5
E	9	2	1	13+2=15	6

（4）剩余松弛时间。订单加工顺序为 C、B、D、A、E。只有订单 C 按期完成，总的流程时间为 4.5+7+12+13+15 = 51.5（天），平均每个订单流程时间为 51.5/5 = 10.3（天）。订单 B、D、A 和 E 将延迟，延迟时间分别为 2、4、6 和 6 天。总的延迟时间为 0+2+4+6+6 = 18（天），平均延迟时间为 18/5 = 3.6（天）。计算结果见表 6-5。

表 6-5　剩余松弛时间的计算结果

订单顺序	交货期/天	加工时间/天	松弛时间/天	流程时间/天	延迟时间/天
C	6	4.5	1.5	4.5+0=4.5	−1.5
B	5	2.5	2.5	4.5+2.5=7	2
D	8	5	3	7+5=12	4
A	7	1	6	12+1=13	6
E	9	2	7	13+2=15	6

（5）每个作业的剩余松弛时间。订单加工顺序为 C、B、A、D、E。只有订单 C 按期完成，总的流程时间为 4.5+7+8+13+15=47.5（天），平均每个订单流程时间为 47.5/5=9.5（天）。订单 B、A、D 和 E 将延迟，延迟时间分别为 2、1、5 和 6 天。总的延迟时间为 0+2+1+5+6=14（天），平均延迟时间为 14/5=2.8（天）。计算结果见表 6-6。

表 6-6　每个作业剩余松弛时间的计算结果

订单顺序	加工时间/天	交货期/天	作业数	松弛时间/天	每个作业剩余松弛时间/天	流程时间/天	延迟时间/天
C	4.5	6	4	1.5	0.375	4.5+0=4.5	−1.5
B	2.5	5	3	2.5	0.83	4.5+2.5=7	2
A	1	7	5	6	1.2	7+1=8	1
D	5	8	2	3	1.5	8+5=13	5
E	2	9	1	7	7	13+2=15	6

（6）紧迫系数。订单顺序为 E、B、C、D、A。总的流程时间为 2+4.5+9+14+15=44.5（天），平均每个订单的流程时间为 44.5/5=8.9（天）。订单 E 和 B 能按期完成，订单 C、D 和 A 的延期时间分别为 3、6 和 8 天，总的延迟时间为 0+0+3+6+8=17（天），平均延迟时间为 17/5=3.4（天）。计算结果见表 6-7。

表 6-7　紧迫系数计算结果

订单顺序	交货期/天	加工时间/天	剩余的制造提前期/天	紧迫系数	流程时间/天	延迟时间/天
E	9	2	11	0.82	0+2=2	−7
B	5	2.5	6	0.83	2+2.5=4.5	−0.5
C	6	4.5	6	1.00	4.5+4.5=9	3
D	8	5	7	1.14	9+5=14	6
A	7	1	5	1.40	14+1=15	8

（7）最少作业数。订单加工顺序为 E、D、B、C、A。只有订单 E 和 D 能按期完成，总的流程时间为 2+7+9.5+14+15＝47.5（天），平均每个订单流程时间为 47.5/5＝9.5（天）。订单 B、C、A 将延迟，延迟时间分别为 4.5、8、8 天，总的延迟时间为 0+0+4.5+8+8＝20.5（天），平均延迟时间为 20.5/5＝4.1（天）。计算结果见表 6-8。

表 6-8　最少作业数计算结果

订单顺序	加工时间/天	交货期/天	作业数	流程时间/天	延迟时间/天
E	2	9	1	0+2＝2	−7
D	5	8	2	2+5＝7	−1
B	2.5	5	3	7+2.5＝9.5	4.5
C	4.5	6	4	9.5+4.5＝14	8
A	1	7	5	14+1＝15	8

上述七大规则的排序结果对比见表 6-9。

表 6-9　几种排序结果的对比

排序规则	订单顺序	平均流程时间/天	平均延迟时间/天
FCFS	A、B、C、D、E	8.1	2.6
SOT	A、E、B、C、D	6.9	2.3
EDD	B、C、A、D、E	9.1	2.6
STR	C、B、D、A、E	10.3	3.6
STR/OP	C、B、A、D、E	9.5	2.8
CR	E、B、C、D、A	8.9	3.4
FO	E、D、B、C、A	9.5	4.1

由表 6-9 可知，采用最短作业时间规则进行排序所获得的结果最好，对于"n/1"排序问题，无论是采用本范例中的评价指标还是采用如等待时间最小等其他指标，最短作业时间都能获得最佳的方案，所以，该规则被称为"在整个排序学科中最重要的概念"。

当然，最终采取什么样的排序方式，取决于决策部门的目标，通常的目标有：满足顾客或下一道工序作业的交货期；平均延迟的订单数最少；极小化流程时间（作业在工序中所耗费的时间）；极小化在制品库存；延迟时间极小化；极小化设备和工人的闲置时间。这些目标也不是绝对的，因为有的订单可能强调交货期，而有的订单可能对交货期的要求不高，有的则可能强调设备的利用率，等等。完成这些排序的目标，还必须取决于设备及人员的柔性，而获得这种柔性则与作业方法的改善、设施规划、作业交换期的缩短、员工的多能化训练、制造单元技术、群组技术等相关。

6.5 n 个作业两台工作中心排序

6.5.1 n/2 排序问题的模型

设有 n 个作业，加工过程经过两个工作中心 A 和 B，并且所有作业的加工顺序都是先经过工作中心 A，再到工作中心 B，这种问题被称为"$n/2$"排序问题，可以用约翰逊 (Johnson) 规则或方法来进行排序。$n/2$ 相当于每个作业有两个顺序工序的一种排序问题。n 个作业两台工作中心的排序模型如图 6-2 所示。

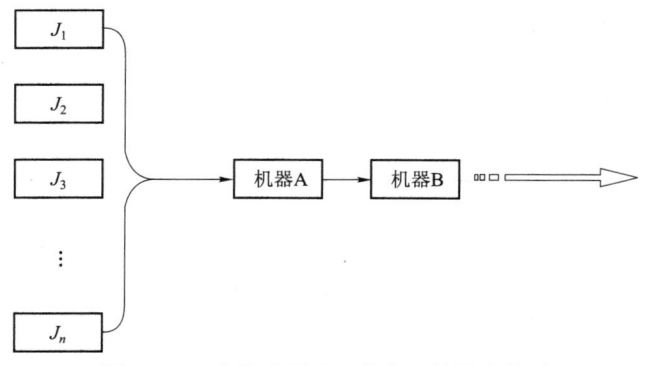

图 6-2 n 个作业两台工作中心的排序模型

6.5.2 n/2 排序问题的描述

约翰逊规则是由约翰逊于 1954 年提出的，其目的是最小化从第一个作业开始到最后一个作业结束的全部流程时间。约翰逊规则可以描述为：设 p_{ij}（$i=1, 2, \cdots, n$；$j=1, 2$）表示第 i 个作业在第 j 个机器上的加工时间，在所有的 p_{ij}（$i=1, 2, \cdots, n$；$j=1, 2$）中，取其最小值，如果 $j=1$，即表示该作业在机器 1 上的加工时间，最短的作业来自第 1 个工作中心，则应首先加工该作业，排序时排在最优；如果 $j=2$，则排序时把该作业放在后面，待该作业删除后，再重复上述步骤，直至所有作业排完为止。如果出现最小值相同的情况，则任意排序，即既可以尽量往前排又可以尽量往后排。

6.5.3 n/2 排序问题的目标

多台机器排序的目标一般也是使最大完成时间（总加工周期）F_{max} 最短。可以将"$n/2$"排序问题用图 6-3 所示的甘特图来描述。在图 6-3 中，可以很清楚地看出 F_{max} 的构成。

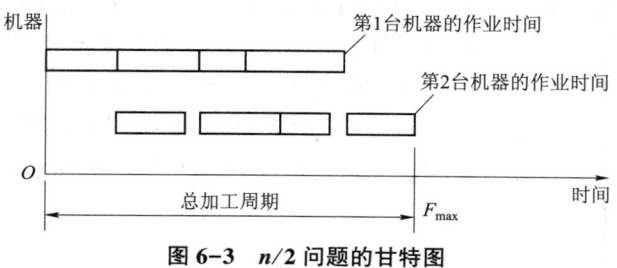

图 6-3 n/2 问题的甘特图

【**例 6-2**】 现有 5 个订单，每个订单在两台工作中心上的作业时间见表 6-10 所列。

表 6-10 5 个订单在两台工作中心上的作业时间

订单	在工作中心 1 上的作业时间/天	在工作中心 2 上的作业时间/天
1	4	3
2	1	2
3	5	4
4	2	3
5	5	6

分析：如表所列，$p_{11}=4$，$p_{12}=3$，$p_{21}=1$，$p_{22}=2$，$p_{31}=5$，$p_{32}=4$，$p_{41}=2$，$p_{42}=3$，$p_{51}=5$，$p_{52}=6$。

从上述 10 个时间值中找出最小值为 $p_{21}=1$，因为 $i=2$，$j=1$，则作业 2 排在最前面，然后将该作业从表中划掉。在剩下的 4 个作业中，最小值为 $p_{41}=2$，因为 $i=4$，$j=1$，则作业 4 尽量往前排，故排在作业 2 的后面。同样将该作业从表中划掉，此时，从作业 1、3 和 5 中找出最小值，$p_{12}=3$，因为 $i=1$、$j=2$，故作业 1 尽量往后排，应将它排在最后面。以此类推，最后得到的排序结果为 2、4、5、3、1。过程见表 6-11。对应的甘特图如图 6-4 所示。由图 6-4 可知，机器 1 无闲置时间（一定是这样），机器 2 的闲置时间为 2 天。总的完成时间为 21 天。

表 6-11 排序过程和结果

步骤	p_{ij}最小值	排序结果
1	$p_{21}=1$	2 , ____ , ____ , ____ , ____
2	$p_{41}=2$	2 , 4 , ____ , ____ , ____
3	$p_{12}=3$	2 , 4 , ____ , ____ , 1
4	$p_{32}=4$	2 , 4 , ____ , 3 , 1
5	$p_{51}=5$	2 , 4 , 5 , 3 , 1

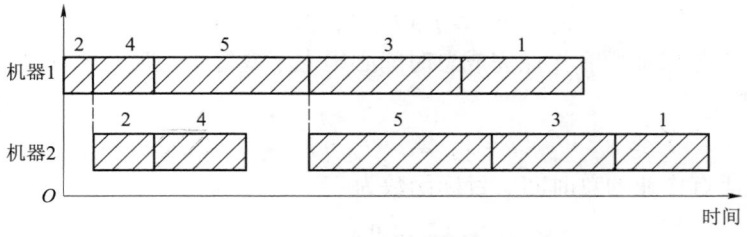

图 6-4 【例 6-2】的甘特图

对于 n 个作业在两台机器上的排序，必须注意下列问题：

（1）第 1 台机器为连续安排作业，无须等待时间，故闲置时间为零；

（2）第 1 台机器的排序和第 2 台机器的排序结果相同，显而易见，如果第 2 台机器排序和第 1 台机器排序不一样，则势必会造成等待时间的增加，从而不能保证总的完成时间最小；

（3）第 2 台机器的闲置时间是造成总时间增加的唯一因素，应尽量缩短这种闲置浪费时间；

（4）最小所有作业完成总时间有时不一定是唯一的一种排序结果，如果在排序时出现最小时间值相同的两个作业，则可任意选择其中的一种进行排序，这样就会造成不同的排序结果。

6.6 n 个作业 m 台工作中心排序

6.6.1 n/m 问题的建模

如果 n 个作业需要在 m 台机器上加工，这就是"n/m"排序问题，这种车间作业相对比较复杂，排序的计算量非常大，此时，必须借助计算机利用一定的数学算法编制程序进行排序。算法有很多，本节拟介绍一种整数规划方法。利用整数规划进行排序首先要建立数学模型，建立数学模型时要考虑以下几个约束条件。

第一个约束条件是考虑每个作业在机器上的作业次序，例如，对于第 i 个作业，如果需要先在第 j 个机器上加工，然后再到第 k 个机器上，则应满足如下约束条件：

$$t_{ik} \geqslant t_{ij} + p_{ij}(i = 1, 2, \cdots, n; j, k = 1, 2, \cdots, m) \tag{6-6}$$

式中：t_{ij} 为第 i 个作业在第 j 个机器上的开始加工时间；p_{ij} 为加工时间。

所有作业都必须满足这个约束条件，即工艺路线的工序前后顺序约束。

第二个约束条件是保证某一作业没有完成之前，不要插入其他作业，这里需要引入整数变量 x_{ir}，该变量取值如下：

$$x_{ir} = \begin{cases} 0(\text{表示 } i \text{ 作业应在 } r \text{ 作业后面}) \\ 1(\text{表示 } i \text{ 作业应在 } r \text{ 作业前面}) \end{cases} \tag{6-7}$$

若 $x_{ir} = 1$，则第 i 个作业先做，此时，应满足以下约束条件：

$$x_{rj} - x_{ij} \geqslant p_{ij}(j = 1, 2, \cdots, m) \tag{6-8}$$

即保证第 r 作业开始的时间至少等待第 i 个作业完成后。

若 $x_{ir} = 0$，则第 r 个作业先做，此时，应满足以下约束条件：

$$x_{ij} - x_{rj} \geqslant p_{ij}(j = 1, 2, \cdots, m) \tag{6-9}$$

最后一个条件是保证所有作业完成总时间必须大于或等于最后一件作业的开始时间与加工时间之和，即

$$F \geqslant x_{ij} + p_{ij}(i = 1, 2, \cdots, n; j = 1, 2, \cdots, m)$$

式中：F 为完成所有作业的总时间。目标函数为

$$\min F$$

6.6.2 指派法

前面介绍的几种排序问题都是各个作业按照一定的次序在所有工作中心上完成加工的，各个作业不是同时开始的，有些情况下车间有足够数量的合适的工作中心，这样所有的作业

都可以在同一时间开始进行。对于这样的排序问题，关键不是在于哪个作业最先进行，而是将哪个作业指派给哪个工作中心，以使排序最佳。所以，对于 n 个作业来讲，因为是同时进行，其排序问题就是 n 个作业 n 台工作中心排序。可以使用指派法对"n/n"排序问题进行排序，指派法是线性规划中运输方法的一个特例。其目的是极小化或极大化某些效率指标。指派法比较适合解决具有如下特征的问题：有 n 个"事项"需要分配到 n 个"目的地"；每个事项必须被派给一个而且是唯一的目的地；只能用一个标准（例如，最小成本、最大利润或最少完成时间等）。

指派法用于"n/n"排序问题的具体步骤如下：

（1）将每行中的数减去该行中的最小数（这将会使每行中至少有一个0）。

（2）将每列中的各个数量减去该列中的最小数（这将会使每列中至少有一个0）。

（3）判断覆盖所有0位置的最少线条数是否等于 n。如果相等，就得到了一个最优方案，因为作业只在0位置上指派给工作中心；如果满足上述要求的线条数少于 n 个，转至第（4）步。

（4）画出尽可能少的线，使这些线穿过所有的0［这些线可能与步骤（3）中的线一样］。将未被这些线覆盖的数减去其中最小的，并将位于线交点位置上的数加上该最小的数，重复步骤（3）。

【例6-3】现有5个作业要在5台工作中心上完成，完成每个作业的成本见表6-12所列的成本分配矩阵。

表6-12 5个作业在5台工作中心上的成本分配矩阵 元

订单	A	B	C	D	E
第1个工作中心	5	6	4	8	3
第2个工作中心	6	4	9	8	5
第3个工作中心	4	3	2	5	4
第4个工作中心	7	2	4	5	3
第5个工作中心	3	6	4	5	5

步骤1：行减，即从本行中减去本行最小数，结果见表6-13。

表6-13 行减后的成本矩阵 元

订单	A	B	C	D	E
第1个工作中心	2	3	1	5	0
第2个工作中心	2	0	5	4	1
第3个工作中心	2	1	0	3	2
第4个工作中心	5	0	2	3	1
第5个工作中心	0	3	1	2	2

步骤2：列减，即每一列减去本列中最小的数，结果见表6-14。

表6-14　列减后的成本矩阵　　　　　　　　　　　　　　　元

订单	A	B	C	D	E
第1个工作中心	2	3	1	3	0
第2个工作中心	2	0	5	2	1
第3个工作中心	2	1	0	1	2
第4个工作中心	5	0	2	1	1
第5个工作中心	0	3	1	0	2

步骤3：应用线覆盖表6-14中的零元素，因为覆盖全部0的线数是4，见表6-15，而要求应为5才能获得最佳解，所以应转至下一步。

表6-15　覆盖所有0的最少线条数示意　　　　　　　　　　元

订单	A	B	C	D	E
第1个工作中心	2	3	1	3	0
第2个工作中心	2	0	5	2	1
第3个工作中心	2	1	0	1	2
第4个工作中心	5	0	2	1	1
第5个工作中心	0	3	1	0	2

步骤4：将未覆盖的数减去前面直线交点最小的数，并将该最小的数加到直线的交点上，见表6-16。再用步骤3所得的线来检验画线就得到表6-17所列的结果，这种覆盖全部零元素的画法可能不止一种。

表6-16　成本矩阵的调整　　　　　　　　　　　　　　　元

订单	A	B	C	D	E
第1个工作中心	1	4	0	2	0
第2个工作中心	1	0	4	1	1
第3个工作中心	2	2	0	1	3
第4个工作中心	4	0	1	0	1
第5个工作中心	0	3	1	0	3

表 6-17　最后分配结果

元

订单	A	B	C	D	E
第 1 个加工中心	1	3	0	2	0
第 2 个加工中心	1	0	4	1	1
第 3 个加工中心	2	2	0	1	3
第 4 个加工中心	4	0	1	0	1
第 5 个加工中心	0	4	1	0	3

最优的分配及其成本如下：

（1）作业 E 分配至第 1 个工作中心 3 元；

（2）作业 B 分配至第 2 个工作中心 4 元；

（3）作业 C 分配至第 3 个工作中心 2 元；

（4）作业 D 分配至第 4 个工作中心 5 元；

（5）作业 A 分配至第 5 个工作中心 3 元。

总成本 17 元。

这样，排序的第 1 步已经完成，5 个作业同时进行，则在后续的几个作业步骤中，继续用指派法进行排序，直至所有作业完成所有的加工为止。

6.7　单件作业车间生产调度模型及优化

在离散制造系统中调度问题种类繁多，其中单件车间调度问题（job-shop scheduling problem，JSP）是最基本、著名的调度问题，也是 NP 难问题，不可能找到精确求得最优解的多项式时间算法。

6.7.1　基本问题描述

job-shop 调度问题是最困难的组合优化问题之一，也是 NP 难问题。研究者为解决这个难题已付出几十年的努力，但至今最先进的算法仍很难得到规模较小问题的最优解。近年来，人们通过模拟自然界中生物、物理过程运行规律而发展的超启发算法，如遗传算法、禁忌搜索算法、模拟退火算法等，在解决调度问题中受到越来越普遍的关注。这些算法在很大程度上克服了传统算法（如动态规划、分支定界方法等）存在缺乏可量测性的不足，为解决调度问题提供了新的思路和手段。

一般 job-shop 调度问题可描述为：n 个工件在 m 台机器上加工，每个工件有特定的加工工艺，每个工件使用机器的顺序及其每道工序所花的时间给定，调度问题就是如何安排在每台机器上工件的加工顺序，使得某种指标最优。假设：

（1）不同工件的工序之间没有顺序约束。

（2）某一工序一旦开始加工就不能中断，每个机器在同一时刻只能加工一个工序。

（3）机器不发生故障。

调度的目标就是确定每个机器上工序的加工顺序和每个工序的开工时间，使最大完工时

间 $C_{\max}$（makespan）最小或其他指标达到最优。job-shop 调度问题简明表示为 $n/m/J/C_{\max}$。

6.7.2　遗传算法概述

遗传算法是在 20 世纪六七十年代由美国密歇根大学的 Holland 教授创立。60 年代初，Holland 在设计人工自适应系统时提出应借鉴遗传学基本原理模拟生物自然进化的方法。1975 年，Holland 出版了第一本系统阐述遗传算法基本理论和方法的专著，其中提出了遗传算法理论研究和发展中最重要的模式理论（schemata theory）。因此，一般认为 1975 年是遗传算法的诞生年。同年，de Jong 完成了大量基于遗传算法思想的纯数值函数优化计算实验的博士论文，为遗传算法及其应用打下了坚实的基础。1989 年，Goldberg 的著作对遗传算法做了全面系统的总结和论述，奠定了现代遗传算法的基础。

遗传算法是一种基于"适者生存"的高度并行、随机和自适应的优化算法，通过复制、交叉、变异将问题解编码表示的"染色体"群一代代不断进化，最终收敛到最适应的群体，从而求得问题的最优解或满意解。其优点是原理和操作简单、通用性强、不受限制条件的约束，且具有隐含并行性和全局解搜索能力，在组合优化问题中得到广泛应用。最早将遗传算法应用于 job-shop 调度问题的是 Davis。遗传算法求解 job-shop 调度问题时较少应用邻域知识，更适合应用于实际。如何利用遗传算法高效求解 job-shop 调度问题，一直被认为是一个具有挑战意义的难题，并成为研究的热点。

遗传算法中交叉算子是最重要的算子，决定着遗传算法的全局收敛性。交叉算子设计最重要的标准是子代继承父代优良特征和子代的可行性。邵新宇等人在深入分析 job-shop 调度问题的基础上，提出了一种基于工序编码的 POX 方法，将其与其他基于工序编码的交叉进行比较，证明了该交叉方法解决 job-shop 调度问题的有效性。同时，为解决传统遗传算法在求解 job-shop 调度问题的早熟收敛，邵新宇等人还设计了一种改进的子代交替模式遗传算法，明显加快了遗传算法收敛的速度，此原理同样适用于其他组合优化问题。邵新宇等人所提出的遗传算法的变异不同于传统遗传算法中的变异操作（为保持群体的多样性），是通过局部范围内搜索改善子代的性能。

6.7.3　改进遗传算法的求解 job-shop 调度问题

1. 编码和解码

编码采用 Gen 等提出的基于工序的编码，其具有解码和置换染色体后总能得到可行调度的优点，可以完全避免不可行解。这种编码方法是将每个工件的工序都用相应的工件序号表示，然后根据相同序号在染色体出现的次序进行编译。对于 n 个工件在 m 台机器加工的调度问题，其染色体由 $n \times m$ 个基因组成，每个工件序号只能在染色体中出现 m 次，从左到右扫描染色体，第 k 次出现的工件序号，表示该工件的第 k 道工序。

表 6-18 所示为一个 3×3 的 job-shop 调度问题，假设它的一个染色体为［2 1 1 3 1 2 3 3 2］，其中 1、2、3 表示工件是 J1、J2、J3。染色体中的 3 个 1 表示工件 J1 的 3 个工序，此染色体对应的机器分配为［3 1 2 2 3 1 3 1 2］，每台机器上工件加工顺序（简称机器码）见表 6-19，从而形成了一种表达调度方案的编码方案。

编码之后还需要进行解码处理。邵新宇等人提出一种左移和右移的全主动解码算子。此算法首先从第 1 道工序开始，按顺序将每道工序向左移插入到对应机器上最早的空闲时段安排加工，直到序列上所有工序都安排在最佳可行的地方；然后将染色体和工艺路线反转，重复以上步骤，这样的解码过程能保证生成全主动调度。由于最优调度包括在主动调度中，运用全主动调度可进一步减少搜索的空间，然后将生成全主动调度的机器码转化基于工序编码的染色体。基于工序编码的染色体与机器码可以互相转换，虽然工序编码方法置换染色体后总能得到可行调度，但不同染色体可能对应同一机器码，即可能对应相同的调度解。运用全主动调度染色体的交叉和变异，将交叉和变异后的染色体转化为全主动调度染色体。

表 6-18　3×3 的 job-shop 调度问题

工件	机器顺序（加工时间）		
	工序 1	工序 2	工序 3
J1	1（3）	2（3）	3（3）
J2	3（2）	1（3）	2（4）
J3	2（2）	3（2）	1（3）

表 6-19　一个 3×3 的 job-shop 调度问题调度解

机器号	工件顺序		
M1	1	2	3
M2	3	1	1
M3	2	3	1

2. 适应度函数

在遗传算法中，适应度是个体对生存环境的适应程度，适应度高的个体将获得更多的生存机会。适应度的值 f_n 可以从目标值的最大完工时间 p_n 转化来，本章适应度 f_n 为

$$f_n = k/(p_n - b) \tag{6-10}$$

式中：k 和 b 都为常数，用来控制适应度的大小和比例。

3. 选择算子

选择操作的作用是避免有效基因的损失，使高性能的个体得以更大的概率生存，从而提高全局收敛和计算效率。常用的方法有比例（或赌轮）选择（fitness proportional model）、最佳个体保存（elitist model）、排序选择（rankbased model）和锦标选择（tournament selection）。

采用最佳个体保存和比例选择两种策略相结合的方式。最佳个体保存方法是用最优父代个体替代子代的任意个体；比例选择方法是用正比于个体适应度的概率来选择相应的个体，即产生随机数 $rand \in [0, 1]$，若满足：

$$\sum_{j=1}^{i-1} f_j \Big/ \sum_{j=1}^{popsize} f_j < rand \leqslant \sum_{j=1}^{i} f_j \Big/ \sum_{j=1}^{popsize} f_j \tag{6-11}$$

则选择状态 i 进行复制，其中 f_j 为个体的适应度。

4. 交叉操作

交叉操作是遗传算法中最重要的操作，它决定遗传算法的全局搜索能力。遗传算法假定，若一个个体的适应度较好，则基因链码中的某些相邻关系片段较好，并且由这些链码所构成的其他个体的适应度也较好。在表现型（phenotype）空间显示的特征对应于基因型（genotype）的基因块。在 job-shop 调度问题的研究中可以发现这样的事实：如果机床 m 上加工相邻工件 i、j 所得到的解的指标比较好，那么包含这一顺序 i、j 的其他很多解的指标也比较好。

为了在 job-shop 调度问题中成功应用 GA，完全性、合理性、非冗余和特征保留等标准必须满足。在 job-shop 调度问题中设计交叉操作最重要的标准是子代对父代优良特征的继承性和子代的可行性。在其他编码方案中，研究人员曾提出许多较好的交叉操作，如 JOX（the job-based order crossover）、SXX（subsequence exchange crossover）、PPX（precedence preservation crossover）、SPX（set-partition crossover）、GT crossover、LOX 等，其中基于机器编码的交叉操作 JOX 能很好地继承父代特征，但其产生的子代并不总为可行调度。虽然基于工序编码的交叉具有子代都是可行的优点，但编码相邻染色体没有表现出每台机器上工序次序的 job-shop 调度问题特性，造成现今许多文献设计的基于工序编码的交叉很难继承父代的特征。通过研究 JOX、SXX、PPX、SPX 等交叉操作，邵新宇等人提出一种基于工序编码的新的交叉操作（precedence operation crossover，POX），它能够很好地继承父代优良特征，并且子代总是可行的。在相同条件下，POX 交叉操作能够得到比其他基于工序编码的交叉操作更好的结果。设父代 $m×n$ 染色体 Parent1 和 Parent2，POX 产生 Child1 和 Child2，POX 的具体流程如下：

（1）随机划分工件集 $\{1, 2, 3, \cdots, n\}$ 为两个非空的子集 J_1 和 J_2。

（2）复制 Parent1 中包含在 J_1 中的工件到 Child1，复制 Parent2 中包含在 J_1 的工件到 Child2，保留它们的位置。

（3）复制 Parent2 中包含在 J_2 中的工件到 Child1，复制 Parent1 中包含在 J_2 的工件到 Child2，保留它们的顺序。

图 6-5 说明了 4×3 调度问题的两个父代交叉过程。两父代 Parent1、Parent2 交叉生成 Child1 染色体基因为 [3 2 2 1 2 3 1 4 4 1 4 3]，Child2 染色体基因为 [4 1 3 4 2 2 1 1 2 4 3 3]。可以看出，经过 POX 保留了工件 [2, 3] 在机器上的位置，使子代继承父代每台机器上的工件次序。不同于 JOX，由于 POX 是基于工序编码，生成子代染色体无须运用 GT 方法将不可行调度强制转化为可行调度。

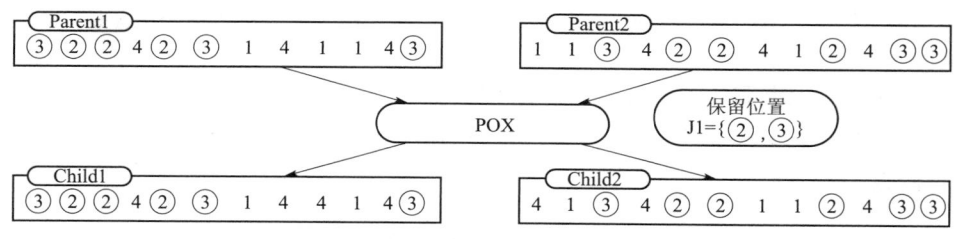

图 6-5 POX 过程

5. 变异操作

在传统遗传算法中，变异是为了保持群体的多样性，它是由染色体较小的扰动产生的。传统调度问题的遗传算法变异操作有交换变异、插入变异和逆转变异等。采用一种基于邻域搜索的新型变异操作，它可通过局部范围内搜索来改善子代的性能，如图 6-6 所示。其具体结构如下：

（1）设 $i=0$。

（2）判断 $i \leqslant popsize \times P_m$ 是否成立（其中 $popsize$ 是种群规模，P_m 是变异概率），是则转到步骤（3），否则转到步骤（6）。

（3）取变异染色体上 λ 个不同的基因，生成其排序的所有邻域。

（4）评价所有邻域的调度适应值，取其中的最佳个体。

（5）$i=i+1$。

（6）结束。

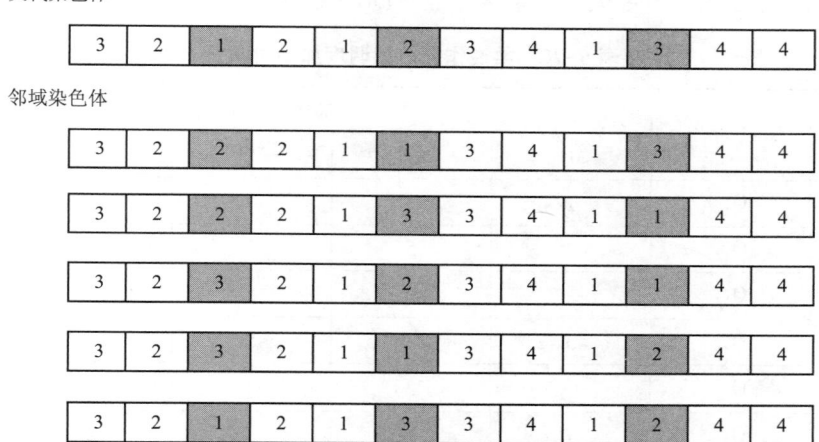

图 6-6 基于邻域搜索模型的变异操作

6.8 柔性作业车间生产调度模型及优化

柔性作业车间调度问题（flexible job-shop scheduling problem，FJSP）是传统单体车间调度问题的扩展。在传统的单件车间调度问题中，工件的每道工序只能在一台确定的机床上加工。而在柔性作业车间调度问题中，每道工序可以在多台机床上加工，并且在不同的机床上加工所需时间不同。柔性作业车间调度问题减少了机器约束，扩大了可行解的搜索范围，增加了问题的复杂性。

柔性作业车间调度问题在实际生产中广泛存在，并且是迫切需要解决的一类问题。此外，在离散制造业或流程工业中广泛存在的另一类问题——混合流水车间调度问题（hybrid flow-shop scheduling problem，HFSP），可看成是柔性作业车间调度问题的一种特例，即所有工件的加工路线都相同。目前，遗传算法是主要应用于求解柔性工作车间调度问题的元启发式方法。

6.8.1 柔性作业车间调度问题的描述

1. 柔性车间作业调度模型

柔性作业车间调度问题的描述如下：一个加工系统有 m 台机器，要加工 n 种工件。每个工件包含一道或多道工序，工件的工序是预先确定的；每道工序可以在多台不同的机床上加工，工序的加工时间随机床的性能不同而变化。调度目标是为每道工序选择最合适的机器、确定每台机器上各工件工序的最佳加工顺序及开工时间，使系统的某些性能指标达到最优。此外，在加工过程中还需满足以下约束条件：

（1）同一时刻同一台机器只能加工一个零件。

（2）每个工件在某一时刻只能在一台机器上加工，不能中途中断任何一个操作。

（3）同一工件的工序之间有先后约束，不同工件的工序之间没有先后约束。

（4）不同工件具有相同的优先级。

一个包括 3 个工件、5 台机器的柔性作业车间调度加工时间表见表 6-20。

表 6-20 柔性作业车间调度加工时间表

工件	工序	加工机器和时间				
		M1	M2	M3	M4	M5
J1	O_{11}	1	3	4	—	—
	O_{12}	—	5	2	—	3
	O_{13}	—	2	5	4	—
J2	O_{21}	3	—	5	—	2
	O_{22}	—	3	2	9	—
	O_{23}	7	—	4	2	3
J3	O_{31}	3	2	—	7	
	O_{32}	—	—	2	6	1

柔性作业车间调度问题的求解过程包括两部分：选择各工序的加工机器和确定每台机器上工件的先后顺序。

2. 柔性作业车间性能指标

考虑实际生产中常用的三种性能指标：最大完工时间 C_{max} 最小、每台机器上最大工作量（workloads）最小和提前/拖期惩罚代价最小。对于 n 个工件，m 台机器的柔性作业车间调度问题，这三种性能指标的目标函数如下：

（1）最大完工时间 C_{max} 最小，即 $\min\{\max C_i, i=1, 2, \cdots, n\}$ 其中 C_i 是工件 J_i 的完工时间。

（2）每台机器上最大工作量 W_{max} 最小，即 $\min\{\max W_j, j=1, 2, \cdots, m\}$，其中 W_j 是机器 M_j 上的工作量（或机器 M_j 上总加工时间）。

（3）提前/拖期惩罚代价最小，即

$$\min \sum_{i=1}^{n} \left[h_i \times \max(0, E_i - C_i) + \omega_i \times \max(0, C_i - T_i) \right]$$

式中：C_i 为工件 J_i 的实际完工时间；$E_i - C_i$ 为工件 J_i 的交货期窗口；E_i 和 C_i 分别为工件 J_i 的最早和最晚交货期；h_i 为工件 J_i 提前完工的单位时间惩罚系数；ω_i 为工件 J_i 拖期完工的单位时间惩罚系数。

3. 柔性作业车间调度问题求解方法

与传统的单件车间调度比较，柔性作业车间调度是更复杂的 NP 难问题。迄今为止，比较常用的求解方法有基于规则的启发式方法、遗传算法、模拟退火算法、禁忌搜索算法、整数规划法和拉格朗日松弛法等。

柔性作业车间调度中运用较多的是基于规则的启发式方法。各种调度规则按其在调度过程中所起的作用又分为加工路线选择规则和加工任务排序规则，它们的共同特点是求解速度快、简便易行。然而，现行的调度规则大多是在一般单件车间调度甚至是单台机床排序的应用背景下提出的，它们对于柔性作业车间调度问题的解决虽然有相当的借鉴价值，但同在一般调度应用中一样，其对于应用背景有较大的依赖性。目前，尽管大量研究开展了新型规则设计、调度规则比较，以及不同调度环境下各种规则的性能评估等方面的工作，但要给出一种或者一组在各种应用场合均显优势的调度规则尚有一定困难。

6.8.2　遗传算法求解柔性作业车间调度问题

1. 遗传算法编码和解码

编码与解码是指染色体和调度解之间进行相互转换，是遗传算法成功实施优化的首要和关键问题。对于传统的作业车间调度问题，大多数研究采用基于工序的编码。但是柔性作业车间调度问题不仅要确定工序的加工顺序，还需为每道工序选择一台合适的机器，仅采用基于工序的编码方法不能得到问题的解。因此，对于柔性作业车间调度问题，遗传算法的编码由两部分组成：第一部分为基于工序的编码，用来确定工序的加工先后顺序；第二部分为基于机器分配的编码，用来选择每道工序的加工机器。融合这两种编码方法，即可得到柔性作业车间调度问题的一个可行解。

（1）基于工序的编码。这部分编码染色体的基因数等于工序总数，每个工件的工序都用相应的工件序号表示，并且工件序号出现的次数等于该工件的工序数。根据工件序号在染色体出现的次序编译，即从左到右扫描染色体，对于第 k 次出现的工件序号，表示该工件的第 k 道工序。对表 6-20 所表示的柔性作业车间调度问题，一个基于工序编码的基因串可以表示为 [1 2 2 1 3 1 2 3]。

（2）基于机器分配的编码。设工序总数为 L，工序号分别用 1，2，3，$\cdots$，l 表示。对于这 l 道工序，形成 L 个可选择机器的子集 $\{S_1, S_2, S_3, \cdots, S_l\}$，第 i 个工序的可加工机器集合表示为 S_i，S_i 中元素个数为 n_i，表示为 $\{M_{i1}, M_{i2}, \cdots, M_{in_i}\}$。

基于机器分配的编码基因串的长度为 l，表示为 $[g_1, g_2, g_3, \cdots, g_l]$。其中第 i 个基因 g_i 为 $(1-n_i)$ 内的整数，是集合 S_i 中的第 g_i 个元素 M_{g_i}，表示第 i 个工序的加工机器号。具体地说，若第 1 道工序有 3 台机器作为可选择机器，则 $n_i = 3$。设 $S_1 = \{M_{11}, M_{12}, \cdots, M_{13}\}$，则第 1 道工序有 M_{11}、M_{12}、M_{13} 这 3 台机器作为可选机器，根据 g_1 的值从集合 S_1 中确定加工第 1 道工序所用的机器。若 $g_1 = 1$，则机器 M_{11} 为加工第 1 道工序所用的机器。以此类推，确定加工第 2，3，…，l 道工序所用的机器。对于表 6-20 所示的柔性作业车间调度问题中，总共有 8 道加工工序，假设基于机器分配编码的基因串为 ［2 1 2 3 1 2 3 2］，则表示这 8 道工序的加工机器号分别为 ［2 2 3 5 2 3 4 4］。

解码时先根据基于机器分配编码的基因串选择每道工序的加工机器，然后按基于工序编码的基因串确定每台机器上的工序顺序。但是确定每台机器上的工序顺序时，按一般解码方式只能得到半主动调度，而不是主动调度。

2. 交叉操作

交叉操作是将种群中两个个体随机地交换某些基因，产生新的基因组合，以期望将有益的基因组合在一起。染色体中两部分基因串的交叉分别进行，其中第一部分基于工序编码基因串的交叉操作采用前文所述的 POX 交叉算子，第二部分基于机器分配编码基因串的交叉采用一种多点交叉的方法。

（1）基于工序编码基因串的交叉。这部分交叉操作的过程为：将所有的工件随机分成两个集合 J_1 和 J_2，子代染色体 Child1/Child2 继承父代 Parent1/Parent2 中集合 J_1 内的工件所对应的基因，Child1/Child2 其余的基因位则分别由 Parent2/Parent1 删除已经继承的基因后所剩的基因按顺序填充，交叉操作过程如图 6-7 所示。

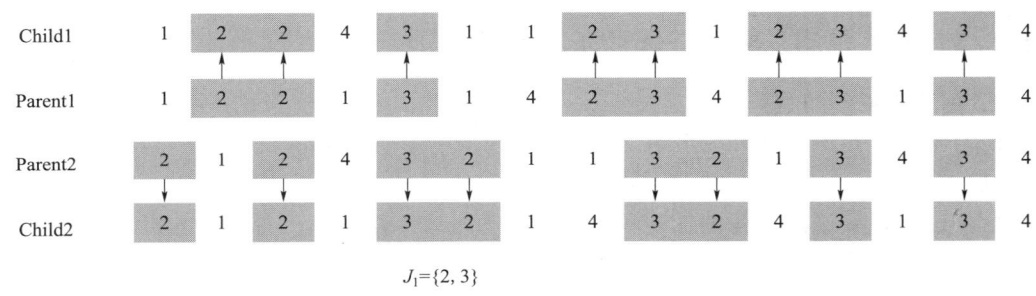

图 6-7　基于工序编码的交叉

（2）基于机器分配编码基因串的交叉。这部分基因串采用一种新的多点交叉的方法，交叉操作的过程为：首先随机产生一个由 0、1 组成与染色体长度相等的集合 Rand0_1，然后将两个父代中与 Rand0_1 集合中 0 位置相同的基因互换，交叉后得到两个后代。图 6-8 显示了两个父代基因 Parent1/Parent2 交叉后得到两个子代基因 Child1/Child2 的过程。此外，

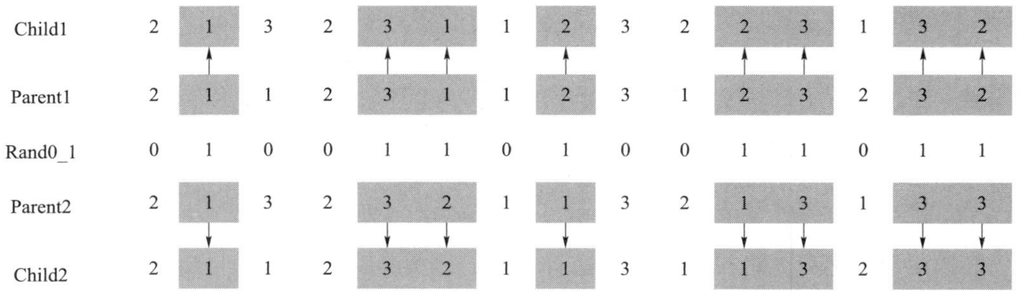

图 6-8　基于机器分配编码的交叉

对于部分柔性作业车间调度问题，当交叉产生的机器号大于对应工序可利用的机器总数时，在该工序加工机器中随机选择一台机器加工（加工时间短的优先选择）。

3. 变异操作

变异操作的目的是改善算法的局部搜索能力和维持群体多样性，同时防止出现早熟现象。对于改进遗传算法，基于工序编码和基于机器分配编码的变异分别设计如下：

（1）基于工序编码的变异。对于这部分基因实施插入变异，即从染色体中随机选择一个基因，然后将之插入到一个随机的位置。

（2）基于机器分配编码的变异。由于每道工序都可以由多台机器完成，所以随机选择两道工序，然后在执行这两道工序的机器集合中选择一台机器（采用比例选择策略，加工时间短的优先选择），并将选择的机器号置入对应的基于机器分配编码的基因串中，这样得出的解能确保是可行解。

4. 选择操作

在遗传算法中，选择是根据对个体适应度的评价从种群中选择优胜的个体，淘汰劣质的个体。在改进遗传算法中，选择操作采用最佳个体保存和锦标选择两种方法。在本章的改进遗传算法中，最佳个体保存方法是将父代群体中最优的 1% 个体直接复制到下一代中。锦标选择是从种群中随机选择两个个体，如果随机值（在 0~1 内随机产生）小于给定概率值 r（概率值 r 是一个参数，一般设置为 0.8），则选择优的一个；否则就选择另一个。被选择的个体放回到种群，可以重新作为一个父染色体参与选择。

6.9　多品种变批量混线生产作业调度

多品种变批量生产具有品种丰富和批量变化的特点，具有研制性产品与批产性产品共用制造资源的现象。面向多品种变批量生产的快速响应制造执行的核心之一是车间作业的优化调度排产。多品种变批量的运行形式主要体现为品种、批次、数量方面的变比例组成，也可以理解为单件、小批、中批、大批等不同作业模式的混合运行，对以制造资源优化配置为目标的作业调度提出了新的挑战。为了有效地化解批产性产品生产所追求的效率与研制性产品生产所追求的柔性之间的矛盾问题，以可重构制造思想为指导，以具有批量生产和加工质量一致性要求的产品在单元内形成流水式生产的形式解决效率问题，以普通零件在单元外展开离散式生产的形式解决柔性问题。以单元内外制造资源能力的共享配置与作业调度思想的统一为基础，形成了完整的混线生产作业调度技术思路。从作业类型上而言，混线生产调度体现为单元内流水作业与单元外离散作业的混合。

6.9.1　混线生产概念及其运行机制

混线生产概念是指多类型产品在同一条生产线上并行生产，在产品类型上体现为研制性产品与批产性产品的变比例组成。在生产组织上具有变批次、变数量的特点，其表现形式是单件、小批、中批、大批等生产任务混合进行，是多品种变批量生产模式的典型运行形式。在我国企业逐步转化为多品种变批量生产模式的趋势下，通过作业调度技术的研究解决资源的优化配置问题具有重要的理论和现实意义。混线生产运行形式与传统的生产组织相比，在机制、技术等方面具有更高程度的复杂性，具体描述如下：

（1）效率与柔性兼顾的矛盾问题。对于具有一定批量的产品，其理想运行形式是刚性的专业化流水生产线，能够发挥批量优势并实现效率上的提升；而对于单件小批的产品，其理想运行形式是机群式布局基础上的离散式制造，强调对多品种的适应性，追求的是柔性。因此，效率与柔性兼顾是混线生产的基础矛盾。

（2）流水与离散作业模式的混合。混线生产要求流水式与离散式两种模式的混合，流水式生产强调资源集合的逻辑组合以及生产节拍，离散式生产强调资源的柔性配置。在向多品种变批量生产模式转变过程中，传统的大批量型生产方式需要重视柔性，而以研制为主的单件小批型生产方法需要重视效率，最终都体现为流水与离散作业模式的混合。

（3）复杂的制造资源优化配置问题。首先需要解决在 job-shop 离散制造环境下，面向具有一定批量的产品生产任务，如何通过制造资源的逻辑组合形成一条虚拟的"短线"或者"小流水"生产线。并且由于当前制造工艺并非面向批产规划，所以存在工序作业时间不均的现象，还必须同时保证流水式生产节拍；另外，由于共用同一条生产线，还必须解决流水式生产所用设备与离散式生产所用设备能力共享分配问题。因此，面向流水与离散混合作业要求，为了解决资源的优化配置问题，对作业调度技术提出了新的挑战。

6.9.2 混线生产作业调度方法

1. 混线生产作业调度问题分析

任何企业在进行制造执行时，对于精密件、关键件、重要件以及大批量生产件等，都会采取重点关注的处理策略。典型的应用如汽车生产行业，对于批量较大、关键、重要或者共用零件的生产，采取组织专用或准专用的设备集合的方法，实现准流水式的连续生产，而其他零件的生产则采用离散式生产；在军工领域中的典型应用体现为应急动员批产，其构建目标是在短时、不确定生产环境下实现多品种、变批量武器装备的快速生产，采取的方法主要是以武器装备中关键、重要或者精密的零件为核心分配制造资源，形成流水式连续生产专线以提高重点关注零件的生产效率和加工质量的一致性水平，具有流水式制造单元的思想，其他的普通零件则基于设备能力的共享进行穿插、协调生产，总体上则表现为流水式生产和离散式生产的结合，并且形成"战场需求变化→生产任务调整→制造资源优化配置"的快速调整、协调运行的机制和效果。

综上所述，多品种变批量混线生产作业调度具有复杂的内涵，体现了流水式与离散式两种运行模式的综合。而我国的现状是车间大多采用机群式布局，如何在离散制造环境下实现流水式生产、如何解决流水与离散混合运行模式下的资源优化配置、如何建立面向混线生产的统一调度约束等，都是作业调度面临的新的挑战。

2. 离散制造环境下的流水生产方式

传统的 job-shop 作业调度方式认为同一工序下多个零件是一个整体，在前一工序的零件没有全部完成加工时后续工序无法开始加工，job-shop 作业调度的这种假设使得作业方案中零件内各工序之间的生产是不连贯的。job-shop 作业调度方式生成的作业方案具有较高的柔性，但生产效率和加工质量一致性水平较低，车间物流周转复杂，从第一个零件开始加工到最后一个零件完成加工的制造周期（make-span）较长。

在混线生产中，对于大批量生产的零件，或精密、关键等零件需要协调安排形成"短线"或"小流水"的生产，同时在车间中仍然存在大量的以离散生产方式进行生产的零件。

因此，如何在离散制造环境下，在制造资源物理位置不变的情况下，通过制造资源的逻辑关系合理分配形成某种程度的流水式运行效果，对于提高车间生产效率和改善加工质量具有重要的促进作用。离散制造环境下的离散生产与流水生产的对比分析如图 6-9 所示。

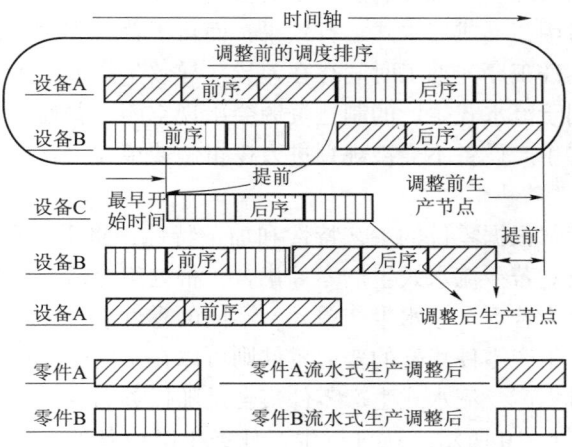

图 6-9　离散生产与流水生产的对比分析

流水式生产的核心是按照节拍进行生产。传统的流水式生产中由于订单相对固定，多采用刚性的固定生产线来实现，零件的工艺路线制定的依据之一即流水生产节拍，零件内各个工序的加工时间几乎相等的，保证了生产的平顺性。但对于多品种变批量生产而言，在制造执行过程中不仅要保证采用流水式生产零件的平顺性，还要考虑订单中存在采用离散方式进行生产的零件，需要保证车间的柔性。同时，订单的品种、批次和数量是持续发生变化的，所以无法为一个生产任务中采用流水方式生产的零件建立生产专线，必须综合考虑两种作业形式。同时，在制定工艺路线时，对连续生产考虑存在明显的不足，各个工序的加工时间普遍存在一定程度的差异。这些都对离散制造环境下的流水式生产提出了技术挑战。

基于上述原因分析，就形成了混线生产下流水生产需要解决的问题：采用流水方式生产的零件，其工序间的加工时间差别较大；在设备共享方面，采用流水方式生产的零件没有专用的生产线，需要与采用离散方式生产的零件共享制造资源；保证混线生产中采用流水方式进行生产的零件能够保持平顺。

3. 面向混线生产的资源优化配置方法

离散生产模式将车间的设备按照类型分别组织，适合多品种、小批量的生产，生产柔性高，但生产效率低下；而流水生产模式中车间内存在固定生产线，具有生产效率高、加工质量一致性水平高，但缺乏柔性的特点。对于多品种变批量的混线生产，其关心的重点是提高生产效率，保证按时交货，同时保证关键、重要、精密、大件等关注零件（即关重件）的加工质量的一致性水平，形成综合关重件流水式生产和普通零件离散式生产的混线运行形式。因此，结合实际情况，针对流水式生产运行要求，引入逻辑制造单元的概念，作为资源优化配置的基础。

逻辑制造单元的表现形式为基于任务和制造资源动态组合下的作业计划，体现了与调度思想的融合。但需要指出的是，由于生产任务的不稳定性，制造资源的逻辑组合并不稳定，此时的制造资源组合并不对设备的物理位置进行调整，而是采取逻辑关联的方式展开。混线生产机制综合离散生产模式与流水生产模式的优点，其本质上是对制造资源进行合理的逻辑关系组织以适应多品种、变批量、研产并重的混线生产模式，即针对关重件生产任务综合考虑后续工序的资源占用情况，实现多制造资源的协同分配，进行设备的逻辑组织重组，保证资源调度分配的连续占用，形成流水式运行效果；而对于普通零件则进行离散式生产，由于采用流水方式生产的零件工序间加工时间存在差异，导致生产节拍无法实现完全、纯粹的流水式运行机制，因此用于流水式生产的制造资源会出现空闲，普通零件可以穿插在资源的空闲时段展开，同时一些生产设备不会被规划进入逻辑制造单元，普通零件也可以使用这些设备进行生产。

在获取生产任务后，根据零件的工艺特性和加工特性，将零件分为关重件和普通零件，以工艺相似为基础，建立若干流水式生产零件集合，根据组合情况和设备情况将生产车间的生产设备在逻辑角度分为若干个流水生产单元，不同的零件集合在不同的流水式生产单元中生产，而不属于流水式生产零件集合的普通零件则可以在不同生产单元间或者生产单元外寻找设备的空闲时间进行生产。流水式生产零件集合是随任务而变化的，逻辑制造单元的构成也是随动变化的，如图6-10所示。在进行生产任务1时设备的逻辑关系如图6-10中分组方式1，而在进行生产任务2时设备的逻辑关系如图6-10中分组方式2。

由此可见混线生产下的逻辑制造单元特点如下：

（1）逻辑组合：设备不进行物理属性的变化，只是打破原行政组织进行逻辑组合；

（2）动态性：对于不同的生产订单设备可能采用不同的逻辑关系形成制造单元；

（3）资源能力共享：对于一类流水式生产零件尽量在一个逻辑制造单元内完成生产，逻辑制造单元内的设备以生产节拍保证为最重要的任务，只在设备空闲时才采用离散方式生产零件。

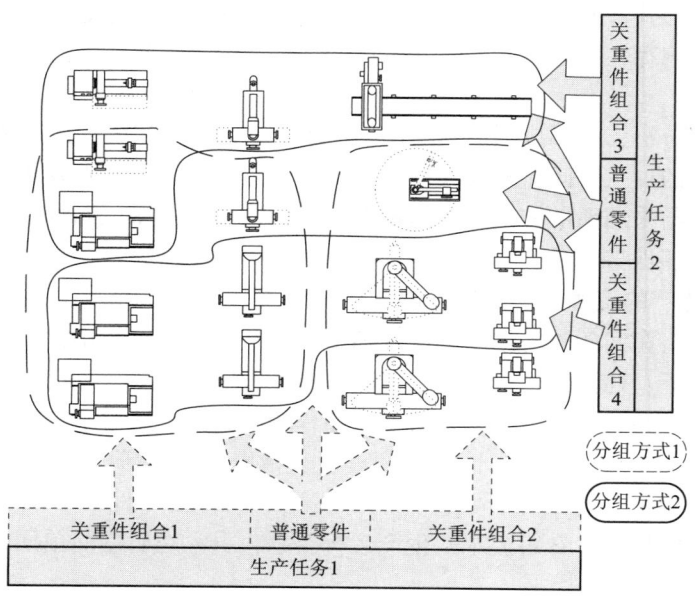

图6-10　面向混线生产的逻辑制造单元变化示意

4. 混线生产作业调度约束问题分析

采用不同作业模式进行生产的零件，其所包含的作业调度约束有较大的区别，由于混线生产中流水作业与离散作业共用统一的制造资源集合，资源的优化配置也是以能力共享分配为基础的，因此，需要建立统一的作业调度约束，为作业调度算法提供良好的数据基础。流水式作业与离散式作业调度约束的区别主要表现在以下几个方面：

（1）工序间约束：对于采用离散方式生产的零件，工序之间存在严格的先后关系，零件内两个相邻的工序间一次性完成零件的周转；对于采用流水生产的零件，在零件内的前驱工序完成一定数量的生产后，当前工序就可以开始加工，随着生产的进行，前驱工序完成加工的零件不断流入当前工序。因此需要寻找统一的最早可开工时间计算方法，建立统一的生产调度工序间约束。

（2）工序加工设备约束：采用离散方式生产的零件，每一道工序只能在一台指定的设备上进行生产加工；而对于采用流水方式进行生产的零件，为了保证流水生产的平顺性，需要追求零件工序间具有相似的加工工时，对于加工时间较长的工序，采用加工设备组方式进行加工，因此需要建立并行设备加工与普通加工相统一的工序加工设备约束。

（3）工序选择加工设备约束：采用离散方式生产的零件，其加工工序在选择加工设备时，在所有的可选设备范围内都是可以进行自由选择的；而对于采用流水方式进行生产的零件，其首道工序同样可以不受约束地进行选择，而后续工序尽量在首道工序所在加工单元的设备集合内进行选择，或者以当前形成的逻辑制造单元内的设备集合为核心进行优先选择，使零件能够实现单元内的流水加工。因此需要建立统一的工序选择加工设备约束，实现混线生产作业调度。

（4）加工工序选择约束：采用离散方式生产的零件的工序，在选择加工工序时所有的可调度工序都是相同的。而对于流水生产调度为了保证生产的连续性，已经开始加工零件的可调度工序应具有较高的选择优先级。因此需要建立一种新的加工工序选择约束条件，保证调度过程中采用流水生产方式生产零件的连续性和生产节拍。

6.9.3　动态调度的驱动因素分析

在复杂生产环境下，面向多品种变批量的生产扰动是驱动车间进行动态调度的根本动力。生产扰动种类和来源都较为复杂，根据扰动因素的发起类别，可以将生产扰动分为 4 个层次，分别来自计划任务层、生产工艺层、物料资源层、生产执行层，如图 6-11 所示。

1. 计划任务层生产扰动

复杂生产环境下的生产任务具有动态、多变的特点，生产订单的快速变化会带来生产任务的不可预测的动态调整，包括生产任务的追加与插入、生产任务撤销、生产任务更改。

1）生产任务的追加与插入

在激烈的市场竞争与快速的需求变化中，企业接收到新生产订单的密度越来越大。对企业接收到的新生产订单，一般通过生产任务追加或插入的方式下发给车间，从而对作业方案提出了调整要求。生产任务的追加或插入属于不同的调整形式，在目标要求和处理流程上都有极大区别。

（1）生产任务追加：由于新添生产任务的加工工时相对于该任务的下达日期到交货期之间的时间段相对较短，一般情况下只要将其安排到已有生产计划的尾部就可以在交货期之

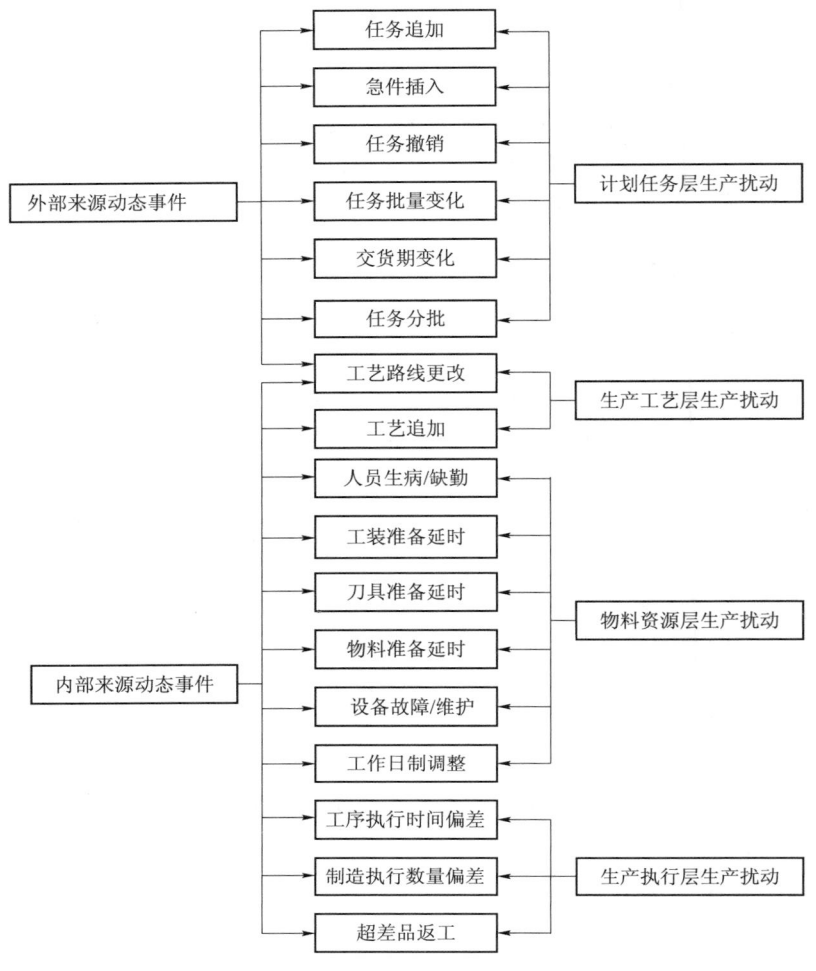

图 6-11　扰动事件分类

前完成加工，因此采用任务追加的方式进行动态调度以确保作业计划与生产计划在生产订单上的统一。

（2）生产任务插入：由于试制或者紧急任务的需要，向生产计划中新增加的加工任务，同时由于新添的加工任务交货期较近，生产任务十分紧急，要求接收到订单后尽早安排开始生产和尽早完成生产，因此需要插入到已有的作业调度方案中，则设备上原有的未加工工序向后顺延。

2）生产任务撤销

生产任务撤销体现为已经下达到车间并生成作业计划的订单由于暂时不要求执行，从而要求在不改变加工顺序的前提下将其从作业计划中删除，并对作业计划进行调整。

3）生产任务更改

生产任务更改主要包括分批、加工数量修改和交货期调整。

（1）生产任务分批：是指在生产计划下达后，要求一个订单下部分数量的零件先于该订单下其他零件交货，因此要求对生产任务进行分批。分批后各个批次的零件作为独立的订单进行生产，各个批次的交货期不同，相互之间不存在生产约束，但各个批次的数量、时间需要进行相应的调整。

（2）生产任务加工数量修改：主要是由于计划层生产任务的变更对已经下达到生产车间的生产任务中某一个或者多个订单进行加工数量修改。因此需要在不改变作业计划中的设备内工序顺序的前提下，对相关的加工工序进行计划开始加工时间和计划完成时间调整。

（3）交货期调整：当生产任务已经下达到生产车间后，根据生产订单变化的需求对生产任务中部分订单的交货期进行修改。当交货期提前时，比较作业计划中对应零件的计划加工完成时间和新的交货期，如果仍然能够满足交货期，则不需要对作业计划进行调整；如果不能够满足交货期，则需要将属于零件的调度工序以插入方式进行重新调度。

2. 生产工艺层生产扰动

1）非完整的片段工序持续追加

企业在生产组织中普遍存在主制车间和跨车间加工的现象，当工序发生外协时，主制车间很难控制其加工进度，因此每次下达给车间的生产任务只包括当前连续在该车间生产的工序，属于非完整的片段工序集合，如图 6-12 所示。当零件完成外协加工转入车间时，该零件的工序不能作为一个新的任务添加，否则会造成生产计划与作业计划不统一，必须采取工序追加的形式展开，如图 6-12 中零件 A 的工序要分 3 次下达给主制车间，第一次下达时是生产任务正式下达，第二和第三次下达时则属于生产任务工序级追加。工序的追加要求在保证零件交货期的前提下以追加方式对新添的调度工序生成作业计划。

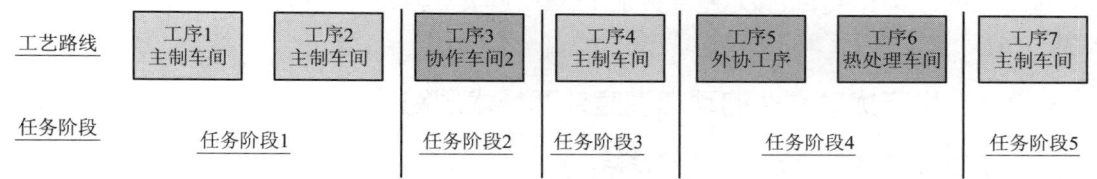

图 6-12　零件 A 的执行阶段划分

2）工艺路线的动态修改

企业制造执行过程中会存在一定数量的仍处于试制阶段的零件，这些零件的工艺十分不稳定，随时可能根据功能或者加工的需要对零件的工艺路线进行调整。发生工艺路线调整后引起作业方案中工艺路线不正确，需要对作业计划进行相应的修改。当发生工艺路线调整时，需要在保证多数订单按时交货的前提下对工艺路线发生变更的零件的未加工工序进行重调度。

3. 物料资源层的生产扰动

1）生产准备不足

当生产任务已经生成作业计划后，发现其中部分零件由于工装、刀具或者图纸不到位、数控加工代码未编制完成、物料未准备完成等不能开始加工，则需要对作业计划进行调整，从中删除生产准备不足的生产工序。将生产准备不足的工序及其零件内后续工序的调度状态变为不可调度，将设备上原用于加工这些工序的加工时间恢复为空白，并调整作业计划。

2）设备故障/维修

在生成作业计划后，由于设备的故障/维修的原因造成设备上的可用加工时间发生变化，因此必须在保证作业计划尽量少变化的前提下，对作业计划进行调整，以保证工序的工时与在设备上占用的可用加工时间保持一致。

3）工作日历与日制变化

当作业方案生成后，由于零件超期或企业运行机制调整等原因，存在对设备的工作日历或者日制调整的需求，相当于调整了两个时间点之间的设备可用工作时间，要求对作业方案中的工序开工和完工时间节点按照新的工作模式进行调整。

4. 生产执行层生产扰动

1）制造执行时间偏差

生产执行过程中存在大量不可预知的原因，造成生产中实际开工/完工时间与作业方案中的计划开工/完工时间不一致，需要在保证作业计划中工序的加工设备和加工顺序不变的基础上，按照实际开工/完工时间对作业计划进行调整。

2）制造执行数量偏差

生产执行过程中不可避免地会出现废品，致使作业计划中的计划生产数量与实际不一致，需要对作业计划进行调整。在保证作业计划中工序的加工设备和加工顺序不变的基础上，按照合格数量重新计算工序的计划开工/完工时间。

3）超差品返工

检测过程中发现一些完成加工的零件虽然不符合要求，但是经过工艺判断确定返工加工后该零件仍然能够使用。返工零件的加工也需要占用设备的可用加工时间，因此必须对作业方案进行调整。返工零件应该尽早完成加工，以便与已经检测合格的零件一起流转到下一个工序。

6.9.4 生产扰动事件的动态调度处理技术思路

1. 生产扰动事件驱动的调度调整目标

生产扰动事件驱动的调度调整目标是在利用执行过程监控实时掌握生产现场设备状态、工序执行信息的基础上，通过对作业计划的动态调整，使作业计划与生产现场的实际制造执行状态保持一致，保证作业方案对实际现场的指导意义。

与混线作业调度相同，所有生产扰动事件的处理目标是"使尽可能少的订单发生延期交货"，或者有针对性地保证关重件能够按期交货。

不同的生产扰动事件对作业计划调整的目标存在不同：一部分首先要求保持原有作业计划尽量少变动，即最大限度地保持原有作业计划的稳定性和权威性，在此基础上对生产作业计划进行调整，除生产任务分批、超差品返工和急件插入外的扰动事件调整都可以归为这一类；另一部分则要求为了尽早完成某些订单的加工而可以改变原有的作业计划，这部分扰动事件主要包括生产任务分批、超差品返工和急件插入，这一类扰动事件的处理中也会考虑到尽量减少对原有调度计划的影响，只是将保持原有计划稳定性放到次要位置上，并且这种处理过程是受调度人员主观控制的。

根据不同生产扰动事件对作业计划的影响及其调整目标的差异，可见如果针对每一类生产扰动事件都采取专用的处理过程，无疑将大大增加技术问题解决的复杂性。各种生产扰动事件驱动的作业方案调整目标分析见表6-21。

表 6-21 生产扰动事件驱动的作业方案调整目标分析

扰动来源	生产扰动事件	动态调度的目标要求
计划任务层扰动	任务追加	在保留原作业计划的基础上追加任务，新任务的工序作业安排主要体现为插空和尾部添加操作
	急件插入	在时间节点后插入新任务，调整时间节点后的作业计划，原有的作业计划也会受到影响
	生产任务撤销	将对应的生产任务从作业计划中删除后移动受影响工序
	任务分批	一个批次按原开始时间重新计算结束时间后前移受影响工序，另一个批次以插入方式添加到作业计划中
	任务批量变化	按原计划开始时间重新计算结束时间后前移受影响工序
	交货期或优先级变化	将发生改变的生产任务从原作业计划中删除后，以插入或者追加的方式再将其添加到作业计划中
生产工艺层扰动	工艺添加	以追加方式将新添加工艺增加到作业计划中
	工艺修改	将原有工序从作业计划中删除，前移受影响工序，以追加方式将新添加工艺增加到作业计划中
物料资源层扰动	生产准备不足	将原有工序从作业计划中删除，前移受影响工序
	设备故障/维护调整、工作日制/日历调整	对受影响工序的开始和结束加工时间进行重新设置，包括前移和后移等调整操作
生产执行层扰动	执行时间、数量偏差	对受影响工序的开始和结束加工时间进行重新设置，包括前移和后移等调整操作

2. 生产扰动事件驱动的动态调度调整技术

通过对扰动事件的分类和处理技术思路的分析可知，生产扰动事件的处理流程、受影响工序集遍历方法以及工序撤销、工序插入、工序追加和工序移动四类基本处理算法是动态调度的核心。

1）计划任务层生产扰动处理流程

不同的扰动事件有不同的处理流程，如图 6-13 所示的是计划任务层产生的六种生产扰动处理流程，分别是生产任务追加、生产任务插入、生产任务撤销、生产任务分批、生产任务加工数量修整和交货期调整。图中颜色较深的处理步骤是预先定义的基本算法，可见每一种扰动事件的处理流程都应用了工序撤销、工序插入、工序追加和工序移动四类预先定义的基本处理算法中的一种或几种。

对于生产任务追加、插入和撤销，在处理流程的循环中，分别使用了工序的追加、插入和撤销。生产任务分批，是将一个批次看作原批次，并对加工设备和加工序列进行处理，只是修改了所占用设备的有效工作时间，而另一个批次的任务由于要求提前交货，采取插入的方式加入到作业计划中，其中应用了工序移动和工序插入两类预先定义的算法。对加工任务加工数量修改的情况，通过对数量发生变化的零件相关工序的计划开始结束时间重新进行计算，而后遍历作业计划中所有受影响加工工序并对其进行调整。对于交货期调整是将相关工序从作业计划中删除，而后利用插入方法安排零件的作业计划，以保证在交货期前完成生产任务。

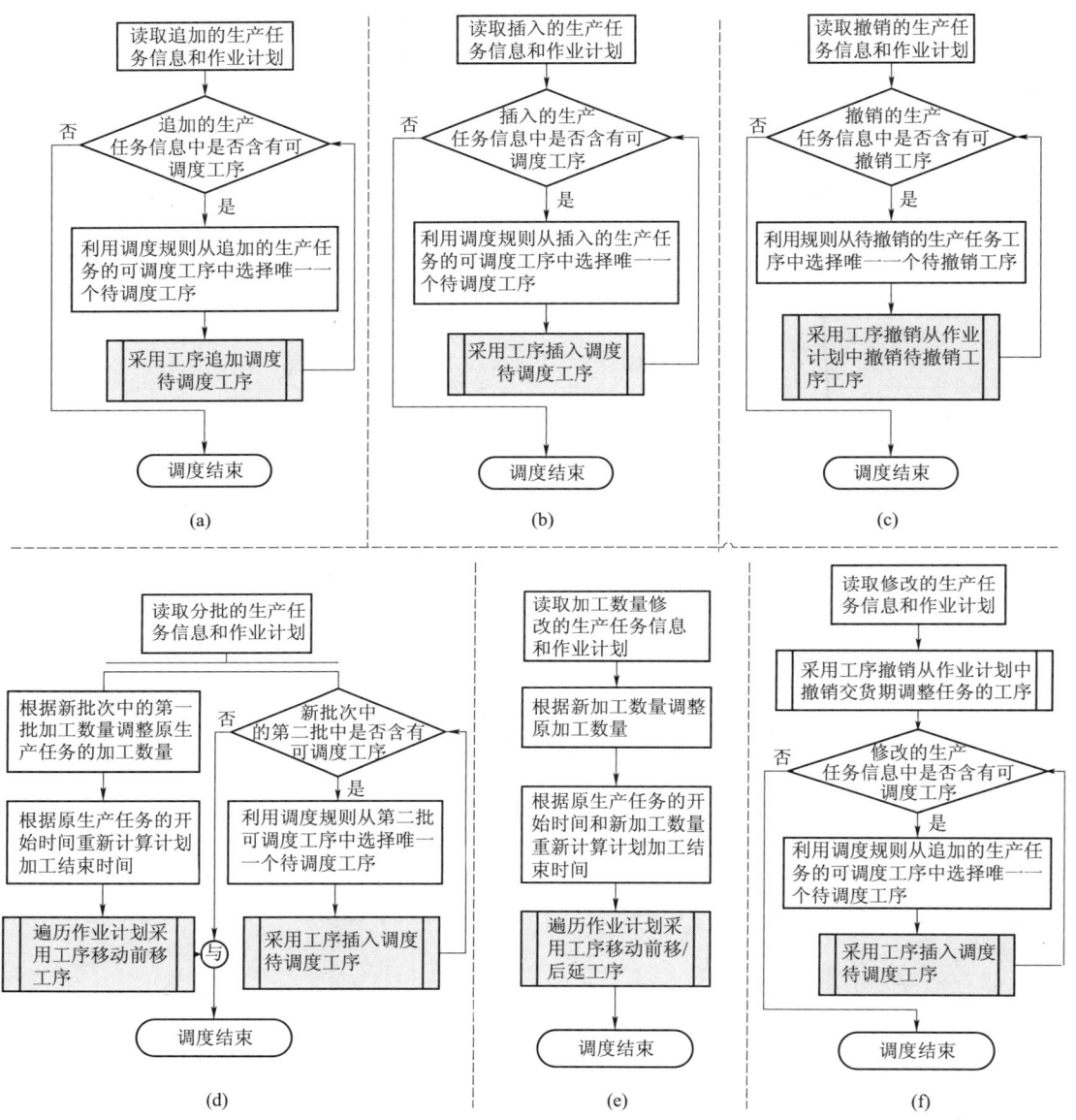

图6-13　任务计划层扰动事件处理流程

（a）生产任务追加；（b）生产任务插入；（c）生产任务撤销；

（d）生产任务分批；（e）生产任务加工数量修改；（f）交货期调整

2）生产工艺层生产扰动处理流程

生产工艺层扰动事件处理流程如图6-14所示，图中分别描述了工艺追加和工艺修改两个处理流程，处理中同样使用了工序的撤销、插入、追加和移动四类预先定义的基本处理算法。工序追加中，对追加的工序选择合适的加工设备后，采用工序追加算法将工序添加到作业计划中。修改时首先要将工序从作业计划中删除，然后采用工序插入算法，将这些工序添加到作业计划中，在工序插入过程中，原工序所占用的加工设备的选择优先级较高，以保证原作业计划不变。

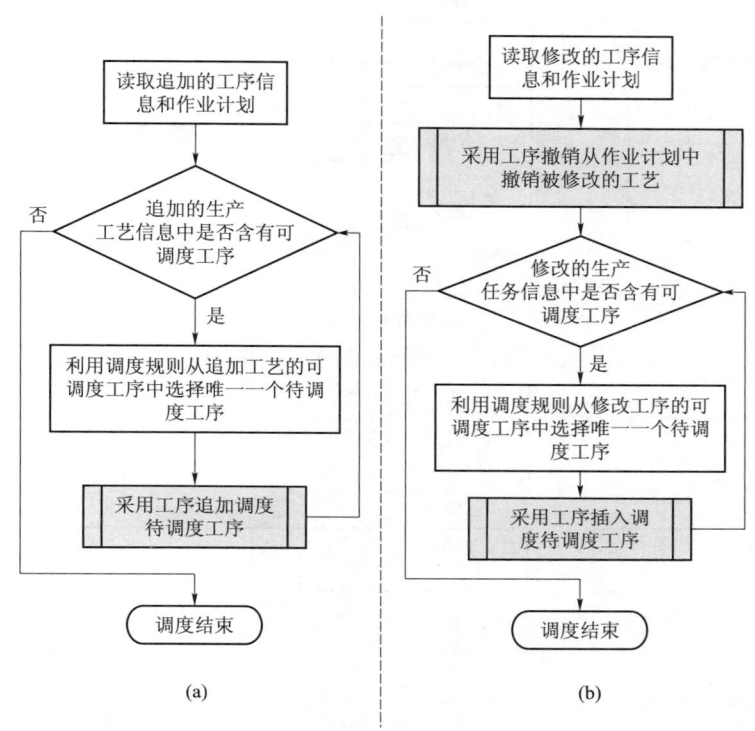

图6-14　生产工艺层扰动事件处理流程

（a）工艺追加；（b）工艺修改

　　3）物料资源层生产扰动处理流程

　　物料资源层扰动事件处理流程如图6-15所示，图中分别描述了生产准备不足、设备故障和工作日历/日制变化三个处理流程，由于工作日历变化和工作日制变化处理流程完全相同，所以采用同一个流程图进行表示。对于生产准备不足事件，只需采用预先定义的工序撤销算法即可；设备故障事件则需要对工序计划加工时间发生变化的零件和设备后续工序采用工序后延算法进行调整。当工作日历或日制发生变化时，需要重新计算所有工序的计划加工开始/结束时间，而后利用工序前移、后延算法调整作业计划。

　　4）生产执行层生产扰动处理流程

　　生产执行层扰动事件处理流程如图6-16所示，图中分别描述了执行时间偏差、执行数量偏差和超差品返工三个处理流程，其处理流程近似，都是重新计算受影响工序的计划开始加工时间和计划结束加工时间，采用工序移动算法对作业计划进行调整。

3．分类模块化组合的处理思路

　　通过对各种层次生产扰动事件处理流程分析，可知四类基本处理算法是动态调度的基础，将生产扰动处理流程中的四类基本处理算法分别定义如下：

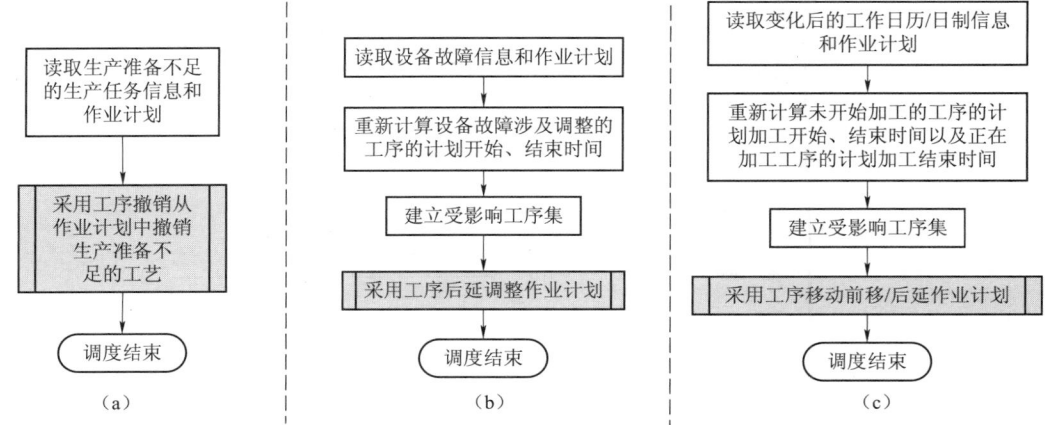

图 6-15　物料资源层扰动事件处理流程

（a）生产准备不足；（b）设备故障；（c）工作日历/日制变化

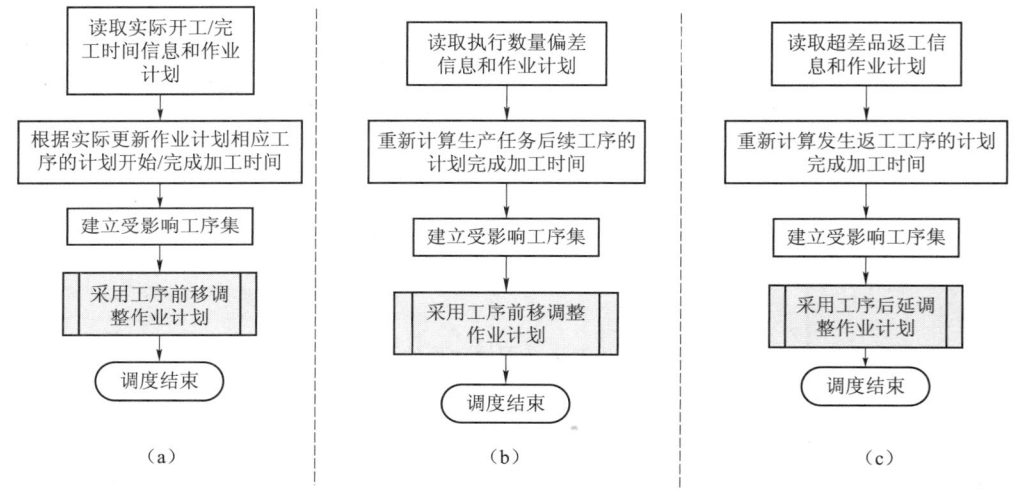

图 6-16　生产执行层扰动事件处理流程

（a）执行时间偏差；（b）执行数量偏差；（c）超差品返工

（1）工序移动：在不改变加工设备和设备内加工队列的前提下，前后移动调度工序的计划开始时间和计划结束时间。

（2）工序撤销：将生产计划中某个零件没有开始加工的工序从作业计划内删除。

（3）工序追加：将新添加的生产计划或者工序以追加的方式添加到设备加工队列的尾部。

（4）工序插入：将新添加的生产计划或者工序以插入的方式添加到设备加工队列中。

通过使用预先定义的工序撤销、工序插入、工序追加和工序移动四类基本处理算法，可以有效地降低扰动事件的处理难度，提高代码重用度和设计重用度。扰动事件分类模块化组合技术为今后系统新添扰动事件的响应打下良好的基础，生产扰动事件与四类基本处理算法之间的关系见表 6-22。

表 6-22　扰动事件与四类基本处理算法之间的关系

扰动事件	工序撤销	工序追加	工序插入	工序移动
生产任务追加		√		
生产任务插入			√	
生产任务撤销	√			
生产任务分批		√		√
生产任务数量修改				√
交货期调整	√		√	
工艺追加		√		
工艺修改	√		√	
生产准备不足	√			√
设备故障				√
工作日历/日制变化				√
执行时间偏差				√
执行数量偏差				√
超差品返工				√

6.9.5　车间作业动态调整算法

四类预先定义的基本处理算法是动态调度过程的基础，也是动态调度算法的核心，各种生产扰动事件的动态调度处理都可以通过四种算法的组合来实现。下面对四类预先定义的基本处理算法进行逐一的详细介绍。

1. 工序移动调整算法

工序移动调整算法分为工序后延调整算法和工序前移调整算法两类，其处理流程相似，但在处理过程中采用不同的计算公式，因此分别进行介绍。工序后延调整算法的核心是将发生推迟的工序及其相关工序的计划开工完工时间进行调整，而不改变设备内工序的加工顺序，其算法示意如图 6-17 所示。

2. 工序追加调整算法

工序追加是一个向作业方案中添加工序的过程，这个过程并非只是将工序追加到设备加工队列的尾部，而是当加工队列的设备可用的空闲加工时间大于追加工序的加工时间时，将其追加到空闲处的处理算法，过程如图 6-18 所示。

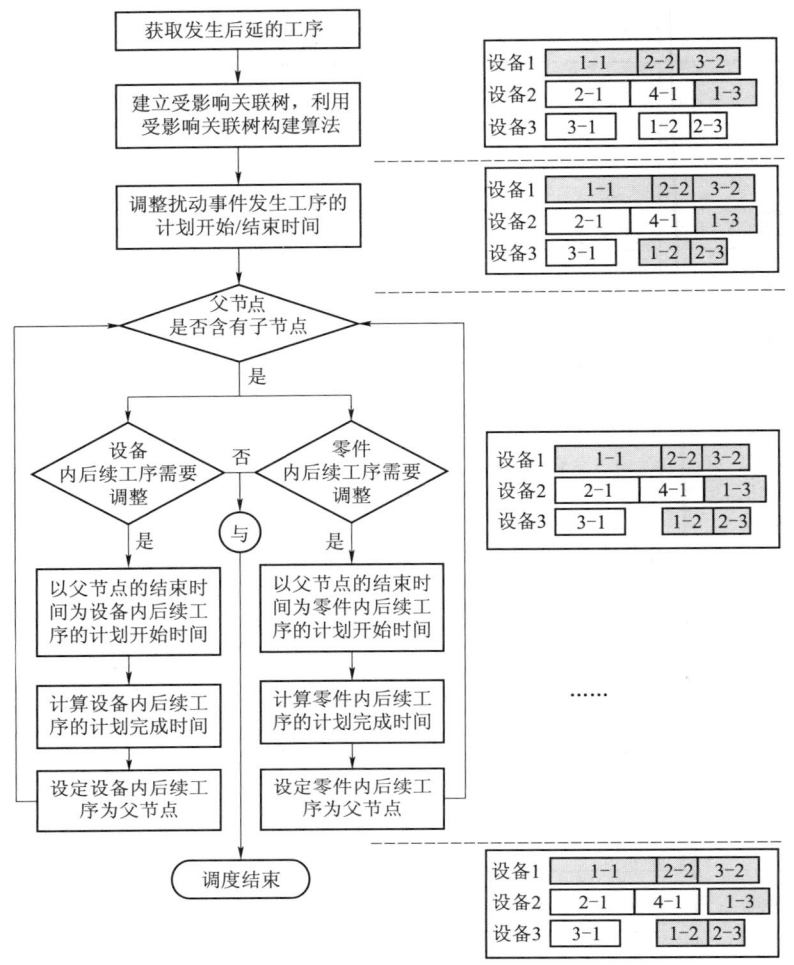

图 6-17　工序后延调整算法示意

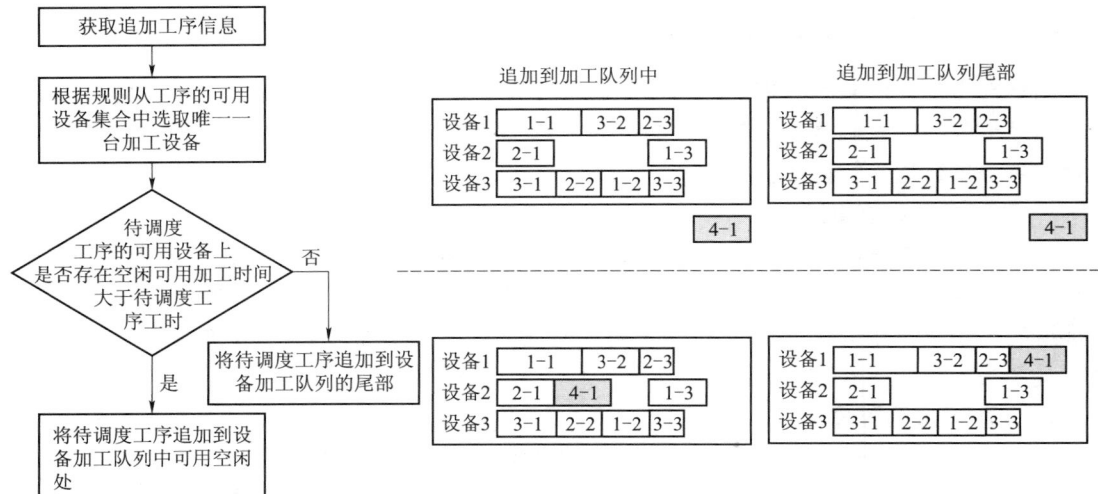

图 6-18　工序追加调整算法示意

3. 工序插入调整算法

工序插入是指对添加的工序尽可能早开始加工的调整方式，将工序插入到指定的调度块之后需要利用预先定义的工序移动算法对受影响的工序进行调整，具体算法如图 6-19 所示。

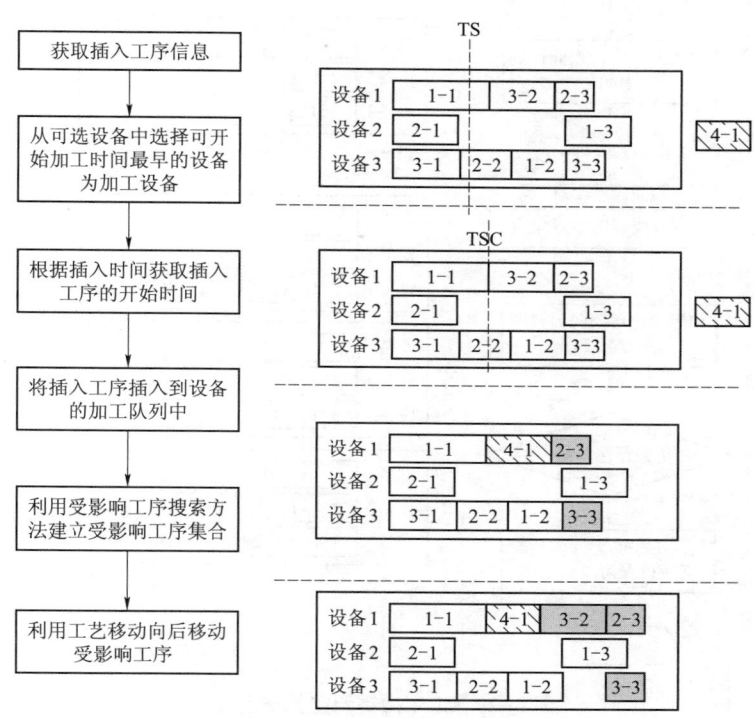

图 6-19　工序插入调整算法示意

4. 工序撤销调整算法

工序撤销是将计划撤销的工序及其零件内的后续工序从作业计划中删除，而后利用工序移动算法前移受影响工序，算法如图 6-20 所示。

6.9.6　混线生产作业调度及动态调整实力

对于多品种变批量生产模式而言，生产任务既包含采用流水生产方式生产的关重件，也含有采用离散生产方式生产的普通零件，表 6-23 中列出了车间接到的生产计划 1 的基本信息，其中批次 1 和批次 2 中的零件是采用流水生产的关重件，而批次 3 则是采用离散方式生产的普通零件。

读入零件和工序信息后，随后获取生产资源信息，包括设备信息、工作日历/日制信息、生产准备信息等。根据从外部读入的设备信息和逻辑制造单元信息，在作业计划完成时间算法的支持下，在混线生产作业调度统一约束模型及其传播机制、节拍保障机制的基础上，利用基于规则的混线生产作业调度技术进行排产，所生成的作业调度方案如图 6-21 所示，其中深灰色（蓝色）和浅灰色（绿色）代表关重件，灰色（橙色）代表普通零件。

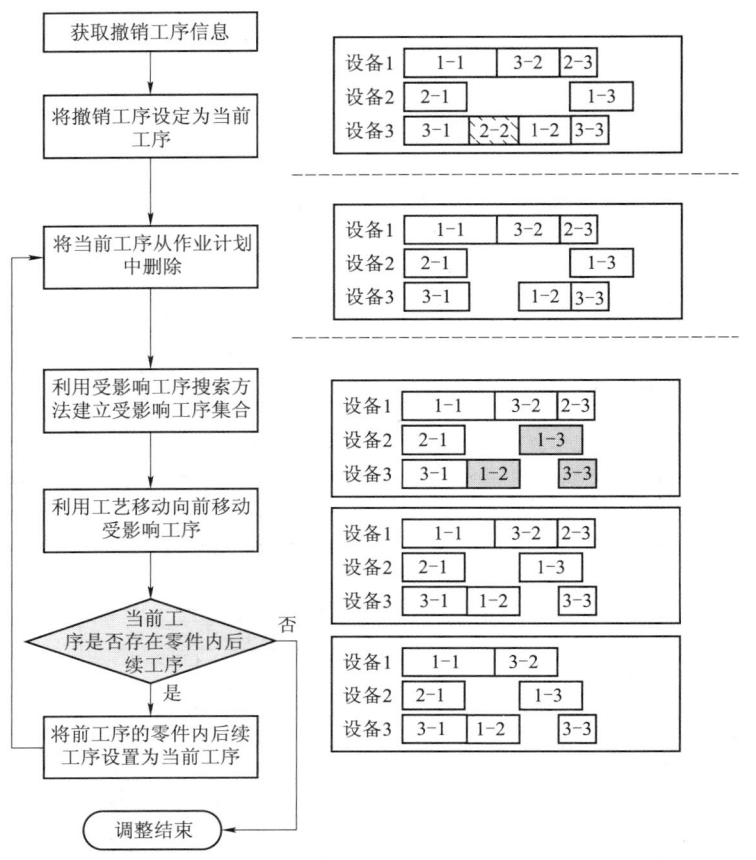

图 6-20 工序撤销调整算法示意

表 6-23 生产任务 1 信息表

所属批次	零件代码	零件名称	生产数量	工序 1	工序 2	工序 3	工序 4	工序 5
1	FL7-E-40/WB01-3	飞轮	10	铣 (25)	车 (35)	铣 (30)	车 (30)	车 (10)
1	HS5-F-04/QNI-93	活塞	10	铣 (25)	车 (20)	车 (25)	铣 (20)	车 (20)
1	L21-E-22/HG2-99	连杆	10	车 (20)	铣 (20)	车 (40)	钳 (20)	
1	Q01-D-61/HG3-42	曲柄	10	铣 (30)	车 (40)	钳 (15)	车 (40)	
1	TZ4-F-44/NW9-15	凸轮轴	10	车 (30)	车 (30)	车 (15)	车 (25)	
2	GH1-N-02/QU9-02	气缸体	10	铣 (35)	镗 (30)	铣 (25)	钳 (30)	
2	GN0-H-01/QNI-99	气缸盖	10	铣 (25)	刨 (30)	镗 (20)	钳 (25)	铣 (20)
2	GU1-N-01/QI8-02	油底壳	10	铣 (20)	钳 (25)	铣 (15)	镗 (40)	
2	SN2-X-JK/HK-308	水箱盖	10	铣 (35)	镗 (25)	铣 (30)	钳 (10)	
2	SU2-X-TI/HL-Q	水箱体	10	镗 (20)	铣 (20)	铣 (25)	镗 (15)	铣 (20)

续表

所属批次	零件代码	零件名称	生产数量	工序 1	工序 2	工序 3	工序 4	工序 5
3	GP1-31/SH1-1	挂片	1	铣（15）	车（10）	钳（10）		
3	HB2-31/SH0-8	手柄	2	镗（5）	钳（10）	镗（10）	钳（5）	刨（5）
3	IZ1-32/SH08-12	内转子	1	车（5）	铣（8）			
3	IZ1-33/SH09-01	外转子	1	铣（15）	铣（5）	镗（10）	钳（10）	
3	J2-DU-2/DK-32	冷却水路 2	2	车（5）	钳（20）	铣（15）		
3	J2-SL-2/LS9-2	冷却水路 1	1	镗（8）	车（4）	车（5）	镗（5）	
3	L01-02/DI-04	螺钉	1	镗（10）	铣（10）			
3	L01-02/M001-0	螺丝	2	车（10）	钳（15）			
3	L01-03/S03-HG	螺母	1	钳（8）	车（10）	车（15）		
3	QP2-Z/SH09-H	曲片	1	钳（5）	车（5）	铣（8）	铣（5）	镗（10）

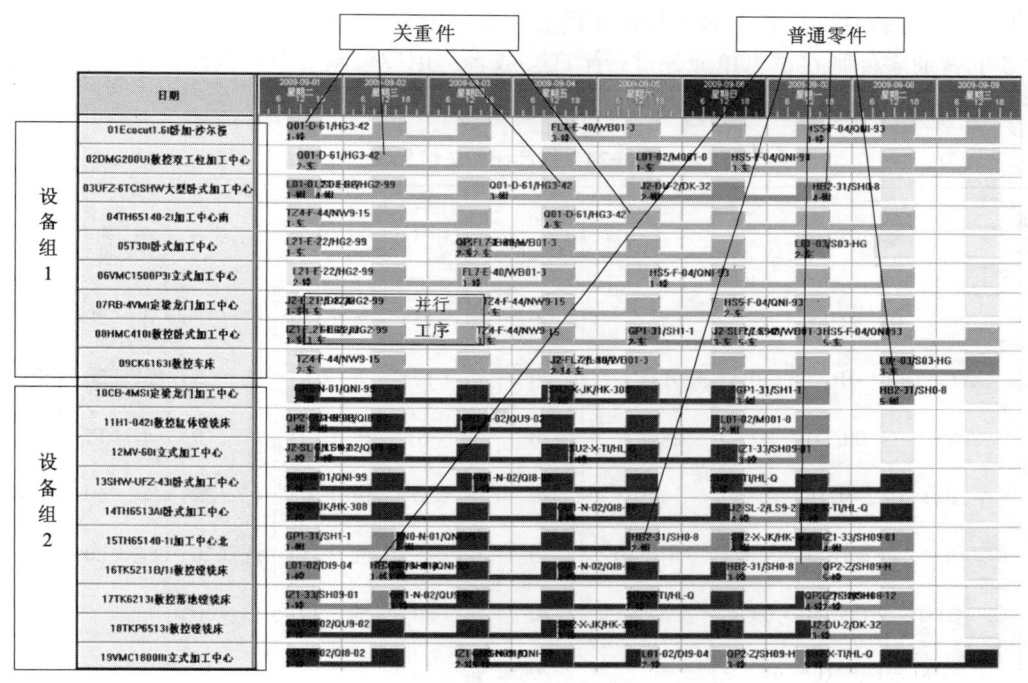

图 6-21　混线生产作业调度方案

图 6-21 展示了作业计划生成过程中利用动态优先级机制保证关重件在单元内连续生产的实际情况，例如零件"Q01-D-61/HG3-42 曲柄"在设备组 1 内连续生产；普通件则采用插空的方式生产，例如零件"GP1-31/SH1-1 挂片"在不考虑设备组的情况下，在设备组 1 和设备组 2 上的所有设备中采用插空的方式进行生产。利用压件生产策略保证调度块的相互关系符合混线生产作业调度统一约束建模及其关联机制，例如零件"FL7-E-40/WB01-3 飞

轮"（该批次为 10 件）的工序"1-铣"的加工时间为 25 h，工序"2-车"加工时间为 35 h，采用压件生产策略计算公式，工序 2 的压件数量为 1，即工序 1 开始加工后，实际工作经过 2.5 h（25/10×1＝2.5）工序 2 即可以开始加工；而其工序"3-铣"的加工时间为 30 h，压件数量的计算结果为 3，即工序 2 开始加工后，实际工作经过 10.5 h（35/10×3＝10.5）工序 3 就可以开始加工。利用基于资源组的能力分配算法对于关重件中加工时间过长的工序采用并行设备组进行加工，例如零件"L21-E-22/HG2-99 连杆"的工序"3-车"由于加工时间过长采用并行设备组进行加工。

车间接收新的生产计划后，需要在现有作业计划和设备分组情况下生成新作业计划。例如车间接收如表 6-24 所示的生产计划，批次 4 为关重件，批次 5 为普通零件。逻辑制造单元信息既可以通过接口从外围的制造单元构建系统读入，也可以直接读入上次系统运行时所储存的单元化结果，以支持动态逻辑制造单元的持续改进。当读入上次系统运行时的单元化结果时，由于生产任务发生变化，需要利用动态逻辑制造单元调整算法，根据关重件的生产工艺对逻辑分组进行调整。例如表 6-24 中只存在一个关重件组，通过对关重件的加工工艺特点分析发现，其主要采用原逻辑制造单元 2 中的设备，因此以此为基础对逻辑制造资源进行调整，将设备"09CK6163 数控车床"添加到逻辑制造单元内，设备"10CB-4MSI 定梁龙门加工中心"从逻辑制造单元内排除，形成了制造资源持续重构的运行效果，调整后的作业计划方案如图 6-22 所示。属于批次 4 的关重件在逻辑制造单元内进行连续生产，而属于批次 5 的普通零件则在逻辑单元外进行生产，或者利用逻辑制造单元内设备的空闲时间进行生产。

表 6-24　生产任务 2 信息表

所属批次	零件代码	零件名称	生产数量	工序 1	工序 2	工序 3	工序 4	工序 5
5	4H-99/88	底座	20	钳（13）	车（15）	车（15）	钳（20）	
5	A12-D-61/HG0003-01	方接头	20	钳（19）	车（18）	铣（15）	钳（20）	车（10）
5	AY01-S-00/IMU-02	制动片	20	铣（6）	车（10）	铣（10）	车（15）	钳（15）
5	B31-H82-9/DH-01	导引	20	刨（20）	钳（10）	车（25）	车（10）	
5	C13-D-61/HG2122-0	定位销	20	钳（25）	刨（35）	铣（20）	铣（20）	
5	CY01-S-00/IMU-03	异型螺母	20	车（20）	铣（30）	车（30）		
5	D02-1-P/H99-i	套筒	20	铣（20）	刨（15）	铣（15）	车（10）	
5	M1-HL002/101384590	定位块	20	车（25）	镗（12）	车（23）	车（15）	
5	M1-HL002-002/101384590	定位块	20	铣（40）	车（12）	铣（8）		
5	N7-9G/KD03	动力喷头	20	车（19）	车（20）	车（20）	铣（20）	
5	T13-D-61/HG2123-2	顶盖	20	钳（20）	车（40）	车（10）		

续表

所属批次	零件代码	零件名称	生产数量	工序 1	工序 2	工序 3	工序 4	工序 5
5	T13-D-61/HG7785-01	异型螺钉	20	车（15）	铣（5）	车（20）	铣（10）	
5	T13-D-61/HG8875-03	成型管	20	铣（10）	刨（10）	车（15）		
4	TM-D-61/001	电源罩	10	镗（30）	铣（40）	钳（40）	（10）	
4	TM-D-61/002	右罩体	10	镗（60）	铣（40）	钳（30）		
4	TM-D-61/003	左罩体	10	镗（30）	（4）	镗（30）	车（35）	铣（30）
4	TM-D-61/004	插座支撑	10	铣（10）	车（25）	镗（35）	钳（35）	
4	TM-D-61/005	电源支撑	10	铣（30）	钳（40）	镗（30）		
4	TM-D-61/006	弹出机构	10	铣（70）	镗（30）	镗（30）	车（20）	

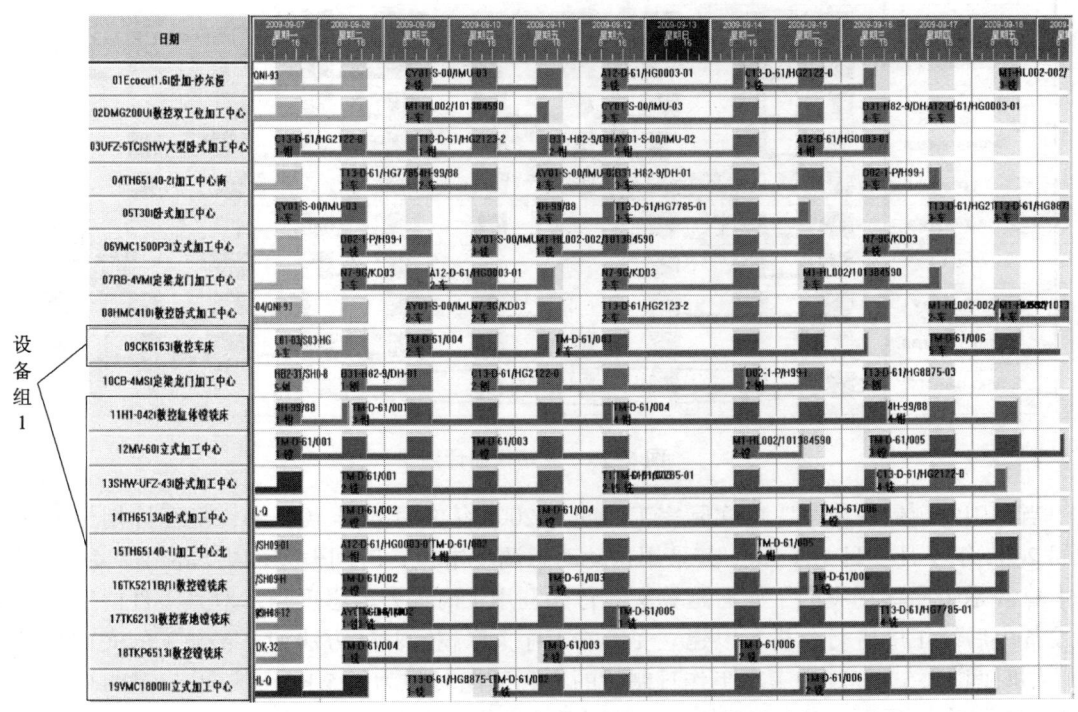

图 6-22 设备组合持续更新生产的作业计划

在混线生产作业调度过程中，根据生产任务利用动态逻辑制造单元调整算法对设备逻辑分组进行调整；利用以作业计划完成时间算法和混线生产作业调度中的节拍保障机制为基础形成的混线生产作业调度算法生成符合混线生产作业统一调度约束的作业计划。通过两个不同批次的生产任务生成的作业计划验证了对以动态逻辑制造单元调整算法、作业计划完成时间算法、混线生产作业调度约束建模以及约束的传播机制和节拍保障机制为基础的混线生产作业调度算法的有效性和正确性。

根据前文对生产扰动事件的处理流程分析，可以看出所有生产扰动事件的处理过程均可视为工序删除、工序追加、工序插入和工序移动四类基本处理算法的组合。限于篇幅，本书以能够充分利用四种基本处理算法为原则，选取实际完工时间误差、工序设备内加工顺序调整、工序转换加工设备和指定时间之后的重调度四种生产扰动事件为典型事件进行调整形式介绍，其涵盖了四类基本处理算法。

下面以某车间的生产实例进行说明，该车间包括 14 台设备，线切割、车、铣、钳和磨 5 个加工工种，周订单内含有 17 个零件，每个零件含有 2~5 道加工工序，将偏差容忍度设定为车间内较为常用的 10%。该订单的原始作业计划如图 6-23 所示。

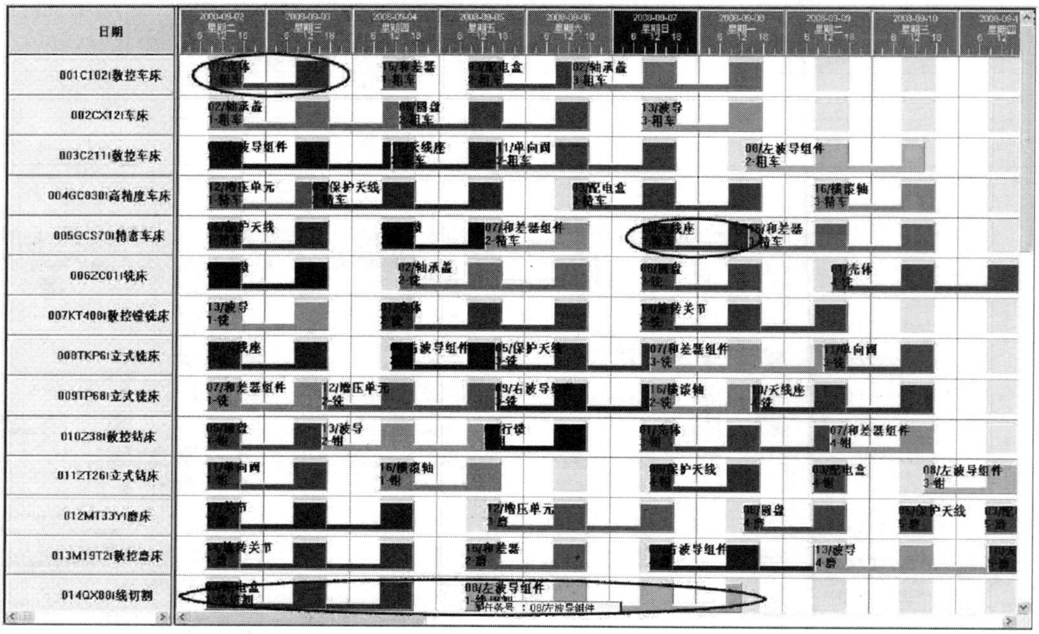

图 6-23　原始作业计划

当"01/壳体 1-粗车"的实际完工时间为 2008 年 9 月 4 日 10∶30，晚于计划加工完成时间 2008 年 9 月 3 日 18∶00，其采用自动动态调度中执行时间偏差的处理流程，所用到的基本算法是工序移动类的工序后延算法。首先利用工时偏差容忍度技术对其零件内后续工序及设备内后续工序进行分析，以建立受影响工序关联树，具体方法如下：加工的完成时间晚于计划时间 16.5 h，其中考虑工作日制后的实际延期时间为 2.5 h，而该道工序的总时间为 20 h，实际执行误差大于容忍度 10%，因此需要对作业计划进行调整。在保持原有的调度顺序不变的情况下对该执行误差的调整结果。"01/壳体 1-粗车"所在设备内后续工序及设备内后续的相关工序都进行了顺序的后延调整；而"01/壳体 1-粗车"零件内后续工序，即"01/壳体"的第二道序"2-铣"的加工时间为 30 h，而加工误差只有 2.5 h，小于容忍度 10%，对其不再进行调整，因此扰动被有效地隔离，以减小扰动事件对作业计划的影响范围。继续向后搜索发现，由于"01/壳体 1-粗车"的调整导致后续的"15/和差器 1-粗车""03/配电盒 2-粗车""02/轴承盖 3-粗车"等发生变化，又会产生影响，具体效果如图 6-24 所示。

图 6-25 是在原始作业计划图 6-23 的基础上对工序在设备内的加工顺序进行调整后的作业计划，具体的调整方法是"03/配电盒 1-线切割"与"08/左波导组件 1-线切割"的加工顺序交换，其处理流程为手工调度操作的标准化处理技术中的工序序列调整流程，所用到的基本算法是工序移动算法。在处理过程中分别以发生扰动事件的两道工序为根节点建立受

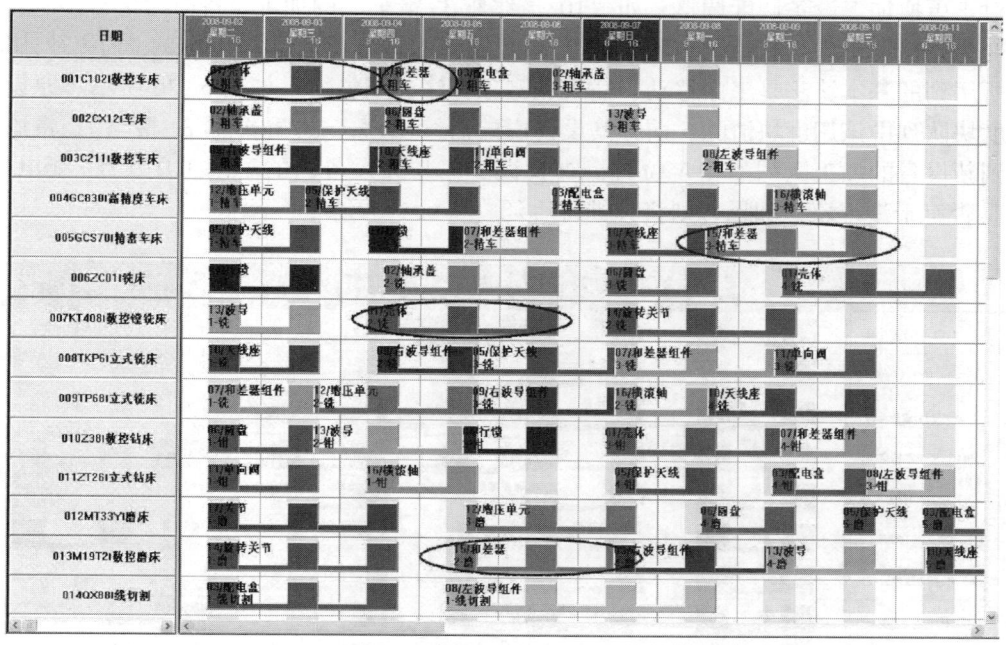

图 6-24　实际完工时间误差调整方案

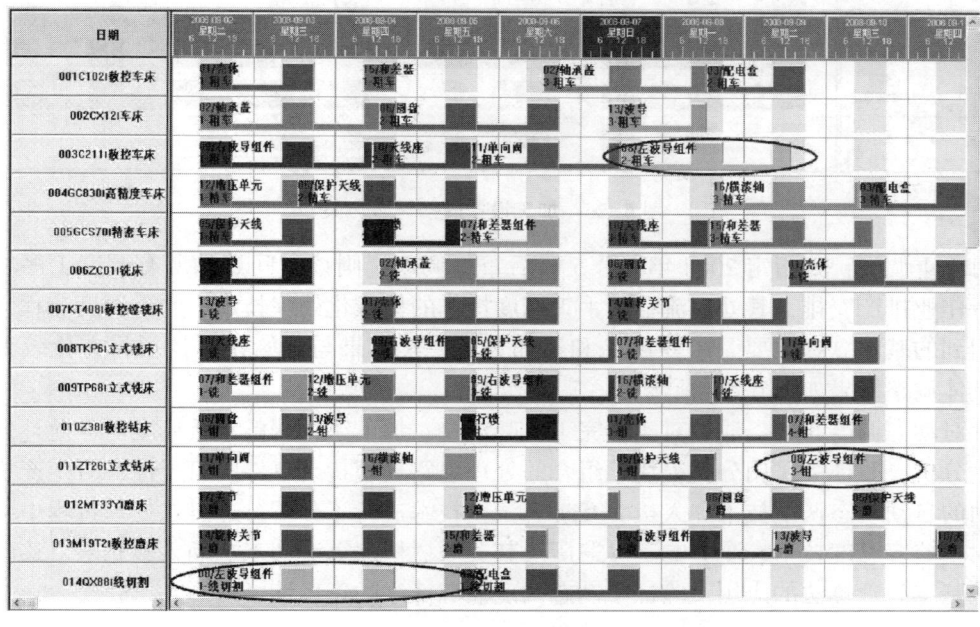

图 6-25　变更加工顺序的调整方案

影响工序关联树，零件 03 配电盒的零件内"1-线切割"后续工序在不改变加工顺序的前提下后延，零件 08 左波导组件的第一道工序的零件内后续工序在不改变加工顺序的前提下前移；而后在不改变加工设备的基础上查询工序有没有前移的可能，如果有则前移该工序，如果没有则完成调整。

对于更换加工设备调度调整，如"10/天线座 3-精车"的加工设备原为精密车床，现将其转变为高精度车床，其处理流程为手工调度操作的标准化处理技术中的工序序列调整流程，所用到的基本算法是工序移动、插入和删除算法，调整结果如图 6-26 所示。原设备上的调度块队列中该调度块清除，前移其设备内的后续工序"15/和差器 3-精车"；将该工序插入到新设备的加工队列的指定位置，查找该工序与其设备内的后续工序"03/配电 3-精车"是否有干涉现象，如果有则将其进行后延。

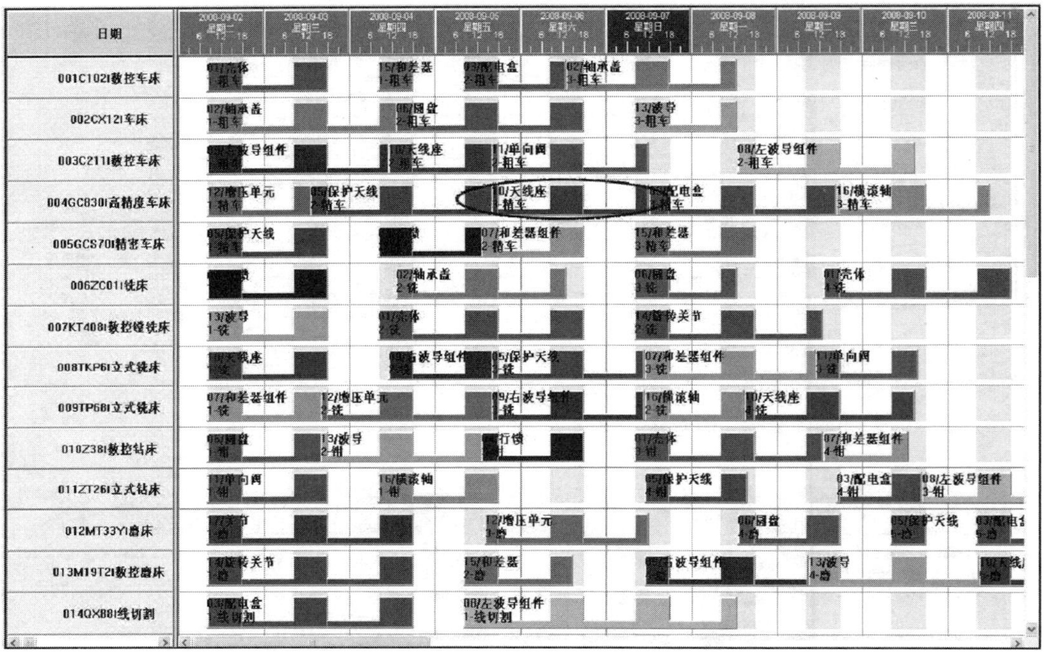

图 6-26　加工设备转换调整方案

对于重调度，如指定 2008 年 9 月 5 日后重新调度，则该时间点的所有调度工序块将重新进行作业排产安排，其处理流程为手工调度操作的标准化处理技术中的重调度流程，其处理中用到的基本算法主要是工序删除和追加算法，其结果与原始作业计划将有比较大的差异，具体调整结果如图 6-27 所示。

针对动态调度问题，通过对实际完工时间误差、加工队列调整和重调度对作业计划影响的实例分析，验证了采用分类模块化组合的处理思路处理扰动事件的可行性，对生产扰动事件驱动的自动动态调度技术和人机交互动态调度技术进行了分析。通过在处理过程中综合利用工时偏差容忍度技术、受影响工序遍历及其关联树构建算法和工艺插入、删除、移动和追加四种基本处理算法的应用，验证了动态调度核心算法的正确性。

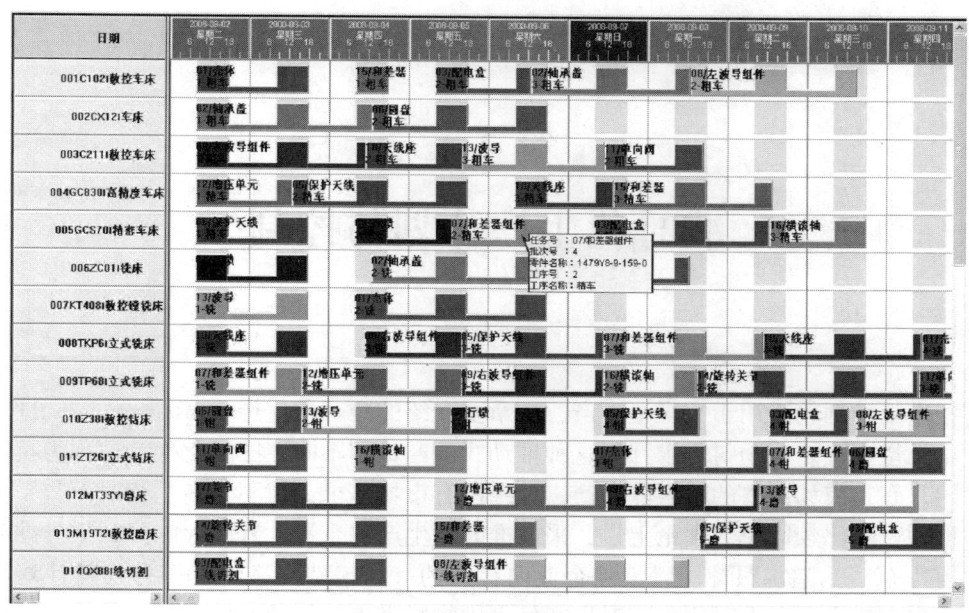

图 6-27　重调度生产的新作业计划

习题

1. 作业排序的目的是什么？

2. 试采用 EDD 规则，对表 6-25 所示的工件进行作业排序，并计算各个工件的实际交货期、最大拖期量，以及总体上的平均流程时间和总流程时间。

表 6-25　工件加工时间及交货期

工件编号	J_1	J_2	J_3	J_4	J_5
加工时间 t_i	3	7	9	5	4
交货期 d_i	15	20	8	9	14

3. 试阐述动态调度的基本形式。

4. 试设想不同类型生产扰动下的作业排产方案的调整机制。

5. 试通过文献资料的查阅，提出典型智能算法用于作业排序的方法和机制。

第 7 章
准时化生产计划与控制

物料需求计划较适用于大批量生产，本章要介绍的准时化生产（just in time，JIT）则适用于中小批量生产。与物料需求计划这种推动式生产计划不同，准时化生产被称为拉动式的生产，即只有当市场需要的时候才生产，如果没有市场需求，就不生产。相对而言，准时化生产的计划过程比较简单。理论上讲，采取准时化生产的企业，其库存能降到零。准时化生产以"零库存"为追求目标，以消除企业内存在的一切浪费为宗旨；作为物料计划与控制的两个基本方法之一，准时化生产对生产计划中物料需求计划的实施和执行的控制有很大的作用。

7.1 基本概念

7.1.1 准时化生产的由来

自 1913 年福特发明汽车流水装配线以来，汽车业快速发展，其生产方式一直沿用福特的大量生产方式，此时汽车的品种比较单一，生产量非常大。到了 20 世纪 70 年代末，出现了严重影响世界经济的能源危机，汽车业进入低增长阶段。在此冲击下，以消除制造过程中的一切浪费为宗旨的准时化生产，首先由日本丰田汽车制造公司创立并发展起来，故又称为丰田生产方式，比较流行的叫法是丰田生产系统（Toyota production system，TPS）。20 世纪 80 年代初，日本有许多行业全面超过了美国，其中汽车和电子行业尤为突出。在这种背景下，美国许多行业尤其是汽车业感到了前所未有的压力，于是麻省理工学院组织了一项国际汽车研究项目计划（international motor vehicle program，IMVP），历时 5 年之久，耗费几千万美元之多，对日本的企业进行了深入的调查研究，最后将日本丰田式的生产方式总结为精益生产方式。精益生产方式是 21 世纪生产方式的发展趋势。

准时化生产和精益生产紧密相连。精益生产是以必要的劳动，确保在必要的时间内，按必要的数量生产必要的产品，以期达到消除无效劳动，降低成本，提高质量，实现零库存、零缺陷、零故障和零浪费的最佳生产过程，以及用最少的投入实现最大的产出的目的。准时化生产则是精益生产中最核心的部分。

众所周知，丰田生产系统有两大支柱：一是自动化，此自动化非原来的自动化，二者的核心区别是丰田的自动化更强调人的主观能动性；二是准时化生产，如图 7-1 所示。大多数企业，尤其是汽车企业在学习日本精益生产方式时，应重点学习其中的准时化生产，因为它是精益生产的精髓。工厂只有认真地推行准时化生产，才能贯彻精益生产的哲理，当然这必须以现场管理的基础工作为前提条件。

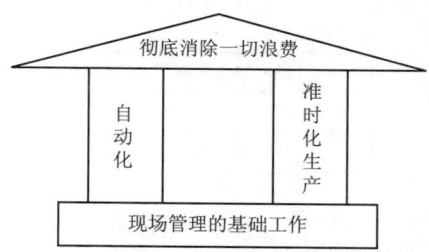

图 7-1　丰田生产系统的两大支柱

7.1.2　准时化生产在生产计划与控制中的应用

物料需求计划强调计划，而准时化生产强调车间生产现场的控制，物料需求计划和准时化生产从理念上讲是矛盾的对立面，但并非不可统一，二者的结合点在于现场。图 7-2 表明了准时化生产程序与物料需求计划的关系。阴影区域表示因准时化生产的实施而可能受到影响的生产计划与控制部分。它将会影响整个框架，但受到最主要影响的是后端低层的执行部分。准时化生产超出了传统的生产计划与控制的范畴。

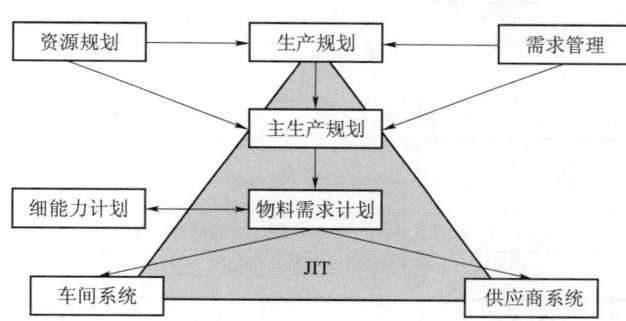

图 7-2　准时化生产与物料需求计划的关系

准时化生产程序的实施基于订单快速通过工厂的概念，看板管理是准时化生产的重要手段，这样，无须用复杂的车间控制系统对生产过程进行跟踪，这种方式不仅适用于工厂内部自制物料，同样也适用于外购物料。如果某些物料在接到入库单的数小时内就要用到，则就没有必要将这些物料入库。准时化生产不仅在企业内部实施，还要求供应商也能及时供货。正因为有此要求，实施准时化生产的企业可迅速且方便地从供应商那里得到准时采购的物料，以便及时送至生产现场，这样可以使在制品数量降低，从而达到消除在制品库存、降低成本的目的。

准时化生产方法在执行过程中的主要优点在于简化，其目的是设计制造单元、产品和系统，以期物流畅通。随着大部分质量和分配问题的解决，实施准时化生产就变得比较简单。

7.1.3　准时化生产的体系结构

精益生产的体系结构如图 7-3 所示，图中虚线所示部分为准时化生产体系结构。该图贯穿 3 条主线，即精益生产要达到的 3 个零目标：零库存、零缺陷和设备零故障，前两个目标都是针对产品的。以追求零库存为目的的准时化生产作为精益生产的核心，通常必须借助于看板才能得以实现，从某种意义上说，准时化生产是一种哲理，是一种解决问题的思想。

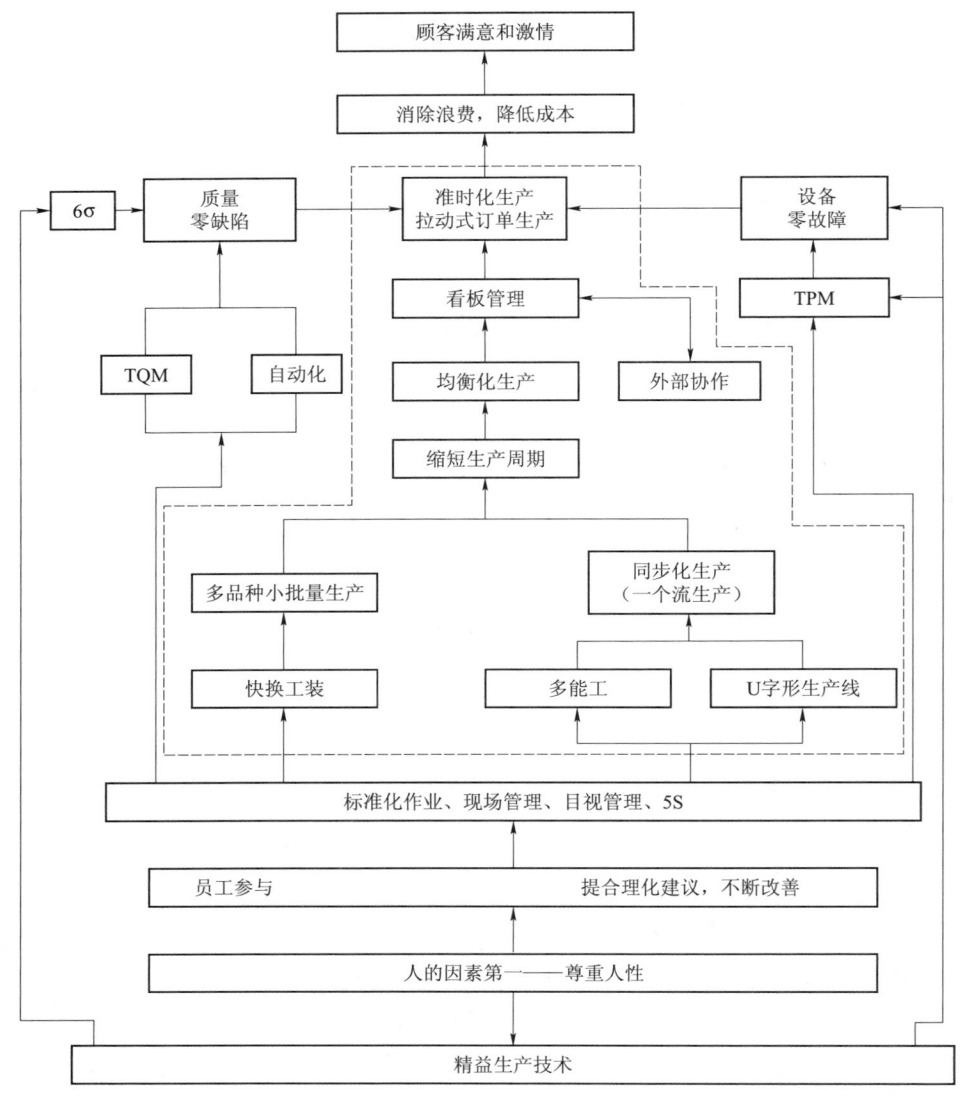

图 7-3　精益生产的体系结构

图 7-3 的下面部分为精益生产的基础工作，其中最重要的基础工作是人的因素，在影响生产效率的诸要素中，人的因素是最重要的因素。在充分发挥员工的主观能动性的前提下，尊重人性是实现准时化生产最基本和最关键的保证，因此必须建立工作小组，制定提合理化建议的制度，发挥团队精神，在班组建设过程中，要由员工自愿形成质量小组，定期交流讨论。必须对工人进行授权，在生产一线的工人发现问题时，授权工人可将生产线停下来。必须对员工进行教育和培训，对员工进行多种技能的训练。要想成功实施准时化生产，企业必须做好以 5S 为基础的现场管理工作，包括工作的标准化、目视管理等，这是实施准

时化生产的前提条件。除此以外，还要有良好的工艺顺序和工艺规程，工序质量要得到控制，设备及工装运行效率良好，现场生产布置合理，原材料或配件及时供应，质量稳定。

由图 7-3 可以看出，准时化生产的实质是：

（1）拉动式订单生产。拉动生产是准时化生产的基本特征，拉动生产也即意味着仅在需要时生产所需的产品，这种拉动生产最大的优点是不会生产多余的产品，从而使库存可以大幅度降低。

（2）要保证准时化生产，必须有质量零缺陷做保障。以追求零库存为目标的准时化生产对产品的质量缺陷有更高的要求，缺陷的存在，势必意味着需要在适当的时候中止生产线，这不符合精益思维的原则。

（3）要保证准时化生产的产品优质、及时地交付到顾客手中，要求设备维持良好的运行状态和开动率，这就要求在精益生产技术的基础上，建立一套可行的全员生产维护体系。

（4）准时化生产适合于多品种和小批量生产。

7.1.4　浪费的种类及消除浪费的方法

准时化生产的宗旨是消除一切显在的和潜在的浪费。要消除浪费，降低库存，实现真正意义上的准时化生产，保证准时化生产的成功实施，则必须首先将企业运作过程中存在的一切浪费源头找出来，然后有针对性地消除浪费，以达到消除浪费、降低成本、提高生产效率的目标。

1. 浪费的定义和种类

浪费是指除了对生产不可缺少的最小数量的设备、原材料、零部件和工人以外的任何东西的消耗。浪费必然会造成损失，导致企业总的运作成本上升。这里最小数量指的就是满足顾客的需求量，不要过度生产，而是根据市场的实际需求来生产。

浪费既有显在的浪费又有潜在的浪费，浪费会使成本增加，降低企业的竞争力。浪费好比冰山，露在水面的可以视为显在浪费，它只是冰山的一角，而潜在的浪费（即水面以下的冰山）则非常惊人。日本丰田生产方式对浪费进行了分类，主要有以下 7 种：

（1）过量生产的浪费：不是根据市场的实际需求生产，必然会产生多余的成品库存；同样，如果不是根据后道工序的实际需求生产，将会产生在制品库存或半成品库存。过量生产会造成场地面积、运输、资金和利息支出的浪费，可以采用看板手段进行控制。

（2）等待时间的浪费：如果是一个流的生产，则不会存在等待时间的浪费，实际上，在许多情况下，从成本和技术角度考虑都是按一定批量进行生产的，批量生产本身必然会造成不得已的等待现象。加工过程中也会存在等待时间和人的浪费，如机器加工时人员的闲置，或劳动组织不合理产生的等待时间，可以通过对劳动分工进行调整，严密组织生产而达到缩短等待时间的目的。

（3）运输的浪费：由于设备布置的不合理而造成物料运输不畅通，额外的运输不会产生附加值。相应的措施是调整平面布置，合理组织物流。

（4）库存的浪费：任何库存品都必然附带产生在制品的管理和维护费用，只有大幅度减少成品、半成品、在制品，以及原料的库存量，才可以大幅度减少浪费。采取的措施是严格根据订单拉动生产。

（5）过程（工序）的浪费：由于操作标准不正确，或者没有采用适当的加工技术，导致工时、工具和设备等的浪费。采取的措施是对工序进行改进。

（6）工作方法的浪费：没有采用标准的工作方法而造成的浪费。采取的措施是对工位进行合理布置、分析与改进操作动作。

（7）产品缺陷的浪费：由于缺乏适当的预防措施，或没有及时调整操作标准，甚至没有按照标准化要求进行作业，致使连续产生含有缺陷的产品和次品并流入市场，造成用户退货、索赔等损失，从而使直接或间接成本增加。采取的措施是增加防错装置，并且要求企业贯彻全面质量管理的思想。

2. 消除浪费的常用方法

浪费可以分为几个层次：第一层次的浪费是过剩的生产能力的浪费，包括过多的人员、过剩的设备和过剩的库存。第一层次的浪费不消除，则势必导致制造过剩的浪费，这是所有的浪费中最大的浪费，也即第二层次的浪费。制造过剩必然会产生第三层次的浪费，即过剩库存的浪费。过剩的库存要求多余的仓库、多余的搬运工、多余的搬运设备、多余的库存管理人员和使用多余的计算机进行信息管理，这是第四层次的浪费。第三层次的浪费和第四层次的浪费会造成利息支出的增加和设备折旧费，以及间接劳动费等的增加，最终造成产品成本的增加。

消除浪费有以下几种手段：

（1）源头质量的控制。质量是制造出来的，不是检验出来的，贯彻这种思想，就可以减少由于检验不准确出现不合格品造成的浪费。这不仅要求员工有"质量是制造出来的"这种意识，更要从源头上加以控制，控制源头质量意味着在工作之初就要做得十分正确。在生产过程中出现错误时，就立即中止该工序或装配线，这要求公司有充分的授权。在美国许多传统企业中，工人中止工序或装配线简直是不可想象的，而在精益生产方式中，必须要求这么做，才能从源头上进行控制。有的汽车企业提出生产过程中贯彻"三不"，即不产生缺陷、不传递缺陷和不制造缺陷。要做到这一点，不能教条地去理解，而应当具体情况具体分析。例如，在对汽车喷漆时，如果发现有上道工序即车身车间带来的缺陷，此时若按照"三不"思想做，应将此有缺陷车架返回车身车间进行修理，再返回喷漆车间，这种返工会导致出现许多不增值的活动，此时可以采取比较灵活的措施：车身车间派专人到喷漆车间，一旦发现问题当场予以消除。

质量控制还包括自动化或称为自动检测。在精益生产里通常将它称为防误装置。利用这种防误装置可以减少一些人为造成的质量问题。

（2）均衡生产车间负荷。传统的平衡方法是平衡生产能力，但市场是动态的，波动随时存在，平衡生产能力势必要求生产能力随着市场需求的变化不断地做调整，显然这难以收到很好的效果。从基于最优化生产技术（optimized production technology，OPT）的生产计划和控制方面讲，该平衡的不是生产能力，而是物流，也可以理解为平衡生产中的负荷。平衡生产流可以减少由于计划不均衡所带来的反应，这称为均衡车间生产负荷。当总装线上发生变化时，这种变化就在整条生产线上和供应链上被放大了。消除该问题的唯一办法是制订固定的月生产计划，使生产率固定下来，尽可能减少变化和不做调整。

日本人发现，可以通过每天建立相同的产品组合，进行小规模生产的方式，解决车间生产负荷不均衡的问题，因此，日本企业总是建立一个综合产品组合来适应不同的需求变化。

在均衡过程中，有必要将月产量分解成日产量，从而计算出生产周期时间。该周期时间用于调整资源，以生产出所需的精确数量的产品。JIT 强调按计划成本和质量进行生产。

（3）采用看板生产控制系统。日本丰田汽车公司为致力于减少浪费，认为应从制造过多而产生多余的呆滞品与半成品库存，以及加工方法与技术的改进着手，提出看板生产控制系统以达到零库存的目标。看板控制系统是使用看板管理，准时化生产下的物流将保证在需要的时候生产需要数量的产品。在日本，看板意味着"口令"或"指令卡"，看板可以使用卡片表示，也可以使用容器代替卡片，卡片或容器组成了看板拉动系统。上游的生产或供应部件的权利来自下游操作的需求拉动。

（4）最小化换模时间。因为准时化生产以小批量生产为准则，故机器的换模工作必须迅速完成，以实现在生产线上进行多品种小批量的混合生产。日本在快速换模方面遥遥领先，如丰田汽车公司的夹具小组，为实现小汽车车篷和挡板的混合生产，能够在 10 min 内完成 800 t 压力机的换模；而同期的美国企业平均要花 6 h，德国平均要花 4 h。在汽车公司，快速换模的重要性在冲压车间里尤为明显。以上海交通大学潘尔顺教授于 2002 年 5 月所做的调研来看，国内上海通用汽车有限公司冲压车间的最短换模时间在 10~15 min，上海大众汽车有限公司最短的也在 15~20 min（600 t 压机），平均要花 30 min。

在准时化生产系统中将换模工作划分为内部换模和外部换模。内部换模只能在停机后才能进行，而外部换模则可在机器的运行期间进行。为实现换模时间的减少，应尽可能地将内部换模转化为外部换模。日本和欧美国家在实现快速换模方面所采取的措施不尽相同，日本换模小组注重实际模拟练习，以期提升熟练水平达到快速换模的目的。在美国，则通过设计一些高效率的装备来实现这个愿望。

7.2　看板管理

准时化生产是一种全新的生产管理思想，看板是实施准时化生产的重要手段，看板管理是准时化生产成功的重要保证。在实施精益生产方式时，有的人常会产生这样一种误解，即认为 JIT＝看板。日本筑波大学的精益生产管理大师门田弘安教授曾指出："丰田生产方式是一个完整的生产技术综合体，而看板管理仅仅是实现准时化生产的工具之一。"

7.2.1　拉动系统

1. 拉动系统的层次

拉动系统中的拉动有 3 个层次：生产系统之外，市场需求拉动企业生产，即跟单生产；生产系统之内，后工序拉动前工序的运作方式（生产线内部拉动）；主机厂的需求拉动配套厂、协作厂及原材料的生产供应（也称外部拉动）。物流控制的拉动系统发生在一个工作中心被授权生产的时候，而此时表明其下游工作中心已经存在零组件相关物料的需求。一般说来，不允许任何工作在未得到授权（或拉动）时就将物料推至下游工作中心。

下游工作中心传递信息的方式差别很大，用得最多的是一种称为看板的卡片。也有的采取单箱系统或双箱系统。在丰田汽车公司发展 TPS 早期，曾有利用彩色高尔夫球传递信息的记录，甚至车间现场的存储区域也可以传递生产信息。当区域为空时，授权生产部门生产物料来填充它，在需要时，使用部门将物料从此区域取走，仅在此区域为空时才会发生授权生产。

以看板为手段的拉动系统起源于丰田汽车公司，而它却是从美国超级市场受到启发的。在超市，顾客购买许多商品，在收款处将货物的清单以单据形式打印出来，单据上反映出所购货物的种类和数量及价格，此单据类似于所谓的看板，顾客在超市出口处将单据返回给超市，超市将单据送达采购部，根据单据显示的数据去采购顾客购买的等量货物，在货物达到超市后，将前面看板取下，放上一个搬运看板，搬运工根据信息进行相应的搬运作业。当某位顾客买走了某件物品，该物品会被及时补充，并且是相同的数量，如果没有顾客购买，就不补充。与汽车生产企业类比，假定把超级市场看成在生产线上的前过程，顾客则是生产线上的后过程，在必要时，才向相当于超级市场的前过程去购买必需的商品（零件）。前过程就把后过程所取走物品（产品）的分量补充起来。在 1953 年，丰田汽车公司的大野耐一先生将他在美国学到的这种拉动思想，在汽车公司的机械工厂内予以贯彻应用，从而发展出精益生产理论，并使用至今。通常企业内部的拉动生产方式可用图 7-4 表示。

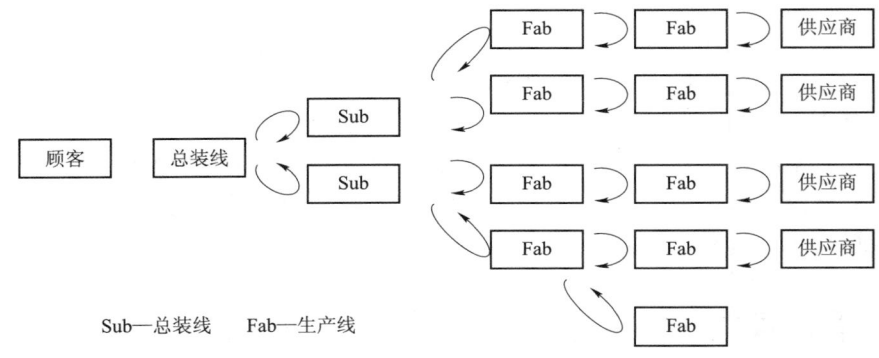

Sub—总装线　　Fab—生产线

图 7-4　企业内部的拉动生产方式

2. 拉动系统的前提条件

对于大多数拉动系统来讲，在适当的时间内保持计划的稳定性是其前提条件，这为下游工作中心提供了稳定性，从而实现了整个工作流的平衡。另外一个重要前提条件就是保证生产的平准化。除此以外，需要确定在工作中心传送物料容器的大小，因为它涉及对物料搬运的考虑、车间中的堵塞、近似加工中心数目以及成本因素等。

平准化生产遵循以下步骤：

（1）计算总的生产周期，用每个月总的工作日数除以总的月产量得到。

（2）计算每种产品的生产周期，用每个月总的工作天数除以每种产品的月产量得到。

（3）根据每种产品的生产周期比率来安排平准化的工作顺序。

【例 7-1】假设要生产 5 种汽车，对应的型号分别是 A、B、C、D 和 E。假设每月 20 个工作日，每天 1 班，每班 8 h，每种产品的月产量、日产量和周期时间见表 7-1。

表 7-1　5 种汽车的产量

产品型号	月产量/辆	日产量/辆	周期时间/min
A	4 800	240	2
B	2 400	120	4

续表

产品型号	月产量/辆	日产量/辆	周期时间/min
C	1 200	60	8
D	600	30	16
E	600	30	16

　　由表 7-1 可知，全部 5 种型号的总月产量为 9 600 辆，总的日产量为 480 辆，总的生产周期为 1 min。在准时化生产环境下，计算生产周期时，用每日的工作时间除以每日的产量，这里的日产量应根据每天必需的生产数量来确定，而不是以现有生产能力来定。因为如果以现有生产能力来决定日产量，则在需求较低时可能造成生产过剩的浪费，这种现象是以消除一切浪费为宗旨的准时化生产所绝对不能容忍的。

　　下一步是确定每种产品在所有产品中的产量比例，该比例就决定了投入的频率，由表 7-1 可以看出，产量比例或投入频率用每种产品的日产量除以总的日产量得到，则 5 种产品的比例见表 7-2。如果这 5 种产品都采用专用的生产线生产，则投入结果见表 7-3，由表可以看出，A 每 2 min 生产一辆，B 每 4 min 生产一辆，C 每 8 min 生产一辆，D 和 E 都是每 16 min 生产一辆。如果这 5 种产品在一条装配线上混线生产，则必须考虑投入的顺序问题，合理的投入顺序见表 7-4。

表 7-2　5 种产品的比例

产品型号	A	B	C	D	E
比例	240/480 = 1/2	120/480 = 1/4	60/480 = 1/8	30/480 = 1/16	30/480 = 1/16

表 7-3　专用生产线投入结果

产品型号	投入情况
A	A — A — A — A — A — A — A — A — A
B	B — — — B — — — B — — — B — — — B
C	C — — — — — — — C — — — — — — — C
D	D — — — — — — — — — — — — — — — D
E	E — — — — — — — — — — — — — — — E

表 7-4　混线生产投入顺序

	投入情况
产品型号	A B A C A B A D A B A C A B A E A

7.2.2　看板概念及其运作过程

　　准时化生产是要保证在必要的时间和必要的地点，生产必要数量的产品，以应付多品种少量的要求。准时化生产的必要条件是，使各道工序知道正确的生产时间及正确的生产数量。因此说，看板是实现准时化生产的最重要手段。

1. 看板的功能

看板在日语里是"符号"或"信号"的意思。看板在生产中主要起到传递生产信息的作用，它具备以下功能：

（1）有助于防止反复性的缺陷。看板对要生产的物品的数量控制极其严格，这样，就容易将存在反复性缺陷的问题暴露出来。

（2）提供运输信息。如提供拣选/运输的信息，包括"where from"（从哪里来），及"where to"（到哪里去）。有时候，还指示何时拣选。

（3）交换生产信息。告诉何时生产，生产多少。该功能还说明看板必须按一定的次序被接受。

（4）防止过量生产。通过限制工厂内原材料和生产量（根据看板指示），防止过量生产和过量运输。

（5）发出生产什么的指令。看板上将有对应的物品名称和代码。

（6）暴露问题。暴露已有的生产问题及控制库存。

2. 看板规则

看板作为拉动系统的重要手段，必须充分有效地利用，才能发挥应有的功效，否则，就会成为准时化生产的障碍。要做到这一点，必须符合一定规则。

（1）后工序必须在必需的时候，只按必需的数量，从前工序领取必需的物品。这里有几层意思：如果没有看板，一概不能领取；超过看板枚数的领取一概不能进行；看板必须附在实物上。

（2）前工序仅按被领走的数量生产被后工序领取的物品，不能生产超过看板枚数规定的数量。另外，当前工序生产多种零部件时，必须按各看板送达的顺序生产。

（3）不合格品绝对不能送到后工序。广义上讲，不合格也包括不良作业。制造不合格品，就等于为销售不出去的东西而大量投入人力、材料、设备和劳动力，这就是所有浪费中最大的浪费，它违反准时化的宗旨。另外，前工序按照后工序的需求数量，生产并传递所需数量的产品，如果在后工序发现不合格品，因为没有多余需求，故只能造成后工序暂时中断。控制不合格品的传递，一方面要求加强员工质量意识的培养，另一方面，可借助于防错装置，使得一出现不合格品机器就能自动停止。

（4）必须把看板数量减少到最低程度，看板数直接决定了库存的数量，故控制了看板的数量就意味着控制了库存的数量。变更看板枚数的权限要交给现场监督人员，看板的总枚数不能有太大的变更。

（5）看板必须适应小幅度的需求变化（通过看板对生产进行微调整），要能适应突然发生的需求变化，适应生产上的紧急事态，微调整仅在小幅度需求变化的情况下可以应用。

（6）看板上表示的数量要与实际的数量一致。

3. 看板的分类

看板是作业指示的信息，这是看板的第一机能，看板可以反映生产量、生产时间、方法、次序、搬运量、搬运周期、搬运目的、放置场所、如何搬运容器等信息。

看板可以分为生产指示看板和领取看板，生产指示看板是一种准备看板，如果是以批量生产的工序，则通常用信号看板，如果是批量以外的一般生产，则用一般生产看板。领取看板又分为工序内领取看板和外协订货看板两种。图 7-5 显示了看板的基本分类。

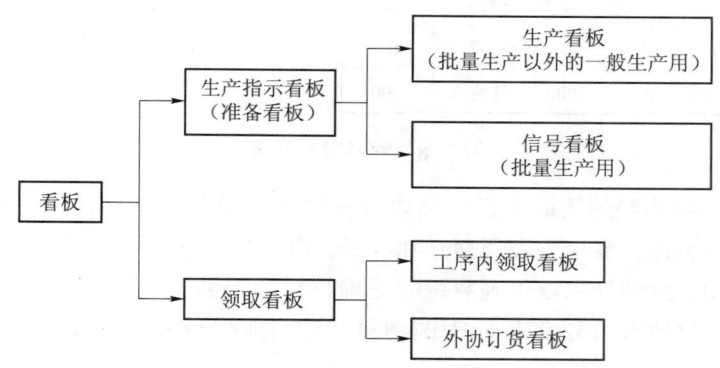

图 7-5 看板的基本分类

图 7-6 是一种典型的生产看板，由看板可以反映生产信息，如由看板上待生产的产品名称和编号可以知道生产什么，容器型号和容器容量则指导生产的需求量是多少，工序名称则规定该生产任务在哪道工序完成。由图 7-6 可知，要生产的产品为齿轮，工序为锻造，该齿轮置于 B 号容器中，容器容量为 20 个，则该看板就表示要对 20 个齿轮进行锻造处理。该生产看板是工序内看板，是领取看板规定的前工序必须制造的产品数量。

物料名称	齿轮	工序
物料代码	4121-10090	锻造
容器型号	B	
容器容量	20	
发行编号	021023123	

图 7-6 典型生产看板

此外，许多工序，如冲压、锻造等均以一定的批量进行作业，这时应使用信号看板来指示生产，信号看板附于每批零件箱中的一个料箱上，当领料进行到该看板处时就发出生产指示。信号看板有两种基本类型。第一种是三角看板，如图 7-7 所示。该例说明冲压侧板批量为 500 件，用 5 个容器存放，每个容器的容量为 100 件，在每批剩下两箱时即开始订货，订货量为 500 件，所以该三角看板挂在倒数第 2 个料箱上。第二种看板是物料需求看板，如图 7-8 所示。当侧板被装配线领取两箱之后，机器 DC1 所在的工序就必须到编号 D025 的储存区领取 500 单位的钢板，该例中，物料需求订货点为 3 箱侧板。

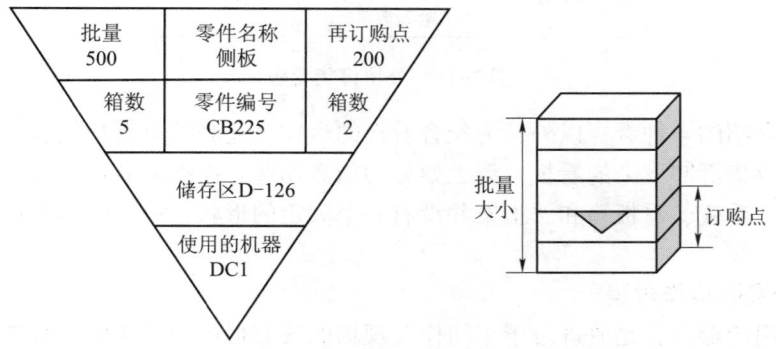

图 7-7 三角看板

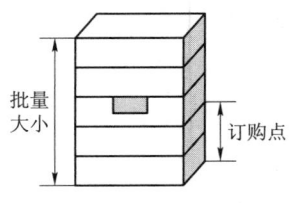

前工序	储存区D025→DC1		后工序
物料名称	钢板	物料编号	GB45
容器类型	B	容器容量	100
批量大小	500	订购点	300

图 7-8 物料需求看板

图 7-9 则是一种典型的领取看板。领取看板详细记录有后工序向前工序所需领取的产品信息，包括物料名称、编号、容器型号和容量，以及到何处领取，送到哪个工位。领料工根据领取看板可知，到何处领取正确数量的正确物料。图例表明领料看板由淬火工序发出，领料工将到指定存储地 B-132 领取所需的物料，存储地收到领料看板后发出生产看板，并把它送至锻造工序。

物料名称	齿轮	前道工序
物料代码	4121-10090	
存放货架号	B-132	锻造
容器型号	B	后道工序
容器容量	20	
发行编号	021023123	淬火

图 7-9 典型领取看板

图 7-10 是一种外协订货看板。外协订货看板反映出交货时间、交货周期、供应商、接收场所、保管场所、检验方式等供货信息。

交货时间和 交货周期	物料名称	接收场所
	物料编号	↓ 保管场所
供应商名称	容器类型 容器容量	检验方式

图 7-10 外协订货看板

除了上面介绍的 4 种看板以外，为配合看板的运作，还必须有看板箱和派工架，看板箱是为了保管及收集拆卸下来的看板。派工架是为指派作业，而把从看板箱回收的看板按照次序排列的道具。看板、看板箱和派工架并没有一个固定的形状，可以依据使用场所的实际情况进行设计。

4. 看板的实际运作过程

看板最常用的形式，是放进位于车间作业现场的长方形塑胶袋中的一张纸片。工厂内部看板的运作过程如图 7-11 所示，图中每一步运作都有一个对应的阿拉伯数字编号，具体运作过程如下（以下过程前面所示的序号和图中序号相对应）：

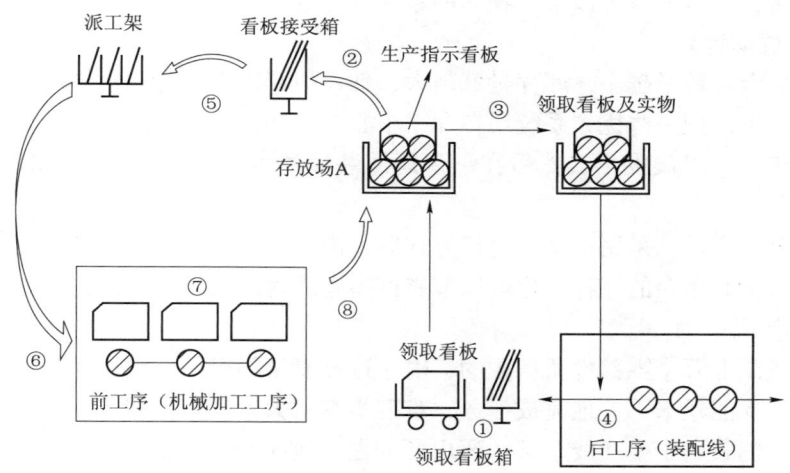

图 7-11 工厂内部看板的运作过程

（1）工序的搬运工把所必需数量的领取看板和空托盘（集装箱）装到叉车或台车上，走向前工序的零部件的存放场。

（2）如果后工序的搬运工在存放场 A 领取零部件，就取下附在托盘内零部件上的生产指示看板（注意：每副托盘里附有一枚看板），并将这些看板放入看板接受箱。

（3）搬运工把自己取下的每一枚生产指示看板，都换一枚领取看板附上。

（4）在后工序，作业一开始，就必须把领取看板放入领取看板箱。

（5）在前工序，生产了一定时间或者一定数量的零部件时，必须将生产指示看板从接受箱中收集起来，按照在存放场 A 摘下的顺序，放入生产指示看板箱。

（6）按放入该看板箱的生产指示看板的顺序生产零部件。

（7）在进行加工时，这些零部件和它的看板作为一对一起转移。

（8）如果这个工序零部件加工完成，将这些零部件和生产指示看板一起放在存放场，以便后工序的搬运工随时领取。

外协订货看板的运作过程如图 7-12 所示。在图 7-12 中，① 表示作业员在开始使用容器中物品时，要将附带的看板放入看板接受箱。② 表示当看板接受箱中的看板累积到一定数量时，就由现场管理人员从看板接受箱中取出看板，依照一定的次序放入派工架指派所需的物品。③ 表示司机在交完零件后，即到派工架处领取订货看板，这里，根据看板的编号来进行管理。④ 表示供货厂商收到订货看板后，就根据订货看板的指令，发出所需的订货，把订货看板和容器一起送到主机厂仓库中。

由于附着在制品或零件上的看板和物品一起移动，因此，比较容易实现物品的管理。从容器上拆下来的看板便成为生产的指示，即什么物品应在何时生产、生产多少，由于看板具有这种管理方式的特点，因此只要控

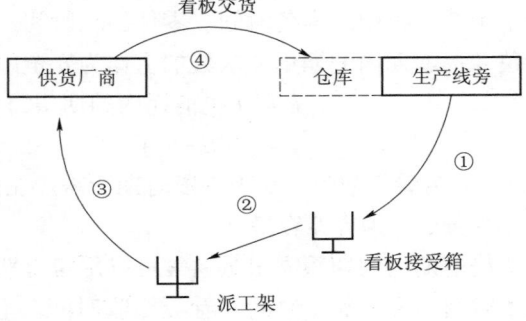

图 7-12 外协订货看板的运作过程

制了看板的数量，实际上就可以掌握物品的数量。

5. 看板的拉动计划

系统中看板卡片数量越多，库存量就越大，部件生产加工中心和组件加工中心之间就越能维持自主性。可以把一些优先系统用在加工中心上，如贯彻先来先服务的思想或强调时间要求（如所有卡片在早晨发出，然后在下午返回装满的容器，所有下午用的卡片将在第二天早晨发出）。

对于一个企业来讲，采用了精益生产方式后，由于看板的采用而能够完全避免制造的过剩，所以，不必拥有多余的库存，也可以节省许多仓库管理人员及场地，既提高了效率，又大大降低了生产成本。

汽车是由成千上万个零部件所组成的，对于这样复杂的产品，仅凭物料需求计划系统来制订生产计划，要能丝毫不差地完成任务，难度实在太大。生产计划往往由于市场的经常变更而产生波动，倘若由于生产线上某一环出了问题，则不得不中止整个生产线或改变计划，就会造成前后道工序已经生产出的物料积压或报废。

用生产计划来指示生产，则可能在不需要的时候制造出超过需求量的物料，以及在后道工序不需要的时候供给物料，这样必然会造成生产的混乱，生产效率也会大大降低。假如能做到在需要的时候生产需要的物料，将必须生产的量的信息从后道工序依次往前道工序传递，则能消除上述浪费。

采用后道工序取用看板管理的方式，实际上变更了物料的流动方式，即由原来的前道工序生产出来的物料来推动后道工序的生产，改变为"后过程在必需时向前过程取用，前过程则制造被取去的分量"，如此，各种浪费问题迎刃而解。由企业内部的拉动生产方式图7-4可以看出，制造过程的最后一环是总装线，以此为出发点，只向装配线指示生产计划，并且依次向前过程领取必需的物料，并要求按必需的时间和必需的数量来领取，这种逆向过程一直到毛坯材料的准备部门，使之同期化地满足准时化的条件。这不仅可降低库存，而且可以大大提高管理效率。

7.2.3 看板数量的确定

看板卡代表了在用户与供应商间来回流动装载物料的容器数，每个容器代表供应商最小的生产批量，因此容器数量直接控制着系统中在制品的库存数。制作看板时，必须根据物品的种类、大小和需要量来计算所需看板的数量。

精确地估计生产一个容器的零件所需的生产提前期，是确定容器数量的关键因素。提前期是生产过程中的准备时间、零件加工时间、看板回收时间的函数。所需看板的数量应该是能覆盖提前期内的期望需求数加上作为安全库存的额外数量。看板数量计算公式为

$$k = （提前期内的期望需求量+安全库存量）/容器容量$$
$$= （DL+S_s）/C \tag{7-1}$$

式中：k 为看板数量；D 为一段时期所需产品的平均数量；L 为补充订货的提前期；S_s 为安全库存量；C 为容器容量。

提前期内的期望需求量通常可以用需求期间1天的最大需求量乘以总的提前期，即生产准备时间、零件加工时间和看板回收时间（包括实际回收看板的时间和将物料运至所需之处的时间）的总和得到，故看板数量计算公式可以写为

$$k = \frac{\text{需求期间 1 天最大需求量} \times (\text{生产准备时间+加工时间+看板回收时间+安全库存时间})}{\text{容器容量}}$$

$$(7-2)$$

【例 7-2】假设已知条件如下：生产体制为每天 2 班，每个班次 8 h，每班次生产 A 产品 100 件、B 产品 150 件、C 产品 150 件，则每班次共生产 400 件。并假设已知生产准备时间为 0.2 天，加工时间为 0.5 天，看板回收时间为 0.6 天，安全库存时间为 0.2 天，容器容量为 5 件，则根据上述数据，可以将它代到式（7-2）中得到 3 种产品的看板数量。

A 产品的看板数：$200 \times (0.5+0.2+0.6+0.2)/5 = 60$

B 产品的看板数：$300 \times (0.5+0.2+0.6+0.2)/5 = 90$

C 产品的看板数：$300 \times (0.5+0.2+0.6+0.2)/5 = 90$

这样，要满足生产需求，A 产品需要 60 张看板，B 产品需要 90 张看板，C 产品需要 90 张看板。总共需要看板 240 张。

实际看板数量的确定和订货点方式有一些内在的联系，也存在许多不同之处，如订货点方式在出入库台账的基础上管理库存，看板则与物料一致；订货点方式需要不断地对库存数量进行管理，而看板方式则不需要；看板具备目视管理的功能，订货点方式则不然；看板与现场作业有密切关系，订货点方式是作为仓库单独管理的。订货点模型有定量订货和定期订货两种，定量订货模型是当库存水平下降到订货点时，就按预定的固定数量订货，而定期订货模型的订货时间是固定的，订货量则随着前一次订货以后的使用量和从订货这段时间的订货未交量不同而变化。通常来讲，工厂内部的前工序和后工序之间的一般生产看板和三角生产看板的数量，是根据定量订货模型得到的订货量来计算的，而供货厂商和顾客公司之间的外协看板的数量，则是根据定期订货模型来计算的。

7.3　JIT 和 MRP 结合的生产管理方法

7.3.1　JIT 和 MRP Ⅱ 的区别与联系

准时化生产诞生于日本丰田汽车公司（20 世纪 50 年代开始尝试实施），而 MRP Ⅱ 则诞生于美国，其核心是 MRP，并从 1970 年初开始得到快速发展。要讨论 JIT 与 MRP 的区别，研究 JIT 和 MRP 的结合，有必要先了解以丰田汽车公司为代表的日本生产状况和以美国为代表的欧美国家生产状况，并把它们做对比分析，如图 7-13 所示。

1. JIT 和 MRP 的相同点

在需要的时间内，按照所需的生产量生产所需的产品。这是 MRP 和 JIT 共同的宗旨和指导思想。JIT 以消除生产中的一切浪费为目标，追求零库存，通过以看板为手段来拉动系统实现准时化生产，而 MRP 则是根据产品的主生产计划和产品的结构及库存，制订详细的物料需求计划，这种物料需求计划是一种分时段的计划。

2. JIT 和 MRP 最核心的区别

JIT 和 MRP 最核心的区别是对库存的理解，欧美国家的生产企业认为库存是必需的，而日本的企业则认为库存是有害的，是一种浪费，所以必须尽可能地消灭库存。而其他的不同点则是保证库存的一些措施。以下将从几方面进行论述。

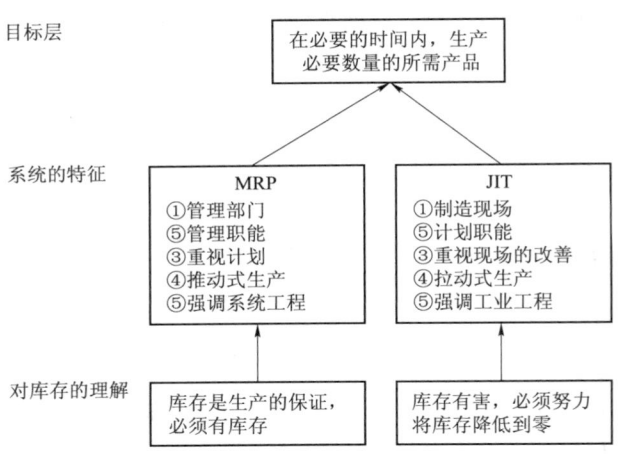

图 7-13　欧美国家和日本生产系统的差别

1）JIT 和 MRP 产生的背景不同

MRPⅡ起源于美国，JIT 起源于日本。MRPⅡ是为了适应西方消费者对商品式样、规格不断翻新的需求而发展起来的。其出发点是，运用计算机对不同产品的物料需求进行详尽而完善的管理，使得制造系统的各个环节都能在"正确的时间，获得正确的零件"。

而 JIT 的出发点则是把制造过程中的浪费降到最低限度。由于 JIT 方式是在以丰田汽车公司为代表的日本文化氛围中形成的，因此在企业间关系方面，JIT 方式与代表欧美文化的MRPⅡ有着明显的差异：在 JIT 方式中，企业与供应商是紧密合作和开放的关系，且强调和少数或单一的供应商建立长期的合作关系，这有利于保证供应的及时和供货的质量。而西方文化则强调契约关系，企业与供应商是供需市场的买卖关系，因此习惯在众多供应商竞价的方式下建立供需关系，这有助于获得有利的价格。JIT 方式（或者日本式）的企业之间关系的存在和发展，很大程度上受益于日本政府的政策，即日本政府通过维持行业适度竞争的产业政策和联合改组，促进了核心企业与大量外围企业的协作关系，从而形成了卫星式企业组织。

2）要素构成的不同

MRPⅡ的核心是 MRP。MRP 借助于产品和部件的构成数据，即物料清单、产品的顾客订单、对市场的预测结果、库存记录的信息、已订未交订单、加工工艺数据，以及设备状况等数据，将市场对产品的需求转换为制造过程对加工工件和外购原材料或零部件的需求。

MRPⅡ主要包括：产品需求预测、综合生产计划、主生产计划、物料需求计划、能力计划、采购控制、车间作业管理、生产成本核算等几个部分。其中能力计划又分为粗能力计划和细能力计划。

保证 JIT 顺利实施的手段是看板，即利用看板由后道工序依次往前道工序拉动来进行生产。主要构成则包括基于看板的生产控制、全面质量管理、全体雇员参与决策、与供应商的协作关系、生产车间的现场管理等。

所谓看板是一种得到管理授权的附在有固定容量的容器上的一种卡片，用来传达两相邻工序间的供需信息。控制了看板的总数，就可有效地控制在制品的存储量。全面质量管理是由全体员工参与的、责任严格到人的质量管理制度，全体雇员都参与决策，强调每个员工都应积极主动地去解决生产中出现的各种问题。另外，要与供应商建立长期的、相互信任的供货关系。

3）管理方法的不同

MRP Ⅱ 是一种计划主导型的管理方法，实际上是一种推式的计划方法。MRP Ⅱ 对生产过程的控制方式是：基于产品订货与需求预测来制订主生产计划；基于物料清单和工序的提前期、主生产计划及库存记录信息来制订物料需求计划，最后根据物料的属性形成车间作业计划和采购计划；在详尽地做能力平衡（包括粗能力计划和细能力计划）的前提下，下达生产指令，对生产的全过程进行全面的、完全集中式的控制。JIT 则是强调现场主导，是一种拉式的管理方法。它的控制方式是：严格按订货组织生产，通过看板在工序间传递物料需求信息，并利用看板的权威性，将生产控制权下放到各工序的后续工序中，这种控制方式是分散式的。

在传统的 MRP Ⅱ 生产方式中，不同工序同时接受指令，各工序严格按照既定计划进行生产，即使前后相关工序在实际生产过程中出现变化或异常，本工序仍按原计划生产，其结果造成工序间产量不平衡，从而出现了工序之间的在制品库存。图 7-14 表明了 MRP Ⅱ 系统中生产指令下达的过程和方式。由图可以看出，虽然物流和信息流的流向一致，但是，时间产量和计划产量往往由于某些扰动而出现不一致的现象。

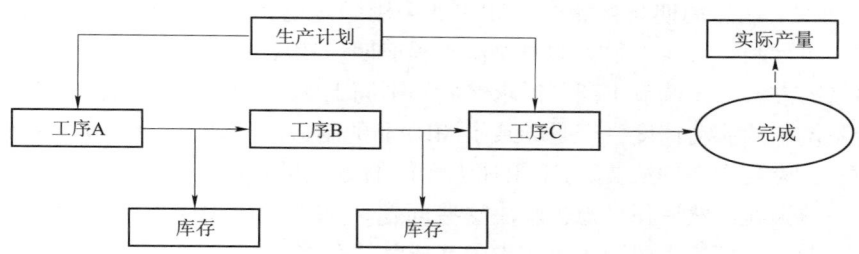

图 7-14　MRP Ⅱ 系统中生产指令下达的过程方式

而在 JIT 生产方式中，由于生产指令只下达给最后一道工序，其余各个前道工序的生产指令则由看板在需要的时候向前一道工序传递，如图 7-15 所示，图中，工序 C 有需求时，需向工序 B 领取需要的零件，同时，看板由工序 C 转到工序 B，该看板就是工序 B 的生产指示看板。工序 B 的生产数量与从工序 C 处拿来的看板要求一致，为此，工序 B 需要再向前道工序 A 领取需要的零件，看板则由工序 B 转到工序 A，该看板就是工序 A 的生产指示看板。上述过程保证了：各工序只生产后工序所需的产品，避免了不必要的生产；由于只在需要的时候生产，避免和减少了非急需的库存。

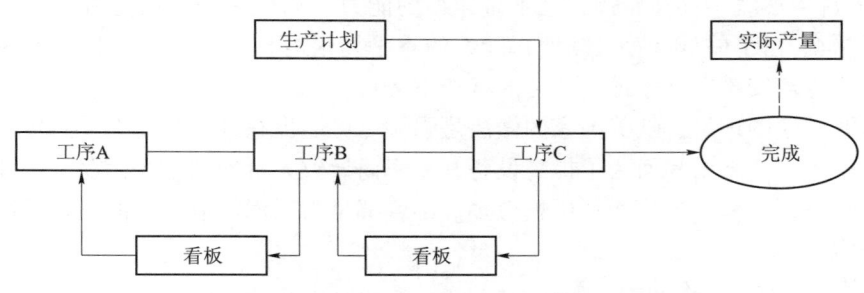

图 7-15　JIT 生产方式中生产指令的下达过程

由图 7-15 可以看出，在 JIT 生产环境下，物流和信息流的方向正好相反，而实际产量和计划产量却是一致的。

4）基础数据的不同

（1）准备时间和批量。MRPⅡ降低生产成本的唯一途径是按经济批量来安排生产，当然，决定 MRPⅡ的批量有多种算法，如前面章节中所介绍的按需确定批量法、经济批量法、最小总费用法、最小单位费用法。MRPⅡ总是按经济批量来组织生产的。既然要成批的，在制品的存储就不可避免。

JIT 则是尽最大努力降低准备时间。大量地使用专用的模具和卡具，使得"一触式准备"（one-touch setup）成为可能。极短的准备时间（即极低的准备费用）使得经济批量降为 1。这样，可以完全根据订单需求来交替生产不同型号的产品，于是大大减少了在制品与最终产品的存储。

（2）物料清单。MRPⅡ利用的物料清单能够详尽地表达出不同类型产品零部件的构成及加工工艺的变化，因此，它能够较好地适应产品的规格、型号及技术工艺的变化，其制造柔性较好。JIT 没有复杂的多级物料单，它的产品结构及加工工艺是由生产线的设计固定下来的。在生产工艺不变的前提下，JIT 可以适应多种规格型号的变化。

（3）提前期、制造周期与存储量。MRPⅡ采用固定的提前期，而提前期的确定总留有余地，这样，实际制造时间以很大的概率低于提前期。MRPⅡ采用增加最终产品的安全储量和在制品储量的方法，来调节生产与需求之间、不同工序之间的平衡。提高存储量，降低了物料在制造系统中的流动速度，于是导致了 MRPⅡ的制造周期较长。JIT 认为存储不能增加产品的附加值，应视为一种浪费。JIT 用抽去存储的方法暴露出企业的潜在问题，如工序能力不足，废品率偏高，然后积极地去解决这些问题。JIT 采用了固定的看板，从而限制了在制品的储量，严格按订货生产则大大减少了产成品的存储。

另外，MRPⅡ的主生产计划期较长，由于需求不能及时确定，计划就不得不依赖于对未来需求的预测。由于未来需求的不确定性，预测的精度一般很低，所以主生产计划的精度较低。JIT 完全按订单生产，不必依赖于需求预测。这样，系统对需求变化的适应能力强。JIT 的计划模型是基于这个前提编制的。

5）能力计划的不同

MRPⅡ的一切计划都是以现有的制造资源为前提条件的。它接受工序间的能力不平衡为既定事实，对瓶颈问题采用容忍的态度。只是被动地通过增加缓冲库存和周密的能力计划，力图将能力不平衡的影响降到最低程度。粗能力计划和细能力计划是制造资源计划系统的主要特征。

JIT 不允许生产线中存在瓶颈，也不做详细的能力计划，它用增加能力的方法来消除生产线中的不平衡。JIT 的低库存策略使得能力的不平衡很容易暴露出来。为了提高生产线的可靠性，常把生产安排在低于最高产能的状态下运行。

对设备开动率的理解，欧美国家的做法是强调尽可能提高设备开动率，而日本的做法是不需要时就不生产，不要片面为了提高设备开动率而导致大量增加生产库存，这种库存增加的浪费远比设备开动率低的浪费要可怕得多。尽管都是为了消除浪费，但还要根据其影响程度的大小来定。

6）适用企业的类型不同

JIT 适合于物料单简单且扁平、提前期稳定、生产速度也稳定的大量重复生产的环境。

在多品种小批量、复杂的单件生产环境里，产品结构复杂多变，使得物料需求计划难度大。MRPⅡ借助于计算机可以实现复杂的逻辑展开，并考虑变化的提前期。不同的提前期使得车间作业执行控制必须有定期的回报，用以控制订单的状态，这些都适应 MRPⅡ 生产管理方式。

7）JIT 对 MRP 的挑战

JIT 将制造过程中一切不能增加产品附加价值的因素都视为浪费。按此观点，准备时间、在线存储、搬运时间、等待时间，这些为 MRPⅡ 所接纳的因素都被视为浪费，属于应消除之列。

JIT 缩短了准备时间使经济批量被否定，减少存储使制造周期大大缩短，从而给企业带来了巨大的效益。

虽然 MRPⅡ 侧重于计划功能，JIT 侧重于现场的控制，但从生产计划与控制的角度出发，二者并不是相互割裂的，即 MRPⅡ 并非只有计划的功能，JIT 并非只有现场控制的功能，而是二者都包含生产计划和控制的功能，只不过各有侧重而已。

7.3.2　JIT 与 MRPⅡ 的集成

1. JTT 和 MRPⅡ 结合的可能性分析

MRPⅡ 和 JIT 其实是对立的两种生产方式，一个认为生产过程中需要有库存作为保证，另一个则认为无须库存，要消灭库存。那么究竟这两种矛盾的生产方式能否结合起来用在生产系统中呢？答案是肯定的。

MRPⅡ 以信息系统为中心，其计划的功能很强，在现场的实际状态中则显得很薄弱，而JIT 的优点在于它的集中式的信息管理方法，从而便于以 CAD/CAM 和自动化加工中心来实现信息集成，因此，在计算机集成制造系统中采用 MRPⅡ 作为生产与物料的计划系统是适宜的。然而，JIT 缩短准备时间与制造周期，降低存储与废品率的方法都是十分可取的。于是提出了将 JIT 嵌入到 MRPⅡ 的设想，即用 MRPⅡ 作为企业的计划系统，而用 JIT 作为计划的执行系统和生产控制系统。

由以上比较可知，虽然传统观念认为 MRPⅡ 与 JIT 分别代表了两种不同的生产方式，它们有很大的差别，但实际上二者有很多相似之处，甚至可以说二者是达到共同目的的两种不同的途径，而这两种途径又互有相通之处。

MRPⅡ 与 JIT 二者均是"生产管理技术"，是提高企业竞争力的主要因素。MRPⅡ 侧重于管理的计划职能，而 JIT 则基本上是一种生产控制方法，即管理的控制职能；MRPⅡ 在哲理上强调集成，在手段中重视计划；JIT 在哲理上强调改善，在手段上重视控制；MRPⅡ 的弱点是车间执行的控制，而这正是 JIT 的强处；MRPⅡ 的强处是中长期全面的计划，而这正是 JIT 的弱点。站在完善的管理体系角度来看，两种生产管理技术的结合将互相取长补短，从而形成一个较为完整的生产管理体系。

JIT 的简洁化思想，有助于在多品种小批量条件下，特别是批量很小的情况下，减少MRPⅡ 系统的数据（特别是作业现场的数据报告）输入量，以减轻系统的输入负担，提高了系统效率和输入数据的准确性。事实上，现在许多采用 MRPⅡ 系统的企业在这种应用条件下，都成功地采用反冲来减少报告工作，这就是欧美式 JIT 的一个特征。反冲是用最少的数据输入完成 MRPⅡ 系统回报生产事务的一种方法。这种方法减少了数据输入和操作次数及时间。

　　从以上分析来看，MRPⅡ与JIT两种生产管理方式是可以结合的，并且它们有相互结合的管理学理论基础和现代信息技术的支撑，并且已经有越来越多的软件供应商提供MRPⅡ与JIT相结合的实施解决方案。

2. JIT和MRPⅡ结合的流程框图

　　MRPⅡ和JIT结合的流程如图7-16所示。

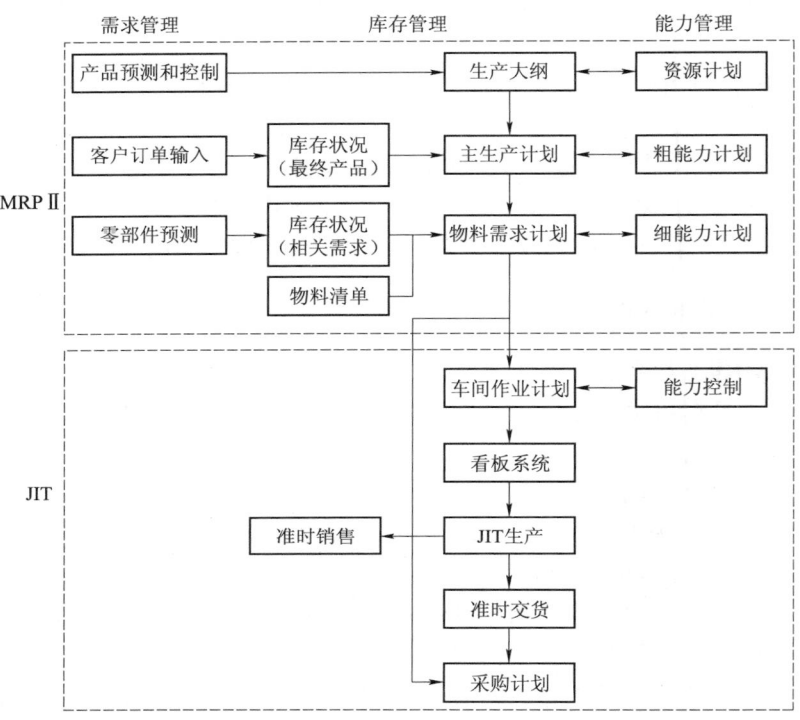

图7-16　MRPⅡ和JIT结合的流程

习题

1. 准时化生产能实现零库存吗？为什么？
2. 简述看板的主要工作原理。
3. JIT和MRPⅡ结合的生产管理有什么特点？
4. 对于流水线生产布局和工业专业化生产布局来说，哪个比较适合用于准时化生产？

第8章

制造过程质量控制技术

著名的质量管理学专家朱兰（Joseph H. Juran）曾经说过："20 世纪是生产力的世纪，21 世纪将是质量的世纪。"以全面质量管理著称的费根堡姆（A. V. Feigenbaum）也认为："质量在全球经济中处于领导地位。"伴随着全球经济一体化的发展和科学技术的进步，国内外市场竞争日趋激烈，竞争的焦点是质量、成本/价格、上市时间。随着人们生活水平的提高和需求的个性化，顾客对产品质量的要求也越来越高。任何组织要想在激烈的竞争中生存和发展，必须连续不断地提高质量，同时降低成本和提高效率，以满足顾客的需求，即西方人所说的全面质量（total quality）。要达到全面质量，不仅需要质量管理的思想和方法，而且更需要质量工程技术和管理工具。如何利用质量管理的方法和技术，设计并制造出高质量、高可靠性、低成本、短周期的产品，并由此获得竞争优势，已成为国内外质量管理研究者和实际工作者极为关注的问题。

8.1 质量概念的演变和质量管理的发展历程

8.1.1 质量概念的演变

随着质量实践活动的不断深入，人们对质量的认识也在不断变化和深化。随着时代的变迁，质量的概念也在不断地发展、丰富和完善。总体上，人们对质量概念的认识经历了以下几个不同的阶段。

1. 客观质量

最早使用的质量概念是通过设定规格（specification）来定义的，即"满足规格（落入设计公差内）要求的产品为合格产品，不满足规格要求的产品为不合格产品"。实际上，该定义来源于工程领域，通常被称为客观质量（objective quality）。这是从生产者角度来定义产品质量的，如何确定规格，往往是由生产者确定的。因此，最初的"规格要求"并不能反映顾客的各种需求和期望。

2. 主观质量

随着市场的竞争和发展，顾客已逐渐成为市场的主体，而上述客观质量并没有把经营中的市场因素联系起来，由此，产生了主观质量（subjective quality）的概念，即质量要满足顾客的需求。它是由美国著名质量管理专家戴明（W. E. Deming）于 20 世纪 50 年代初期，在日本进行质量教育和培训时，根据市场竞争的需要所提出的。这种主观质量的理念指导日本企业从管理到工程的每个细节着手为顾客考虑，企业真正地为顾客而存在。这正是日本产品在 20 世纪 80 年代初期，在国际市场上取得主导地位的主要原因之一。

3. 动态质量

随着科学技术的快速发展、市场竞争的日趋激烈以及人们期望的不断提高，今天顾客满意的产品，或许明天就会被顾客所遗忘，于是产生了动态质量（dynamic quality）的概念，即要连续不断地满足顾客的需求。这一动态质量的概念，正是近年来许多世界级公司所推崇的连续质量改进的源泉。从狩野纪昭（Noriaki Kano）提出的顾客需求模型（Kano 模型）中可以清楚地看到这一点，如图 8-1 所示。

狩野纪昭把顾客需求划分为三个层次：基本需求、期望需求和令人愉悦的需求或迷人需求。基本需求是顾客潜意识的期望。它是明显的、无须表述的需求。如果不能满足这些需求，必然导致顾客的不满意。期望需求是顾客意识到的和期望的需求。满足顾客的期望需求，必将极大地提高顾客的满意度。令人愉悦的需求是指超越顾客期望的需求，往往能够给顾客带来意外的惊喜。应充分注意到 Kano 模型中三个层次需求的动态特性，今天是令人愉悦的质量，明天也许变成期望的质量，后天也许成为最基本的质量要求。同时也应该看到，任何一种产品在投放市场后，不管多么令人惊喜，最终都将会成为一种基本的需求。

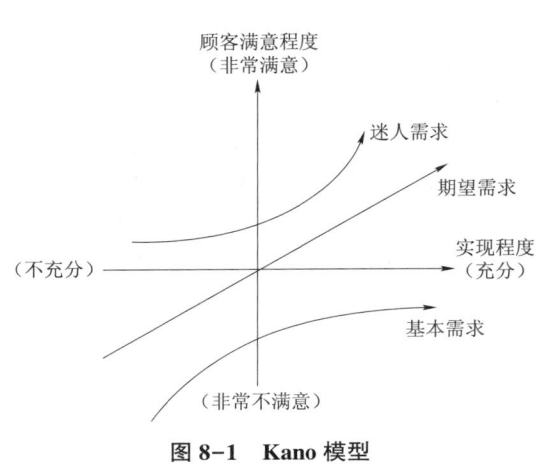

图 8-1　Kano 模型

4. 全面质量

要真正做到连续不断地满足顾客的需求，仅仅要求质量是不够的，只有高质量和合理的价格，两位一体才能真正使顾客满意。在合理的价格下要保证企业的利润、生存和发展，必须最大限度地降低成本，减少质量损失，因而西方质量专家把"在低投入下获得的高质量"称为全面质量。值得注意的是不能把全面质量误解为产品实现全过程的质量总和，即产品设计、开发、制造、检验、售后服务等阶段的全部质量。全面质量是从质量到价格全面竞争的产物，它强调了经济的含义，反映了当代质量管理的哲学。现在所进行的连续质量改进工作，实际上正是朝着全面质量的目标而进行的，也就是连续全面质量改进。

5. 国际标准化组织的质量观

在上述各种质量观的基础上，形成了 2000 版 ISO 9000 系列标准中的质量概念。国际标准化组织（ISO）在 ISO 9000：2000《质量管理体系基础和术语》标准中，把质量定义为"一组固有的特性满足要求的程度"，并对该定义进行了详细的解释。这一定义看上去高度抽象而概括，但只要把握了"特性"和"要求"这两个关键词就很容易理解。它从"特性"和"要求"两者之间的关系来描述质量，即某种事物的"特性"满足某个群体"要求"的程度，满足的程度越高，质量也就越好。

固有的：其反义是"赋予的"，是指在某事或某物中本来就有的，尤其是那种永久的特性。它是产品、过程或体系的一部分，而人为赋予的特性（如产品的价格）不是固有特性，不反映在产品的质量范畴中。

特性：是指"可区分的特征"，它可以是固有的或赋予的，定性的或定量的。固有特性的类型包括技术性或理化性的特性（这些特性可以用理化检测仪器精确测定）、心理方面的特性、时间方面的特性、社会方面的特性、安全方面的特性等。

要求：是指"明示的、通常隐含的或必须履行的需求或期望"。"明示的"可以理解为规定的要求，是供需双方在业务洽谈和签订合同过程中，用技术规范、质量标准、产品图样、技术要求加以明确规定的内容，在文件中予以阐明。而"通常隐含的"则是指组织、顾客或其他相关方的惯例或一般做法，所考虑的需求是不言而喻的。"要求"可由不同的相关方提出，可以是多方面的，特定要求可使用修饰词表示，如产品要求、质量管理要求、顾客要求等。

在理解"质量"术语时，还要注意以下几点内涵：

（1）质量的广义性：质量的载体是实体，实体是"可单独描述和研究的事务"。实体可以是产品（硬件和软件），也可以是组织、体系或人，以及以上各项的任意组合。质量不仅可以指产品质量，也可以指某项活动或过程的工作质量，还可以指涉及人的素质、设备的能力、管理体系运行的质量。

（2）质量的时效性：组织的顾客及其他相关方对组织的产品、过程和体系的需求和期望是不断变化的，组织应根据顾客和相关方需求及期望的变化，不断调整对质量的要求，并争取超越他们的期望。

（3）质量的相对性：组织的顾客和相关方对同一产品的功能提出了不同的需求；也可能对同一产品的同一功能提出不同的需求；需求不同，质量要求也就不同，但只要满足需求，就应该认为质量是好的。

（4）质量的动态性：随着科学技术的发展和生活水平的提高，人们对产品、过程或质量体系会提出新的质量要求，因此，应定期评价质量要求，修订规范。不同顾客、不同地区因自然环境条件和技术水平的不同，消费水平的差异，也会对产品提出不同的要求，产品应具有各种环境的适应性，以满足顾客"明示或隐含"的需求。

随着人类社会的进步，人们对质量的认知也在不断变化，越来越接近事物的本质，并逐渐被企业、社会所理解和接受，因此，人们对质量的认知过程是永无止境的。

8.1.2 质量管理的发展历程

随着质量概念的不断演变，质量管理也在不断地发展，经历了质量检验、统计质量控制和全面质量管理三大历史阶段。20 世纪 30 年代以前，质量是通过检验把关的，这一阶段，通常称为质量检验阶段；自 20 世纪 30 年代休哈特（W. A. Shewhart）提出控制图以来，质量管理的重心从产品的事后检验，转向对生产过程的监测控制，这一阶段，通常称为统计质量控制阶段；自 20 世纪 60 年代，费根堡姆提出全面质量控制（total quality control，TQC）以来，质量管理进入全面质量管理阶段。质量管理发展的路线如图 8-2 所示。

1. 质量检验阶段

人类历史上自有商品产生以来，就形成了以商品的成品检验为主的质量管理方法。在家庭作坊制生产条件下，产品质量主要依靠操作人员的技艺和经验来保证，因此有人称之为"操作者的质量管理"。

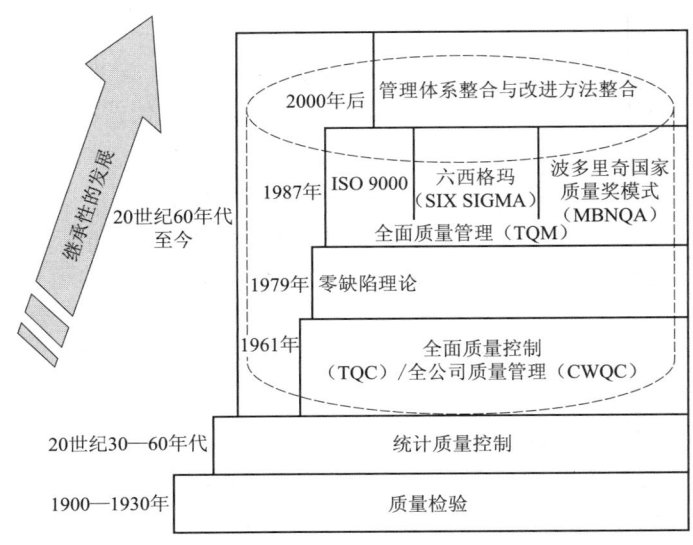

图 8-2 质量管理发展的路线

在 20 世纪初期，随着机器工业大生产的出现，"科学管理运动"的奠基人，美国的泰勒（F. W. Taylor）提出了科学管理的理论，要求按照职能的不同进行合理的分工，首次将质量检验作为一种管理职能从生产过程中分离出来，建立了专职检验的部门，并形成了严格的产品质量检验制度。同时，随着企业生产规模的扩大，基于大批量生产的产品技术标准也逐步建立起来，为质量检验奠定了基础。在这一阶段，质量管理责任逐步由操作人员转移给工长，然后由工长转移到专职的检验员。大多数企业都设置了专职的检验部门并直属厂长经理，负责企业各生产单位的产品检验工作，因此有人称之为"检验员的质量管理"。质量检验人员根据预先制定的产品技术和加工精度的要求，利用各种测试手段对零部件或成品进行检验，做出合格与不合格的判断，不允许不合格产品进入下一道工序或者出厂。

质量检验属于事后把关，对防止不合格品出厂、维护消费者的利益与保证产品质量起到了重要的作用，但是这种事后检验方法在产品生产过程中很难起到预防与控制的作用，主要存在以下弱点：其一，属于"事后检验"，无法在生产过程中进行预防和控制，一旦发现废品，往往无法挽救。其二，要求对成品进行 100% 的检验。这样做有时在经济上并不合理，导致检验成本太高；有时从技术上（如破坏性检验）也无法实现。特别是在大批量生产的情况下，这种检验方法的管理效能很低。

2. 统计质量控制阶段

统计质量控制（statistical quality control，SQC）起源于 20 世纪 30 年代。这一阶段的主要特征是强调数理统计方法与质量管理方法相结合，从单纯依靠产品检验发展到过程控制，通过控制过程质量来保证产品质量，形成了预防性控制与事后检验相结合的管理方式。

随着生产力水平的提高，数理统计方法在质量管理领域中得到了广泛的应用。20 世纪 20 年代，英国数学家费希尔（R. A. Fisher）根据农业试验提出了试验设计和方差分析等理论与方法，为近代数理统计学发展奠定了基础。与此同时，美国贝尔实验室成立了两个课题组，一个是由休哈特领导的过程控制组，另外一个是由道奇（H. F. Dodge）领导的产品控制组。休哈特在 20 世纪 30 年代创建了统计过程控制（statistical process control，SPC）理论，实现了应用统计技术对生产过程的监控。道奇与其同事罗米格（H. G. Romig）在 20 世纪 30 年代提出了抽样检验理论，解决了全数检验和破坏性检验在具体应用中的困难，构成了质量检验理论的重要内容。

在 20 世纪 30 年代提出过程控制理论和抽样检验理论之时，恰逢西方发达资本主义国家经济衰退时期，使这些新理论的推广和应用受到了一定的影响。直到第二次世界大战时期，由于国防工业急切需要生产大量的军需品，为了保证其质量，迫切需要进行质量控制，因此这些理论才得到了广泛的应用。由于上述理论的实际应用效果显著，于是战争结束后便风行于全世界。

统计质量控制的方法有效地减少了不合格品，降低了生产费用。但统计质量控制过分强调数理统计方法，忽视了组织管理工作，使人们误以为质量管理就是统计方法。对多数人来说，数理统计方法过于深奥，往往只有少数质量管理专家才能掌握，在一定程度上影响了统计质量控制方法的普及、推广和应用。随着科学技术的发展，生产规模日益扩大，产品结构也日趋复杂，品种日益增多，影响产品质量的因素也越来越多，单纯依靠数理统计方法已无法解决一切质量管理问题。随着大规模系统的涌现与系统科学的发展，质量管理走上了系统工程的道路。

3. 全面质量管理阶段

20 世纪 60 年代以来，随着科学技术和工业生产的飞速发展，人们对产品质量的要求从注重产品的一般性能发展为对可靠性、安全性、美观性、维护性、经济性等的全面关注。管理的科学理论，特别是行为科学的理论在这一时期有了很大的发展，开始重视人的积极因素，强调以人为本的观念，充分调动企业全体人员在提高产品质量方面的积极性和创造性。在 20 世纪 60 年代初，低劣商品充斥市场，严重损害了消费者的权益。许多国家相继发起了"保护消费者权益"的运动，出现了产品质量责任制度，迫使企业必须强化质量管理，从而推动了质量管理理论和实践的进一步发展。随着国际贸易的发展，国际市场竞争也越来越激烈，质量已成为争夺市场、开拓市场和占领市场的关键因素。与此同时，系统分析的观念和方法日趋成熟，并广泛地应用于生产和管理之中。人们意识到了应将质量问题作为一个有机的整体加以综合分析研究，实施全员、全过程、全企业的管理。在上述背景下，全面质量管理的理论应运而生。全面质量管理早期称为全面质量控制（TQC），后来逐渐发展而演变成 TQM（total quality management）。1961 年，美国通用电气（GE）公司的质量总经理费根堡姆首先在《全面质量管理》一书中提出全面质量管理的概念。他指出："全面质量管理是为了能够在最经济的水平上考虑到充分满足顾客需求的条件下进行市场研究、设计、生产和服务，把企业各部门的研制质量、维持质量和提高质量的活动构成一体的有效体系。"

全面质量管理的理论起源于美国，但首先取得卓越绩效的却是日本。日本在 20 世纪 50 年代引进美国的质量管理方法后，结合日本的国情进行了创新性的探索，提出了公司范围内的质量管理（company wide quality control，CWQC），开展了质量管理小组（QC 小组）的活动，将质量管理工作扎根于企业员工之中，使其具有广泛的群众基础。在全面质量管理的实践活动中，日本质量管理专家先后提出了一系列的质量管理方法与技术，如田口方法（taguchi method）、质量功能展开（quality function deployment，QFD）、全面生产维护（total productive maintenance，TPM）和丰田生产方式（Toyota production system，TPS）等，归纳了"质量管理的七种工具"并普遍应用于质量改进与质量控制中，丰富和发展了全面质量管理。日本企业应用全面质量管理获得了极大的成功，引起了世界各国的广泛关注。这些思想和方法在全球范围内得到了广泛的传播和推广，各国结合各自的国情和实践进行了进一步的创新和发展。

日本企业通过推行全面质量管理，极大地提高了其产品的国际竞争力。20 世纪 80 年代初，面对国际竞争的不利局面，美国人反思其在质量管理方面存在的问题，将质量管理置于企业管理的核心地位，并努力付诸实践，提出了"第二次质量革命"。1979 年，美国著名质量专家克劳士比（Philip B. Crosby）出版了重要作品《质量免费——确定质量的艺术》，提出了绝对质量和"零缺陷"理论。1987 年，美国国会通过了美国 100~107 号公共法案《马尔科姆·波多里奇国家质量提高法》，决定启动波多里奇国家质量奖评审，这是美国重新审视和借鉴日本全面质量管理发展的一个里程碑，为全面质量管理建立了一个从过程到结果的卓越绩效评价框架。摩托罗拉（Motorola）公司在总结 20 世纪 70 年代竞争失利的基础上，于 1986 年提出在全公司正式实施六西格玛管理。经过不懈的努力，到 20 世纪 90 年代，美国生产的汽车等产品的质量又超过了日本，极大地提高了美国产品的国际竞争力，并对美国的国家竞争力产生了深远的影响。

为了适应全球化贸易的需要，国际标准化组织在 1987 年发布了第一套管理标准——ISO 9000 系列标准，由此拉开了国际质量体系认证的序幕；随后，ISO 9000 系列标准得到大多数工业发达国家的认可，在国际贸易中发挥了重要的作用。

进入 2000 年以后，无论是质量管理体系，还是质量技术、方法，都出现了逐步交叉、整合的趋势，如 ISO 9001 标准与 ISO 14000、ISO 28000 的整合，六西格玛管理与精益生产（lean prodution，LP）的整合，统计过程控制与工程过程控制（engineering process control，EPC）的整合等。

总之，全面质量管理的观念已逐步被世界各国所接受，并在实践中加以创新。各国质量管理专家广泛地吸收各种现代学科理论，将技术管理、经营管理以及标准化管理等方法综合起来，形成了一整套全面质量管理的理论和方法，使质量管理发展到一个新的阶段，即全面质量管理阶段。质量管理的观念总是伴随着科学技术的进步与社会的变革而产生新的飞跃。21 世纪以来，随着人类进入全球化与信息化的时代，质量管理也将会向全球质量管理（global quality management，GQM）和社会化质量管理（social quality management，SQM）的新阶段迈进。

8.2 质量管理的基本原则

8.2.1 质量管理的相关术语

下面给出 ISO 9000：2008《质量管理体系基础和术语》中的相关重要术语。

1. 过程

过程是指将输入转化为输出的相互关联或相互作用的一组活动。图 8-3 给出了过程示意。

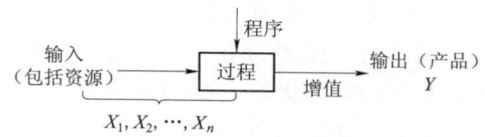

图 8-3　过程示意

过程的任务在于将输入转化为输出，而输出是过程的产品，输入、输出以及过程特性应该是可测量的。输入和预期的输出可以是有形的（设备、材料和元器件），也可以是无形的（信息），输出也可能是非预期的（废料、污染）。对形成的产品不易或者不能经济地进行验证的过程，通常称为"特殊过程"。

过程应该是增值或者能够实现价值转移的，否则，应进行改进或删除。为了使过程增值，组织应对过程进行策划，即识别过程及其要求，进行过程设计并形成程序，建立过程绩效测量和过程控制方法。过程程序的实施能够使过程稳定、受控地获得增值。为了使过程具有更强的增值能力，组织还应当对过程进行持续的改进和创新。

将输入转化为输出的动因是活动，而且是一组相互关联或相互作用的活动；过程具有伸展性，一个过程可以分解为若干更小的过程。若干小过程可以集成为一个较大的过程，如产品实现过程就是由若干过程组成的。

过程输入可以是人力、设备设施和材料，或者是决策、信息等。实用而简单的过程概念模型是"Y 是 X 的函数"。即

$$Y = f(X_1, X_2, \cdots, X_n)$$

式中：Y 为结果变量；X 为输入变量。

上述公式所表达的信息是，通过选取和控制 X 值，可以改进过程输出 Y。需要强调的是，在众多 X 中，只有少数 X 对 Y 产生决定性影响，人们称这些 X 为关键的过程输入变量（key process input variables，KPIV）。

2. 质量特性

质量特性是指产品、过程或体系与要求相关的固有特性。这里，特性是指可区分的特征，可以是固有的或赋予的，也可以是定量的或定性的。所谓"固有的"，是指产品、过程或体系本来就有的，尤其是那种永久的特性。还要注意一点的是，赋予产品、过程或体系的特性（如产品的价格、所有者）不属于它们的质量特性。

产品的质量特性包括性能、适用性、可信性（可用性、可靠性、可维修性）、安全性、环境性、经济性和美学性；服务的质量特性包括时间性、功能性、安全性、经济性、舒适性和文明性。

根据对顾客及其相关方满意的影响程度不同，质量特性可分为关键质量特性、重要质量特性和次要质量特性。关键质量特性是指该特性超过规定的要求，会直接影响产品的安全性或导致产品整体功能丧失；重要质量特性是指该特性超过规定的要求，会造成产品部分功能的丧失；次要质量特性是指该特性超过规定的要求，暂不影响产品的功能，但可能会引起产品功能的逐渐丧失。

3. 质量管理

质量管理是指在质量方面指挥和控制组织的协调活动。质量管理是组织管理中的一部分，因此，它应具备管理的一般职能，特别是质量方面的计划、组织、指挥、协调和控制。

质量管理的首要任务是制定组织的质量方针和质量目标。质量管理的基本活动是指为了实现组织的质量方针和质量目标，所进行的质量策划、质量控制、质量保证和质量改进等活动。质量管理是组织各项管理中的重要内容，涉及组织的各个方面，其目的在于通过管理活动使得产品、过程达到质量要求，并实现持续改进。

4. 质量方针

质量方针是指由组织的最高管理者正式发布的该组织的质量宗旨和方向。组织是指职责、权限和相互关系得到安排的一组人员及设施。例如，企事业单位、研究机构、代理商、社团或上述组织的部分或者组合。质量方针是一个组织总方针的重要组成部分，是组织质量活动的纲领，其制定必须以质量管理原则为基础，应反映对顾客的承诺，并为制订质量目标提供框架；质量方针应形成书面文件，并由组织的最高管理者正式发布，动员全体员工贯彻实施。

5. 质量目标

质量目标是指在质量方面所追求的目的。质量目标是质量方针的具体体现，要加以量化，以便实施、检查。质量目标还应根据组织的结构和职能进行逐层分解、细化，以便在组织的不同层次上展开、落实。在组织内部对各个层次和部门的相关职能可以分别确定其质量目标。

质量目标依据其达到的时间长短，可分为长期质量目标（3~5年）和短期质量目标（年、季、月、周等）。质量目标的内容包括质量指标、顾客满意度指标、质量成本目标、质量管理目标等。

6. 质量策划

质量策划是质量管理的一部分，致力于制订质量目标并规定必要的运行过程和相关资源以实现质量目标。质量策划的目的是制订质量目标并努力使之实现。组织无论研制、生产什么样的产品，都必须进行质量策划。质量策划包括提出明确的质量目标，规定必要的作业过程，配备相关的资源，明确职责，最后形成书面文件，即质量计划。

7. 质量控制

质量控制是质量管理的一部分，致力于满足质量要求。质量控制是一个设定标准（根据质量要求）、分析结果、发现偏差、采取纠正和预防措施的过程。例如，为控制采购过程的质量，通常采取的控制措施包括：制订控制计划、通过评定选择供应商、规定对进货产品的检验方法、做好质量记录并定期进行绩效分析等。质量控制通常与质量管理的工具或技术相关，通过利用这些工具或技术对产品形成和体系实施的全过程进行控制，找出不满足质量要求的原因并予以消除，以减少损失，从而给组织带来效益。

8. 质量保证

质量保证是质量管理的一部分，致力于提供质量要求会得到满足的信任。它分为内部质量保证和外部质量保证。内部质量保证是向组织自己的管理者提供信任；而外部质量保证是向顾客或其他相关方提供信任。

质量保证的基础和前提是保证质量、满足要求，核心是提供信任。质量管理体系的建立和有效运行是提供信任的重要手段。为了使顾客有足够的信任，需要对供方质量管理体系的要求进行证实。证实的方法有：供方的合格声明、提供形成文件的基本证据、提供由其他顾客认定的证据、顾客亲自审核、由第三方进行的审核、提供经国家认可的认证机构出具的认证证据。

9. 质量改进

质量改进是质量管理的一部分，致力于增强满足质量要求的能力。质量改进的目的是增强能力，使组织满足质量要求。质量改进的过程就是在对现有质量水平的控制和维持的基础上加以突破和提高，将现有质量提高到一个新的水平。质量改进的对象可能涉及组织的质量管理体系、过程和产品，组织应注意识别需要改进的项目和关键质量要求，考虑改进所需要的过程，以增强组织体系或产品的实现过程，并使其满足要求的能力。质量改进以有效性和效率为准则，需要持之以恒。组织只有推动持续的质量改进才能满足顾客的需要，为组织带来持久的效益。

质量改进有许多技术和方法，如试验设计（design of experiments）、田口方法、全面质量管理、新老 7 种工具、六西格玛改进等。群众性的质量管理小组活动是质量改进最基层的组织形式。

10. 质量管理体系

质量管理体系是指在质量方面指挥和控制组织的管理体系。其中，体系是指相互管理或相互作用的一组要素，而要素是指构成体系的基本单元或组成体系的基本过程；管理体系是指建立方针和目标并实现这些目标的体系。一个组织的管理体系可以由若干个不同的管理区系构成，如质量管理体系、环境管理体系、职业健康安全管理体系、财务管理体系、人力资源源管理体系等。质量管理体系是组织诸多管理体系的一个重要组成部分，它致力于建立质量方针和质量目标，并为实现质量方针和质量目标确定相关的组织机构、过程、活动和资源。建立质量管理体系的目的是在质量方面帮助组织提供持续满足要求的产品，以满足顾客和其他相关方的要求。质量管理体系由管理职责，资源管理，产品实现和测量、分析与改进四个过程（要素）组成。质量管理体系是建立在过程和连续改进的基础之上的。

8.2.2　质量管理的八项原则

质量管理的八项原则是国际标准化组织质量管理和质量保证技术委员会（ISO/TC 176）在总结质量管理近百年的实践经验、广泛吸纳国际著名质量管理专家理念的基础上，用高度概括而又易于理解的语言整理出来的。质量管理的八项原则阐述了质量管理最基本、最通用的一般性规律，可指导组织长期通过关注顾客及其利益相关方的需求和期望，达到改进总体绩效之目的。质量管理的八项原则适用于所有类型的组织，已成为现代质量管理的理论基础。它是有效地实施质量管理工作必须遵循的原则，也是从事质量相关工作的人员理解、掌握 ISO 9000 系列标准的基础。质量管理八项原则的主要内容如下。

1. 以顾客为关注焦点

以顾客为关注焦点是质量管理的核心思想。任何组织都依存于顾客，如果没有顾客，组织也就失去了存在和发展的基础。因此，组织应理解、关注顾客当前和未来的需求，以及顾客的满意程度。

市场是发展变化的，顾客的需求和期望也随着时间的变化而变化，要想持续赢得顾客的信赖，组织就必须在研究顾客的需求和期望的基础上，快速反应、及时调整自身的策略和采取措施，满足顾客并力争超越顾客的需求和期望，进而获得顾客的信任，站稳市场，并为组织获取更大的效益。

为了确保组织的目标与顾客的需求和期望相一致，必须加强组织内部的沟通与协调，管理好顾客关系，兼顾顾客（包括内部顾客和外部顾客）和其他利益相关方的利益。

2. 领导作用

领导是质量管理的关键，作为决策者，领导有责任确立本组织统一的质量宗旨及方向。他们应当创造并保持使员工能充分参与实现组织目标的内部环境。

领导者的作用在于为组织的未来描绘清晰的愿景，确定组织的方针和目标，在组织内部建立价值共享的道德伦理观念，建立沟通和信任机制；为员工提供所需的资源、教育培训，并赋予其职责范围内的自主权，加强激励机制，为员工营造良好的内部环境和质量文化，使每个员工均能充分参与到实现组织目标的活动中。任何一个组织，如果领导不将质量放在中心位置来抓，这样的企业就不可能生产出高质量的产品，也就不可能让顾客满意。

3. 全员参与

各级人员都是组织之本，只有员工的充分参与，才能使他们的才干为组织带来收益。高质量的产品和优质的服务是员工共同劳动的结果，组织的绩效是建立在每位员工绩效的基础之上的。

组织内的各级人员是组织的基础，也是组织各项活动的主体。只有各级人员充分参与，才能让员工的才干为组织获益。因此，必须充分调动员工的积极性和创造性，赋予相应的权限和职责，根据其承担的目标评价绩效，不断增强员工自身的能力、知识和经验，服务于组织的利益。全员参与是现代质量管理的核心理念之一。

4. 过程方法

任何将输入转化为输出的活动，都可以看作是过程。只有通过过程，才能实现价值的增值和转移。组织为了有效地运营，必须识别和管理众多相互关联的过程。系统地识别和管理组织所应用的过程，特别是这些过程之间的相互作用的方法，称为"过程方法"。

采用过程方法进行管理，能够充分认识过程之间的内在关系和相互联系。通过过程的控制活动，能够获得可预测并具有一致性的结果，进而可使组织关注并掌握按优先次序改进的机会。在过程管理中，要确定关键过程，测量并掌握关键过程的能力，识别和改进影响关键过程的要素，定期评估风险和对顾客、供方及其他相关方的影响。

5. 管理的系统方法

将相互关联的过程作为系统加以识别、理解和管理，有助于组织提高实现目标的有效性和效率。系统是指相互关联或相互作用的一组过程。一组相互关联的、与质量活动相关的过程有机结合就构成了质量管理体系。所谓质量管理体系的系统方法，就是把质量管理体系作为过程模式进行管理，对组成质量管理体系的各个过程加以识别和管理，以实现组织的质量方针和质量目标。

管理的系统方法和过程方法既有联系又有区别。它们都需要对过程和过程之间的相互作用进行识别和管理。它们的区别主要表现在：过程方法着眼于具体过程的控制，而管理的系统方法着眼于整个系统和实现组织的总目标，并使系统内策划的各个过程相互协调和兼容，有助于组织实现其目标的效率和有效性。

6. 持续改进

一个组织面对不断变化的环境，不进则退，只有坚持持续改进，才能不断进步。为了改进组织的整体绩效，组织必须持续不断地改进产品质量，改进质量管理体系和过程的有效性与效率，以满足顾客和其他利益相关方日益增长和不断变化的需求及期望。因此，持续改进总体绩效应当是组织的一个永恒的目标、永恒的追求、永恒的活动。

持续改进是一种管理的理念，是组织的价值观和行为准则，是一种持续满足顾客要求、增加效益、追求持续提高过程有效性和效率的活动。为了提高组织的绩效，组织应当运用PDCA 循环方法，持续不断地改进产品、过程和体系。只有坚持持续改进，才能不断提高组织的管理水平，组织才能不断进步。

7. 基于事实的决策方法

组织的成功，首先在于正确的决策，如市场定位、产品方向、质量管理体系、过程、方法、程序和职责权限等都需要正确的决策。而正确的决策需要科学的方法，并以客观事实或正确的数据、信息为基础，再通过合乎逻辑的分析、判断才能得到。因此，有效决策是建立在数据和信息分析的基础上的。

为了实现基于事实的决策，应当重视数据信息的准确性、及时性和全面性，并借助于其他辅助手段，如计算机辅助管理信息系统。为了确保获得对决策有用的信息，应充分调查，收集数据和信息；全面分析，确保数据和信息充分、精确、可靠；科学决策，在事实的基础上，权衡经验与直觉，做出决策并采取措施。

8. 与供方互利的关系

组织与供方是相互依存、互利的关系。供方向组织提供的产品质量对组织向顾客提供的产品质量有着重要的影响，而且直接影响到组织对市场的快速应变能力。同时，组织依靠高质量的产品赢得更为广大的市场时，也为供方提供了更多产品的机会。因此，把供方、协作方、合作方都看作组织经营战略同盟中的合作伙伴，可以优化成本和资源，形成竞争优势，有利于增强组织和供方共同获利。

任何一个组织都有其供方。随着社会的不断发展，专业化和协作化程度也不断提高，供应链也日益复杂。组织和供方建立良好的合作关系，能够及时反映对顾客需求的变化，从而增强组织和供方共同创造价值的能力，实现双赢的局面。

8.3　过程能力分析

在过程质量分析与控制中，计算与分析过程能力指数是一项非常重要的工作。所谓过程能力指数（process capability index），就是判断过程是否满足规格要求的一种度量方法，即度量过程能力满足产品规格要求程度的数量值。通过过程能力分析，可以发现过程的质量瓶颈和过程中存在的问题，从而进一步明确质量改进的方向。

8.3.1　过程能力分析的基本概念

1. 产生质量问题的原因和两种波动

在产品设计和制造过程中，形成的产品往往存在缺陷，即使是合格品也常常由于不同程度的缺陷而被划分为不同的等级。产品出现缺陷是其形成过程中一个极为普遍的现象。波音公司《先进质量系统》文件中表明：假设每架飞机需要 200 万个零件，根据当前制造工业数据资料的估算，在这 200 万个零件的制造中，将有 14 万个零件存在缺陷。这将导致资源的极大浪费和巨大的质量损失。人们自然迫切期望在产品的形成过程中，这些缺陷能够被及时地消除或者减少到最低，进而提高产品质量，降低成本，提高组织的经济效益。

要消除或减少缺陷，首先需要弄清楚产生产品缺陷的原因。为此，作一个大胆的设想：

如果产品的设计是好的，产品每个零件的尺寸与设计目标值完全吻合，每个零件的材料也是均匀一致地符合要求，装配过程始终稳定于一个最优状态，那么，在这种理想的环境下形成的产品一定是完美无缺的。然而，在实际中这种理想的状态是难以达到的。

即使在设计完好的情况下，每个零件的尺寸也常常围绕设计目标值产生不同程度的偏差，每个零件所使用的原材料也存在差异，各个装配环节的水平也存在差异，等等。因此，在产品的形成过程中，各个阶段均存在差异、波动，导致了最终产品的缺陷。要提高产品质量，减少产品的缺陷，就必须在产品形成的各个阶段最大限度地减小、抑制和控制波动。

在产品形成的过程中，各个阶段波动的叠加，导致了最终产品的缺陷。那么波动又是由什么引起的呢？事实上，波动无处不在，无时不有，它是客观存在的。主要有以下几种：

（1）操作人员（man）的差异：不同的操作人员具有不同的阅历、知识结构、天赋、心理特征以及在专业技术训练中获得的不同技能，这些将导致不同的操作人员在工作过程中的差异。此外，即使是同一人，在不同的时间内，操作水平也会有差异。

（2）机器设备（machine）的差异：即使是同一台机器，由于轴承的轻微磨损、钻头的磨钝、调整机器出现的偏差、机器运转速度和进给速度的变化等，也会具有微小的差异。

（3）原材料（material）的差异：无论对购进的原材料有多么严格的要求，原材料在厚度、长度、密度、微观结构、颜色、硬度等方面也往往存在微小差异。

（4）方法（method）的差异：在生产过程中，不同的操作人员采用不同的加工方法，即使是同一个操作人员，在不同的时间内，所用的方法也会有所差异。

（5）测量（measurement）的差异：在测量过程中，测量系统的波动也是始终存在的。

（6）环境（environment）的差异：制造过程中湿度、温度、气压等变化是始终存在的。尽管可以控制温度，但成本是昂贵的、不经济的。

上述种种无法穷尽的潜在的波动相互作用，注定了制造的产品与设计目标值之间存在差异。日本质量工程专家田口玄一博士将导致产品功能波动的原因进一步划分为以下几种：

（1）产品使用过程中，外部环境变化引起的外部噪声；

（2）随着产品的储存或使用，逐渐不能达到其预先设计功能的老化的内部噪声；

（3）由于制造过程中存在波动，每个产品之间都存在的产品间的噪声。

随着科学技术的进步，人们可以通过某些技术减小上述种种波动的幅度，从而达到减小、抑制和控制波动的目的，但试图完全消除波动，最终使之减小为零是永远办不到的。这是因为：首先，人们无法穷尽影响整个产品形成过程的波动源；其次，即使从宏观上能够消除这些差异，但微观结构上的差异也是难以消除和控制的，因此，必须承认波动是客观存在的。既然波动是客观存在的，那么就应该尊重这种客观事实，在认识这种规律的基础上，利用这种规律。

在任何过程中，那些不可识别或不可控制的因素称为过程的随机因素或偶然因素（random cause）。在随机因素干扰下，导致过程输出的波动，称为随机波动。随机波动变化的幅度较小，在工程上是可以接受的。即使这种较小的随机波动，人们也不希望它存在，因为它毕竟会对最终产品的质量产生一定的影响。但由于不能从根本上消除它，就不得不承认它存在的合理性。也就是说，随机因素存在于任何过程中是一种正常现象。从这种意义上讲，人们也称随机因素为固有因素或者通常因素（common cause）。由此，人们称仅有随机因素影响的过程为正常的或者稳定的过程，此时过程所处的状态称为受控状态（in control）

或统计控制状态（in state of statistical control），正常的过程正是在这种状态下运行的。一旦这种状态遭到破坏，则称过程处于失控状态（out of control），此时就需要检查、查找失控的原因，使之恢复到受控状态，并维持过程的正常运行。

一个不可回避的问题是如何判断过程是否处于受控状态。不难想到，过程的输出结果是过程是否处于受控状态最有力的证据。由于过程受到随机因素的影响，其输出结果具有一定的偶然性，因此仅通过过程输出的个别观测结果似乎难以揭示过程当前的运行状态。值得庆幸的是，在随机因素影响过程的同时，还存在另外一类相对稳定的因素作用于过程，制约着过程的输出结果。例如，尽管原材料的微观结构具有微小的差异，但所选用的原材料总具有一定的规格要求；操作人员的水平虽然具有差异，但客观上讲，操作人员都具有一定的技能；机器设备具有一定的差异，但所使用的机器设备也是具有一定精度要求的；等等。这些因素都是制造过程中相对稳定的因素，称之为制约过程输出结果的系统因素（system cause）或者控制因素（control factors）。正是系统因素的作用，才使得过程输出结果的偶然性呈现出一种必然的内在规律性。通过过程输出结果的规律性，可以探测当前过程是否处于统计控制状态，即系统因素是否发生变异。一旦系统因素发生变异，则过程输出结果原有的规律将遭到破坏，从而判定过程失控或过程异常。

2. 过程能力

在实际制造过程中，如果过程处于受控状态，则过程输出的质量特性 X 通常服从正态分布，即 $X \sim N(\mu, \sigma^2)$。人们总希望制造过程输出的质量特性 X 能最大限度地落在设计目标值 T 的周围。当以 μ 为中心的区间越大时，落入该区间内的点数自然会越多。考察以标准差 σ 为单位构造的 3 个典型区间 $[\mu-\sigma, \mu+\sigma]$、$[\mu-2\sigma, \mu+2\sigma]$、$[\mu-3\sigma, \mu+3\sigma]$，如图 8-4 所示。

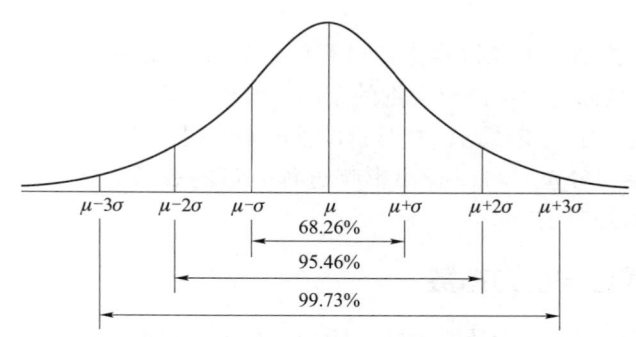

图 8-4　正态分布和落入 $[\mu-i\sigma, \mu+i\sigma]$（$i=1, 2, 3$）的概率

由于 X 服从正态分布，所以很容易计算出制造过程输出的质量特性 X 分别落入上述 3 个区间的频率（或概率）为

$$P(\mu-\sigma \leqslant X \leqslant \mu+\sigma) = 68.26\%$$
$$P(\mu-2\sigma \leqslant X \leqslant \mu+2\sigma) = 95.46\%$$
$$P(\mu-3\sigma \leqslant X \leqslant \mu+3\sigma) = 99.73\%$$

也就是说，当随机抽查制造过程输出的 100 个结果时，在概率的意义下，有 68.26 个落入以 μ 为中心 σ 为半径的区间内；对于相同的中心 μ，若半径为 2σ，则落入该区间内的点数为 95.46 个；若半径长度增至 3σ 时，则落入区间 $[\mu-3\sigma, \mu+3\sigma]$ 内的点数为 99.73 个，

仅有 0.27 个落在 $[\mu-3\sigma, \mu+3\sigma]$ 区间之外。若随机测量制造过程生产的 1 000 个工件，只有 2.7 个工件的质量特性 X 值落在区间 $[\mu-3\sigma, \mu+3\sigma]$ 之外。在工程领域，习惯把该区间长度 6σ，定义为过程能力。

过程能力（process capability, PC）等于 6σ，它刻画了生产过程的自然输出能力，σ 值越小，过程能力越强；过程能力与设计目标值 T 无关。从上述讨论中可知，当 σ 值越小时，过程的输出特性值就会越稳定地分布在设计目标值附近，即当 σ 充分小时，区间 $[\mu-3\sigma, \mu+3\sigma]$ 也足够小，此时 99.73% 的样本点都聚集在设计目标值 T 附近，这正是人们所期望的。

3. 过程能力分析的意义、目的和作用

自 20 世纪 80 年代以来，用于分析、评价过程能力的各种统计技术已广泛应用于制造过程。尽管过程能力分析（process capability analysis）并没有严格的定义，但已经形成这样的共识，即过程能力分析的目标就是确定过程输出是否满足工程和顾客需求的要求。此外，亦被广泛接受的是当过程处于统计控制状态时，对其过程性能进行评价才有意义。换言之，过程输出具有稳定的、可预测的分布，是进行过程能力分析的前提条件。

通过过程能力分析，可达到以下目的：

（1）预测过程质量特性值的波动对公差的符合程度。常用的过程能力指数是量纲为 1 的，可以用其评价和选择合适的供应商，或者对本组织内各个环节的质量水平进行评价、比较。

（2）帮助产品开发和过程开发者选择与设计产品/过程。例如，当市场营销人员发现顾客所要求的规范较为宽松时，可以大幅度提高产品/服务的合格品率，这就使得市场营销人员要考虑制定最优的销售策略。

（3）可以预计产品/服务的合格品率，从而调整发料与交货期，以便用最经济的成本去满足客户的需求。

（4）在批量生产之前，需要得到生产过程的过程能力指数，以检验生产过程的过程能力是否达到了要求，从而避免生产出大批的废品，给组织带来损失。

（5）为工艺规划制定提供依据，并对新设备的采购提出要求。

（6）通过过程能力分析，可以找出影响过程质量的瓶颈因素，减少制造过程的波动，从而进一步明确质量改进的方向。

8.3.2 第一代过程能力指数

过程的输出终归是要满足设计要求的，运行一个不满足设计要求的生产过程是没有实际意义的。为了把过程的自然输出能力与设计的公差范围进行比较，著名质量管理专家朱兰博士于 1974 年引入了能力比的概念，即第一代过程能力指数 C_p。

假设过程输出的质量特性 X 服正态分布 $X \sim N(\mu, \sigma^2)$，其中参数 μ、σ 分别为 X 的均值和标准差。当过程处于统计控制状态时，定义过程能力指数 C_p 为

$$C_p = \frac{公差}{过程能力} = \frac{USL-LSL}{6\sigma} = \frac{2d}{6\sigma} \tag{8-1}$$

式中：USL，LSL 分别为质量特性 X 的公差上限（upper specification limit, USL）和公差下限（lower specification limit, LSL）；$2d = USL-LSL$ 表示公差范围的区间长度。

当设计目标值 T 位于公差上、下限之间，并且 $\mu = T$ 时，若 $C_p \leq 1$，则会出现超过

0.27% 的不合格产品，通常这样的过程是不能开工的，需要对过程进行调整或设计，使过程波动 σ 减小；若 $C_p = 1$，则此时开工生产恰有 0.27% 的不合格产品，是否能够开工生产需要根据具体情况而定；若 $C_p = 1.33$，此时开工生产，则不合格品率仅为 0.006 4%。在工业界，通常采用的标准是 $C_p \geqslant 1.00$，在这种情况下，制造产品的不合格品数将会大大减少。

当 $\mu = T$ 时，根据 C_p 值的大小，很容易计算出生产过程中出现的不合格品数。表 8-1 中计算了制造的百万个零件中不合格品数随着 C_p 的增大而迅速减少的情况。

表 8-1　C_p 与相应的不合格品数

C_p	百万个零件不合格品数（双边）
0.50	133 614.000 0
0.75	24 400.000 0
1.00	2 700.000 0
1.10	967.000 0
1.20	318.000 0
1.30	96.000 0
1.40	24.000 0
1.50	6.800 0
1.60	1.600 0
1.70	0.340 0
1.80	0.060 0
2.00	0.001 8

表 8-1 所反映的趋势是很诱人的，当 $C_p = 2.00$ 时，生产每百万个产品中仅有 0.001 8 个不合格品。在这种情况下，几乎没有不合格品出现，即接近零缺陷，这将大大降低质量损失，提高产品质量。

上述讨论的前提条件是基于过程输出的均值落在设计目标值上，即 $\mu = T$。在实际生产中，二者之间往往存在某种程度的偏离，因此 C_p 指数的最大缺陷就是该指数并没有反映过程输出均值 μ 与设计目标值 T 之间的偏差，这就使得尽管 C_p 值较大，但并不能保证合格品率。C_p 指数只是反映了过程的潜在能力，因此，也有人称 C_p 指数为潜在的过程能力指数。

8.3.3　第二代过程能力指数

在介绍过程能力指数 C_{pk} 之前，先介绍单侧过程能力指数。

有些产品，如轴类零件的圆度、平行度等公差只给出上限要求，而没有下限要求，自然希望质量特性值越小越好。在这种情况下，过程能力指数可定义为

$$C_{pu} = \frac{USL - \mu}{3\sigma} \tag{8-2}$$

式中：USL 为公差上限；μ 为过程输出均值；σ 为过程输出标准差。

类似地，如机械产品的强度、寿命、可靠性等指标常常要求不低于某个下限，并且希望

越大越好，这时，过程能力指数可定义为

$$C_{pl} = \frac{\mu - LSL}{3\sigma} \tag{8-3}$$

式中：LSL 为公差下限。

在实际生产中，过程输出均值 μ 往往与设计目标值 T 不重合，会有一定的偏差。在这种情况下，为了度量制造过程满足设计要求的能力，便产生了第二代过程能力指数 C_{pk} 和 C_{pm}。其中

$$C_{pk} = \min\{C_{pu}, \ C_{pl}\} = \min\left\{\frac{USL - \mu}{3\sigma}, \ \frac{\mu - LSL}{3\sigma}\right\} \tag{8-4}$$

若记 $\varepsilon = |\mu - T|$，其中 $T = (USL + LSL)/2$，则称 ε 为绝对偏移量，$k = \dfrac{2\varepsilon}{USL - LSL}$ 为相对偏移量。这时

$$C_{pk} = (1-k)C_p = \frac{USL - LSL - 2\varepsilon}{6\sigma} \tag{8-5}$$

当 μ 与设计目标值 T 重合时，则 $C_p = C_{pk}$，因此 C_{pk} 指数可以看作 C_p 指数的推广。在 μ 与 T 有偏离的情况下，C_p 指数已不能用来作为过程满足设计要求能力的度量，而 C_{pk} 指数却能做到这一点。当过程输出均值 μ 位于公差上下限之间时，C_{pk} 值越大，不合格品率越低；当 C_p 指数值一定时，C_{pk} 指数值将随着过程输出均值 μ 与设计目标值 T 偏离的减小而增大。

表 8-2 给出了在各种 C_p 值，以及过程输出均值 μ 与目标值 T 不同偏离情况下，生产每百万个产品时，可能出现的不合格品数。表 8-2 还告诉人们，要降低制造过程的不合格品率，仅仅减小波动是不够的，同时，还必须调整过程，使过程输出中心最大限度地接近设计目标值。

表 8-2　在各种 C_p 值以及不同 k 值下每百万个产品中可能出现的不合格品数

C_p	C_p 与 C_{pk} 的偏差 k 值				
	0.00	0.10	0.20	0.30	0.40
0.50	133 614	151 000	201 935	282 451	385 556
1.00	16 397	21 331	37 280	67 291	115 229
1.10	967	1 509	2 274	8 211	17 868
1.20	318	532	842	3 470	8 198
1.30	96	172	487	1 351	3 467
1.40	26	51	160	474	1 350
1.50	7	14	48	159	483
1.60	2	4	13	48	159
1.70	0	1	3	13	48
1.80	0	0	1	3	13
2.00	0	0	0	0	1

为了强调质量特性偏离设计目标值所造成的质量损失，有些学者提出了过程能力指数 C_{pm}，C_{pm} 指数也称为田口指数，即

$$C_{pm} = \frac{USL-LSL}{6\sigma_1} \qquad (8-6)$$

式中：$\sigma_1^2 = E(X-T)^2 = \sigma^2 + (\mu-T)^2$。

质量特性 X 偏离其设计目标值 T 而导致的质量损失，通常认为近似于对称的平方误差损失函数。在 C_{pm} 的表达式中，当 $\mu = T$ 时，$C_{pm} = C_p$。因此，C_{pm} 指数也可以看作 C_p 指数的推广。需要指出的是，C_{pm} 指数尽管反映了过程输出均值 μ 与设计目标值 T 之间的偏离，但其统计特性较差，即使在正态分布的条件下，也不能反映不合格品率，所以它主要用于反映过程的期望损失。

8.3.4　第三代过程能力指数

为了更加灵敏地反映过程输出均值 μ 与设计目标值 T 之间的偏离，在第二代过程能力指数 C_{pk} 的基础上，又有学者提出了第三代过程能力指数 C_{pmk}，也称为混合能力指数，即

$$C_{pmk} = \frac{C_{pk}}{\sqrt{1+\left(\dfrac{\mu-T}{\sigma}\right)^2}} \qquad (8-7)$$

在所有的过程能力指数中，C_{pmk} 对于 μ 和 T 之间的偏离是最敏感的，它强调了向目标值靠近的重要性，弱化了对公差的要求。C_{pmk} 指数同前面介绍的 C_{pk} 指数和 C_p 指数一样，只有当测量结果服从正态分布时才有意义。

8.3.5　过程能力指数与不合格品率之间的关系

过程能力分析为量化过程是否满足顾客要求提供了极好的机会，一旦过程处于统计控制状态，则不仅可以预测其输出结果的分布，而且可以计算满足规格要求的能力。在过程受控，且输出的质量特性服从正态分布时，一定的过程能力指数与一定的不合格品率相对应。

下面将分析不合格品率与过程能力指数之间的关系。

假定过程输出的质量特性 X 服从正态分布 $X \sim N(\mu, \sigma^2)$，其中 μ 为过程输出均值，σ 为过程输出的标准差，P_u 和 P_l 分别为超出公差上下限的不合格品率，则过程的不合格品率 $P(d)$ 为

$$P(d) = P_u + P_l = P\{(X<LSL) \cup (X>USL)\} \qquad (8-8)$$

在过程输出均值 μ 与目标值 T 重合，即无偏移的情况下，由于 $P(d) = P_u + P_l = 2P_u$，则

$$P_u = 1 - P\{X \leqslant USL\} = 1 - \Phi\left(\frac{USL-\mu}{\sigma}\right) = 1 - \Phi(3C_p) \qquad (8-9)$$

因此，不合格品率 P 与过程能力指数之间的关系为

$$P(d) = 2P_u = 2[1-\Phi(3C_p)] \qquad (8-10)$$

由此可以看出，C_p 与不合格品率 P 是一一对应的，如图 8-5 所示。

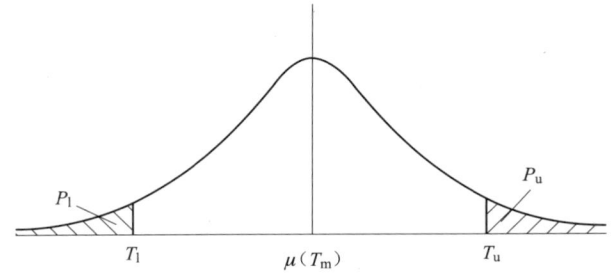

图 8-5　无偏移情况下不合格品率 P 与过程能力指数之间的关系

在过程输出均值 μ 与目标值 T 不重合，即有偏移的情况下，有

$$
\begin{aligned}
P(d) &= P_l + P_u = \Phi\left(\frac{\text{LSL}-\mu}{\sigma}\right) + 1 - \Phi\left(\frac{\text{USL}-\mu}{\sigma}\right) \\
&= 1 - \Phi(3C_{pl}) + 1 - \Phi(3C_{pu}) \\
&= 2 - \Phi(3C_{pl}) + \Phi(3C_{pu}) = 2 - \Phi(3C_{pk}) + \Phi(6C_p - 3C_{pk})
\end{aligned}
\tag{8-11}
$$

因此，在有偏移的情况下，只要知道过程能力指数 C_p 和 C_{pk}，就可以计算出过程输出的不合格品率 $P(d)$，如图 8-6 所示。

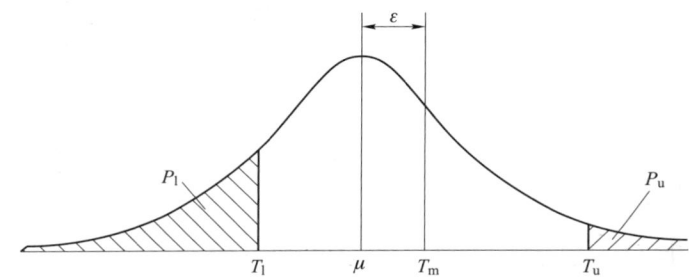

图 8-6　有偏移情况下不合格品率 P 与过程能力指数之间的关系

通过上述分析，可以得出下列结论：

（1）当过程无偏移时，C_p 可以唯一确定不合格品率 $P(d)$，即 $P(d) = 2[1-\Phi(3C_p)]$。当过程存在偏移时，C_p 与不合格品率之间不存在对应关系，此时 $P(d) \geqslant 2[1-\Phi(3C_p)]$。

（2）当过程存在偏移时，仅有 C_{pk} 虽然不能确定产品的不合格品率 $P(d)$，但能够确定不合格品率 $P(d)$ 的上界，即 $P(d) \leqslant 2-\Phi(3C_{pk})$。

（3）在评价过程的性能时，不合格品率也是一个重要的指标，这是因为它最直观，易于被人们理解和接受。

8.3.6　过程能力分析的实施程序与应用实例

对制造过程的过程能力进行分析，可使人们随时掌握制造过程中各过程质量的保证能力，为保证和提高产品质量提供必要的信息与依据。在进行过程能力分析时，通常采取下列步骤：

（1）确定分析的质量特征值。

（2）收集观测值数据，抽取样本数目，通常 $n \geqslant 50$。

（3）判断过程质量是否处于稳定（控制）状态，只有在受控状态下，才可计算过程能力指数。

（4）判断观测值是否来自正态总体。当观测数据来自非正态总体时，通常需要适当的变换，变换为正态总体或近似正态总体。

（5）计算正态总体的样本均值 $\bar{x}$ 和标准差 S。需要指出的是，正态总体分布的均值 μ 和标准差 σ 是理论值，在实际生产过程中是无法求出的，一般用样本总体均值 $\bar{x}$ 和样本总体标准差 s，但要求样本量足够大（如 $n \geqslant 50$）。

（6）计算相应的过程能力指数，判断其是否满足要求。

（7）当 C_p（或 C_{pk}）指数值小于 1 时，应求出总体不合格品率。

（8）分析 C_p（或 C_{pk}）指数值小于 1 的原因，应采取相应的措施，加以改进，提高过程能力指数。

【例 8-1】 在钢珠生产过程中，钢珠直径的公差范围为 [10.90, 11.00]，目标值 $T = 10.95$ mm，其测量数据见表 8-3，试对其进行过程能力分析。

表 8-3 25 个批次的钢珠直径样本数据

mm

批次	直径 1	直径 2	直径 3	直径 4	直径 5
1	10.95	10.90	10.95	10.96	10.98
2	10.91	10.97	10.95	10.98	10.94
3	10.97	10.91	10.94	10.95	10.93
4	10.92	10.94	10.95	10.95	10.93
5	11.02	10.96	10.92	10.98	10.99
6	10.92	10.94	10.93	10.98	10.95
7	10.98	10.91	10.96	10.90	10.93
8	10.96	10.93	10.94	10.93	10.96
9	10.94	10.93	10.97	10.96	10.95
10	10.91	10.95	10.93	10.96	10.92
11	10.94	10.94	10.98	10.94	10.97
12	10.97	10.95	10.93	10.92	10.98
13	10.99	10.95	10.95	10.95	10.96
14	10.93	10.97	10.94	10.92	10.93
15	11.02	10.98	10.97	10.96	10.91
16	10.95	10.95	10.93	10.94	10.93
17	10.96	10.95	10.97	10.99	10.95
18	10.97	10.97	10.93	10.95	11.012
19	11.00	10.93	10.95	10.96	10.96

续表

批次	直径1	直径2	直径3	直径4	直径5
20	10.95	10.92	10.92	10.98	10.93
21	10.95	10.94	10.95	10.96	10.97
22	10.92	10.97	11.00	10.94	10.94
23	10.95	10.94	10.93	10.96	10.95
24	11.00	10.99	10.90	10.94	10.98
25	10.94	10.92	10.96	10.93	10.96

根据过程能力分析的步骤，首先判断过程是否处于统计控制状态。这需要通过控制图等统计工具进行判断。经过控制图分析，判断该过程处于统计控制状态。

通过绘制直方图，并进行假设检验，判断样本数据服从正态分布。

估计的样本均值 $\bar{x} = 10.950$，样本标准差 $S = 0.025$，由于过程输出均值与设计目标值重合，且公差对称，因此，估计的过程能力指数为

$$C_p = C_{pk} = C_{pl} = C_{pu} = C_{pm} = 0.67$$

过程能力指数小于1，说明过程能力不足，努力的方向就是尽可能地减小过程波动，提高过程能力指数。

事实上，运用Minitab软件很容易完成上述计算。实现路径为：统计→质量工具→能力分析→正态，在"单列"中指定为"直径"，在"子组大小"中指定"批次"，在"规格下限"中输入"10.90"，在"规格上限"中输入"11.00"，打开"选项"，在目标中输入"10.95"，运行命令后，得到的结果如图8-7所示。

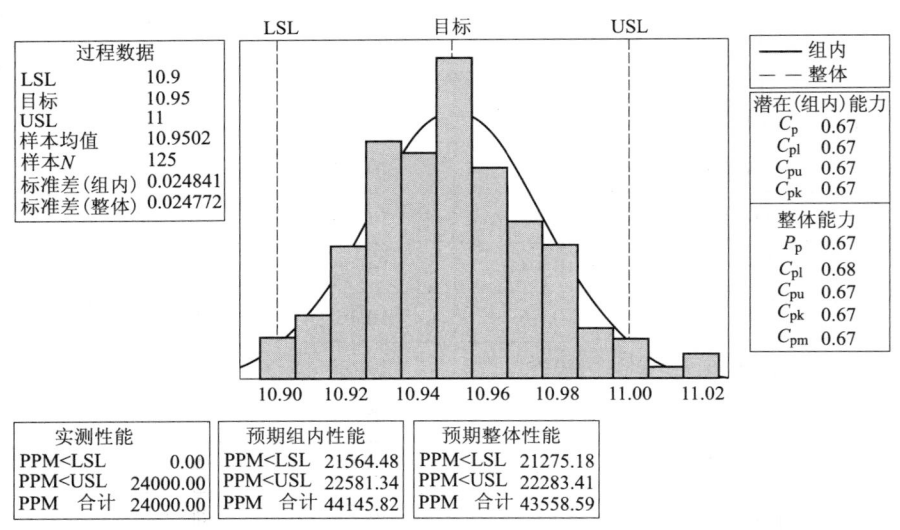

图8-7 钢珠直径的过程能力指数

从图8-7可以看出，当 $\mu = M$ 时，$C_p = C_{pk}$；当 $\mu = M$ 且与公差中心重合时，$C_p = C_{pm}$。此外，图中也给出了实际观测到的数据超出公差的百万分之缺陷数值（PPM）以及在正态分

布下基于组内和整体波动估计出的 PPM 值。

【例 8-2】 已知某零件的加工标准为 148^{+2}_{-1} mm，对 100 个样品计算出样本均值 $\overline{x} = 148$ mm，标准差 $S = 0.48$ mm，求 C_p 和 C_{pk}，并判定过程能力以及求出总体不合格品率。

由加工标准知 USL = 150，LSL = 147，则

$$2d = \text{USL} - \text{LSL} = 150 - 147 = 3$$

$$M = \frac{\text{USL} + \text{LSL}}{2} = 148.5$$

总体分布中心 μ 和标准差 σ 近似为

$$\mu \approx \overline{x} = 148, \quad \sigma \approx S = 0.48$$

$$\varepsilon = |M - \mu| = |148.5 - 148| = 0.5$$

$$k = \frac{\varepsilon}{d} = 0.33$$

由此

$$C_p = \frac{2d}{6\sigma} \approx \frac{3}{6 \times 0.48} = \frac{3}{2.88} = 1.04$$

$$C_{pk} = \frac{2d - 2\varepsilon}{6\sigma} \approx \frac{3 - 2 \times 0.5}{2.88} = 0.69$$

由于过程的潜在过程能力指数 $C_p = 1.04$，能力尚可，而实际的过程能力指数 $C_{pk} = 0.69$，说明过程能力不足，已出现废品，这时的努力方向应是尽可能地调整过程输出均值 μ 向公差中心 M 靠近，同时也要考虑减小过程的波动。

【例 8-3】 某拖拉机厂生产的手扶拖拉机，其清洁度要求不大于 80 mg，经随机抽取 50 台检测，得 $\overline{x} = 45$ mg，$S = 11$ mg，试求该厂清洁度的过程能力指数。

这是仅有公差规格上限的情形，因此，对于单侧公差的过程能力分析，有

$$C_{pu} = \frac{\text{USL} - \mu}{3\sigma} \approx \frac{\text{USL} - \overline{x}}{3S} = \frac{80 - 45}{3 \times 11} = 1.06$$

C_{pu} 为 1.06，说明过程能力满足要求。

8.4　统计过程控制

自 1924 年美国学者休哈特博士首创控制图，提出统计过程控制（statistical process control，SPC）的理论和方法以来，统计过程控制无论是理论研究还是实际应用，均得到了不断的发展和完善，日本就是成功应用统计质量控制技术的国家之一。特别是 20 世纪 80 年代，以美国为代表的西方工业化国家发起的第二次质量革命，使人们重新认识和研究统计技术，并在工业界得到了广泛的应用，使之发展到今天已成为一个比较庞大的质量控制领域。

应用统计过程控制的目的就是监控生产过程的运行，以探测可能发生的异常因素。正确应用统计过程控制技术，通过发现并消除异常因素，可以达到改进过程、改进操作程序、保证产品质量之目的。尽管统计过程控制起源于制造过程，但其研究成果适用于其他过程，如设计过程、管理过程、服务过程等。

8.4.1　过程输出结果的统计规律性

任何组织都是由一系列相互关联的过程组成的。在质量领域，过程的概念是明确的，它是指使用资源将输入转化为输出的活动。任何过程都受到两类因素的制约：一类是无法或者难以控制的随机因素，另一类是可以确定或者可识别的系统因素或可控因素。若过程输出的波动仅是由随机因素引起，则称过程处于统计控制状态或受控状态。若过程输出的波动是由系统因素的变异引起的，则称过程处于失控状态。此时，系统因素也称异常因素（special cause）。而由于原因是可以查找出来的，故也称可查明因素（assignable cause）。一旦发生这种情况，就应该尽快查找问题的原因，采取措施加以消除，并纳入标准，保证其不再出现。将影响质量波动的因素区分为随机因素和异常因素，并分别采取不同的处理措施，这是休哈特的重要贡献，它奠定了统计过程控制的基础。

任何过程或产品质量特性的数据值，不管是否对其进行测量，由于受到随机因素的作用，波动始终是存在的。当对其进行测量时，通常利用概率分布对质量特性的测量值进行统计分析。从理论上讲，质量特性的分布可以具有很多类型，但根据中心极限定理，在大多数情况下，质量特性的分布服从正态分布。为方便起见，不妨假设过程输出质量特性为 X，则 $X \sim N(\mu, \sigma^2)$。对于正态分布，有两个重要参数，即过程输出均值 μ 和过程输出标准差 σ。

（1）过程输出结果的中心。正态分布的均值 μ 反映了过程输出结果的中心，它描述了过程的自然输出，与质量特性的设计目标值无关。设 $x_1, x_2, \cdots, x_n$ 为 X 的一组样本，则均值 μ 通常是用样本均值 $\overline{X}$ 来估计，即

$$\overline{X} = \frac{1}{n} \sum_{i=1}^{n} x_i \tag{8-12}$$

因此，也常称样本均值 $\overline{X}$ 为过程平均。

（2）过程输出结果的波动。过程输出结果的标准差 σ，反映了过程输出结果波动的大小。由于随机因素的作用，过程的输出结果不可能总是落在它的输出均值上，通常为围绕 μ（或 $\overline{X}$），具有偏差。实际上，通常用样本标准差 S 作为 σ 的估计值，即

$$S = \sqrt{\frac{1}{n-1} \sum_{i=1}^{n} (x_i - \overline{X})^2} \tag{8-13}$$

S 刻画了过程输出结果值 x_i 与过程平均 $\overline{X}$ 波动的大小。在实际应用中，还可以引入易于计算的样本极差 R 作为 σ 的近似估计值，刻画过程输出结果波动的大小，即

$$R = \max_{1 \leq i \leq n} (x_i) - \min_{1 \leq i \leq n} (x_i) \tag{8-14}$$

从过程分布的统计规律中可以清楚地看到：过程输出均值 μ 反映了过程输出的中心，而标准差 σ 反映了过程波动的大小。

8.4.2　统计过程控制的基本原理

过程控制（process control）有多种含义，在质量控制领域就是指对过程的监测调整以达到维持过程正常运行之目的。由于这种控制的基础是概率统计，因而又叫作统计过程控制。

　　统计过程控制发展到现在已经成为一个比较庞大的质量控制领域，各种各样的控制图已达百种之多，但这些控制图都是基于一个相同的基本原理，即统计学中的小概率事件原理："在一次观测中，小概率事件是不可能发生的，一旦发生就认为系统出现问题。"把这一原理转化为工程技术语言可描述为"预先假定过程处于某一状态，一旦显示出过程偏离这一状态的极大可能性，就可认为过程失控，于是需要及时调整过程"。

　　统计过程控制的工作原理如图 8-8 所示。观测值 1 落入小概率事件以外的范围，因而认为过程在正常运行；而观测值 2 位于小概率事件域 α 内，因而可判断为过程失控。如此多次观测和判断就是连续地进行统计假设检验，于是就形成了其工作图，即监测用控制图。这种控制图具有多种形式，但工作原理和方法都是相同的，用这一类控制图对过程进行的监测控制就是统计过程控制的一个重要应用。

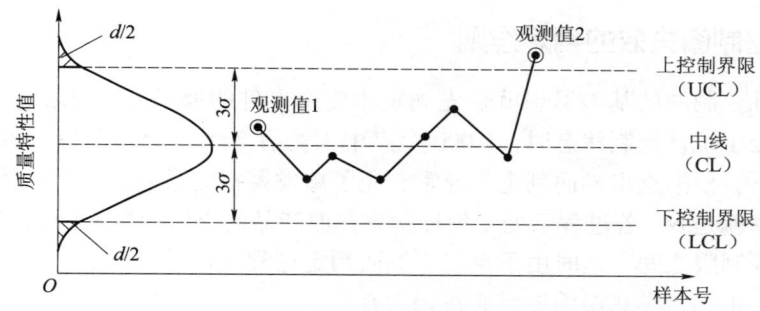

图 8-8　统计过程控制的工作原理

　　特别地，当过程的输出质量特性 X 服从正态分布 $X \sim N(\mu, \sigma^2)$ 时，则"$|X-\overline{X}| \geqslant 3\sigma$"就是一个小概率事件，其概率为 $\alpha = 0.27\%$，因而可构造出生产过程的统计控制图，实施对过程的监测控制。由于小概率事件域是以均值为中心的 $\pm 3\sigma$ 为边界，因此，也称其为"3σ原理"，如图 8-9 所示。

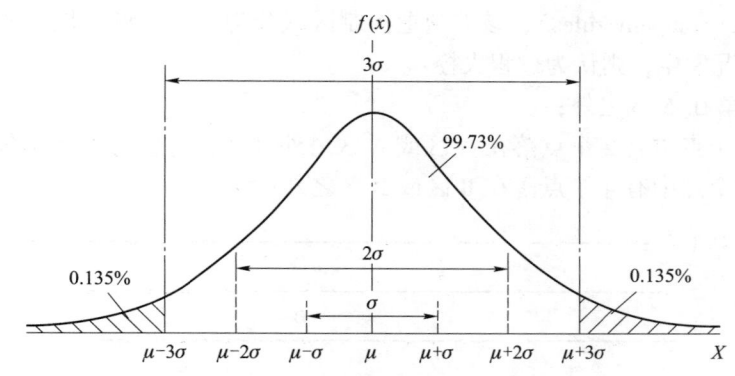

图 8-9　正态分布的 3σ 原理

　　将图 8-9 按顺时针转 90°，再将其左右翻转 180°，并记上控制限为 $\mathrm{UCL} = \mu + 3\sigma$，中心线为 $\mathrm{CL} = \mu$，下控制限为 $\mathrm{LCL} = \mu - 3\sigma$，就构造成了控制图，如图 8-10 所示，其中横坐标为时间刻度，表示样本的抽样顺序。这样控制图就可以反映过程随时间变化的趋势及其动态特征。

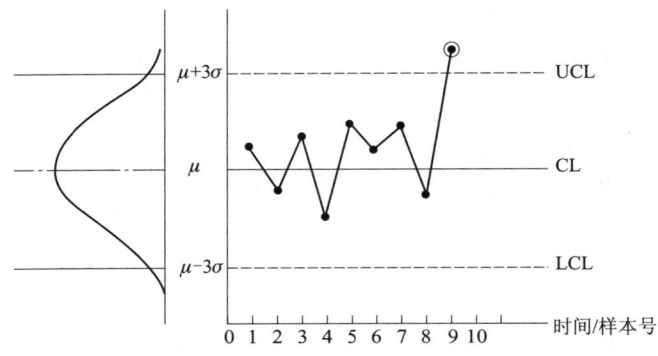

图 8-10　控制图的构成

8.4.3　控制图失效的判定准则

休哈特设计控制图的基本思想就是先确定小概率事件的概率 α。若取 α=0.27%，这就意味着当过程处于统计控制状态时，1 000 个点中大约有 3 个点会超出控制限，也就是在过程正常的情况下，根据点出界而判定为异常，犯了虚发警报的错误，即第一类错误。发生第一类错误的概率就是 α。若过程已处于失控状态，但产品的质量特性值仍在非小概率的事件域中，即上下控制限之间，这时由于点未出界而判定过程正常，就犯了漏发警报的错误，即第二类错误。发生第二类错误的概率通常记为 β。

在构造控制图时，通常设定第一类错误的概率为 α。当 α 已给定时，自然希望 β 越小越好。为了减小第二类错误的概率 β，对于控制图中的界内点增加了第二类判定准则，即"控制限内点的排列非随机"。于是，控制图失控的判定准则就分为两大类：打点值出界判定为过程异常以及界内打点值排列非随机判定为过程异常。

由于两类错误概率的存在，每增加一条准则，就减小了第二类错误的概率，同时也加大了第一类错误的概率。目前，对于控制图失控的判定准则，较为认可的是西方电气准则（western electronic company rules），该准则把控制区域分为 6 个条形区域，如图 8-11 所示。下列任何一种情况发生，则认为过程失控：

（1）1 个点落在 A 区之外；

（2）连续 3 个点中有 2 个点落在 A 区或 A 区之外（注：这里的 A 区不包含 B、C 区）；

（3）连续 5 个点中有 4 个点落在 B 区或 B 区之外；

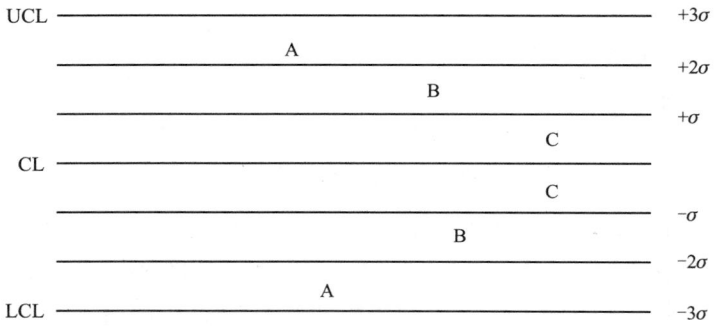

图 8-11　控制图的分区

（4）连续 8 个点位于中心线的同一侧。

为了便于操作，《常规控制图》GB/T 4091—2001 明确给定了 8 种失控模式，只要下列任何一种情况出现，就可判定为过程失控：

（1）1 个点落在控制限之外；

（2）连续 9 个点落在中心线同一侧；

（3）连续 6 个点递增或递减；

（4）连续 14 个点中相邻点交替升降；

（5）连续 3 个点中有 2 个点落在中心线同一侧的 B 区之外；

（6）连续 5 个点中有 4 个点落在中心线同一侧的 C 区之外；

（7）连续 15 个点落在 C 区之内；

（8）连续 8 个点落在中心线两侧，但无一在 C 区内。

经过简单的计算可知，当过程处于统计控制状态时，上述 8 种模式，对于犯第一类错误的概率 α 都是一个小概率事件。图 8-12 为《常规控制图》（GB/T 4091—2001）给定的控制图失控的判定准则示意。

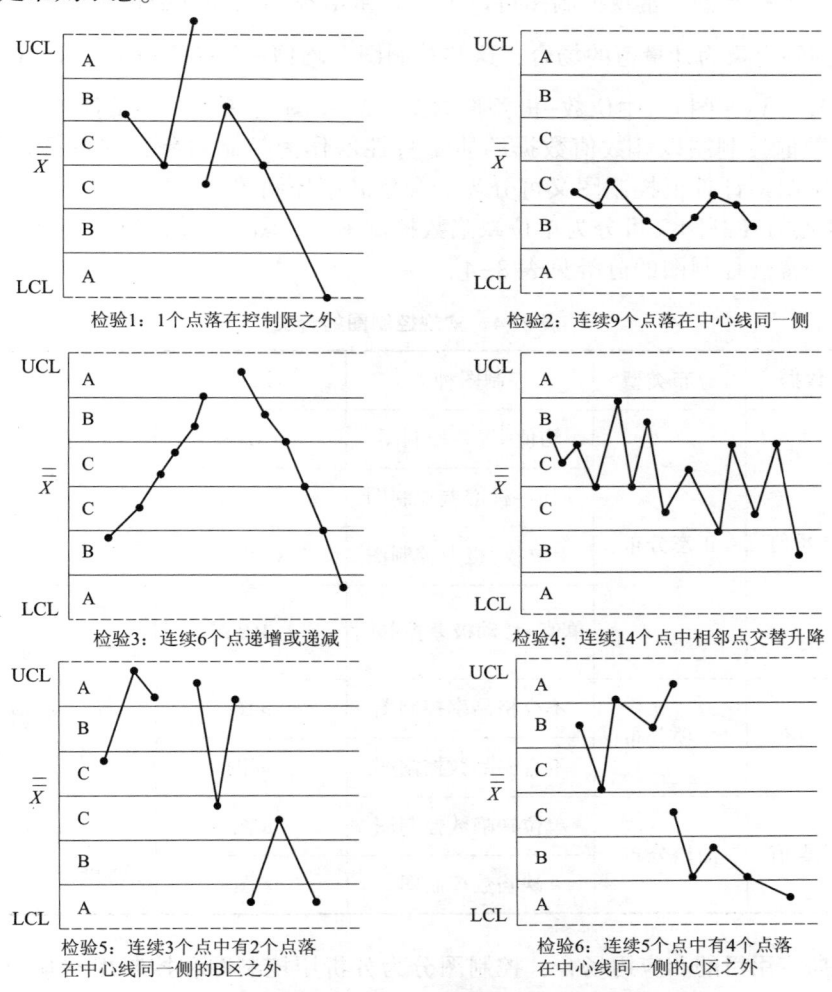

图 8-12　GB/T 4091—2001 控制图失控的判定准则示意

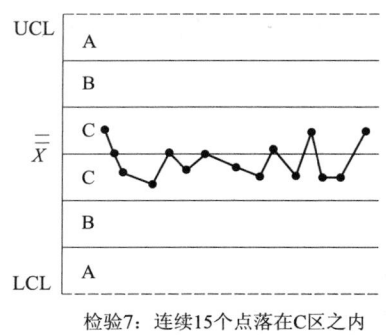

检验7：连续15个点落在C区之内

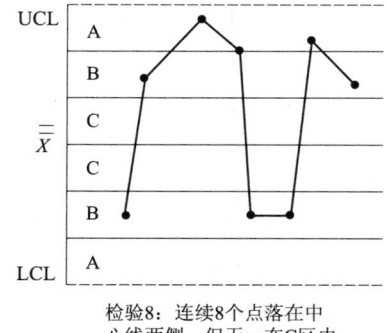

检验8：连续8个点落在中心线两侧，但无一在C区内

图 8-12　GB/T 4091—2001 控制图失控的判定准则示意（续）

8.4.4　控制图的分类

（1）根据数据类型，常规控制图可以分为计量值控制图和计数值控制图。计量值控制图通常用于控制对象为计量值的场合，这类控制图有均值-极差控制图（$\overline{X}$-R 图）、均值-标准差控制图（$\overline{X}$-S 图）、中位数-极差控制图（X-R 图）、单值-移动极差控制图（I-MR 图）等。计数值控制图以计数值数据的质量特性值作为控制对象，它包括计件值控制图和计点值控制图。计件值控制图又可分为不合格品率控制图（p 图）和不合格品数控制图（np 图）；计点值控制图又可分为单位缺陷数控制图（u 图）和缺陷数控制图（c 图）。根据数据类型，常规控制图的分类见表 8-4。

表 8-4　常规控制图的分类

数据类型	数据	分布类型	控制图种类	记号	说　明
计量型	计量值	正态分布	均值-极差控制图	$\overline{X}$-R 图	子组为计量数据。标出子组的均值或中位数，以及子组极差或者子组标准差
			均值-标准差控制图	$\overline{X}$-S 图	
			中位数-极差控制图	X-R 图	
			单值-移动极差控制图	I-MR 图	单个计量数据，标出观测值移动极差
计数型	计件值	二项分布	不合格品率控制图	p 图	计件数据，如不合格数、销售中的流失数等
			不合格品数控制图	np 图	
	计点值	泊松分布	单位缺陷数控制图	u 图	计点数据，如缺陷数、瑕疵数等
			缺陷数控制图	c 图	

（2）根据应用目的和应用场合，控制图分为分析用控制图和控制用控制图。分析用控制图在生产过程之初使用，目的是使得过程处于受控状态，同时满足过程能力指数的要求。

在这一阶段，通过收集数据，绘制控制图，发现并消除异常因素，使过程处于统计控制状态，并使过程能力指数 $C_p \geqslant 1.00$，确保能够正常开工生产。控制用控制图则是在过程处于受控状态且满足能力要求时，将分析用控制图的控制限作为控制标准，延长控制限作为控制用控制图的控制限，对过程进行日常控制，并通过及时预警，保持过程的正常运行。表 8-5 给出了分析用控制图和控制用控制图的主要区别。在下面各节所讲的控制图中，主要是针对控制用控制图。

表 8-5　分析用控制图和控制用控制图的主要区别

区别点	分析用控制图	控制用控制图
过程以前的状态	未知	已知
绘图所需要的最小子组数	20~25 组	1 组
控制图的控制限	需要计算	可以延长分析用时的控制限
使用目的	了解过程，使过程受控	保持过程运行
使用人员	工艺部门、质量管理部门	现场操作和管理人员

（3）根据制造过程产品批量的大小，控制图又可分为常规控制图和小批量控制图；根据监控波动的灵敏性，控制图又可分为常规控制图、累积和图（CUSUM）和指数加权移动平均控制图（EWMA）等。

8.4.5　常规控制图的应用程序

应用常规控制图对过程进行控制通常包括下列步骤：

（1）确定受控对象的质量特性：就是选出受控对象符合应用目的、可控、重要的质量特性。

（2）确定波动来源和抽样方案：若存在多波动源，则需要用多变异分析确定最大的波动源。确定抽样方案时，要确定样本容量、如何抽取数据和抽样的时间间隔。

（3）收集数据：初始建立分析用控制图的控制限，至少要抽取 20 组样本，尽量使用反映当前信息的数据，并记录数据收集的日志，包括人员、时间、地点、事件和方案等；同时，要保证抽样的随机性。

（4）计算控制限：要根据选择的控制图类型，计算出上控制限（UCL）和下控制限（LCL）。

（5）绘制控制图。

（6）应用控制图：根据控制图的判定准则，确定过程的状态，必要时重新计算控制限。如果过程能继续处于统计控制状态，则要定期评价控制限；当操作人员、原材料、机器设备、操作方法等发生变化时，要重新计算控制限，实施对过程的控制。

常规控制图的选用流程如图 8-13 所示。

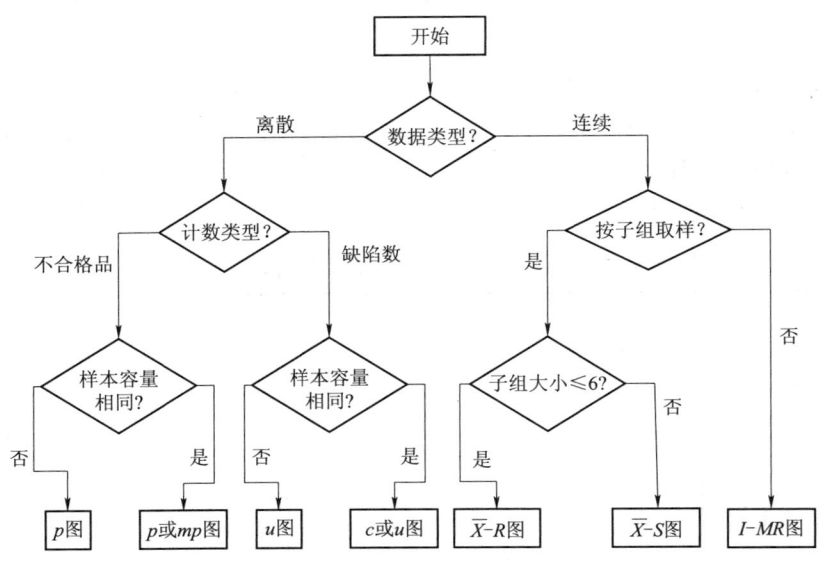

图 8-13　常规控制图的选用流程

8.4.6　计量值控制图

常规控制图的基本假设是质量特性的观测值 X 服从正态分布 $X \sim N(\mu, \sigma^2)$，其中 μ、σ 分别为正态分布的均值和标准差。因此，要控制质量特性 X 需要两张控制图，一张用于控制均值 μ，另一张用于控制标准差 σ。根据样本大小 n 和用于估计 μ 和 σ 的统计量的不同，常用的计量值控制图有均值-极差控制图（$\overline{X}-R$ 图）、均值-标准差控制图（$\overline{X}-S$ 图）、中位数-极差控制图（$X-R$ 图）、单值-移动极差控制图（$I-MR$ 图）等。

1. 均值-极差控制图

假设质量特性 $X \sim N(\mu, \sigma^2)$，从中抽取大小为 n 的样本（X_1，X_2，$\cdots$，X_n），则样本均值统计量 $\overline{X} = \dfrac{1}{n}\displaystyle\sum_{i=1}^{n} x_i$ 服从正态分布 $N\left(\mu, \dfrac{\sigma^2}{n}\right)$，于是 $\overline{X}$ 图的中心线和控制限分别为

$$\mathrm{UCL} = \mu + \frac{3}{\sqrt{n}}\sigma$$

$$\mathrm{CL} = \mu$$

$$\mathrm{LCL} = \mu - \frac{3}{\sqrt{n}}\sigma$$

样本极差的统计量 $R = \max\limits_{1 \leqslant i \leqslant n} X_i - \min\limits_{1 \leqslant i \leqslant n} X_i$，可以证明 $R \sim N(d_2\sigma, d_3^2\sigma^2)$，其中 d_2、d_3 是与样本大小 n 有关的常数（参见附录 A）。这样，统计量 R 图的中心线和控制限分别为

$$\mathrm{UCL} = (d_2 + 3d_3)\,\sigma$$

$$\mathrm{CL} = d_2\sigma$$

$$\mathrm{LCL} = (d_2 - 3d_3)\,\sigma$$

由于均值 μ 和标准差 σ 都是未知的，需要从抽取的样本中估计。不妨设共抽取了 k 个样

本，每个样本大小为 n。k 个样本的数据见表 8-6，其中 $\overline{X_i} = \dfrac{1}{n}\sum\limits_{j=1}^{n} x_{ij}\,(i = 1,\ 2,\ \cdots,\ k)$，$R_i = \max\limits_{1\leqslant j\leqslant n} X_{ij} - \min\limits_{1\leqslant j\leqslant n} X_{ij}\,(i = 1,\ 2,\ \cdots,\ k)$。

表 8-6　共有 k 个样本，样本大小为 n 的数据表和样本均值、极差统计值

样本序号	样本	样本均值 $\overline{X_i}$	样本极差 R_i
1	$X_{11},\ X_{12},\ \cdots,\ X_{1n}$	$\overline{X}_1$	R_1
2	$X_{21},\ X_{22},\ \cdots,\ X_{2n}$	$\overline{X}_2$	R_2
$\vdots$	$\vdots$	$\vdots$	$\vdots$
k	$X_{k1},\ X_{k2},\ \cdots,\ X_{kn}$	$\overline{X}_k$	R_k

记样本均值的平均值为 $\overline{\overline{X}}$，样本极差的均值为 $\overline{R}$，即 $\overline{\overline{X}} = \dfrac{1}{k}\sum\limits_{i=1}^{k}\overline{X}_i$，$\overline{R} = \dfrac{1}{k}\sum\limits_{i=1}^{k} R_i$，则 $\overline{\overline{X}}$ 和 $\overline{R}$ 的期望值为

$$E(\overline{\overline{X}}) = \mu$$

$$E(\overline{R}) = d_2\sigma$$

这样均值 μ 和标准差 σ 的无偏估计分别为

$$\hat{\mu} = \overline{\overline{X}}$$

$$\hat{\sigma} = \frac{\overline{R}}{d_2}$$

又记 $A_2 = \dfrac{3}{d_2\sqrt{n}}$，$D_3 = 1 - \dfrac{3d_3}{d_2}$，$D_4 = 1 + \dfrac{3d_3}{d_2}$

则 $\overline{X}$ 图可表示为

$$\mathrm{UCL} = \overline{\overline{X}} + A_2\overline{R}$$

$$\mathrm{CL} = \overline{\overline{X}}$$

$$\mathrm{LCL} = \overline{\overline{X}} - A_2\overline{R}$$

R 图可表示为

$$\mathrm{UCL} = D_4\overline{R}$$

$$\mathrm{CL} = \overline{R}$$

$$\mathrm{LCL} = D_3\overline{R}$$

$\overline{X}$ 图和 R 图中，A_2、D_3、D_4 是与样本大小 n 有关的控制图常数，参见附录。控制图上打点值的散布状况是生产过程运行状况的缩影，各种波动（正常波动或异常波动）都通过打点值的散布状况展现出来。若判断过程存在异常波动，则应查找原因，及时纠正。$\overline{X}$ 图显示的是子组间的波动，并表明过程是否稳定；R 图显示的是子组内的波动，也反映所监控

过程的波动程度。由于 $\overline{X}$ 图的控制限依赖于平均极差 R，因此应先构造 R 图，只有当 R 图处于统计控制状态时，才能构造 $\overline{X}$ 图。在实际应用中，由于 $\overline{X}$ 图和 R 图往往联合使用，所以称之为 $\overline{X}$-R 图。

$\overline{X}$-R 图是应用最广泛的一对控制图，该图应用于大批量生产过程中控制质量特性（如长度、硬度、张力等）的变化情况。使用 $\overline{X}$-R 图的基本要求是：样本大小 n 小于 10，一般取 3~5 为宜；样本个数 k 以 20~25 为宜；对样本间隔没有要求，视情况而定。

【例 8-4】某汽车发动机制造厂项目改进团队，需要对活塞环直径进行控制，测量的数据见表 8-7，试构建 $\overline{X}$-R 图。

表 8-7 活塞环直径的数据表

样本序号	测 量 值					子组均值 $\overline{X}_i$	子组极差 R_i
1	74.030	74.002	74.019	73.992	74.008	74.010	0.038
2	73.995	73.992	74.001	74.001	74.011	74.000	0.019
3	73.988	74.024	74.021	74.005	74.002	74.008	0.036
4	74.002	73.996	73.993	74.015	74.009	74.003	0.022
5	73.992	74.007	74.015	73.989	74.014	74.003	0.026
6	74.009	73.994	73.997	73.985	73.993	73.996	0.024
7	73.995	74.006	73.994	74.000	74.005	74.000	0.012
8	73.985	74.003	73.993	74.015	73.998	73.999	0.030
9	74.008	73.995	74.009	74.005	74.004	74.004	0.014
10	74.998	74.000	73.990	74.007	73.995	73.998	0.017
11	73.994	73.998	73.994	73.995	73.990	73.994	0.008
12	74.004	74.000	74.007	74.000	73.996	74.001	0.011
13	73.983	74.002	73.998	73.997	74.012	73.998	0.029
14	74.006	73.967	73.994	74.000	73.984	73.990	0.039
15	74.012	74.014	73.998	73.999	74.007	74.006	0.016
16	74.000	73.984	74.005	73.998	73.996	73.997	0.021
17	73.994	74.012	73.986	74.005	74.007	74.001	0.026
18	74.006	74.010	74.018	74.003	74.000	74.007	0.018
19	74.984	74.002	74.003	74.005	73.997	73.998	0.021
20	74.000	74.010	74.013	74.020	74.003	74.009	0.020
21	73.998	74.001	74.009	74.005	73.966	74.002	0.013
22	74.004	73.999	73.990	74.006	74.009	74.002	0.019
23	74.010	73.989	73.990	74.009	74.014	74.002	0.025
24	74.015	74.008	73.993	74.000	74.010	74.005	0.022
25	73.982	73.984	73.995	74.017	74.013	73.998	0.035

（1）计算统计量。

① 计算每个子组的均值。如第 1 子组 $\overline{X}_1 = \dfrac{1}{5}(74.030 + \cdots + 74.008) = 74.010$

② 计算每个子组的极差。如第 1 子组 $R_1 = 74.030 - 73.992 = 0.038$

③ 计算 25 个子组的总均值。$\overline{\overline{X}} = \dfrac{1}{25} \sum\limits_{i=1}^{25} \overline{X}_i = 74.00131$

④ 计算 25 个子组极差的均值。$\overline{R} = \dfrac{1}{25} \sum\limits_{i=1}^{25} R_i = 0.02244$

（2）计算 $\overline{X}$ 图和 R 图的控制限。由于样本大小 $n=5$，查附录计量值控制图系数表得，$A_2 = 0.577$，D_3 不考虑（$n=5$ 时，D_3 为负值），$D_4 = 2.114$，因此，

对 $\overline{X}$ 图来说：

$$UCL = \overline{\overline{X}} + A_2 \overline{R} = 74.00131 + 0.577 \times 0.02244 = 74.01426$$

$$CL = \overline{\overline{X}} = 74.00131$$

$$LCL = \overline{\overline{X}} - A_2 \overline{R} = 74.00131 - 0.577 \times 0.02244 = 73.98837$$

对 R 图来说：

$$UCL = D_4 \overline{R} = 0.04744$$

$$CL = \overline{R} = 0.02244$$

$$LCL = D_3 \overline{R} = 0$$

（3）作分析用控制图。根据所计算的 $\overline{X}$ 图和 R 图控制限，分别建立两张图的坐标系，并对各子组数据的统计量、样本号相对应的数据，在控制图上打点、连线，即得到分析用控制图，如图 8-14 所示。

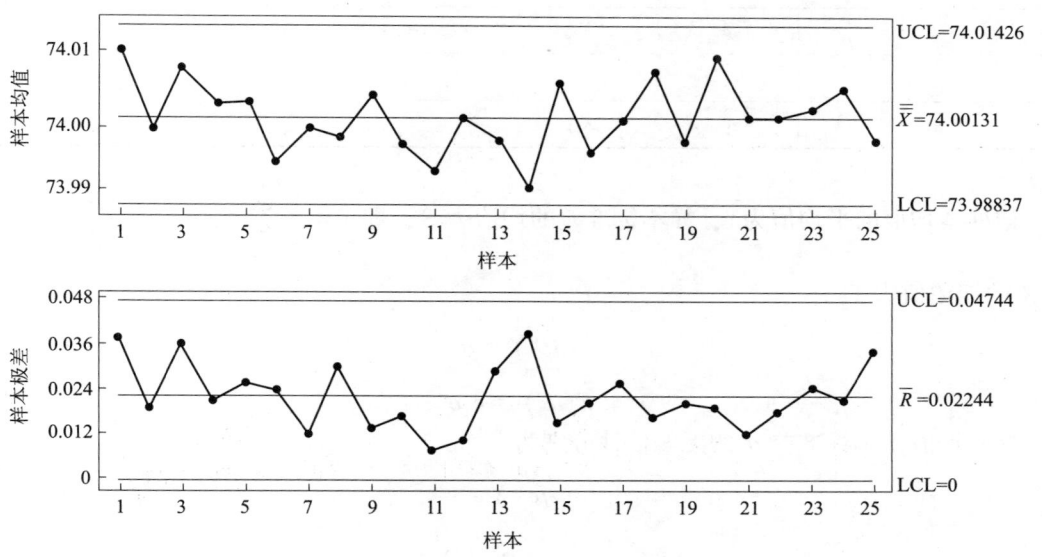

图 8-14　活塞环直径的 $\overline{X}$-R 图

由于 $\overline{X}$ 图和 R 图均处于统计控制状态，且该活塞环直径生产过程的过程能力指数达到要求，因此，可以将图 8-14 的控制限加以延长，作为控制用控制图。事实上，应用 Minitab 软件很容易绘制 $\overline{X}$-R 图，实现路径为：从"统计→控制图→子组的变量控制图→Xbar-R"进入；指定选项"子组的观测值位于多列的同一行中"；在"Xbar-R 选项→估计→子组大小>1"中选择"Rbar"，单击"确认"，运行命令，可得到图 8-14。

2. 均值-标准差控制图

假设质量特性 $X \sim N(\mu, \sigma^2)$，从中抽取大小为 n 的样本 $(X_1, X_2, \cdots, X_n)$，则 $S = \sqrt{\dfrac{1}{n-1}\sum_{i=1}^{n}(X_i - \overline{X})^2}$ 可以作为 σ 的估计。可以证明，S 近似服从正态分布 $N(c_2\sigma, c_3^2\sigma^2)$，其中 c_2、c_3 是与样本大小 n 有关的常数。于是标准差 S 图的控制限和中心线分别为

$$\text{UCL} = (c_2 + 3c_3)\sigma$$

$$\text{CL} = c_2\sigma$$

$$\text{LCL} = (c_2 - 3c_3)\sigma$$

由于标准差 σ 是未知的，需要从抽取的样本中估计。不妨设共抽取了 k 个样本，每个样本大小为 n。k 个样本的数据见表 8-8，其中

$$\overline{X}_i = \frac{1}{n}\sum_{j=1}^{n} x_{ij} \quad (i = 1, 2, \cdots, k)$$

$$S_i = \sqrt{\frac{1}{n-1}\sum_{j=1}^{n}(X_{ij} - \overline{X}_i)^2} \quad (i = 1, 2, \cdots, k)$$

表 8-8　共有 k 个样本，样本大小为 n 的数据表和样本均值、标准差统计值

样本序号	样本	样本均值 $\overline{X}_i$	样本标准差 S_i
1	$X_{11}, X_{12}, \cdots, X_{1n}$	$\overline{X}_1$	S_1
2	$X_{21}, X_{22}, \cdots, X_{2n}$	$\overline{X}_2$	S_2
$\vdots$	$\vdots$	$\vdots$	$\vdots$
k	$X_{k1}, X_{k2}, \cdots, X_{kn}$	$\overline{X}_k$	S_k

记样本均值的平均值为 $\overline{\overline{X}}$，样本标准差的均值为 $\overline{S}$，即 $\overline{\overline{X}} = \dfrac{1}{k}\sum_{i=1}^{k}\overline{X}_i$，$\overline{S} = \dfrac{1}{k}\sum_{i=1}^{k}S_i$，则 $\overline{\overline{X}}$ 和 $\overline{S}$ 的期望值为

$$E(\overline{\overline{X}}) = \mu$$

$$E(\overline{S}) = c_2\sigma$$

这样均值 μ 和标准差 σ 的无偏估计分别为

$$\hat{\mu} = \overline{\overline{X}}$$

$$\hat{\sigma} = \frac{\overline{S}}{c_2}$$

又记 $A_3 = \dfrac{3}{c_2\sqrt{n}}$、$B_3 = 1 - \dfrac{3c_3}{c_2}$、$B_4 = 1 + \dfrac{3c_3}{c_2}$

则 $\overline{X}$ 图可表示为

$$\mathrm{UCL} = \overline{\overline{X}} + A_3\overline{S}$$

$$\mathrm{CL} = \overline{\overline{X}}$$

$$\mathrm{LCL} = \overline{\overline{X}} - A_3\overline{S}$$

S 图可表示为

$$\mathrm{UCL} = B_4\overline{S}$$

$$\mathrm{CL} = \overline{S}$$

$$\mathrm{LCL} = B_3\overline{S}$$

$\overline{X}$ 图和 S 图中，A_3、B_3、B_4 是与样本大小 n 有关的控制图常数，参见附录。$\overline{X}$ 图显示的是子组间的波动，并表明过程是否稳定；S 图显示的是子组内的波动，也反映所监控过程的波动程度。由于 $\overline{X}$ 图的控制限依赖于标准差 S，因此应先构造 S 图，只有当 S 图处于统计控制状态时，才能构造 $\overline{X}$ 图。在实际应用中，由于 $\overline{X}$ 图和 S 图往往联合使用，所以称之为 $\overline{X}$-S 图。

$\overline{X}$-S 图是最有效、最可靠的一对控制图。但由于该图样本标准差的计算较为麻烦，在以往的实际应用中受到了一定的限制。随着统计软件的开发和计算机的广泛应用，计算困难的问题已经得到解决。使用 $\overline{X}$-S 图的基本要求是：样本大小 n 大于 10；样本个数 k 以 20~25 为宜；对样本间隔没有要求，视情况而定。

对【例 8-4】汽车发动机活塞环直径数据，应用 Minitab 软件绘制 $\overline{X}$-S 图，如图 8-15 所示。实现路径为：从"统计→控制图→子组的变量控制图→Xbar-S"进入；指定选项"子组的观测值位于多列的同一行中"；在"Xbar-S 选项→估计→子组大小>1"中选择"Sbar"；单击"确定"，运行命令，得到图 8-15。S 图和 $\overline{X}$ 图都无异常点出现，过程受控，因此，可以判定活塞环的生产过程处于统计控制状态。这里 $\overline{X}$-S 图与 $\overline{X}$-R 图的区别在于：$\overline{X}$-S 图的控制精度要高些。

8.4.7　计数值控制图

一般地，对离散型随机变量所作的控制图，称为计数值控制图。计数值控制图属于常规控制图。计数值控制图可以分为计件值控制图和计点值控制图。计件值控制图包括不合格品率控制图（p 图）和不合格品数控制图（np 图）。计点值控制图包括单位缺陷数控制图（u 图）和缺陷数控制图（c 图）。

1. 计件值控制图

计件值控制图适用于检验结果只有两类的情形：合格与不合格。假设从大量产品中随机抽取一定量的样品数，不合格品数为 X，则 X 为随机变量。对于一个稳定的生产过程，X 服

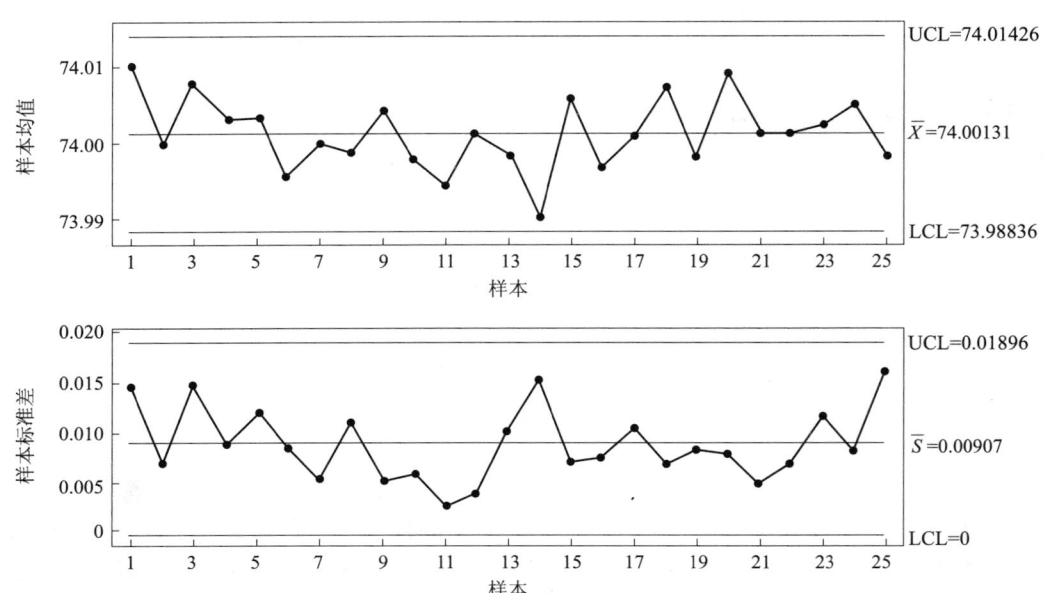

图 8-15 活塞环直径的 $\bar{X}-S$ 图

从二点分布 $B(1, p)$，从总体中抽取 k 个样本，结果见表 8-9，其中：

$$p_i = \frac{1}{n_i} \sum_{j=1}^{n_i} X_{ij}(i = 1, 2, \cdots, k)$$

表 8-9 共有 k 个样本，样本大小为 n 的数据表和不合格品数、不合格品率

样本序号	样　本	不合格品数 $n_i p_i$	不合格品率 p_i
1	$X_{11}, X_{12}, \cdots, X_{1n_1}$	$\sum_{j=1}^{n_1} X_{1j}$	$p_1 = \bar{X}_1$
2	$X_{21}, X_{22}, \cdots, X_{2n_2}$	$\sum_{j=1}^{n_2} X_{2j}$	$p_2 = \bar{X}_2$
$\vdots$	$\vdots$	$\vdots$	$\vdots$
k	$X_{k1}, X_{k2}, \cdots, X_{kn_k}$	$\sum_{j=1}^{n_k} X_{kj}$	$p_3 = \bar{X}_3$

可以证明：当 $n_i p_i \geqslant 5$ 时，p_i 近似服从正态分布 $N\left(p, \dfrac{p(1-p)}{n_i}\right)$，这样，$p$ 图的控制限和中心线分别为

$$UCL = p + 3\sqrt{\frac{p(1-p)}{n_i}}$$

$$CL = p$$

$$LCL = p - 3\sqrt{\frac{p(1-p)}{n_i}}$$

若参数 p 未知，可取 $\hat{p} = \dfrac{1}{\sum\limits_{i=1}^{k} n_i} \sum\limits_{i=1}^{k} n_i p_i$ 作为 p 的估计值。

当 k 个样本的样本大小均为 n 时，第 i 个样本的不合格品数 np_i 近似服从正态分布 $N(np, np(1-p))$，于是 np 图的控制限和中心线分别为

$$\text{UCL} = np + 3\sqrt{np(1-p)}$$

$$\text{CL} = np$$

$$\text{LCL} = np - 3\sqrt{np(1-p)}$$

根据上述分析，将计件值控制图的参数 p 已知、未知以及相应的中心线、控制限加以总结，具体结果见表 8-10。

表 8-10 计件值控制图的中心线和上下控制限

控制图的名称与符号		CL	UCL/LCL	数据分布	备注
不合格品率控制图（p 图）	参数未知	$\hat{p}$	$\hat{p} \pm 3\sqrt{\dfrac{\hat{p}(1-\hat{p})}{n}}$	二项分布	样本大小相等和不相等时均可使用
	参数已知	p_0	$p_0 \pm 3\sqrt{\dfrac{p_0(1-p_0)}{n}}$		
不合格品数控制图（np 图）	参数未知	$n\hat{p}$	$n\hat{p} \pm 3\sqrt{\dfrac{n\hat{p}(1-n\hat{p})}{n}}$	二项分布	仅限于样本大小相等时使用
	参数已知	np_0	$np_0 \pm 3\sqrt{\dfrac{np_0(1-np_0)}{n}}$		

在应用计件值控制图时，由于控制的对象是不合格品率（p 图）或者是不合格品数（np 图），通常利用最初若干次观测值所估计的不合格品率 $\hat{p}$ 作为过程不合格品率的估计值，因此，要求每个样本中至少包含一个不合格品。

由于样本大小 n 与过程的质量水平有关，质量水平越高，样本量应越大。否则，若 p 很小而 n 又不大，则 p 图的控制限将使得样本中只要出现 1 个不合格品，就会使打点值出界，从而显示过程失控。

若通过计算得出 LCL $\leqslant$ 0，则实际下控制限取为 LCL = 0。

再者，当所有子组样本量 n_i（$i=1, 2, \cdots, k$）大小相等时，p 图的控制限是直线。当子组的样本量 n_i（$i=1, 2, \cdots, k$）大小不等时，p 图的控制限将变成折线。

计件值控制图的制作程序与计量值控制图类似。下面将通过一个实例说明计件值控制图的实现方法以及 Minitab 软件的实现路径。

【例 8-5】红星物流公司配送服务车队，配送车辆数在 900~1 200 范围内变动。在任意一天中，每辆车要么正常运行，要么因故障维修。管理人员收集了 6—7 月因故障修理的车辆数，记录数据见表 8-11 所示。试判断运输过程是否处于统计控制状态。

由于每天服务车辆的数量不等，因而只能采用不合格品率控制图（p 图）进行对运输过程的监控。

绘制 p 图的 Minitab 软件实现路径如下：从"统计→控制图→属性控制图"进入；指定

"变量"为"故障数","子组大小"为"车辆总数";单击"确定",运行命令,得到 p 图,如图 8-16 所示。

表 8-11 红星物流公司 6—7 月因故障修理的车辆数据（服务车数量是变动的）

日期	车辆总数/辆	故障数/个	日期	车辆总数/辆	故障数/个	日期	车辆总数/辆	故障数/个	日期	车辆总数/辆	故障数/个
6.01	1 160	79	6.16	1 113	82	7.01	983	77	7.16	1 040	81
6.02	911	68	6.17	1 168	92	7.02	936	90	7.17	1 031	72
6.03	1 119	87	6.18	1 118	100	7.03	1 023	91	7.18	1 118	91
6.04	1 034	87	6.19	1 198	89	7.04	972	77	7.19	1 133	88
6.05	993	75	6.20	921	82	7.05	914	70	7.20	1 125	101
6.06	1 145	74	6.21	1 126	100	7.06	1 084	86	7.21	1 162	83
6.07	945	74	6.22	1 112	86	7.07	966	71	7.22	1 118	82
6.08	1 009	76	6.23	1 163	80	7.08	1 018	88	7.23	1 007	81
6.09	972	75	6.24	1 140	93	7.09	1 174	100	7.24	1 164	82
6.10	1 089	86	6.25	1 126	78	7.10	968	85	7.25	1 026	80
6.11	1 109	92	6.26	1 007	85	7.11	1 142	93	7.26	1 035	76
6.12	1 111	98	6.27	932	90	7.12	1 050	84	7.27	980	87
6.13	1 000	87	6.28	1 132	88	7.13	1 161	93	7.28	1 101	93
6.14	974	85	6.29	901	66	7.14	933	80	7.29	1 028	83
6.15	1 169	76	6.30	1 148	93	7.15	933	74	7.30	1 096	90

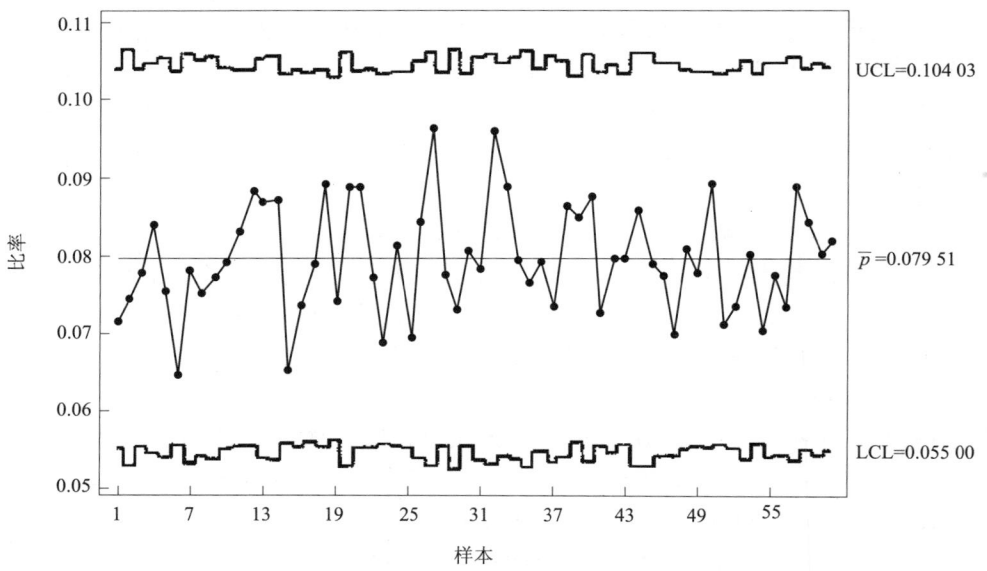

图 8-16 运输过程车辆故障率 p 图

（注：使用不相等样本量进行检验）

由图 8-16 可知，因为每天服务的车辆数不等，p 图的控制限变成了"城墙"形，图中所有打点值都未违背任何一条控制图失控判定准则，因此，可以判定整个运输过程处于统计控制状态。

2. 计点值控制图

有些产品不是以"件"为单位统计不合格产品的数量，而是用产品上缺陷、瑕疵（不合格点）的数量来表示。如铸件上的砂眼数：$1\ m^2$ 玻璃上的气泡数等。引入缺陷的计点数据后，对于不合格品的认识就更精确、深入。计点值控制图包括缺陷数控制图（c 图）和单位缺陷数控制图（u 图），二者来自泊松分布的理论。

假设随机变量 X 为单位产品的缺陷数，对于一个稳定的生产过程 X 服从泊松分布 $P(\lambda)$，从总体中抽取 k 个样本，结果见表 8-12。

其中
$$c_i = \sum_{j=1}^{n_i} X_{ij}$$

$$u_i = \frac{c_i}{n_i}\quad(i=1,\ 2,\ \cdots,\ k)$$

表 8-12　k 个样本的数据表和缺陷数、单位缺陷数

样本序号	样　本	样本中的缺陷数 c_i	单位缺陷数 u_i
1	$X_{11},\ X_{12},\ \cdots,\ X_{1n_1}$	c_1	u_1
2	$X_{21},\ X_{22},\ \cdots,\ X_{2n_2}$	c_2	u_2
$\vdots$	$\vdots$	$\vdots$	$\vdots$
k	$X_{k1},\ X_{k2},\ \cdots,\ X_{kn_k}$	c_k	u_k

可以证明 c_i 服从泊松分布 $p(n_i\lambda)$。由泊松分布的性质，c_i 的数学期望和方差为
$$E(c_i) = \mathrm{Var}(c_i) = n_i\lambda\quad(i=1,\ 2,\ \cdots,\ k)$$
由此，u_i 的数学期望和方差为
$$E(u_i) = \lambda$$
$$\mathrm{Var}(u_i) = \frac{\lambda}{n_i}\quad(i=1,\ 2,\ \cdots,\ k)$$

且可以认为 u_i 近似服从正态分布 $N\left(\lambda,\ \dfrac{\lambda}{n_i}\right)$，这样 u 图的控制限和中心线分别为
$$\mathrm{UCL} = \lambda + 3\sqrt{\frac{\lambda}{n_i}}$$
$$\mathrm{CL} = \lambda$$
$$\mathrm{LCL} = \lambda - 3\sqrt{\frac{\lambda}{n_i}}$$

若参数 λ 未知，可取 $\hat{\lambda} = \dfrac{1}{\sum\limits_{i=1}^{k} n_i}\sum\limits_{i=1}^{k} c_i$ 作为 λ 的估计值。

当 k 个样本的样本大小均为 n 时，第 i 个样本的缺陷数 c_i 服从泊松分布 $P(n\lambda)$，也可认为 c_i 近似服从正态分布 $N(n\lambda，n\lambda)$，于是 c 的控制限和中心线分别为

$$UCL = n\lambda + 3\sqrt{n\lambda}$$
$$CL = n\lambda$$
$$UCL = n\lambda - 3\sqrt{n\lambda}$$

同样，可将计点值控制图的参数已知、未知以及相应的中心线、控制限加以总结归纳，具体的结果见表 8-13。

表 8-13 计点值控制图的中心线和上、下控制限

控制图的名称与符号		CL	UCL/LCL	数据分布	备注
单位缺陷数控制图（u 图）	参数未知	u	$u \pm 3\sqrt{u/n}$	泊松分布	样本大小相等和不相等时均可使用
	参数已知	u_0	$u_0 \pm 3\sqrt{u_0/n}$		
缺陷数控制图（c 图）	参数未知	$\hat{c}$	$\hat{c} \pm 3\sqrt{\hat{c}/n}$	泊松分布	仅限于样本大小相等时使用
	参数已知	c_0	$c_0 \pm 3\sqrt{c_0/n}$		

对计点值控制图，其背景源于泊松分布，只含一个未知参数 λ，因此，在绘制控制图时，只需要一张控制图。对于样本大小 n，若单位缺陷数较小，则需要选择 n 充分大，才能使得样本中至少包含 1 个缺陷数的概率较大。否则，若 u 很小 n 又不大，将造成 u 图的控制限使得只要样本中出现 1 个缺陷，打点值就会出界，从而判定过程失控。另外，当子组样本量 $n_i = $（1，2，…，$k$）大小不等时，$u$ 的控制限可能变成折线。

【例 8-6】汽车外壳进行喷漆的过程中，如果外壳上存在气泡，就认为是缺陷。项目改进团队在一个月内，每天抽取 12 辆汽车的外壳进行检验，收集的数据记录见表 8-14。试设计一个控制图来分析汽车外壳上的气泡数是否稳定。

表 8-14 汽车外壳抽样结果

样本序号	样本数量/个	气泡数/个	样本序号	样本数量/个	气泡数/个
1	12	26	11	12	16
2	12	23	12	12	15
3	12	28	13	12	22
4	12	18	14	12	30
5	12	35	15	12	30
6	12	32	16	12	28
7	12	35	17	12	24
8	12	24	18	12	26
9	12	18	19	12	23
10	12	28	20	12	25

样本序号	样本数量/个	气泡数/个	样本序号	样本数量/个	气泡数/个
21	12	28	26	12	27
22	12	27	27	12	23
23	12	24	28	12	24
24	12	24	29	12	25
25	12	25	30	12	26

　　由于每次抽检的样本数量都是固定的常数"12"，因此，可以采用 c 图对汽车的喷漆程进行监控。这里，仅给出利用 Minitab 软件绘制 c 图的实现路径：从"统计→控制图→属性控制图－C"进入；指定"变量"为"气泡数"；单击"确定"，运行命令，得到 c 图（图8–17）。

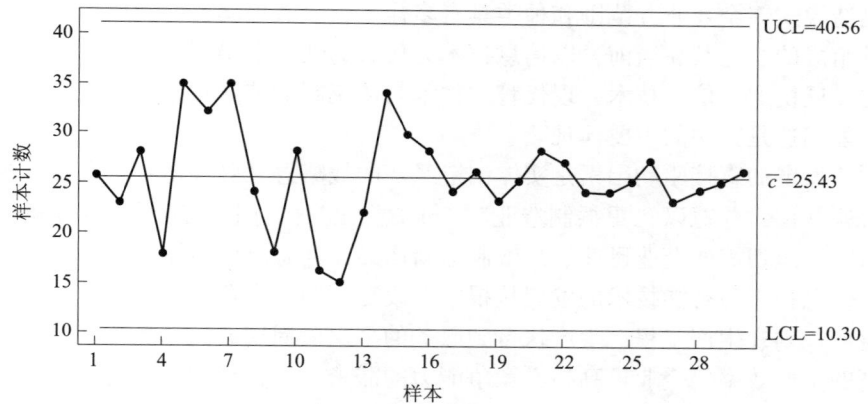

图 8–17　汽车外壳气泡数的 c 图

　　由图 8–17 可知，c 图的所有打点值都没有违背任何一条控制图失控的判定准则，整个过程稳定，因此可以判定汽车的喷漆过程处于统计控制状态。

习题

1. 三代过程能力指数有哪些区别？
2. 统计过程控制图可分为哪些类型？
3. 试分析计量值和计数值控制图的应用场景。

第 9 章
数字化智能制造

　　制造系统的运行涉及对整个业务过程的资源、计划、进度和质量等进行管理与控制，尤其在面对多品种、变批量的大规模柔性定制化生产局面时，依靠基于数字化、网络化、自动化的智能制造，实现精细、精益、透明的管理与控制，就成为当前企业普遍面临和追求的数字化智能制造模式。企业业务范围和种类具有多样性，故数字化智能制造也是由多种多样的工业软硬件组成的。尤其在当前，以信息技术为代表的新技术得到迅猛发展，为传统制造业提供了新的发展机遇。信息技术、现代管理技术与传统制造技术相结合，就形成了先进制造技术，而智能制造是其中的主要体现。

　　智能制造发展的直接驱动因素是实体制造经济的战略意义已经得到了世界上主要发达工业国家的普遍共识，并冠以"重振制造业""再工业化"的标签。激烈的全球化竞争和多样化的市场需求，迫切需要企业迅速、高效制造新产品，动态响应市场需求，以及实时优化供应链网络。信息技术与智能技术的发展从根本上改变了制造企业的生产运营模式，实现从产品设计、生产规划、生产工程、生产执行到服务的全生命周期的高效运行，以最小的资源消耗获取最高的生产效率。企业提高核心竞争能力的需求也是智能制造发展的内在动力。传感技术、智能技术、机器人技术、数字制造技术的发展，特别是新一代信息和网络技术的快速发展，同时加上新能源、新材料、生物技术等方面的突破，为智能制造提供了良好的技术基础和发展环境。工业发达国家已走过了机械化、电气化、数字化三个发展历史阶段，具备了向智能制造阶段转型的条件。

　　未来必然是以高度的集成化和智能化为特征的智能化制造系统，并以部分取代制造中人的脑力劳动为目标，即在整个制造过程中通过计算机将人的智能活动与智能机器有机融合，以便有效地推广专家的经验知识，从而实现制造过程的最优化、自动化、智能化。发展智能制造不仅可以提高产品质量和生产效率及降低成本，而且可以提高快速响应市场变化的能力，以期在未来国际竞争中求得生存和发展。

9.1　智能制造发展现状、趋势及内涵与特征

9.1.1　智能制造发展现状

1. 美国：工业互联网

美国是智能制造思想的发源地之一，美国政府高度重视发展智能制造，将其视为 21 世

纪占领世界制造技术领先地位的制高点。

2011 年 6 月 24 日美国智能制造领导联盟（Smart Manufacturing Leadership Coalition，SMLC）发表了《实施 21 世纪智能制造》报告。该报告基于 2010 年 9 月 14 日至 15 日在美国华盛顿举行的由美国工业界、政界、学术界，以及国家实验室等众多行业中的 75 位专家参加的旨在实施 21 世纪智能制造的研讨会。激烈的全球竞争、能源消耗和供应的不确定性，以及指数增长的信息技术，都在将工业推向敏捷、及时处理、高效制造和加快引进新产品的方向。该报告认为智能制造是先进智能系统强化应用、新产品制造快速、产品需求动态响应，以及工业生产和供应链网络实时优化的制造。智能制造的核心技术是网络化传感器、数据互操作性、多尺度动态建模与仿真、智能自动化，以及可扩展的多层次的网络安全。该报告制定了智能制造推广至三种制造业（批量、连续与离散）中的四大类 10 项优先行动项目，即工业界智慧工厂的建模与仿真平台、经济实惠的工业数据收集与管理系统、制造平台与供应商集成的企业范围内物流系统、智能制造的教育与培训。

2012 年 2 月美国又出台《先进制造业国家战略计划》，提出要通过技术创新和智能制造实现高生产率，保持在先进制造业领域中的国际领先和主导地位。2013 年美国政府宣布成立"数字化制造与设计创新研究院"；2014 年又宣布要成立"智能制造创新研究院"。

2012 年 11 月 26 日美国通用电气公司（GE）发布了《工业互联网——打破智慧与机器的边界》白皮书，提出了工业互联网理念，将人、数据和机器进行连接，提升机器的运转效率，减少停机时间和计划外故障，帮助客户提高效率并节省成本。白皮书指出，通过部署工业互联网，各行业将实现 1% 的效率提升，并带来显著的经济效益。例如，在航空领域中，如果工业互联网能够节省 1% 的航空燃料，将节约 300 亿美元的成本；在能源领域中，如果工业互联网能够节省 1% 的发电耗能，15 年内将节约 660 亿美元的成本；在铁路领域中，如果工业互联网能将铁路系统效率提升 1%，那么 15 年内又能节约 270 亿美元的成本。2014 年 10 月 24 日 GE 公司（上海）发布了《未来智造》白皮书，描绘了由工业互联网、先进制造和全球智慧所催生的新一轮工业变革前景，以及推动这一转变需要进行的新技术投资、组织调整、知识产权保护、教育体系和再培训完善等。截至 2014 年底，GE 公司已推出 24 种工业互联网产品，涵盖石油天然气平台监测管理、铁路机车效率分析、医院管理系统、提升风电机组电力输出、电力公司配电系统优化、医疗云影像技术等九大平台。《华尔街日报》的评论指出，在美国，GE 公司的"工业互联网"革命已成为美国"制造业回归"的一项重要内容。

2. 德国：工业 4.0

德国为了应对越来越激烈的全球竞争，稳固其制造业领先地位，正在开始实施一个称为"工业 4.0"（Industrie 4.0）的宏伟计划，是德国"高技术战略 2020"确定的十大未来项目之一，由德国联邦教研部与联邦经济技术部联手资助，联邦政府投入达 2 亿欧元，旨在支持工业领域新一代革命性技术的研发与创新，这一计划被看作提振德国制造业的有力催化剂。"工业 4.0"是以智能制造为主导的第四次产业变革（图 9-1），该战略旨在通过充分利用信息-物理系统（cyber-physical system，CPS），将制造业向智能化转型。"工业 4.0"战略将建立一个高度灵活的个性化和数字化的产品与服务的生产模式，并会产生各种新的活动领域和合作形式，改变创造新价值的过程，重组产业链分工。通过实施这一战略，将实现小批量定制化生产，提高生产率，降低资源量，提高设计和决策能力，扭转劳动力高成本劣势。德国将实现双重战略目标：一是成为智能制造技术的主要供应商，维持其在全球市场的领导地位；二是建立和培育 CPS 技术和产品的主导市场。

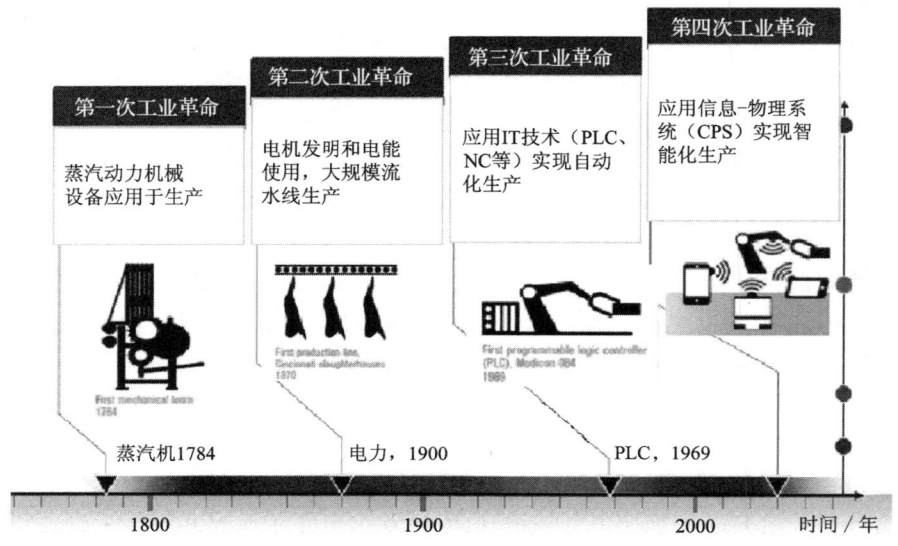

图 9-1　德国"工业 4.0"的发展历程

"工业 4.0"确定了 8 个优先行动领域：标准化和参考架构、复杂系统的管理、一套综合的工业基础宽带设施、安全和安保、工作的组织和设计、培训和持续性的职业发展、法规制度、资源效率。德国三大工业协会：德国信息技术、通信、新媒体协会（BITKOM），德国机械设备制造业联合会（VDMA）以及德国电气和电子工业联合会（ZVEI），牵头建立了"工业 4.0 平台"，并由协会的企业成员组成指导委员会，各大联合会以及组织组成主题工作小组，共同推动"工业 4.0"战略的发展。

西门子公司认为，通过虚拟生产结合现实的生产方式，未来制造业将实现更高的工程效率、更短的上市时间，以及更高的生产灵活性。在"工业 4.0"的愿景下，制造业将通过充分利用 CPS 等手段，将制造业向"数字制造"转型，通过计算、自主控制和联网，人、机器和信息能够互相连接，融为一体。例如，西门子在德国之外的首家数字化企业——西门子工业自动化产品成都生产和研发基地（SEWC）已经在成都建成。这家工厂以突出的数字化、自动化、绿色化、虚拟化等特征定义了现代工业生产的可持续发展，是"数字化企业"中的典范。据预测，工业信息技术与软件市场在未来几年将以年均 8% 的速度增长，增长速度将是西门子工业业务领域相关总体市场的两倍。西门子面向未来制造着力发展：全生命周期数字化企业平台、工业信息技术与软件、全集成自动化系统和全集成驱动系统、集成能源管理系统等。

9.1.2　智能制造发展趋势

21 世纪将是智能化在制造业获得大发展和广泛应用的时代，可能引发制造业的变革。正如《经济学人》杂志刊发的《第三次工业革命》一文所言，"制造业的数字化变革将引发第三次工业革命"。

当今世界制造业智能化发展呈现以下五大趋势：

（1）制造全系统、全过程应用建模与仿真技术。建模与仿真已是制造业不可或缺的工具与手段。构建基于模型的企业（model-based enterprise，MBE）是企业迈向数字化智能化的战略路径，已成为当代先进制造的具体体现，代表了数字化制造的未来。基于模型的工程（MBe）、基于模型的制造（MBm）和基于模型的维护（MBs）作为单一数据源的数字化企业系统模型中的三个主要组成部分，涵盖从产品设计、制造到服务完整的产品全生命周期业务，从虚拟的工程设计至现实的制造工厂直至产品的上市流通，建模与仿真技术始终服务于产品生命周期的每个阶段，为制造系统的智能化及高效研制与运行提供了使能技术。

（2）重视使用机器人和柔性生产线。柔性与自动生产线和机器人的使用可以积极应对劳动力短缺和用工成本上涨。同时，利用机器人的高精度操作，提高产品品质和作业安全，是市场竞争的取胜之道。以工业机器人为代表的自动化制造装备在生产过程中应用日趋广泛，在汽车、电子设备、奶制品和饮料等行业已大量使用基于工业机器人的自动化生产线。

（3）物联网和务联网在制造业中作用日益突出。基于物联网和务联网构成的制造服务互联网（云），实现了制造全过程中制造工厂内外人、机、物的共享、集成、协同与优化。通过信息-物理系统整合智能机器、储存系统和生产设施。通过物联网、服务计算、云计算等信息技术与制造技术融合，构成制造务联网（Internet of Serves），实现软硬制造资源和能力的全系统、全生命周期、全方位的透彻的感知、互联、决策、控制、执行和服务化，使得从入厂物流配送到生产、销售、出厂物流和服务，实现泛在的人、机、物、信息的集成、共享、协同与优化的云制造。同时支持了制造企业从制造产品向制造产品加制造服务综合模式的发展。

（4）普遍关注供应链动态管理、整合与优化。供应链管理是一个复杂、动态、多变的过程，供应链管理更多地应用物联网、互联网、人工智能、大数据等新一代信息技术，更倾向于使用可视化的手段来显现数据，采用移动化的手段来访问数据；供应链管理更加重视人机系统的协调性，实现人性化的技术和管理系统。企业通过供应链的全过程管理、信息集中化管理、系统动态化管理实现整个供应链的可持续发展，进而缩短了满足客户订单的时间，提高了价值链协同效率，提升了生产效率，使得全球范围的供应链管理更具效率。

（5）增材制造技术与作用发展迅速。增材制造技术（3D 打印技术）是综合材料、制造、信息技术的多学科技术。它以数字模型文件为基础，运用粉末状可沉积复合材料，采用分层加工或叠加成形的方式逐层增加材料来生成各类三维实体。其最突出的优点是无须机械加工或模具，就能直接从计算机图形数据中生成任何形状的物体，从而极大地缩短产品的研制周期，提高生产率和降低生产成本。三维打印与云制造技术的融合将是实现个性化、社会化制造的有效制造模式与手段。

美国、欧洲、日本都将智能制造视为 21 世纪最重要的先进制造技术，认为其是国际制造业科技竞争的制高点。

9.1.3　智能制造内涵与特征

从 20 世纪 90 年代提出智能制造至今，国内外学者开展了一系列相关研究，提出了许多观点，智能制造理论和技术研究取得了长足的进展。国内学者对智能制造的内涵已形成了多种不同的看法，归结起来有以下几点共识：

（1）智能制造是传感技术、智能技术、机器人技术及数字制造技术相融合的产物。

（2）智能制造的核心特征是信息感知、优化决策、控制执行功能。

（3）智能制造涵盖产品全生命周期，包括设计、制造、服务等过程。

（4）智能制造是以实现高效、优质、柔性、清洁、安全生产，提高企业对市场快速响应能力和国际竞争力为目标。

（5）智能制造是一种智能机器与人一体化的智能系统，它扩大、延伸和部分取代人类专家在制造过程中的脑力劳动。

（6）以互联网、大数据、云计算为代表的新一代信息技术为发展智能制造创造了新的环境和更宽广的发展空间。

1. 智能制造内涵

智能制造是制造技术与数字技术、智能技术及新一代信息技术的融合，是面向产品全生命周期的具有信息感知、优化决策、执行控制功能的制造系统，旨在高效、优质、柔性、清洁、安全、敏捷地制造产品、服务用户。

智能制造包括以下几个方面的内容：制造装备的智能化；设计过程的智能化；加工工艺的优化；管理的信息化；服务的敏捷化、远程化。

2. 智能制造特点

智能制造的特点在于具有信息感知、优化决策、执行控制功能。

（1）信息感知：智能制造需要大量的数据支持，通过利用高效、标准的方法实时进行信息采集、自动识别，并将信息传输到分析决策系统。

（2）优化决策：通过面向产品全生命周期的信息挖掘提炼、计算分析、推理预测，形成优化制造过程的决策指令。

（3）执行控制：根据决策指令，通过执行系统控制制造过程的状态，实现稳定、安全的运行。

9.1.4 智能制造的意义

智能制造是信息化与工业化、信息技术与制造技术的深度融合，将给制造业带来以下四个方面的变化：

1. 产品创新：生产装备和产品的数字化智能化

将数字技术和智能技术融入制造所必需的装备及产品中，使装备和产品的功能极大提高。

（1）智能制造装备和系统的创新。数字化智能化技术一方面使数字化制造装备（如数控机床、工业机器人）得到快速发展，大幅度提升生产系统的功能、性能与自动化程度；另一方面，这些技术的集成进一步形成柔性制造单元、数字化车间乃至数字化工厂，使生产系统的柔性自动化程度不断提高，并向具有信息感知、优化决策、执行控制等功能特征的智能化生产系统方向发展。

（2）具有智能的产品不断诞生。例如，典型的颠覆性变化产品之一数码照相机，采用电荷耦合器件（charge-coupled device，CCD）代替了原始胶片感光，实现了照片的数字化获取，同时采用人工智能技术实现人脸的识别，并自动选择感光与调焦参数，保证普通摄影者获得逼真而清晰的照片。这一创新产品的出现，完全颠覆了传统的摄影器材产业，造成了传统的摄影设备帝国——柯达公司的倒闭。

（3）改变了为用户服务的方式。例如，在传统的飞机发动机、高速压缩机等旋转机械中植入小型传感器，可将设备运行状态的信息，通过互联网远程传送到制造商的客户服务中心，实现对设备进行破坏性损伤的预警、寿命的预测、最佳工作状态的监控。这不仅使设备智能化，而且改变了产业的形态；使制造商不仅为用户提供智能化的设备，而且可以为用户提供全生命周期的服务；而且服务的收入常常超过了卖设备的收入，从而推动制造商向服务商转型。

2. 制造过程创新：制造过程的智能化

（1）设计过程创新。采用面向产品全生命周期、具有丰富设计知识库和模拟仿真技术支持的数字化智能化设计系统，在虚拟现实、计算机网络、数据库等技术支持下，可在虚拟的数字环境里并行、协同实现产品的全数字化设计，结构、性能、功能的模拟仿真与优化，极大地提高了产品设计质量和一次研发成功率。中国航空工业集团正是采用了数字化设计技术，实现了产品的无图纸化设计、制造和虚拟装配，仅用 5 年时间就创造了大型军用运输机上天试飞一次成功的佳绩。

（2）制造工艺创新。数字化、智能化技术不仅将催生加工原理的重大创新，同时，工艺数据的积累、加工过程的仿真与优化、数字化控制、状态信息实时检测与自适应控制等数字化、智能化技术的全面应用，将使制造工艺得到优化，极大地提高制造的精度和效率，大幅度提升制造工艺水平。

3. 管理创新：管理信息化

管理的信息化将使企业组织结构、运行方式发生明显变化。

（1）扁平化。一个由人、计算机和网络组成的信息系统，可使得传统的金字塔式多层组织结构变成扁平化的组织结构，大大提高管理效率。

（2）开放性。制造商、生产型服务商和客户在一个平台上，生成一个无边界、开放式协同创新平台，代替传统的内生、封闭、单打独斗式创新。

（3）柔性。企业可按照用户的需求，通过互联网无缝集成社会资源，重组成一个无围墙的高效运作的、柔性的企业，以便快速响应市场。

4. 制造模式和产业形态发生颠覆性变革

以数字技术、智能技术为基础，在互联网、物联网、云计算、大数据的支持下，制造模式、商业模式、产业形态将发生重大变化。

（1）个性化的批量定制生产将成为一种趋势。通过互联网，制造企业与客户、市场的联系更为密切，用户可以通过创新设计平台将自己的个性化需求及时传送给制造商，或直接参与产品的设计，而柔性的制造系统可以高效、经济地满足用户的诉求，一种新的个性化批量定制生产模式将成为一种趋势。

（2）进入全球化制造阶段。制造资源的优化配置已经突破了企业、社会、国家的界限，正在全球范围内寻求优化配置，物流、资金流、信息流在全球经济一体化及信息网络的支持下突破国界进行流动，世界已进入全球制造时代。

（3）制造业的产业链优化重构，企业专注于核心竞争力的提高。无处不在的信息网络和便捷的物流系统，使得研发、设计、生产、销售和服务活动没有必要在一个企业，甚至在一个国家内独立完成，而被分解、外包、众包到社会和全球，一个企业只需专注于自己核心业务的提高。当今一个企业竞争力的强弱已不在于拥有多少资源和多少核心技术，而是整合社会化、国际化资源的能力。

（4）服务型制造将渐成主流业态。当前，制造业发展的主动权已由生产者向消费者转移，"客户是上帝"的经营理念已成为制造商的普适信念。经济活动已由制造为中心日渐转变为创新与服务为中心，产品经济正在向服务经济过渡，制造业也正在由生产型制造向服务型制造转变。传统工业化社会的制造服务业是以商业和运输形态为主，而在泛在信息环境下的制造服务业是以技术、知识和公共服务为主，是以信息服务为主。融入了信息技术、智能技术的创新设计和服务是服务型制造的核心。

（5）电子商务的应用日益广泛。通过信息技术，特别是网络技术，把处于盟主地位的制造企业与相关的配套企业及用户的采购、生产、销售、财务等业务在电子商务平台上进行整合，不仅有助于增加商务活动的直接化和透明化，而且提高了效率、减少了交易成本。可以预期，电子商务将会无所不在、越来越多地代替传统的、店铺式的销售方式和商务方式。

通过以上分析可知，智能制造将使制造业的产品形态、设计和制造过程、管理方法和组织结构、制造模式、商务模式发生重大甚至革命性变革，并带动人类生活方式的大变革。

9.2 智能制造的定义、分类与特征

9.2.1 智能制造基本概念

（1）数字化工厂（德国工程师协会给出的定义）：是由数字化模型、方法和工具构成的综合网络，包含仿真和3D/虚拟现实可视化，通过连续的没有中断的数据管理集成在一起。数字化工厂集成了产品、过程和工厂模型数据库，通过先进的可视化、仿真和文档管理，来提高产品的质量和生产过程所涉及的质量和动态性能。在国内，对于数字化工厂接受度最高的定义是：数字化工厂是在计算机虚拟环境中，对整个生产过程进行仿真、评估和优化，并进一步扩展到整个产品生命周期的新型生产组织方式。是现代数字制造技术与计算机仿真技术相结合的产物，主要作为沟通产品设计和产品制造之间的桥梁。从定义中可以得出一个结论，数字化工厂的本质是实现信息的集成。

（2）智能工厂：是在数字化工厂的基础上，利用物联网技术和监控技术加强信息管理服务，提高生产过程可控性，减少生产线人工干预，并进行合理计划排程。同时集初步智能手段和智能系统等新兴技术于一体，构建高效、节能、绿色、环保、舒适的人性化工厂。智能工厂已经具有了自主能力，可进行采集、分析、判断、规划；通过整体可视技术进行推理预测，利用仿真及多媒体技术，扩增展示设计与制造过程的真实情境。系统中各组成部分可自行组成最佳系统结构，具备协调、重组及扩充特性。已系统具备了自我学习、自行维护能力。因此，智能工厂实现了人与机器的相互协调合作，其本质是人机交互。

（3）智能制造：在制造过程中能进行智能活动，诸如分析、推理、判断、构思和决策等，通过人与智能机器的合作，去扩大、延伸和部分取代技术专家在制造过程中的脑力劳动。它把制造自动化扩展到柔性化、智能化和高度集成化。

智能制造系统不只是人工智能系统，而是人机一体化智能系统，是混合智能，即在智能机器的配合下，更好发挥人的潜能。本质是人机一体化。通过多模式的人机交互、基于肢体动作的物理辅助、移动式个性化自适应辅助导航、基于上下文的适应故障诊断，以及虚拟现实和增强现实工具与业务过程的深度融合等，能够提供智能的推理、判断和动作，从而使得人能够更好地发挥自身的智能，从而形成人机有机融合的制造系统运行新模式。

9.2.2　智能制造分类与特征

智能制造是在数字化、信息化、网络化和自动化的基础上，融入人工智能技术，以信息-物理系统为支撑，以人、机（智能制造装备）和资源等的深度融合为核心，高度自动化和柔性化的新型制造模式。

智能制造总体上可以分类为智能制造技术和智能制造系统。

（1）智能制造技术：是以系统信息自主采集、分析与决策，制造装备精准执行，组织自学习和流程自优化为特征的智能加工与装配，以及面向智能加工与装配的智能设计、服务和管理等专门技术。

（2）智能制造系统：是指应用智能制造技术，达成全面或部分智能化的制造过程组织，按其规模与功能可分为智能制造装备、智能生产线、智能车间、智能工厂、智能制造联盟等层级，若干低层级的智能制造系统、辅助制造装备以及附着于其上的应用系统共同构成高层级的智能制造系统。

智能制造是以智能加工与装配为核心的，同时覆盖面向智能加工与装配的设计、服务及管理等多个环节。智能工厂中的全部活动大致可以从产品设计、生产制造及供应链 3 个维度来描述。在这些维度中，如果所有的活动均能在信息空间中得到充分的数据支持、过程优化与验证，同时在物理系统中能够实时地执行活动并与信息空间进行深度交互，这样的工厂可称为智能工厂。

与传统的数字化工厂、自动化工厂相比，智能工厂具备以下几个突出特征：

（1）系统工程属性强烈而鲜明。

作为一个高层级的智能制造系统，智能工厂表现出鲜明的系统工程属性，具有自循环特性的各技术环节与单元按照功能需求组成不同规模、不同层级的系统，系统内的所有元素均是相互关联的。所谓的智能管控即是制造系统业务过程和资源的优化配置和自适应组织。在智能工厂中，制造系统的集成主要体现在以下两个方面：

① 企业数字化平台的集成。在智能工厂中，产品设计、工艺设计、工装设计与制造、零部件加工与装配、检测等各制造环节均是数字化的，各环节所需的软件系统均集成在同一数字化平台中，使整个制造流程完全基于单一模型驱动，避免了在制造过程中因平台不统一而导致的数据转换等过程。

② 虚拟工厂与真实制造现场的集成。基于全资源的虚拟制造工厂是智能工厂的重要组成部分，在产品生产之前，制造过程中所有的环节均在虚拟工厂中进行建模、仿真与验证。在制造过程中，虚拟工厂管控系统向制造现场传送制造指令，制造现场将加工数据实时反馈至管控系统，进而形成对制造过程的闭环管控。

（2）人机共同构成决策主体。

传统的人机交互中，作为决策主体的人支配"机器"的行为，而智能制造中的"机器"因部分拥有、拥有或扩展人类智能的能力，使人与"机器"共同组成决策主体，在同一信息-物理系统中实施交互，信息量和种类以及交流的方法更加丰富，从而使人机交互与融合达到前所未有的深度。在智能制造语境下，机器人将不再被固定在安全工作地点而是与人一起协同工作。

　　制造业自动化的本质是人类在设备加工动作执行之前，将制造指令、逻辑判断准则等预先转换为设备可识别的代码并将其输入到制造设备中。此时，制造设备可根据代码自动执行制造动作，从而节省了此前在制造机械化过程中人类的劳动。在此过程中，人是决策过程的唯一主体，制造设备仅仅是根据输入的指令自动地执行制造过程，而并不具备如判断、思维等高级智能化的行为能力。在智能工厂中，"机器"具有不同程度的感知、分析与决策能力，它们与人共同构成决策主体。在"机器"的决策过程中，人类向制造设备输入决策规则，"机器"基于这些规则与制造数据自动执行决策过程，这样可将由人为因素造成的决策失误降至最低。与此同时，在决策过程中形成的知识可作为后续制造决策的原始依据，进而使决策知识库得到不断优化与拓展，从而不断提升智能制造系统的智能化水平。

　　（3）信息空间与物理系统高度融合。

　　智能制造具有对生产过程中的制造信息进行感知、获取、分析的能力，对于物理系统中的各个实体，信息空间中均对应存在一个与其融合的模型。信息空间与物理系统之间的深度交融可实现制造系统的自组织、自重构及资源的最优配置与利用，从而使自动化的程度与规模大幅提升。在此背景下，物联网、务（服务）联网、工业互联网将在智能制造系统中广泛应用。

　　车间与生产线中的智能加工单元是工厂中产品制造的最终落脚点，智能决策过程中形成的加工指令全部将在加工单元中得以实现。为了能够准确、高效地执行制造指令，数字化、自动化、柔性化是智能制造单元的必备条件。首先，智能加工单元中的加工设备、检验设备、装夹设备、储运设备等均是基于单一数字化模型驱动的，这避免了传统加工中由于数据源不一致而带来的大量问题。其次，智能制造车间中的各种设备、物料等大量采用如条码、二维码、RFID等识别技术，使车间中的任何实体均具有唯一的身份标识，在物料装夹、储运等过程中，通过对这种身份的识别与匹配，实现了物料、加工设备、刀具、工装等的自动装夹与传输。最后，智能制造设备中大量引入智能传感技术，通过在制造设备中嵌入各类智能传感器，实时采集加工过程中机床的温度、振动、噪声、应力等制造数据，并采用大数据分析技术来实时控制设备的运行参数，使设备在加工过程中始终处于最优的效能状态，实现设备的自适应加工。例如，传统制造车间中往往存在由于地基沉降而造成的机床加工精度损失，通过在机床底脚上引入位置与应力传感器，即可检测到不同时段地基的沉降程度，据此，通过对机床底角的调整即可弥补该精度损失。此外，通过对设备运行数据的采集与分析，还可总结在长期运行过程中，设备加工精度的衰减规律、设备运行性能的演变规律等，通过对设备运行过程中各因素间的耦合关系进行分析，可提前预判设备运行的异常，并实现对设备健康状态的监控与故障预警。

　　（4）服务过程的主动化。

　　制造企业通过信息技术、网络化技术的应用，根据用户的地理位置、产品运行状态等信息，为用户提供产品在线支持、实时维护、健康监测等智能化功能。这种服务与传统的被动服务不同，它能够通过对用户特征的分析，辨识用户的显性及隐性需求，主动为用户推送高价值的资讯与服务。此外，面向服务的制造将成为未来工厂建设中的一种趋势，集成广域服务资源的行业务联网将越来越智能化、专业化，企业对用户的服务将在很大程度上通过若干联盟企业间的并行协同实现。对用户而言，所体验到的服务的高效性与安全性也随之提升，这也是智能工厂服务过程的基本特点。

9.3　智能制造装备

所谓智能制造装备是指具有感知、分析、推理、决策和控制功能的制造装备，它是先进制造技术、信息技术和智能技术的集成与深度融合。

基于智能制造装备，能够实现自适应加工。自适应加工是指通过工况在线感知（看）、智能决策与控制（想）、装备自律执行（做）大闭环过程，不断提升装备性能、增强自适应能力，是高品质复杂零件制造的必然选择。如通过机床的自适应加工，能够实现几何精度、微观组织性能、表面完整性、残余应力分布以及加工产品的品质一致性的完整保证。

9.3.1　智能制造装备——智能机床

智能机床尚无全面确切定义，简单地说，是对影响制造过程的多种参数及功能做出判断并自我做出正确选控决定方案的机床。智能机床能够监控、诊断和修正在加工过程中出现的各类偏差，并能提供最优化的加工方案。此外还能监控所使用的切削刀具以及机床主轴、轴承、导轨的剩余寿命等。

美国主导的智能加工平台计划 SMPI 认为，智能机床至少应具备以下特征：知晓自身的加工能力/条件，并且能与操作人员交流、共享这些信息；能够自动监测和优化自身的运行状况；可以评定产品/输出的质量；具备自学习与提高的能力；符合通用的标准，机器之间能够无障碍地进行交流。

日本的山崎马扎克认为：机床自身可以替代操作人员的经验技术或感官支持加工过程，减轻操作人员的负担，实现机床的机器人化，从制造零件的机械到制造零件的机器人，这就是具有智能化功能的机床。

现在的制造业，面临产品的多样化、更新换代的加速、老龄化社会等各种各样的问题。通过机床的智能化，使机床自身具备可替代高度熟练技能者的智能化功能，减轻操作人员的负担，以弥补人才不足。智能机床与普通数控机床或加工中心的主要区别：智能机床除了具有数控加工功能外，还具有感知、推理、决策、学习等智能功能。为了实现上述功能，需要对材料去除过程和工艺系统性能进行客观、科学的理解和表述。就机床本身来说，主要集中于机床性能描述及表征、加工过程优化与控制以及机床运行状态监测三方面，其核心问题在于开发系统动力学以及全局优化的工具和方法。采用先进的自适应、自动调节技术和人工智能技术，可使数控系统具有模拟、延伸和扩展智能行为的知识处理活动（如自学习、自适应、自组织、自寻优、自镇定、自识别、自修复和自繁殖等活动）。智能数控系统通过对影响加工系统的内部状态及外部环境，快速做出实现最佳目标的智能决策，对进给速度、切削深度、坐标移动和主轴转速等工艺参数进行实时控制，使机床的加工过程处于最佳状态，保证产品生产在最佳状态下生产率最高。

智能机床的出现为未来装备制造业实现全盘生产自动化创造了条件。各国机床制造厂家竞相开展该领域的研究，并在实用化方面取得了长足的进步。目前，国际上智能机床发展的典型代表主要有瑞士阿奇夏米尔集团生产的配置智能加工系统的 MikronHSM 系列高速铣削加工中心、日本山崎马扎克的 e 系列智能机床、日本大隈的 thinc 智能数字控制系统等。在智能机床的研制与发展过程中，加工过程的智能监控以及远距离通信一直是人们关注的重点，主要涉及振动、温度、刀具等方面的监控与相应的补偿方法。专用 CNC 系统之间的自成一体所带来的互不兼容的弊病，造成不同数控机床厂家提供的机床之间无法"对话"和"融会贯通"，因此，开放式数控系统技术应运而生。

1. 振动的自动抑制技术

加工过程中的振动现象不仅会恶化零件的加工表面质量，还会降低机床、刀具的使用寿命，严重时甚至会使切削加工无法进行。因此，切削振动是影响机械产品加工质量和机床切削效率的关键技术问题之一，同时也是自动化生产的严重障碍。在机床振动抑制方面，除了需在机床结构设计上不断改进外，对振动的监控也备受关注。目前，一般是通过在电主轴壳体安装加速度传感器来实现对振动的监控。MikronHSM 系列高速铣削加工中心将铣削过程中监控到的振动以加速度 g 的形式显示，振动大小在 $0 \sim 10g$ 范围内分为 10 级。其中，$0 \sim 3g$ 表示加工过程、刀具和夹具都处于良好状态；$3g \sim 7g$ 表示加工过程需要调整，否则将导致主轴和刀具寿命的降低；$7g \sim 10g$ 表示危险状态，如果继续工作，将造成主轴、机床、刀具及工件的损坏。在此基础上，数控系统还可预测在不同振动级别下主轴部件的寿命。日本山崎马扎克也推出了一种"智能主轴"，在振动加剧或异常现象发生时可起到预防保护作用，确保安全。一旦监测到的主轴振动增大，机床会自动降低转速，改变加工条件；反之，如果在振动方面还有余地，就会加大转速，提高加工效率。

2. 切削温度的监控及补偿

在加工过程中，电动机的旋转、移动部件的移动和切削等都会产生热量，且温度分布不均匀，造成数控机床产生热变形，影响零件加工精度。高速加工中主轴转速和进给速度的提高会导致机床结构和测量系统的热变形，同时装置控制的跟踪误差随速度的增加而增大，因此用于高速加工的数控系统不仅应具备高速的数据处理能力，还应具备热误差补偿功能，以减少高速主轴、立柱和床身热变形的影响，提高机床加工精度。为实现对切削温度的监控，通常在数控机床高速主轴上安装温度传感器，监控温度信号并将其转换成电信号输送给数控系统，进行相应的温度补偿。温度传感器是一种将温度高低转变成电阻值大小或其他电信号的装置，常见的有以铂、铜为主的热电阻传感器，以半导体材料为主的热敏电阻传感器和热电偶传感器等。

早在 20 世纪 80 年代，人们就已经开始研究对数控机床热变形误差的自动补偿技术，其做法是：机床出厂前，在温度可控的实验室里，做空运转和试切削试验，找出室温和运转条件变化与主轴轴向位移变化的关系，列出对应的关系表或绘制曲线。机床实际运行过程中，根据机床典型部位安装的温度传感器数值，按表或曲线上的对应值进行补偿。这种补偿虽然是自动的，但实际切削过程中工况条件与切削实验并不一致，温度变化导致的主轴轴向位移量与实验室条件下也存在较大差异，因此这种温度补偿方法存在较大误差。随着测试手段和控制理论的不断发展，各机床公司纷纷利用先进的手段和方法对温度变化进行监控和补偿。瑞士米克朗通过长期研究，针对切削热对加工造成的影响，开发了 ITC 智能热补偿系统。该系统采用温度传感器实现对主轴切削端温度变化的实时监控，并将这些温度变化反映至数控系统，数控系统中内置了热补偿经验值的智能热控制模块，可根据温度变化自动调整刀尖位置，避免 Z 方向的严重漂移。采用 ITC 智能热补偿系统的机床大大提高了加工精度，还缩短了机床预热时间并消除了人工干预，所以也同时提高了零件的加工效率。

3. 智能刀具监控技术

刀具失效是引起加工过程中断的首要因素。从 20 世纪 50 年代开始，人们就已经开始对金属切削过程尤其是刀具的破损进行研究和监控。实践表明，切削中实施刀具的有效监控可以减少机床故障停机 70%，提高生产率 10%~60%，提高机床利用率 50% 以上。

实现刀具磨损和破损的自动监控是完善机床智能化发展不可缺少的部分。现代数控加工技术的特点是生产率高、稳定性好、灵活性强，依靠人工监视刀具的磨损已远远不能满足智能化程度日益提高的要求。进入 21 世纪以来，高速处理器、数字化控制、前馈控制和现场总线技术被广泛采用，由于信息处理功能的提高和传感器技术的发展，刀具加工过程中实时监控所需的数据采集与处理已经成为可能。

从刀具技术自身的发展来看，适应特殊应用目的和满足规范要求的智能化刀具材料、自动稳定性刀具和智能化切削刃交换系统也是刀具技术的重要发展方向之一。但是，在刀具上安装传感器、电子元件和调节装置必然会占据一定的空间，从而增加刀具的尺寸或减少它们的壁厚截面，这对刀具本身的工艺特性有着许多不利的影响。因此，更为普遍的一种观点认为，刀具作用的充分发挥应更多地依赖于智能化机床，其关键在于刀具使用过程中的信息能够与机床控制系统进行相互交流。为了达到这个目的，近年来各数控系统制造商（如 Siemens、Fanuc 等）推出的系统都具有较好的刀具监控功能。如在西门子 SINUMERIK810/840D 系统内就可以集成以色列 OMAT 公司的 ACM 自适应监控系统，能够实时采样机床主轴负载变化，记录主轴切削负载、进给率变化、刀具磨损量等加工参数，并输出数据、图形至 Windows 用户图形界面。

在刀具监控手段和方法方面，主要有切削力监控、声发射监控、振动监控及电机功率监控等测试手段，涉及的技术主要包括智能传感器技术、模式识别、模糊技术、专家系统及人工神经网络等。模糊模式识别在模式识别技术中是比较新颖的方法，可以根据刀具状态信号来识别刀具的磨损情况，利用模糊关系矩阵来描述刀具状态与信号特征之间的关系，国内外都已进行了这些方面的研究，且都取得了一定成功。

4. 加工参数的智能优化与选择

将工艺专家或技师的经验、零件加工的一般与特殊规律，用现代智能方法，构造基于专家系统或基于模型的"加工参数的智能优化与选择器"，利用它获得优化的加工参数，从而达到提高编程效率和加工工艺水平、缩短生产准备时间的目的。

5. 智能故障自诊断、自修复和回放仿真技术

根据已有的故障信息，应用现代智能方法实现故障的快速准确定位；能够完整记录系统的各种信息，对数控机床发生的各种错误和事故进行回放与仿真，用以确定错误引起的原因，找出解决问题的办法，积累生产经验。

6. 高性能智能化交流伺服驱动装置

新一代数控应具有更高的智能水平，其中高性能智能化交流伺服系统的研究是智能数控系统的技术前沿。将人工神经网络、专家系统、模糊控制、遗传算法等与现代交流伺服控制理论相结合，研究高精度、高可靠性、快响应的智能化交流伺服系统已经引起国内外的高度重视。智能化交流伺服装置是自动识别负载，并自动调整参数的智能化伺服系统，包括智能主轴交流驱动装置和智能化进给伺服装置。这种驱动装置能自动识别电机及负载的转动惯量，并自动对控制系统参数进行优化和调整，使驱动系统获得最佳运行。

7. 智能 4M 数控系统

在制造过程中，加工、检测一体化是实现快速制造、快速检测和快速响应的有效途径，将测量（measurement）、建模（modelling）、加工（manufacturing）、机器操作（manipulator）四者（即 4M）融合在一个系统中，实现信息共享，促进测量、建模、加工、装夹、操作的一体化。

8. 智能操作与远距通信技术

机床发生故障及误操作时常会导致工件的报废和机床的损坏，从而给用户造成不必要的经济损失。同时，现场操作参数的设定也对零件的加工结果和加工效率有着重要的影响。

在工艺参数优化方面，瑞士米克朗研制了操作人员支持系统（OSS），操作人员能够根据工件的结构和加工要求，通过简单的参数设置实现加工过程的优化。比如，在三维轮廓零件的加工中，人们通常关注三方面的因素：速度、精度和表面质量。在进行粗加工时，优先保证加工速度；在高精度零件的精加工中，则应优先保证加工精度；而在一些模具的制造中，最终的表面质量可能是人们最为关注的。利用智能操作支持系统，操作者可以根据实际加工对象的不同来优化机床性能参数的设置。使用该系统时，在由速度、精度和表面质量构成的三角形范围内选定任一点作为这三项指标的综合优化目标，同时将零件的复杂程度、重量以及精度设定值输入系统，系统就会自动根据操作者的设定实现机床性能参数的自动优化。

碰撞问题是机床运行过程中导致突发事故产生的主要原因。为提高机床工作的安全性和可靠性，奥地利 WFL 推出了 CrashGuard 防撞卫士系统。其利用目前 CNC 系统的高速处理能力，实时监控机床的运动，以确保在机床手动、自动等各种运动模式下均正常工作。该系统的应用大大降低了运行过程机床突发事故的发生。

市场竞争的不断加剧要求机床在周末等非工作时间仍然需要保持运行。机床自动化程度的不断提高和信息技术的发展使机床与操作人员之间通信关系的建立成为可能，在人机分离的情况下操作人员仍然可以实现对机床的控制和加工信息的掌握。在远程通信方面，目前有代表性的应用主要有米克朗的远距离通知系统和 Mazak 的信息塔技术。米克朗的远距离通知系统可以实现空间上完全分离的操作者与机床能够保持实时联系，机床可以以短消息的形式将加工状态发送到相关人员的手机上，缺少刀具时也可以通知工具室和供应商，发生故障时则通知维修部门等。日本 Mazak 公司生产的 e410H 型车铣复合加工机床，配备了计算机、手机、数码照相机，能够实现语音、图形、视像和文本的通信功能，它不仅能 CRM 联网，及时反映工作地的状态、加工进度、物料和刀具需求，还可以通过手机查询订单完成情况，在发生故障时及时报警。

9. 机床互联

机床连网可进行远程监控和远程操作，通过机床联网，可在一台机床上对其他机床进行编程、设定、操作、运行。在网络化基础上，可以将 CAD/CAM 与数控系统集成为一体。新一代数控网络环境的研究已成为近年来国际上研究的重要内容，包括数控内部 CNC 与伺服装置间的通信网络、与上级计算机间的通信网络、与车间现场设备和通过因特网进行通信的网络系统。

10. 技术规范和数控标准

开放式数控系统有更好的通用性、柔性、适应性、扩展性，美国、欧盟和日本等国和地区纷纷实施战略发展计划，并进行开放式体系结构数控系统规范（OMAC、OSACA、OSEC）的研究和制定。我国在 2000 年也开始进行中国的 CNC 数控系统的规范框架的研究和制定。

数控系统的设计可分为全新的设计和在系列微机基础上的扩展型设计两类。无论是全新的设计还是基于 PC 平台的设计都需要技术规范。按照统一的技术规范进行设计开发是新一代数控系统开放性的重要保证。

数控标准是制造业信息化发展的一种趋势。数控技术诞生后的 50 年间的信息交换都是基于 ISO 6983 标准，即采用 G、M 代码描述如何加工，其本质特征是面向加工过程，显然，它已越来越不能满足现代数控技术快速发展的需要。为此，国际上正在研究和制定一种新的 CNC 系统标准 ISO 14649（STEP-NC），其目的是提供一种不依赖于具体系统的中性机制，能够描述产品整个生命周期内的统一数据模型，从而实现整个制造过程，乃至各个工业领域产品信息的标准化。

STEP-NC 的出现可能是数控技术领域的一次革命，对数控技术的发展乃至整个制造业，将产生深远的影响。首先，STEP-NC 提出一种崭新的制造理念。传统的制造理念中，NC 加工程序都集中在单个计算机上。而在新标准下，NC 程序可以分散在互联网上，这正是数控技术开放式、网络化发展的方向。其次，STEP-NC 数控系统可大大减少加工图纸（约 75%）、加工程序编制时间（约 35%）和加工时间（约 50%）。欧美国家非常重视 STEP-NC 的研究，欧洲发起了 STEP-NCIMS 计划（1999-1-1—2001-12-31）。参加这项计划的有来自欧洲和日本的 20 个 CAD/CAM/CAPP/CNC 用户、厂商和学术机构。美国的 STEP Tools 公司是全球范围内制造业数据交换软件的开发者，他们已经开发了用作数控机床加工信息交换的超级模型（super model），其目标是用统一的规范描述所有加工过程。目前这种新的数据交换格式已经在配备了 SIEMENS、FIDIA 以及欧洲 OSACA-NC 系统的原型样机上进行了验证。

11. 制造绿色化

由于环境的恶化对人类的生存与发展构成严重的威胁，近年来提出了"绿色制造"的新概念。采用半干式或干式切削技术以减少切削液和废润滑油的使用污染，开发免润滑元件应用技术，增进机械切削粉尘的回收与压缩减少切屑，体积的处理技术，等等，都是近期研究的内容。

智能机床通过对振动、温度、刀具磨损的自动监控与补偿，可以提高机床的加工精度、效率和加工的稳定性、安全性。同时，随着机床智能化程度的不断提高，可以大大减少人在管理机床方面的工作量，使人们能够把更多的精力和时间用来解决机床以外的复杂问题。值得一提的是，机床智能化的发展与应用离不开数控系统的开发创新，目前开放式的数控系统不仅能够存储大量信息，还能够对各种信息进行分析、处理、优化和控制，同时还支持对话型编程、刀具路径检验、工序加工时间分析、开工时间状况解析等功能。目前，国内外学者和机床厂家对智能机床进行了大量的基础研究与产品开发，具有代表性的产品主要有日本的 Mazak、Okuma 和瑞士的 Mikron 机床。其典型产品及特点如下：

1）Mazak 的 e 系列智能机床

Mazak 认为，智能机床应能够对自己进行监控，可自行分析众多与机床、加工状态、环境有关的信息及其他因素，能够自行采取应对措施来保证最优化的加工。当前 Mazak 的智能机床能实现以下七项智能化功能。

（1）智能化主轴监控功能（IPS）：对主轴的温度、振动、位移等状况进行自我监控，可预先防止主轴故障，将停机时间降到最短。

（2）智能化热位移补偿功能（ITS）：对热位移进行高精度补偿，获得长期稳定的加工精度。

（3）智能化维护监控功能（IMS）：监控单元运行状况及消耗品使用情况，可预防故障发生或故障发生时迅速修复。

（4）智能化振动防止功能（AVC）：动态振动控制可大幅度抑制高速轴进给而产生的振动影响，进行高速高精度加工。

（5）智能化防止干涉功能（ISS）：通过与机床同步的三维模型进行干涉检查，防止干涉发生。

（6）语音导航功能（MVA）：语音告知操作内容或安全确认等事项。

（7）智能化平衡失调检测功能（IBA）：对平衡失调进行检测分析，通过配重恢复平衡。

2）Okuma 的 thinc 智能化数控系统

Okuma 的智能化数控系统 thinc 不仅可以在不受人干预的情况下，对变化了的情况做出决策，还可使机床到了用户厂后，以增量的方式使其功能在应用中不断自行增长，并会更加适应新的情况和需求，易于编程和使用。thinc 是基于 PC 的平台，并且采用国际标准硬件、Windows 2000 专业操作系统。随着计算机技术的不断发展，用户可以自行对其进行升级换代。

3）Mikron 的智能机床模块

Mikron 智能机床推出了四个功能模块：高级工艺控制系统（APS）、智能热控制系统（ITC）、智能操作者支持系统（OSS）和无线通知系统（RNS）。其目标是将切削加工过程变得更透明、控制更方便。

智能机床的出现，为未来装备制造业实现全盘生产自动化创造了条件。目前已出现与智能机床相关的商品化产品，如在 STEPNC、智能传感器等方面。但同时也存在大量尚未解决的技术难点，尤其是在机床的决策、推理、控制等智能化技术的发展方面。为了充分推动智能机床以及智能加工技术的进一步发展，需要加强以下几个方面的研究：

（1）智能机床技术的基础研究工作：智能机床的研究与应用离不开基础性的研究工作，如多轴机床动态能力的获取、机床行为与工艺参数之间的关系、不同环境与任务下切削参数的智能选取等问题。值得一提的是，应加强工艺知识的积累工作，针对不同零件、不同材料和不同的加工工艺，建立相应的工艺数据库，丰富和完善智能加工的专家系统，才能有效地推动智能机床以及智能加工技术的实用化发展。

（2）智能机床的决策、推理与自学习功能：目前的智能机床大都处于各种传感器的应用和感知阶段，尚不完全具备学习、思考能力。真正意义的智能机床，应在对加工信息进行系统感知的基础上，通过对信息的综合处理，确定自身的行为方式来完成加工任务，并在该过程中学习和积累相关知识，进一步改进和优化决策及控制策略。

（3）加工、测量、控制一体化技术：该技术是实现复杂、薄壁零件加工过程及加工结果质量控制的关键技术。其技术内涵是通过对加工过程中过程模型的智能检测和数据分析，自动实现加工程序的修正，并根据零件的变形情况自动优化下一步工序的余量分布。涉及的关键技术包括工件的原位测量技术、自适应工艺模型建模技术、加工变形补偿技术和余量优化分布技术等。

（4）智能机床的标准化技术：智能机床功能的实现需要其内部各个部件间进行大量的信息交换和共享，目前这些信息尚没有统一的标准和规范，使信息难以实现有效的集成。另外，不同的机床制造商及功能部件制造厂家由于关注的重点不同，其产品及智能化程度也存在很大差异。为实现智能机床的通用性和信息的无缝集成，智能机床的标准化工作应成为当前研究的重点之一。

9.3.2　智能制造装备——机器人

机器人作为智能制造系统的重要组成部分，也在向自身的智能化方向发展，有如下案例可窥一斑。

1. 德国 DFKIDE 的 AILA 智能机器人

2010 年汉诺威工业展中，德国人工智能研究中心与布莱梅大学联合创立的机器人创新中心（DFKI Bremen-Robotics Innovation Center）展出女性机器人 AILA（图 9-2），其身高170 cm，全身共有 22 个关节，还带有一台 3D 摄影机、2 个激光扫描仪，6 个全向轮安装在下身移动。AILA 手臂质量各为 5.5kg，可以承受 8kg 左右的物体。AILA 最大特点是安装了DFKI Bremen 研发的语意产品记忆系统（semantic product memory system，SemProM），这套系统通过在机器人 AILA 左手上安装 RFID，读取和记录接触物体的相关信息，从而实现对物体的自适应抓取和智能产品装配。其工作机制为：机器人利用左手内部天线从产品内存中读取尺寸、质量和加持点，同时机器人能够从信息-物理系统中获得产品装配说明书，在头部安装立体照相机，在手臂靠近物体的地方安装 3D 摄像头，从而通过视觉识别实现物体的抓取和装配。

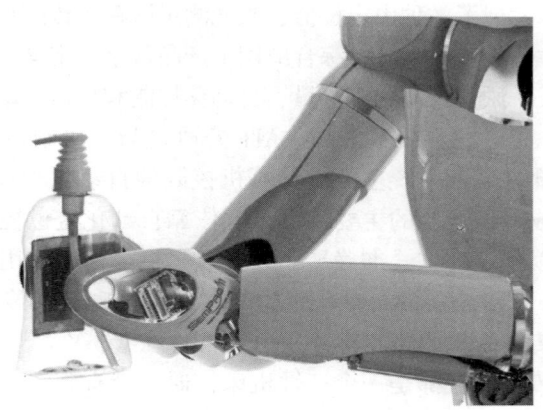

图 9-2　德国 DFKIDE 的 AILA 智能机器人

2. 德国奥迪工厂的人机协同机器人

德国奥迪工厂研发了人机协同机器人（图 9-3）。该机器人基于增强现实技术通过动态变换投影实现对工作区域安全性的判断，同时可以通过激光扫描监测工人的移动，从而实现智能的人机协同。机器人针对不同工作状态，地面会投影出"危险区、不得进入"或"安全区、可以进入"的标记，一旦工人不慎进入，将立即触发声音报警，并停止机器人的运动，避免伤害。

图 9-3 德国奥迪工厂的人机协同机器人

9.3.3 智能制造装备——工装

工装是智能制造系统的重要组成部分，尤其在复杂产品的精准、精确对接方面，发挥着重要的作用。在国外，大部件数字化装配技术已得到广泛应用，大幅度提高了装配效率、装配精度和装配质量，是新一代飞机大部件装配的主要方法。在 F35 等战斗机、B787 和 A350 等大型客机、A400M 等运输机的大部件装配中，通过建立相应的数字化装配系统，基于数字化测量辅助装配技术，实现了大部件的快速、精确装配。以波音公司和空客公司为代表的航空制造业大力发展数字化装配技术，发展了一种由定位器、激光测量跟踪和传感系统、电气系统及其控制软件等部分组成的飞机大部件装配系统，综合应用了产品数字化定义、数字化模拟仿真、数字化设计制造和测量的集成、激光自动跟踪测量、自动化控制和机械随动定位等技术。

20 世纪 80 年代末，先进联合技术公司（AIT 公司）与飞机制造公司一同开始设计大部件自动化装配系统。大部件装配系统主要由计算机控制的自动化千斤顶（或定位器）、激光测量系统和控制系统组成。该系统的主要特点是：依靠自动化定位控制系统，同时协调多个机械传动装置的运动，以预定的方式准确平稳地操纵飞机部件；使用激光测量系统来确定部件位置并控制飞机姿态。AIT 公司的自动化定位与校准系统由机械传动装置、控制系统及激光测量组件组成，机械传动装置用来支撑飞机分装配件在 X、Y 方向的直线移动，以及 Z 向俯仰，实际上每个机械传动装置都是一个三轴机床，通过带有旋转分解器反馈的伺服电机来完成精确运动。

波音公司将飞机部件数字化装配技术作为其降低成本、提高质量和生产效率的战略措施，并利用该项技术对其装配流程进行了大幅度改进。在波音 737-800、波音 787 等新一代民机的研制过程中，广泛应用了一种自动定位与校准系统（图 9-4），利用激光跟踪仪、室内 GPS 等数字化测量设备对飞机部件上的控制点、交点孔等位置进行检测，取代传统的定位销、专用指示器，辅助完成飞机部件的直接装配，并实现最终装配状态的数字化验证。波音公司使用的自动定位与校准系统主要包括机械传动装置、离散点扫描系统、激光雷达探测表面力分布系统、集成分析控制系统。

图 9-4　基于自动定位与校准的智能工装及飞机对接装备

空客公司研发了由计算机控制的自动化定位器、激光跟踪定位系统、激光准直定位系统等组成的柔性装配系统，并在 A320、A340、A380 等型号飞机的研制中进行大量的应用。采用柔性装配系统，使飞机部件装配质量大幅度提高，满足了新一代飞机气动外形高精确度的要求；由于它是自动控制的，操作简单，大大缩短了装配时间，提高了飞机装配的效率。同时空客公司的柔性装配系统能够适应不同尺寸的机身、机翼结构，多种不同型号的飞机都可以共用这套柔性装配系统，从而大大节省了装配工装的费用。

9.4　数字化智能工厂

数字化智能工厂以 MES（制造执行系统）为核心，对工厂内的制造资源、计划、流程等进行管控。数字化工厂与产品设计层紧密关联，是设计意图的物化环节。数字化智能工厂通过系统集成，与企业层和设备控制层实时交换数据，形成制造决策、执行和控制等信息流的闭环。而 MES 作为其中的环节，是构建数字化智能工厂的核心层次和技术。

9.4.1　MES 定义与框架

MES 的概念是美国先进制造研究会（Advanced Manufacturing Research，AMR）于 1990 年 11 月首次正式提出的，旨在加强 MRP 计划的执行功能，把 MRP 计划通过执行系统同车间作业现场控制系统联系起来。这里的现场控制包括 PLC 程控器、数据采集器、条形码、各种计量及检测仪器、机械手等。MES 系统设置了必要的接口，与提供生产现场控制设施的厂商建立合作关系。AMR 将 MES 定义为"位于上层的计划管理系统与底层的工业控制之间的面向车间层的管理信息系统"，它为操作人员/管理人员提供计划的执行、跟踪以及所有资源（人、设备、物料、客户需求等）的当前状态。

1992 年美国成立了以宣传 MES 思想和产品为宗旨的贸易联合会——制造执行系统协会（Manufacturing Execution System Association，MESA），1997 年 MESA 发布了 6 个关于 MES 的白皮书，对 MES 的定义与功能、MES 与相关系统间的数据流程、应用 MES 的效益、MES 软件评估与选择以及 MES 发展趋势等问题进行了详细的阐述。MESA 给出的 MES 定义为：MES 能通过信息传递对从订单下达到产品完成的整个生产过程进行优化管理。当工厂发生实时事件时，MES 能对此及时做出反应、报告，并用当前的准确数据对它们进行指导和处理。这种对状态变化的迅速响应使 MES 能够减少企业内部没有附加值的活动，有效地指导工厂的生产运作过程，从而使其既能提高工厂及时交货能力，改善物料的流通性能，又能提高生产回报率。MES 还通过双向的直接通信在企业内部和整个产品供应链中提供有关产品行为的关键任务信息。MESA 在 MES 定义中强调了以下三点：MES 是对整个车间制造过程的优化，而不是单一地解决某个生产瓶颈；MES 必须提供实时收集生产过程中数据的功能，并做出相应的分析和处理；MES 需要与计划层和控制层进行信息交互，通过企业的连续信息流来实现企业信息全集成。

MESA 提出了 MES 的功能组件和集成模型，并定义了 11 个功能模块，包括：资源管理、工序调度、单元管理、生产跟踪、性能分析、文档管理、人力资源管理、设备维护管理、过程管理、质量管理和现场数据采集，MES 功能模块以及在企业中的定位如图 9-5 所示，从图中可以看出工序调度处于核心地位，对信息传递、业务协调具有直接的牵引作用。

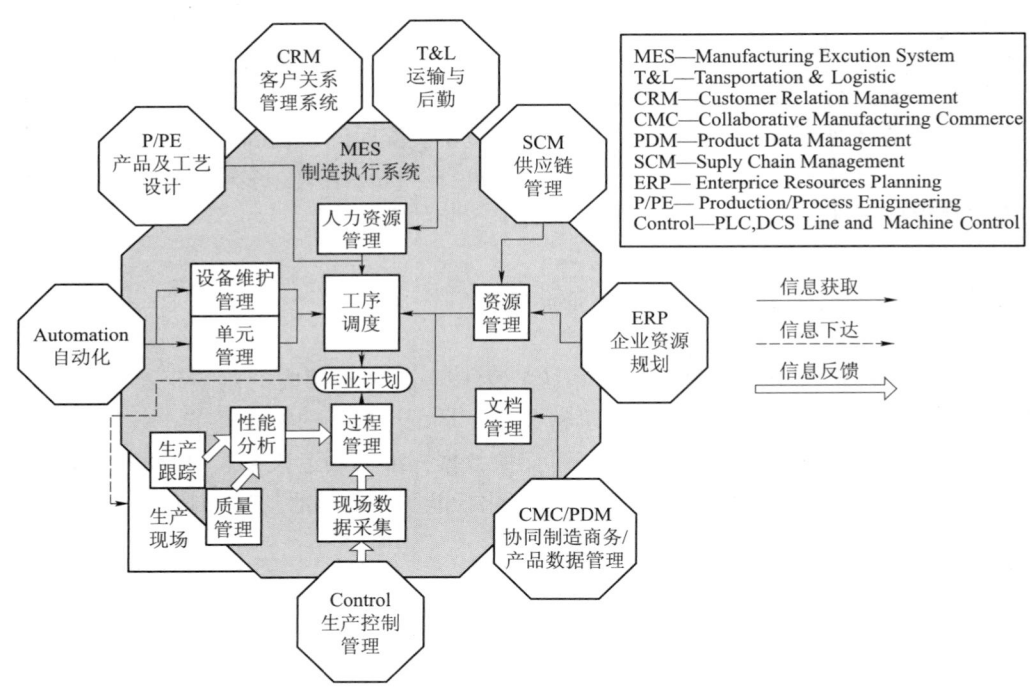

图 9-5　MES 功能模块以及在企业中的定位

从 1997 年开始，国际仪表学会（ISA）启动了编制 ISA-SP95 企业控制系统集成标准，ISA-SP95 的目的是建立企业级和制造级信息系统之间的集成规范。ISA 于 2000 年发布了 SP95.01 模型与术语标准，规定了生产过程涉及的所有资源信息及其数据结构和表达信息关联的方法；2001 年发布了 SP95.02 对象模型属性标准，对第一部分定义的内容做了详细规定和解释。SP95.01 和 SP95.02 已经被 IEG ISO 接收为国际标准；2002 年发布了 SP95.03 制造信息活动模型标准，提出了管理层与制造层间信息交换的协议和格式；2003 年发布了

SP95.04 制造操作对象模型标准，定义了支持第二部分中制造运作管理活动的相关对象模型及其属性；正在制定的 SP9505 详细说明了 B2M（Business to Manufacturing）事务；未来的工作是 SP95.06，SP95.06 详细说明制造运作管理的事务。MES 的标准化进程是推动 MES 发展的强大动力，国际上 MES 主流供应商纷纷采用 ISA-SP95 标准，如 ABB、SAP、GE、Rockwell、Honeywell、Siemens 等。

1999 年，美国国家标准与技术研究所（NIST）在 MESA 白皮书的基础上，发布有关 MES 模型的报告，将 MES 有关概念规范化；2000 年，美国国家标准协会（ANSI）致力于 MES 标准化工作（ANSUISA-95）。

2004 年 5 月 MESA 提出了协同的制造执行系统（Collaborative Manufacturing Execution Systems，C-MES）的概念，指出 C-MES 的特征是将原来 MES 的运行与改善企业运作效率的功能和增强 MES 在价值链和企业中其他系统和人的集成能力结合起来，使制造业的各部分敏捷化和智能化。由此可见，下一代 MES 的一个显著特点是支持生产同步性，支持网络化协同制造。它对分布在不同地点甚至全球范围内的工厂进行实时化信息互联，并以 MES 为引擎进行实时过程管理，以协同企业所有的生产活动，建立过程化、敏捷化和级别化的管理，使企业生产经营达到同步。

日本的制造科学与技术中心于 2000 年 9 月也在其电子商业公共设施建设项目中提出了 OpenMES 框架规范，其核心目标是通过更精确的过程状态跟踪和更完整的资料记录以获取更多的资料来更方便地进行生产管理，它通过分布在设备中的智能来保证车间的自动化。

我国于 2006 年出台了企业信息化技术规范——制造执行系统（MES）规范，对企业规划和实施 MES 提供了指导性的参考文件。但目前该规范只是处于思想指导层次，且主要是面向通用的民品或者规范性的行业，具有一定的指导性，但对于制造企业多品种、变批量、产研并重、研制与批产混线、流水与离散混合作业的需求还存在较多的不适应、不适用问题。

在企业信息化框架中，MES 起到的是一个承上启下的数据传输作用，与计划层和控制层之间的信息传输内容如图 9-6 所示。一方面，MES 从 MRP/ERP 中读取生产任务以及物

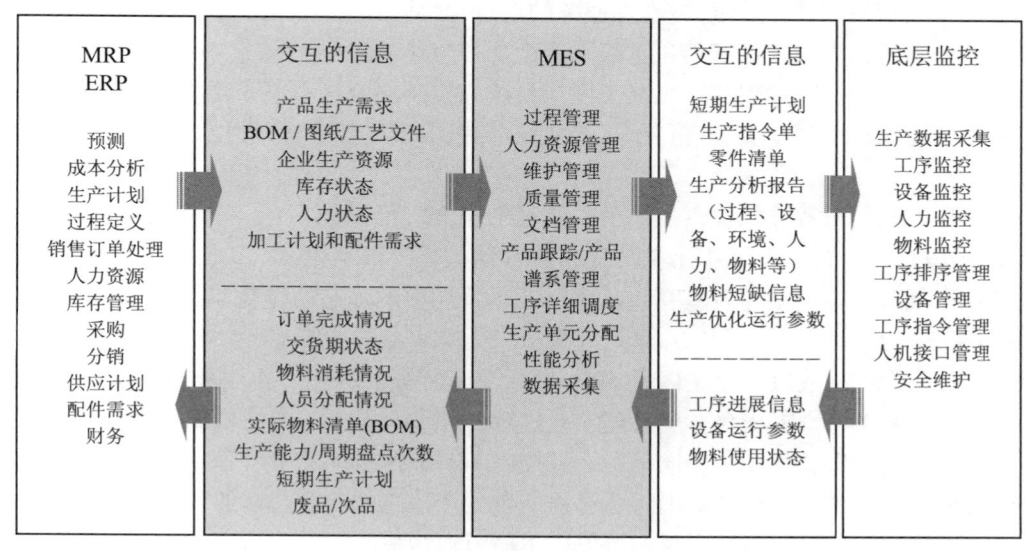

图 9-6　MES 信息传输内容

料和设备等计划层的基本信息，通过处理将作业计划以及生产准备信息下达到车间层；另一方面，MES 从生产车间读取工序的具体加工数据以及设备和物料的使用情况，通过处理向 MRP/ERP 层反馈订单和短期生产计划的完成情况以及人员分配和设备的利用率等数据。

通过 MES 的功能和 MES 与其他信息系统之间的关系可以看出，MES 系统通过生产资源管理、人力资源管理、设备维护管理和单元管理以及文档管理等模块从 ERP、PDM 等信息系统读取生产任务、设备、人员和生产准备等信息，利用这些信息通过工序调度生成作业计划，并下达到生产车间；车间按照作业计划组织安排生产，生产中的实际执行情况、质量等信息通过现场数据收集，收集的数据通过性能分析后利用过程控制模块对作业计划进行调整，形成动态调度系统。由此可见，MES 是一个以动态调度为核心、以生产制造信息收集管理为主要任务的制造执行过程协调与控制的系统。

9.4.2 MES 目标、特征与定义

1. MES 目标

MES 是面向车间级业务有序、协调、可控和高效进行而建立的全业务协同制造平台，其目标主要体现为如下三个方面：

(1) 全过程管理：对产品从输入到输出包括工艺准备、生产准备、生产制造、周转入库的全过程进行管理，包括过程的进展状态、异常情况监控。

(2) 全方位视野：对工艺、进度、质量、成本等业务进行全过程的管理。

(3) 全员参与形式：车间领导、计划人员、工艺人员、调度人员、操作人员、质量管理人员、库存人员、协作车间人员等根据自身角色参与制造执行过程，在获取和反馈实时数据的基础上，通过及时的沟通与协调，实现业务协同。

2. MES 特征

通过对现有问题的分析，可以凝练形成 MES 的主要特征：

(1) 车间计划/调度/质量/进度等业务的全过程协同化。

(2) 车间所有业务人员基于角色权限的全员参与化。

(3) 车间订单执行过程状态以及工序执行状态控制的全过程关联化。

(4) 车间物料/刀具/夹具/量具/工艺文件/图纸等实物基于条码化处理的全状态控制精细化。

(5) 车间执行过程监控实现工艺流程驱动的全方位可视化。

(6) 车间进度/质量等数据采集的完整化、结构化与数字化。

(7) 车间作业计划安排及其在扰动事件驱动下调整的动态协调化。

3. MES 定义

结合快速响应制造执行模式以及 MES 目标及其特征的分析，本书给出面向快速响应制造执行系统的定义为：围绕全方位管理、全过程协同、全员参与的协同制造目标需求，通过建立订单定义—技术准备—生产准备—下发控制—制造执行—质量管理—产品入库的全过程状态控制和管理机制，实现制造车间全过程复杂生产信息的关联与多业务协同管理；通过建立工艺流程驱动的可视化监控看板，形成以工序节点为核心的制造数据包的全面管理和周转过程控制；通过物料/刀具/夹具/量具/工艺文件/图纸的全过程条码化管理，实现车间现场

物流的实时跟踪和追溯；通过建立生产扰动事件驱动的快速响应动态调度技术，提供人机交互的调度方案。调整机制可以充分发挥调度人员的实际能力，实现作业计划与生产现场的同步、协调与可控。

9.4.3　MES 技术架构设计

1. 业务流程设计

结合现有的问题，对 MES 业务流程进行设计，如图 9-7 所示，主要体现为四个层次：一是以计划管理为核心的过程管理层；二是以技术工艺部门和车间调度为核心的执行监控层；三是以操作工人和质检为核心的现场操作层；四是以车间库存和设备管理为主的基础支持层。

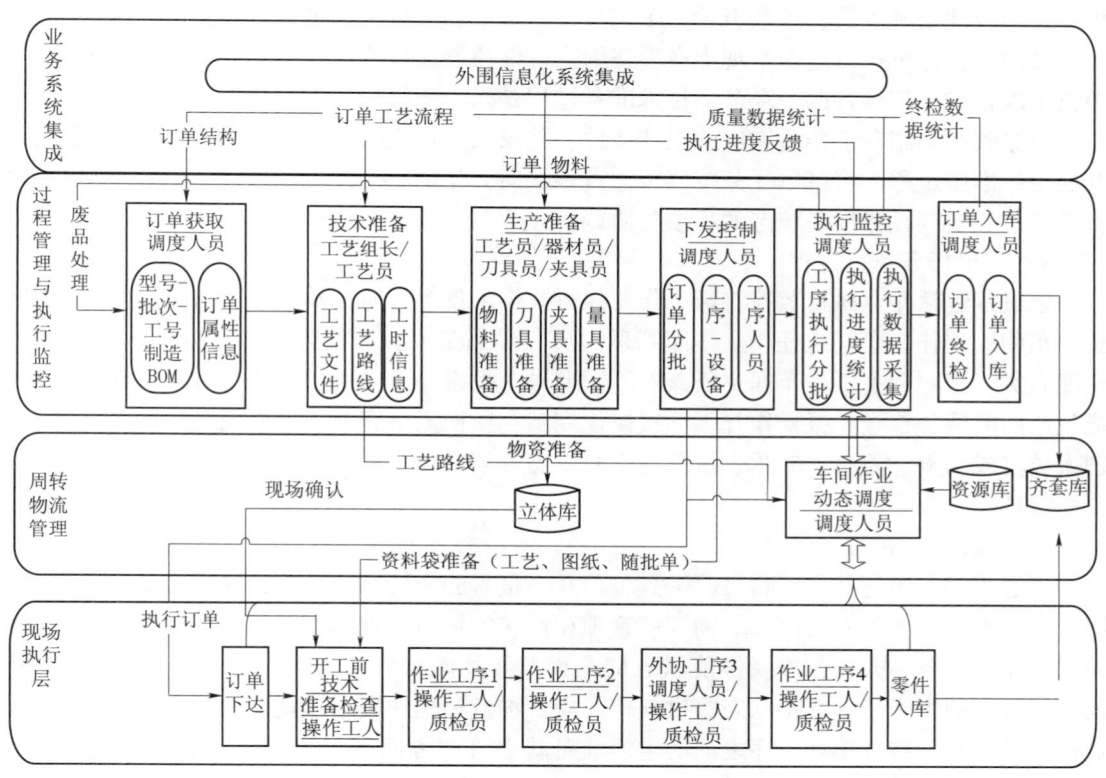

图 9-7　MES 业务设计

MES 业务主体流程可描述为：首先车间通过集成或者导入的形式建立车间订单任务；随后下发给车间技术工艺部门，在工艺组长和工艺员的协同工作下完成结构化工艺路线和工艺规程文件等技术准备工作，同时在工艺员和器材员、刀具员、夹具员、量具员的协同下完成生产准备工作，并更改订单状态推进到车间调度部门；车间调度实现订单的下发控制，在设备资源管理的支持下，进行作业调度排产，并下发给操作工人进行执行；操作工人主要进行现场生产准备的检查以及工序的报操作开工与完工的业务，并将工序节点推进到质检部门；质检部门填写质量检验记录并向调度反馈，调度据此对作业排产方案进行相应的动态调整。

MES 系统的核心业务流程主要体现为四个过程，分别是生产计划管理过程、生产技术准备管理过程、订单任务执行过程、周转物流过程。

1）生产计划管理过程

该过程主要实现车间订单的全过程控制，包括订单的定义、订单生产技术准备任务下发、生产订单的下发控制、车间作业计划排产与动态调度、生产订单的完工入库。该过程涉及车间主任/副主任、车间总调/型号调度/区域调度等人员。该过程主要首先通过与 ERP 系统的集成，获取订单；随后开展订单的生产技术准备；接着进行订单的下发控制，如进行分批、指定设备/人员等约束，并根据下发结果进行作业计划的动态排产；然后，开展订单任务执行监控；最后在订单完成后，实现订单的入库。

2）生产技术准备管理过程

该过程主要实现生产技术准备方面的管理，包括车间级工艺编制、数控程序准备。该流程涉及综合计划调度员、工艺组长、工艺员、刀具员、夹具员、量具员、器材员等之间的交互，目的是在订单执行之前实现生产准备的完备性控制。该流程以计划订单任务为源头，分为技术准备和生产准备两个环节。技术准备过程是指工艺组长为订单分配工艺员，工艺员进行任务接收并编制和上传所完成的工艺文件，并录入结构化的工艺流程；随后工艺员进一步开展生产准备过程，将订单任务按照工艺流程，向刀具员、夹具员、量具员等人派发生产准备任务，并实现任务准备状态的反馈与协调。

3）订单任务执行过程

该过程包括作业执行监控看板、作业执行数据采集等。所涉及的使用人员有车间调度人员、车间副主任、车间主任、立体库管理人员、操作工人、质检人员。其主要的业务包括：调度人员、车间副主任、车间主任查看不同型号、批次、工号的作业执行看板；操作工人完成生产前的准备检查、报操作开工和报操作完工；质检人员完成工序报完工操作；立体库管理人员完成物料、刀具、夹具、量具的实时状态管理，包括地点、设备、人、作业工序等的全面管理。

4）周转物流过程

该过程涵盖工艺文件、物料、夹具、刀具、量具的周转物流管理，体现为基于条码、按照工艺流程、与立体库/齐套库/物资库管理相衔接的物料、夹具、刀具、量具的地点、当前关联工序、设备、人员，以及性能状态的全面监控；同时周转物流管理还为订单开始执行前、执行中的生产技术准备状态提供支持。周转物流过程的展示体现在两个方面：一是在作业执行看板中，在订单和工序之前的生产准备状态管理方面进行关联；二是实现与立体库/齐套库/物资库管理系统的逻辑融合，支持车间综合计划调度员、产品/区域分调度、工艺人员、立体库管理员、操作工人的状态查询。其主要的业务过程为：综合计划调度员按照作业工序顺序，以逐步生成电子随批单的形式控制工艺文件的周转；综合计划调度员在零件开始加工前检查生产技术准备完备性状态；综合计划调度人员、产品/区域分调度、操作工人通过条码扫描确认对物料、刀具、夹具、量具的接收；工艺人员查询工艺文件、工具物料的状态；立体库/齐套库/物资库管理员查询物料、工具的状态，实现与立体库/齐套库/物资库管理系统逻辑上的统一管理。

2. 技术框架设计

MES 技术框架设计如图 9-8 所示，主要包括四个层次：

（1）系统支撑层。包含操作系统、网络、数据库等基础环境以及数控设备、自动物料输送与存储设备、数字化检测设备等硬件支撑环境，以支撑系统的运行。

（2）数据与系统支持层。包括本系统制造执行信息库、作业计划库、资源管理系统等，面向底层硬件的立体库管理系统、MDC 系统、DNC 系统等，面向外围信息化系统的 PDM、CAPP、ERP 等，从而为 MES 的正常运行提供必要的向上数据、向下控制与向外集成的保障支持。

（3）业务逻辑层。用于实现业务处理功能，包括获取订单创建、生产技术准备、计划排产与动态调度、工序—订单—批次乃至产品的自下而上的执行过程监控与数据采集，以及统计分析等。该层次是 MES 开展业务处理的核心，企业可以根据自身的需要配置中央齐套库、立体库或者物资库等，以支持车间实物周转过程及其状态的控制。

（4）用户界面层。通过人机交互界面将信息传递给相关人员。

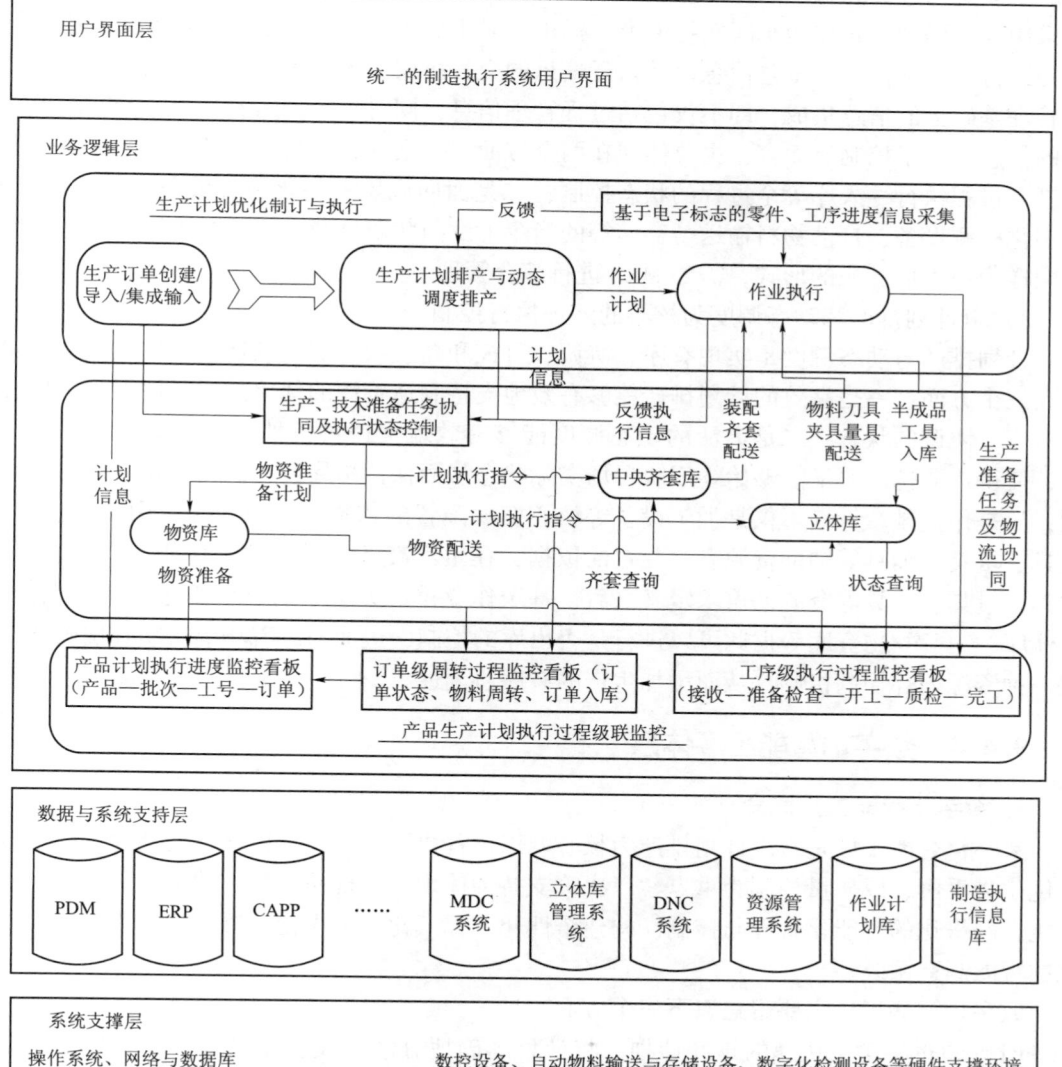

图 9-8 MES 技术框架设计

面向快速响应制造执行系统的技术框架主要体现如下几个特点：

1）制造执行全过程的柔性协调

MES 的业务流程管理体现在两个方面：一是从订单创建、技术准备、生产准备、下发控制、执行监控至完工入库的主流程管理，从而能够实现基于状态协调的全过程管理；二是以订单工序为核心的现场自检、互检、专检以及现场工艺展示的控制，从而能够形成以工序节点为核心的制造执行数据包的有效管理。

2）物料流、信息流和控制流等过程与信息的有效管理

面向车间生产管理的 MES 还体现为对物料流、信息流和控制流的有效管理。对于物料流而言，并非特指毛坯类的加工物料，而是涵盖了车间所有用以周转的实物，包括齐套物料、工件毛坯、刀具、夹具、量具、辅具、工艺文件、生产图纸、生产记录卡等，为实现有效的车间实物位置和状态的监控，必须引入条码技术，同时考虑到车间现场的油污环境，一般采用二维码的形式作为车间实物的唯一标识；对于信息流而言，主要体现为随制造执行过程的进行，任务信息、工艺信息以及执行信息的交互协调，体现为基于结构化和数字化的信息管理基础上的信息集成，即不仅包括过程管理信息，同时包括车间实物以及控制流程所附带的信息；对于控制流而言，主要体现在两个方面：一是任务—技术准备—生产准备—下发控制—过程执行—入库等全过程的状态控制；二是面向底层数字化硬件设备，如数控机床、数字化检测设备、自动物料输送与存储等的指令下发与状态反馈，除了对底层的控制，控制流同样表现为信息流的形式，需要 MES 进行综合管理。

3）以计划排产和动态调度为核心的闭环执行控制

计划排产与动态调度是实现有序、协调、可控和高效快速响应制造执行的核心，主要体现在三个方面：一是高效的计划排产能够有效地支持制造资源的优化配置，使得订单执行处于有序、协调的状态；二是灵活的动态调度能够有效地支持对各种生产突发事件的响应处理，使得作业排产方案能够始终反映现场实际状态从而保持指导性，属于作业计划的闭环控制；三是作业排产计划不仅是加工设备等核心资源配置的依据，同时也是牵引物料、刀具、夹具、量具、辅具等辅助资源有序配置的依据，在生产准备完成订单工序所需物料、刀具、夹具、量具、辅具等资源的需求定义之后，基于作业排产方案中的订单工序时间节点信息，立体库/齐套库/物资库等据此可以进行是否出库的控制，进而通过现场的实物到位确认，形成一种资源闭环控制机制，从而增加生产的有序协调性。

9.4.4 数字化智能工厂体系

1. 数字化智能工厂概念

数字化智能工厂是指以计划排产为核心、以过程协同为支撑、以设备底层为基础、以资源优化为手段、以质量控制为重点、以决策支持为体现，实现精细化、精准化、自动化、信息化、网络化的智能化管理与控制，构建个性化、无纸化、可视化、透明化、集成化、平台化的智能制造系统。

数字化智能工厂主要聚焦以下三个方面：

（1）通过科学、快速的排产计划，将计划准确地分解为设备生产计划，是计划与生产之间承上启下的"信息枢纽"，即"数据下得来"。

（2）采集从接收计划到加工完成的全过程的生产数据和状态信息，优化管理，对过程

中随时可能发生变化的生产状况做出快速反应。它强调的是精确的实时数据，即"数据上得去"。

（3）体现协同制造理念，减少生产过程中的待工等时间浪费，提升设备利用率，提高准时交货率，即"协同制造，发挥合作的力量"。

2. 数字化智能工厂的特征：

数字化智能工厂有以下特征：

（1）智能设备互联：指智能设备的互联互通，包括设备网络化分布式通信、加工程序集中式管理、程序虚拟化制造、基于工业互联网的智能化的数据采集、生产工艺参数的实时监测和动态预警等方面。

（2）智能排产计划：应支持高级自动排产，按交货期、精益生产、生产周期、最优库存、同一装夹优先、已投产订单优先等约束排产，最大限度地满足各类复杂的排产要求；提供图形化的界面，应支持通过手工拖曳就可调整计划，易于掌握和使用；高级排产中的能力平衡通过直观的图形、数字表示，系统提供机床负荷以及每台机床生产任务的视图及分析功能，以便优化生产和平衡机床负荷；高级排产中的预警机制对于还未执行的计划，系统计算分析出可能要拖期的零件和工序，使现场调度人员有针对性地关注其进度并做出快速响应；对逾期计划，系统可提供工序拆分、调整设备、调整优先级、外协加工等处理措施。

（3）智能生产协同：协同制造使与加工任务相关联的材料、刀具、夹具、数控程序等信息，也同时传递给相关人员，并行准备相关工作，实现车间级的协同制造；实现 3D 可视化，支持 CATIA、Pro/E、UG 等多种数据文件无须转换地直接浏览，实现 3D 图形、工艺直接下发到现场，实现生产过程的无纸化生产管理。

（4）智能资源管理：包含生产资源（物料、刀具、量具、夹具）出入库、查询、盘点、报损、并行准备、切削专家库、统计分析等功能，实现库存的精益化管理。

（5）智能决策支持：提供各种直观的统计、分析报表，为相关人员决策提供帮助，包括计划制订情况、计划执行情况、质量情况、库存情况等。用户可在手机、iPad 等移动设备上对现场有关生产情况、设备运行情况、质量情况的数据进行浏览、异常处理。

3. 数字化智能工厂的层次

数字化智能工厂主要包括以下三个层次：

（1）数字化制造决策与管控层。一是商业智能/制造智能（BI/MI）：可针对质量管理、生产绩效、依从性、产品总谱和生命周期管理等提供业务分析报告。二是无缝缩放和信息钻取：通过先进的可定制可缩放矢量图形技术，使用者可充分考虑本企业需求及行业特点，轻松创建特定的数据看板、图形显示和报表，可快速钻取至所需要的信息。三是实时制造信息展示：无论在车间还是在公司办公室、会议室，通过掌上电脑、PC、大屏幕显示器，用户都可以随时获得所需的实时信息。

（2）数字化制造执行层。一是先进排程与任务分派：通过对车间生产的先进排程和对工作任务的合理分派，使制造资源利用率和人均产能更高，有效降低生产成本。二是质量控制：通过对质量信息的采集、检测和响应，及时发现并处理质量问题，杜绝因质量缺陷流入下道工序而带来的风险。三是准时化物料配送：通过对生产计划和物料需求的提前预估，确保在正确的时间将正确的物料送达正确的地点，在降低库存的同时减少生产中的物料短缺问题。四是及时响应现场异常：通过对生产状态的实时掌控，快速处理车间制造过程中常见的延期交货、物料短缺、设备故障、人员缺勤等各种异常情形。

（3）数字化制造装备层（工位层）。一是实时硬件装备集成：通过对数控设备、工业机器人和现场检测设备的集成，实时获取制造装备状态、生产过程进度以及质量参数控制的第一手信息，并传递给执行层与管控层，实现车间制造透明化，为敏捷决策提供依据。二是多源异构数据采集：采用先进的数据采集技术，可以通过各种易于使用的车间设备来收集数据，同时确保系统中生产活动信息传递的同步化和有效性。三是生产指令传递与反馈：支持向现场工业计算机、智能终端及制造设备下发过程控制指令，正确、及时地传递设计及工艺意图。

9.4.5　数字化智能工厂案例

德国西门子安贝格电子工厂（Siemens Elektronikwerk Amberg，EWA）始建于 20 世纪 90 年代，经过 20 余年的不断完善，已经成为数字化智能工厂的典范，引领未来发展趋势，其产品是西门子 SIMATIC 可编程控制器。随着应用领域和控制对象的不同，可编程控制器的性能、配置、软件和人机界面有很大的差别，需要按照客户要求进行定制化生产，面对全球 60 000 家不同类型的客户，生产不同用途的可编程控制器。

安贝格电子工厂约有 10 000 m² 的车间面积，1 000 名员工，规模并非很大，但 75% 以上的生产过程、物料流和信息流都是自动化的，每秒就能够生产 1 件产品，24 h 交货，是效率非常高的工厂。安贝格电子工厂有 1 000 台以上设备在线运行，它们都是由不同功能的 SIMATIC 可编程控制器控制的。整个生产过程有 1 000 多个在线检查点和 1 000 多个扫描点，借助各种传感器识别对象和采集各种数据。建厂以来，生产过程的数据量呈爆发性指数增长。1995 年，每天仅产生 5 000 个数据；2000 年，每天产生 50 000 个数据；到 2014 年，每天产生的各种数据已达 5 000 万个之多，是 20 年前的 1 万倍。各种数据和运行状态及质量分析结果通过无线网络在设备和移动终端之间传送，实现"人-机""机-机"的通信，构成工厂内的互联网和物联网。

大数据经过实时分析转换成为有语义的智能数据，实时反馈到设计部门、生产部门和质量管理部门，及时改进产品的设计和生产过程，对提高产品质量起到决定性的作用。

统计表明，2014 年安贝格电子工厂百万件产品的缺陷为 11.5（2009 年为 19），即产品的合格率达到 99.998 85%。换句话说，借助全面数字化改造，产品质量在 5 年内提高了约 50%。安贝格电子工厂的成功有赖于硬件和软件的全面集成，是西门子产品生命周期管理 PLM 软件包的全面应用。研发部门的工程师通过 NX 软件进行产品 2D 和 3D 设计。借助这一功能强大的 CAD/CAM/CAE 软件不仅完成产品的数字化设计，还对所设计的产品进行多学科仿真、模拟加工和装配，大大缩短了产品从设计到分析的迭代周期，真正实现"可见即可得"，提高了产品设计质量。

产品设计数据是数字化工厂数据链的起点，在 NX 软件中完成设计的产品，都会带着专属于自己的数据信息继续"生产旅程"。通过 TEAMCENTER 软件和数控程序生成器自动生成各种设备的控制程序，不仅减少了 90% 的编程时间，同时实现不同设备之间的数据交换，保证它们能够相互协同工作，如图 9-9 所示。同时，产品设计数据也被写进数字化工厂的数据中心 TEAMCENTER 软件中，供质量、采购和物流等部门共享。采购部门会依据产品的数据信息进行零部件的采购，质量部门会依据产品的数据信息进行验收，物流部门则是依据数据信息进行零部件的确认。

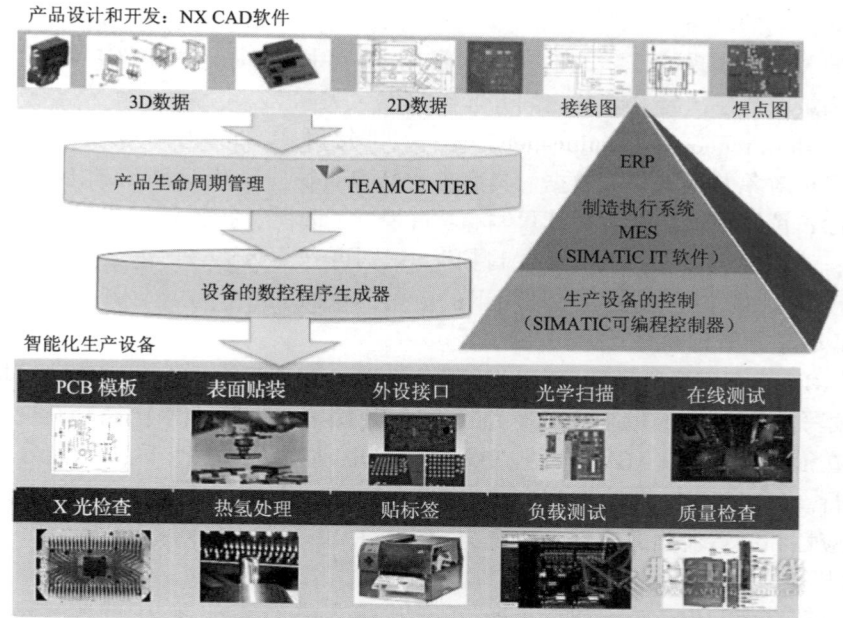

图 9-9 安贝格电子工厂的数字化架构

共享数据库是 TEAMCENTER 的最大特点。当质量、采购、物流等不同部门调用数据时，它们使用的是共享的文档库，并且通过主干网络快速地连接到各责任方。即使产品数据发生更新，不同的部门也都能第一时间得到最新的数据。这就使得研发团队的工作量变得简单、高效，避免了传统企业的产品研发和生产环节或不同部门之间由于数据平台不同造成的信息传输壁垒。数据的同步更新避免了传统制造企业经常出现的由于沟通不畅产生的差错，使工厂的生产和管理效率大大提升。

从图 9-9 可见，安贝格电子工厂高效运作的另一个关键是，西门子特有的、基于 SIMATIC 可编程控制器的 MES 系统——SIMATIC IT。SIMATIC IT 不仅包括了传统制造企业生产计划调度的职能，还集成了工厂信息管理、生产维护管理、物料追溯和管理、设备管理、产品质量管理、制造能力分析等多种功能，可以实现生产计划、物料管理等数据的实时传送，保证工厂管理与生产过程的高度协同。以安贝格电子工厂为样板，西门子公司 2013 年在成都建立了工业自动化产品成都生产和研发基地（SEWC）。通过互联网与德国生产基地和美国的研发中心进行数据互联，是继德国安贝格、美国凤凰城之后的全球第 3 个工业自动化产品研发中心，也是西门子在德国之外建立的首家"数字化企业"。这无疑将有助于推动中国制造企业的数字化进程。

9.5 智能制造关键技术

9.5.1 物联网及 RFID 应用技术

物联网是指通过信息传感设备，按照约定的协议，把任何物品与互联网连接起来，进行信息交换和通信，以实现智能化识别、定位、跟踪、监控和管理的一种网络。它是在互联网基础上延伸和扩展的网络。

物联网的关键是实现物体之间的关联。目前的应用主要是通过 RFID 等建立信息传感，智能分析与决策由高层决定，彼此之间并非直接发生关联。

RFID（Radio Frequency Identification）是一种非接触式的自动识别技术，它通过射频信号自动识别目标对象并获取相关数据。具有如下特点：适应复杂工况：防雨水、抗污渍、抗油污、可喷涂；读写方便快捷：可读可写，"盲视""透视"扫描；批量操作：批量读/写、远距离读写；读识性能可靠：一次性"盲扫"，识别可靠性达 99.8%以上。

结合 RFID 的物联网在智能制造语境下的应用，有如下一些典型案例。

1. AGV 小车导航智能化

通过在 AGV 小车需要判别转向信息的部分设置 RFID 感应标签，AGV 搬运机器人底部安装 RFID 读写设备，通过识别 AGV 车路径上的 RFID 标签，获取不同路径转向点的转向和报站信息，在 RFID 系统和 AGV 车载控制系统以及驱动系统的支持下，实现 AGV 小车更加智能化地运行。通过 RFID 与 AGV 的结合，实现 AGV 小车路径柔性化，提高运转效率，更具备路径适应性和制造流程适应性，实现与 MES、ERP 系统无缝对接。

2. 码垛机器人智能执行

通过在自动立库的出入口、码垛机器人、转向机构等位置部署 RFID 读写器，在自动立库中的托盘（载具）上固定 RFID 电子标签，在运转过程中通过识别 RFID 标签的信息，加载产品或物料信息，并将 RFID 信息传递给码垛机器人实现全自动出库、入库、分配位置等动作。通过 RFID 与码垛机器人的结合，实现自动化立库的自识别、随机快速分配仓位、自由调仓等功能，提高自动化立库的运转效率，降低出错率。

3. 数控加工中心装夹机器人智能执行

给每一个工件安装一个 RFID 标签，需具备抗金属、抗油污、高防护等性能；基于数控加工中心装夹机器人的自动抓取，实现在工件仓库、机床环节之间的自动加工和流转；机器人安装 RFID 读写设备，通过读取工件的 RFID 标签，识别不同工件的加工工艺和位置参数等信息。通过 RFID 与数控加工中心装夹机器人的结合，实现机器人自动抓取、自动判断、自动放置的全自动处理。

4. 混流生产汽车智能喷涂

在汽车车身装 RFID 远距离电子标签，在汽车车身侧边或顶部部署 RFID 读写器，同时将读写器和喷涂机器人实现联动通信，汽车通过时，RFID 将识别的信息传输给机器人，机器人通过对信息的识别加载不同的喷涂参数，实现自动化混流喷涂。通过 RFID 与喷涂机器人的结合，使得汽车喷涂具备混流自动化的特征，提高了喷涂效率和整车生产效率。

5. 发动机智能混流装配

在发动机组装主体盘上安装 RFID 电子标签，并将发动机型号信息写入标签；在发动机组装过程中，在发动机组装流水线边装读写装置，识别发动机信息；RFID 设备读取到信息后，将信息传递给 PLC 以及现场机器人，通过机器人的不同动作实现混流装配。通过在发动机组装生产线中应用 RFID 技术，实现发动机组装全过程的混流装配，全程追溯发动机装配信息，使得发动机的质量稳定性大大提升。

9.5.2 信息-物理系统（CPS）与信息物理生产系统（CPPS）

无论是德国"工业 4.0"、美国工业互联网，还是"中国制造 2025"的两化深度融合战略，其共同点、核心均是 CPS。CPS 是研究、实现"工业 4.0"等战略的关键。

CPS 中第一个单词是 cyber，源于希腊语，后被美国人借用后，就代表与 Internet 相关或计算机相关的事物，即采用电子或计算机进行的控制。很多学者认为，CPS 翻译成信息-物理系统有些不妥。一来，cyber 与 physical 的本义是网络信息化的、物理的，并非两个简单的名词，翻译成信息、物理，词的属性就有问题。二来，信息只是这种 CPS 系统中的一个方面，不只是信息通信、采集、管理等内容，更有智能控制、自律制造等成分。所以，有些学者认为，CPS 与其翻译不准确，索性音译，就叫赛博物理系统。本书中，对此不加以区别，称为 CPS 或信息-物理系统。

2005 年 5 月，美国国会要求美国科学院评估美国的技术竞争力，并提出维持和提高这种竞争力的建议。5 个月后，基于此项研究的报告《站在风暴之上》问世。在此基础上于 2006 年 2 月发布的《美国竞争力计划》则将信息-物理系统列为重要的研究项目。到了 2007 年 7 月，美国总统科学技术顾问委员会（PCAST）在题为《挑战下的领先——竞争世界中的信息技术研发》的报告中列出了八大关键的信息技术，其中 CPS 位列首位，其余分别是软件，数据、数据存储与数据流，网络，高端计算，网络与信息安全，人机界面，NIT 与社会科学。欧盟计划从 2007 年到 2013 年在嵌入智能与系统的先进研究与技术（ARTMEIS）上投入 54 亿欧元（超过 70 亿美元），以期在 2016 年成为智能电子系统的世界领袖。

何积丰院士认为，CPS 的意义在于将物理设备联网，特别是连接到互联网上，使得物理设备具有计算、通信、精确控制、远程协调和自治等五大功能。本质上说，CPS 是一个具有控制属性的网络，但它又有别于现有的控制系统。CPS 中的控制与传统的控制不同：传统的工业控制系统基本是封闭的系统，即便其中一些工控应用网络也具有联网和通信的功能，但其工控网络内部总线大都使用的是工业控制总线，网络内部各个独立的子系统或者说设备难以通过开放总线或者互联网进行互联，而且，通信的功能比较弱。而 CPS 则把通信放在与计算和控制同等地位上，这是因为 CPS 强调的分布式应用系统中物理设备之间的协调是离不开通信的。CPS 本质上是一个具有控制属性的网络，但它又有别于现有的控制系统。CPS 在对网络内部设备的远程协调能力、自治能力、控制对象的种类和数量，特别是网络规模上远远超过现有的工控网络。在资助 CPS 研究上扮演重要角色的美国国家科学基金会（NSF）认为，CPS 将让整个世界互联起来。"如同互联网改变了人与人的互动一样，CPS 将会改变我们与物理世界的互动。"NSF 计算机与信息科学和工程总监 Branicky 表示。

信息-物理系统是一个综合计算、网络和物理环境的多维复杂系统，通过 3C（Computing、Communication、Control）技术的有机融合与深度协作，实现工程系统的实时感知、动态控制和信息服务。CPS 实现计算、通信与物理系统的一体化设计，可使系统更加可靠、高效、实时协同，具有重要而广泛的应用前景。信息-物理系统通过人机交互接口实现和物理进程的交互，使用网络化空间以远程的、可靠的、实时的、安全的、协作的方式操控一个物理实体。信息物理系统包含了将来无处不在的环境感知、嵌入式计算、网络通信和网络控制等系统工程，使物理系统具有计算、通信、精确控制、远程协作和自治功能。它注重计算资源与物理资源的紧密结合与协调，主要用于一些智能系统上，如设备互联、物联传感、智能家居、机器人、智能导航等。

海量运算是 CPS 接入设备的普遍特征，因此，接入设备通常具有强大的计算能力。从计算性能的角度出发，把一些高端的 CPS 应用比作胖客户机/服务器架构的话，那么物联网则可视为瘦客户机服务器，因为物联网中的物品不具备控制和自治能力，通信也大都发生在物品与服务器之间，因此物品之间无法进行协同。从这个角度来说物联网可以看作 CPS 的一种简约应用，或者说，CPS 让物联网的定义和概念明晰起来。在物联网中主要是通过 RFID 与读写器之间的通信，人并没有介入其中。感知在 CPS 中十分重要。众所周知，自然界中各种物理量的变化绝大多数是连续的，或者说是模拟的，而信息空间数据则具有离散性。那么从物理空间到信息空间的信息流动，首先必须通过各种类型的传感器将各种物理量转变成模拟量，再通过模拟/数字转换器变成数字量，从而为信息空间所接受。从这个意义上说，传感器网络也可视为 CPS 的一部分。

信息物理生产系统（cyber physical production system，CPPS）是在开放的嵌入式系统的基础上加上网络和控制功能，其核心是实现 3C 融合，是感知和控制的结合，通过从集中控制到分布普适控制能力的增强实现对自主适应物理环境的变化，通过多实体实时交互与协同形成能力优化的本质更高，从而支持柔性、智能的生产系统。CPPS 具有如下特点：虽然 CPPS 本质上也提供物体之间的联网，但更加强调虚拟与现实的一体化集成反馈与控制，从而将物联网弱化为感知和提供网络支持；将分布式计算以与实体对应的服务形式来实现，适应当前的技术承受力；通过服务之间的优化配置，实现实体资源的动态配置，具有灵活性，也即落实了"软件定义机器"，乃至软件定义一切（SDX），即实体控制虚拟化。

基于 CPS 的智能制造系统的典型应用之一即是建立务联网（服务联网），以支持动态配置的生产方式。在建立与物理实体相对应的服务的基础上，通过服务之间的动态、优化的自组织协调控制，即可实现柔性、灵活的智能制造系统，并实现虚拟世界与物理世界的一体化集成（图 9-10）。

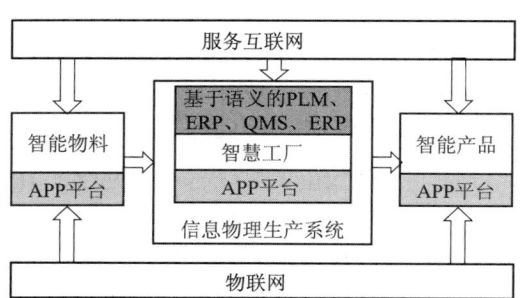

图 9-10　基于 CPS 物联网的信息物理生产系统

9.5.3　工业互联网与大数据

工业互联网是利用设备联网，通过网络实施监测设备数据、生产数据、物流数据，将这些数据进行分析、挖掘，从而指导生产、优化设备运行、减少能耗、帮助决策。

为实现制造过程的精准控制，工业互联网要解决的关键问题是实现制造系统的可靠感知、实时传输、海量数据智能处理。在制造业的生产工艺过程数据感知方面：由于制造环境强电磁干扰、金属介质、多障碍等多源干扰环境，以及动态存在的"人、物料、设备、生产过程、产品"等众多对象，实现系统复杂运行状态的可靠感知具有较大困难；在制造环境下网络数据传输方面：资源受限、动态拓扑与苛刻环境条件、混杂网络融合等限制，其数据传输的实时性、可靠性与准确性也受到严重影响；在制造物联网数据处理方面：制造中产生海量级数据，有限的计算资源已不足以支撑数据的完全处理。

工业互联网与大数据技术的关键技术体现在如下四方面：

（1）工业异构异质网路的融合技术。现代工业环境中包括多种异构异质网络，从网络拓扑来分，既有各种智能设备组成的专用协议局域网，也有基于通用 TCP/IP 协议的公共互联网；从网络传输介质来分，既有各类无线传输网络如 Zigbee、Wi-Fi 等，也有有线 IP 网。工业互联网要实现这些网络间的互通协作，异构异质网络的融合是首先要考虑的问题。由于异构异质网络的融合具有高度的复杂性，不同的网络在通信协议、数据格式、传输速率等方面具有差异性，一些设备将作为通信节点发挥智能路由器的作用，同时还需要一个统一的通信机制，将数据融合在 IP 网络中传输和控制，实现设备间的良性沟通，资源的合理配置以及生产效率得到极大提高。

（2）工业装备和产品的智商技术。工业互联网实现了智能设备之间的通信协作，大大提高了工业装备的智商。生产装备和产品开始有了自己的"思维"，产品需要告诉生产设备关于自己的信息和制造细节以协助生产，生产设备之间需要沟通来合理安排自己的时间和动作。同时，信息-物理系统（CPS）通过无处不在的传感网络，将物理设备联网，使之具备感知、通信、计算、远程控制、自我管理的功能，实现人、产品、设备、网络之间新的互动关系，极大地提高了工业互联网的智能化水平。

（3）工业大数据的存取和利用技术。工业互联网时代，随着传感器的大量使用和智能设备的普及，这些设备生成了海量的数据，与此同时，设计、研发、物流、供应链、销售、服务等各个环节也都在源源不断地产生数据。对这些数据的消化处理能力成为未来制造企业竞逐的关键。首先，工业互联网环境下智能设备间需要频繁的数据交互，对数据传输的实时性和可靠性要求很高，这将大大促进海量数据存取技术的进步以满足生产需求。其次，利用数据挖掘等技术从海量数据中提取有价值的信息，并用于优化生产流程，完善服务体系，是实现智能制造的关键。

（4）工业互联网体系架构技术。工业互联网是多个系统的集成，就像很多人体器官组合在一起构成健康的人体系统，各个系统不是简单地堆砌而是高度耦合。工业互联网的集成包括横向集成和纵向集成。纵向集成是指制造企业内部、智能工厂内部的集成，包含从需求制定、设计、生产研发、物流、运营等各环节内部的集成，也包括跨环节的集成。横向集成是指企业间的集成、产业链的集成，通过企业间信息的共享和资源的整合，实现产供销全流程的业务无缝对接。工业互联网集成化的实现，不仅需要标准的系统间接口，还需要一个统一的体系架构，为各个系统的集成化运作建立规范，就像冯诺依曼体系架构之于计算机系统的作用一样。

9.6　智能制造的再思考

智能制造已经得到了国家科技部门、工业界和学术界的广泛关注、重视以及研究，但限于技术发展以及示范案例的差别，对智能制造的理解始终存在多种多样的差别，但一些基本的认识必须澄清，以便于智能制造的后续发展。

同济大学张曙教授，指出：机器人+数控机床≠智能制造，由具有图像识别或力传感器的机器人和具有位移、振动、温度传感器的数控机床构成的系统才属于智能制造范畴，不能够感知和思考，不会交互和通信，就算不上智能；ERP+MES≠智能制造，没有自动数据采集和设备状态反馈的系统是开环的和不可控的，人工录入报表的 ERP 和 MES 只有不确切的数据，没有实时的数据流，并非彻底的数字化，而智能制造是"数据→有用信息→优化→决策→价值创造"转化的闭环实时系统；互联网+Wi-Fi≠智能制造，它们是数字化智能制造的基础设施，是基本手段，离开物理的生产过程和实体设备，互联网什么也不能生产出来，"制造"是根，基础设施仅仅是土壤里的肥料。

从更一般的角度，关于智能制造的再思考，北京航空航天大学刘强教授给出了如下三个方面的基本认识：

（1）不要在落后的工艺基础上搞自动化。自动化的本质是将规范、细致的人的操作动作，以机器的形式进行复现，避免重复工作下人为错误发生是基本考虑，并进而提升生产效率。所谓"机器换人"，更多地强调单机自动化；所谓"黑灯生产"，更多地强调自动化专线，以及有限范围内的自动化柔性线，能够自动执行预定的生产指令，包括预定的生产突发事件及其处理。它们仍然属于自动化制造范畴。但这种自动化的前提，一定基于规范的生产工艺的制造动作的有序、协调和可控。因此，不要在落后的工艺基础上搞自动化。

（2）不要在落后的管理基础上搞数字化。数字化制造的本质是管理的自动化，其实现的基础是信息的数字化，以及信息流转的无缝衔接和集成，例如西门子成都工厂，实现订单 BOM 以及工艺变化，从 ERP 到 MES 的实时集成，并能够对任何单件产品跟踪追溯。对于智能制造而言，数字化控制指令透过"人"贯穿到底层硬件，是数字化制造与自动化制造的结合，体现的是控制方式的变化。例如西门子成都工厂，环形导轨及其外置面向不同类型产品的装配工位，MES 通过指令进行硬件控制，将物品传输到不同工位。对于所谓的"黑灯生产"而言，其实质是管理自动化和自动化柔性专线的有机结合，能够在一定程度上响应预定范围内多品种产品的动态、柔性生产。显然，如果伴随业务流程及其执行的信息交换和流转，存在大量不规范或者需手工经验式介入处理的方式，是难以实现数字化制造的。

（3）不要在不具备自动化信息化网络化基础时搞智能化。智能制造强调的是推理判断决策的智能化，通过物联网数据采集、大数据挖掘分析等实现。智能制造离不开自动化制造和数字化制造。在自动化制造方面：物理设备具有计算、通信、控制、远程协调和自治等智能功能，强调智能装备，从实体层面奠定基础；在数字化制造方面：资源、信息、物体以及人的数字化、服务化封装与处理，强调智能管控，建立虚拟层面的基础；自动化与数字化层面有机结合，虚实结合，构成 CPPS，实现智能化制造，可进一步衍生出实时仿真技术，其实是更高级的可视化显示或中央指挥，支持虚拟世界和现实世界的深度融合。智能制造的本质体现是应对生产现场的复杂决策，而非简单逻辑判断下的自动化执行，在可预见的时间内，人机协同仍将是智能的主要体现。

习题

1. 试简述德国"工业 4.0"和美国"工业互联网"的区别。
2. 试阐述 CPS 的内涵及特点。
3. 试选取典型行业，论述建设实施智能制造的重点。
4. 试分析我国实施智能制造的重点和实施路线。

附录

计量值控制图系数表

子组中观测值个数 n	控制限个数											中心线个数			
	A_1	A_2	A_3	B_3	B_4	B_5	B_6	D_1	D_2	D_3	D_4	c_4	$1/c_4$	d_2	$1/d_2$
2	2.121	1.880	2.659	0.000	3.267	0.000	2.606	0.000	3.686	0.000	3.267	0.797 9	1.253 3	1.128	0.886 5
3	1.732	1.023	1.954	0.000	2.568	0.000	2.276	0.000	4.358	0.000	2.574	0.886 2	1.128 4	1.693	0.590 7
4	1.500	0.729	1.628	0.000	2.266	0.000	2.088	0.000	4.698	0.000	2.282	0.9213	1.085 4	2.059	0.485 7
5	1.342	0.577	1.427	0.000	2.089	0.000	1.964	0.000	4.918	0.000	2.114	0.940 0	1.063 8	2.326	0.429 9
6	1.225	0.483	1.287	0.030	1.970	0.029	1.874	0.000	5.078	0.000	2.004	0.951 5	1.051 0	2.534	0.394 6
7	1.134	0.419	1.182	0.118	1.882	0.113	1.806	0.204	5.204	0.076	1.924	0.959 4	1.042 3	2.704	0.369 8
8	1.061	0.373	1.099	0.185	1.815	0.179	1.751	0.388	5.306	0.136	1.864	0.965 0	1.036 3	2.847	0.351 2
9	1.000	0.337	1.032	0.239	1.761	0.232	1.707	0.547	5.393	0.184	1.816	0.969 3	1.031 7	2.970	0.336 7
10	0.949	0.308	0.970	0.284	1.716	0.276	1.669	0.687	5.469	0.223	1.777	0.972 7	1.028 1	3.078	0.324 9
11	0.905	0.285	0.927	0.321	1.679	0.313	1.637	0.811	5.535	0.256	1.744	0.975 4	1.025 2	3.173	0.315 2

续表

子组中观测值个数 n	控制限个数											中心线个数			
	A_1	A_2	A_3	B_3	B_4	B_5	B_6	D_1	D_2	D_3	D_4	c_4	$1/c_4$	d_2	$1/d_2$
12	0.866	0.266	0.886	0.354	1.646	0.346	1.610	0.922	5.594	0.283	1.717	0.977 6	1.022 9	3.258	0.306 9
13	0.832	0.249	0.850	0.382	1.618	0.374	1.585	1.025	5.647	0.307	1.693	0.979 4	1.021 0	3.336	0.299 8
14	0.802	0.235	0.817	0.406	1.594	0.399	1.563	1.118	5.696	0.328	1.672	0.981 0	1.019 4	3.407	0.293 5
15	0.775	0.223	0.789	0.428	1.572	0.421	1.544	1.203	5.741	0.347	1.653	0.982 3	1.018 0	3.472	0.288 0
16	0.750	0.212	0.763	0.448	1.552	0.440	1.526	1.282	5.782	0.363	1.637	0.983 5	1.016 8	3.532	0.283 1
17	0.728	0.203	0.739	0.466	1.534	0.458	1.511	1.356	5.820	0.378	1.622	0.984 5	1.015 7	3.588	0.278 7
18	0.707	0.194	0.718	0.482	1.518	0.475	1.496	1.424	5.856	0.391	1.608	0.985 4	1.014 8	3.640	0.274 7
19	0.688	0.187	0.698	0.497	1.503	0.490	1.483	1.487	5.891	0.403	1.597	0.986 2	1.014 0	3.689	0.271 1
20	0.671	0.180	0.680	0.510	1.490	0.504	1.470	1.549	5.921	0.415	1.585	0.986 9	1.013 3	3.735	0.267 7
21	0.655	0.173	0.663	0.523	1.477	0.516	1.459	1.605	5.951	0.425	1.575	0.987 6	1.012 6	3.778	0.264 7
22	0.640	0.167	0.647	0.534	1.466	0.528	1.448	1.659	5.979	0.434	1.566	0.988 2	1.019	3.819	0.261 8
23	0.626	0.162	0.633	0.545	1.455	0.539	1.438	1.710	6.006	0.443	1.557	0.988 7	1.011 4	3.858	0.259 2
24	0.612	0.157	0.619	0.555	1.445	0.549	1.429	1.759	6.031	0.451	1.548	0.989 2	1.010 9	3.895	0.256 7
25	0.600	0.153	0.606	0.565	1.435	0.559	1.420	1.806	6.056	0.459	1.541	0.989 6	1.010 5	3.931	0.254 4

资料来源：美国材料与试验协会

参 考 文 献

[1] 顾新建，祁国宁，谭建荣，等. 现代制造系统工程导论[M]. 杭州：浙江大学出版社，2007.

[2] 肖田元，等. 现代集成制造系统系列：虚拟制造[M]. 北京：清华大学出版社，2004.

[3] 张根宝. 自动化制造系统[M]. 北京：机械工业出版社，2011.

[4] 马履中，周建忠. 机器人与柔性制造系统[M]. 北京：化学工业出版社，2007.

[5] 潘尔顺. 生产计划与控制[M]. 2版. 上海：上海交通大学出版社，2015.

[6] 李怀祖. 生产计划与控制[M]. 北京：科学出版社，2010.

[7] 张曙. 工业4.0和智能制造[J]. 机械设计与制造工程，2014（8）：1-5.

[8] 马义中. 质量管理学[M]. 北京：机械工业出版社，2012.

[9] 邵新宇，饶运清，等. 制造系统运行优化理论与方法[M]. 北京：科学出版社，2010.

[10] 王爱民. 制造执行系统（MES）实现原理与技术[M]. 北京：北京理工大学出版社，2014.

[11] 制造强国战略研究项目组. 制造强国战略研究（领域卷）[M]. 北京：电子工业出版社，2015.

[12] 制造强国战略研究项目组. 制造强国战略研究（智能制造专题卷）[M]. 北京：电子工业出版社，2015.

[13] 制造强国战略研究项目组. 制造强国战略研究（综合卷）[M]. 北京：电子工业出版社，2015.

[14] 顾新建，祁国宁，谭建荣，等. 现代制造系统工程导论[M]. 杭州：浙江大学出版社，2007.

[15] [美] 纳罕姆斯. 生产与运作分析[M]. 成晔泽. 6版. 北京：清华大学出版社，2009.

[16] [美] Mikell P. Groover. 自动化、生产系统与计算机集成制造[M]. 影印版. 3版. 北京：清华大学出版社，2011.

[17] [美] 特纳. 工业与系统工程概论[M]. 影印版. 3版. 北京：清华大学出版社，2002.